JN232584

Evolutionary Computation in Bioinformatics

ソフトコンピューティングと
バイオインフォマティクス

ゲーリー・B・フォーゲル/Gary B.Fogel
デヴィッド・W・コーン/David W.Corne 編
伊庭斉志 監訳

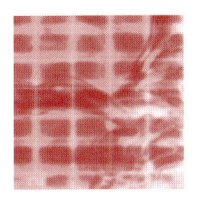

Morgan Kaufmann Publishers

TDU 東京電機大学出版局

Evolutionary Computation in Bioinformatics
Edited by Gary B. Fogel and David W. Corne
Copyright © 2003 by Elsevier Science(USA).
Translation Copyright © 2004 by Tokyo Denki University Press
All rights reserved.
Japanese translation rights arranged with Elsevier Science(USA)
through Modest Agency Yokohama

『ソフトコンピューティングとバイオインフォマティクス』
ゲーリー・B・フォーゲル, デヴィッド・W・コーン 編
著作権© Elsevier Science 社 (米国) 2003
日本語翻訳出版権© 東京電機大学出版局 2004
無断複製禁止
翻訳権取得代理 モディスト エイジェンシィ

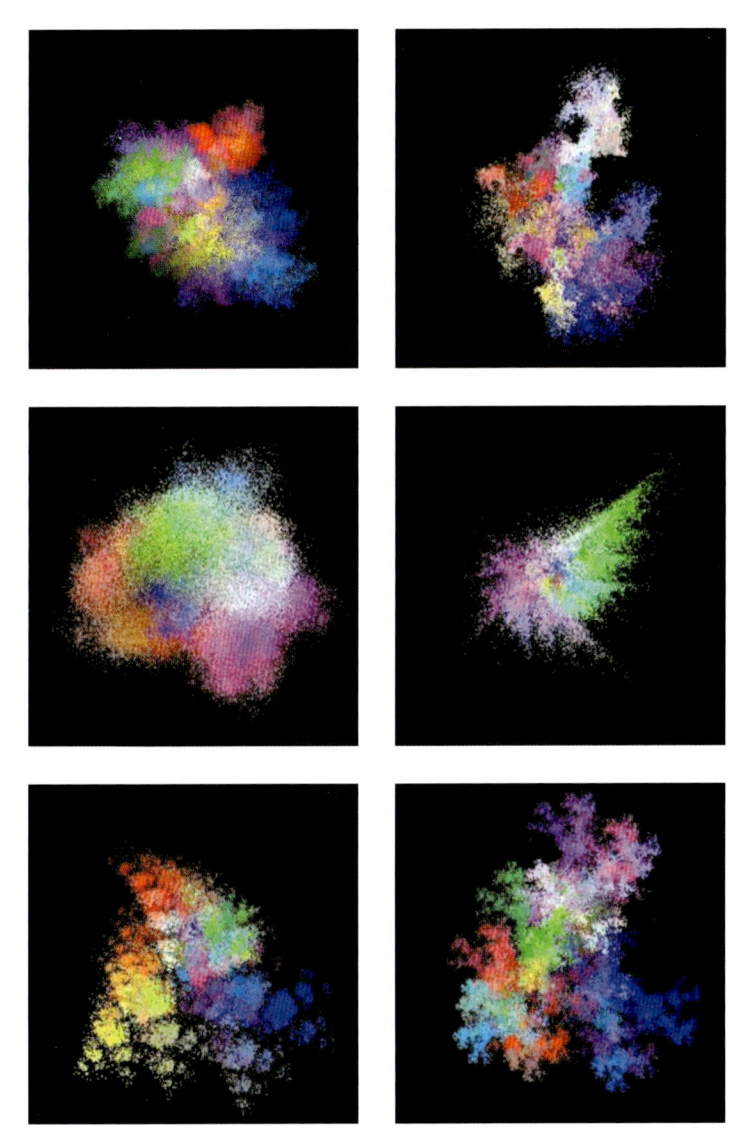

口絵 1　一様にランダムに選んだ 8 つの相似によって獲得されたフラクタルの例．これは進化論的アルゴリズムによって探索されたフラクタルアルゴリズム空間でのフラクタル表示の出力例である（以下，第 11 章参照）．

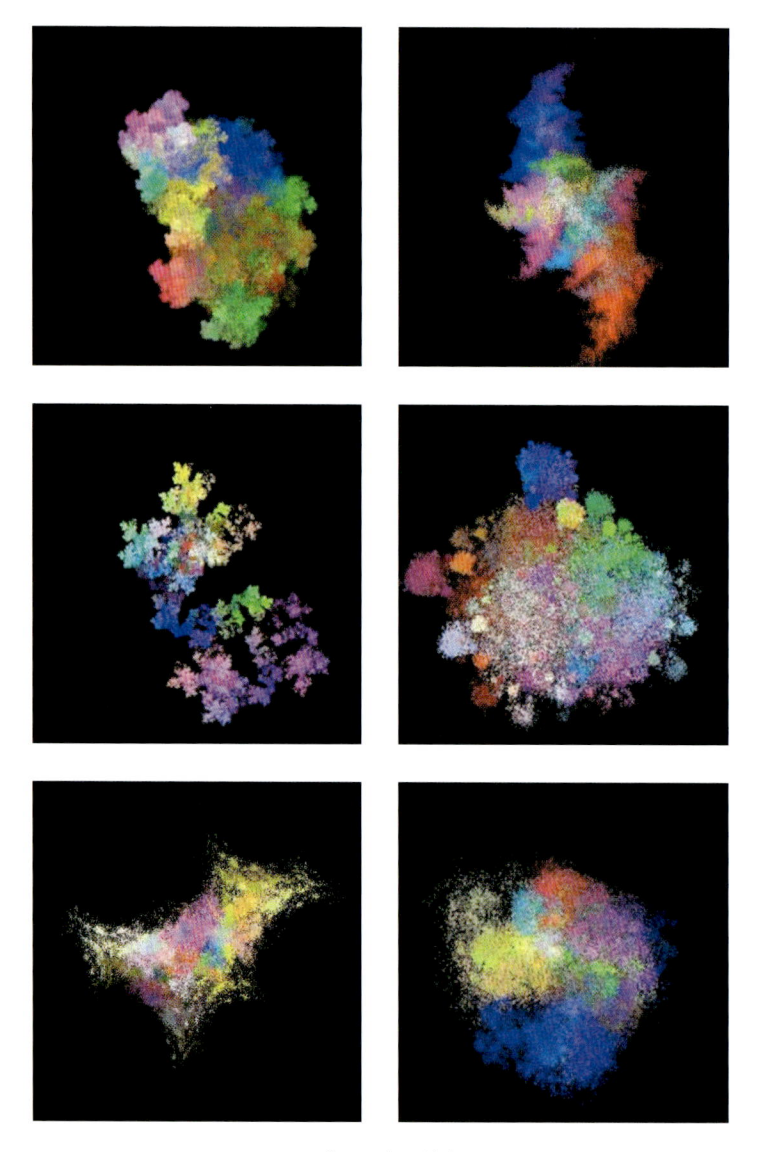

口絵 1 （つづき）

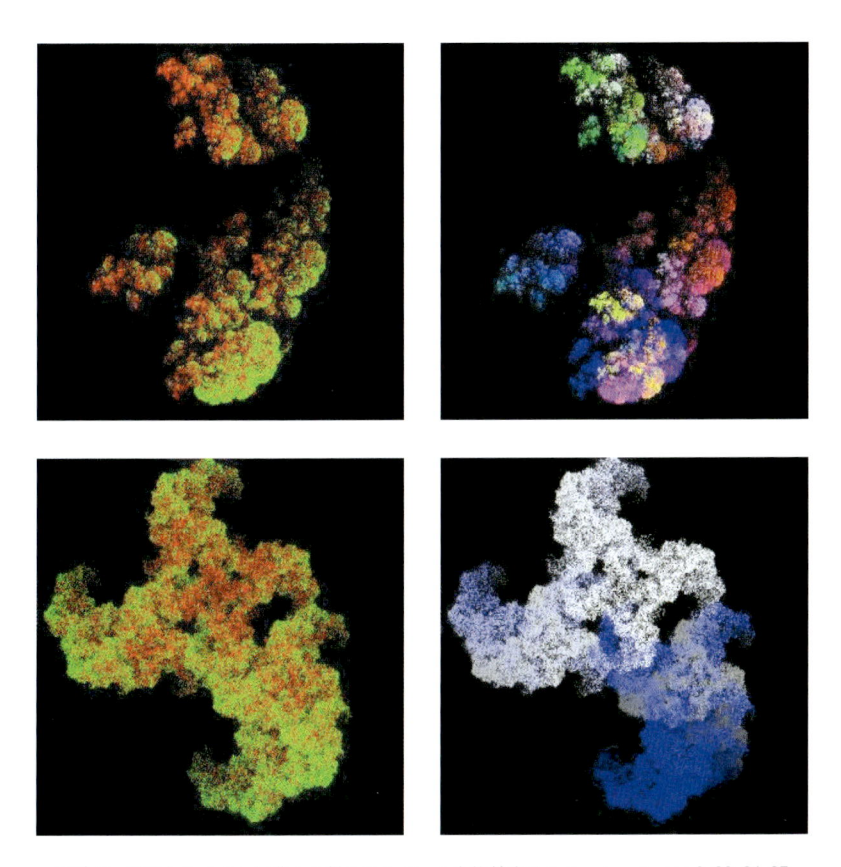

口絵 2 HIV-1 とメタン細菌から得られたデータを比較するシミュレーション 0, 20, 24, 27 において，最良適合度を与えるフラクタルに対するアトラクタ．左図では HIV-1 とメタン細菌のデータをそれぞれ緑と赤の点で表している．右図では相似に 8 つの基本 RGB 色を関連させており，相似が呼び出されたとき動点の色を適切に変更している．

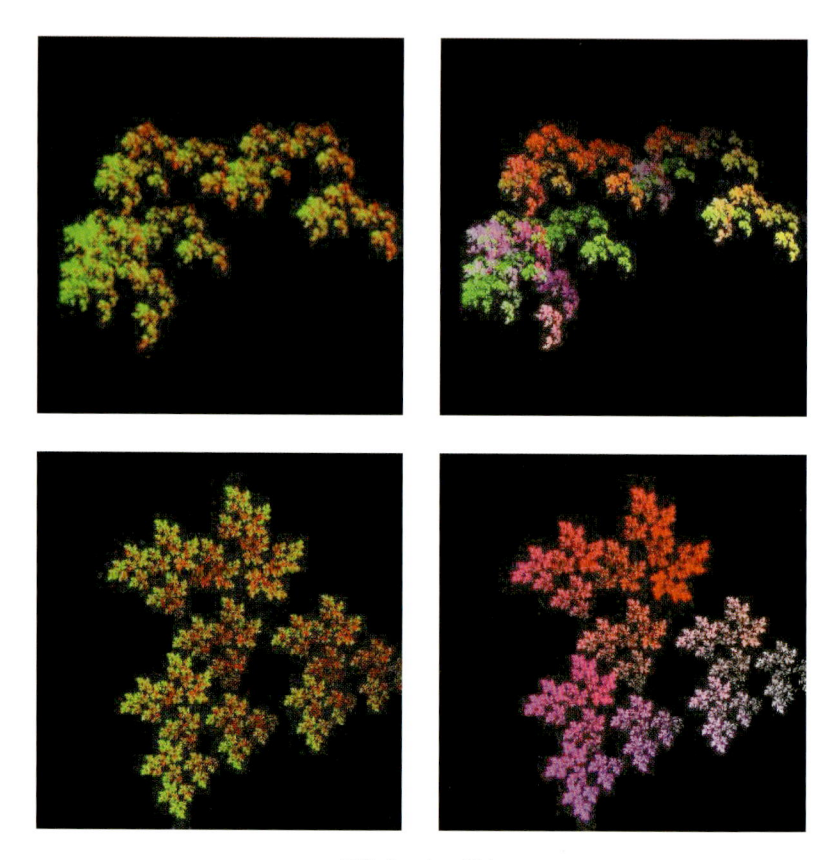

口絵 2 （つづき）

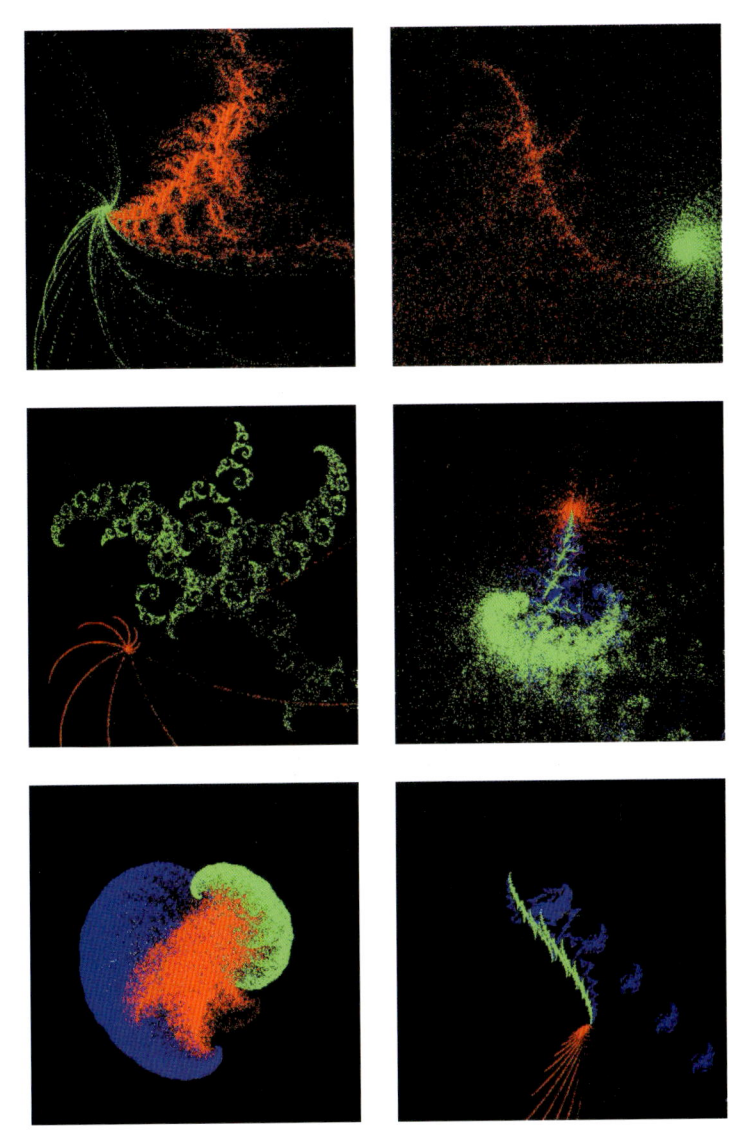

口絵3 2種と3種の人工データを分類するよう進化させたカオスオートマトンに対するアトラクタ．2種類のデータはCGAとGATの一様にランダムな刺激で，3種類のデータはCGA, CGT, CATである．このようなランダムなデータを分類すること自体は容易な問題であるが，得られたフラクタルは異なるデータ間では似ていないことを示している．

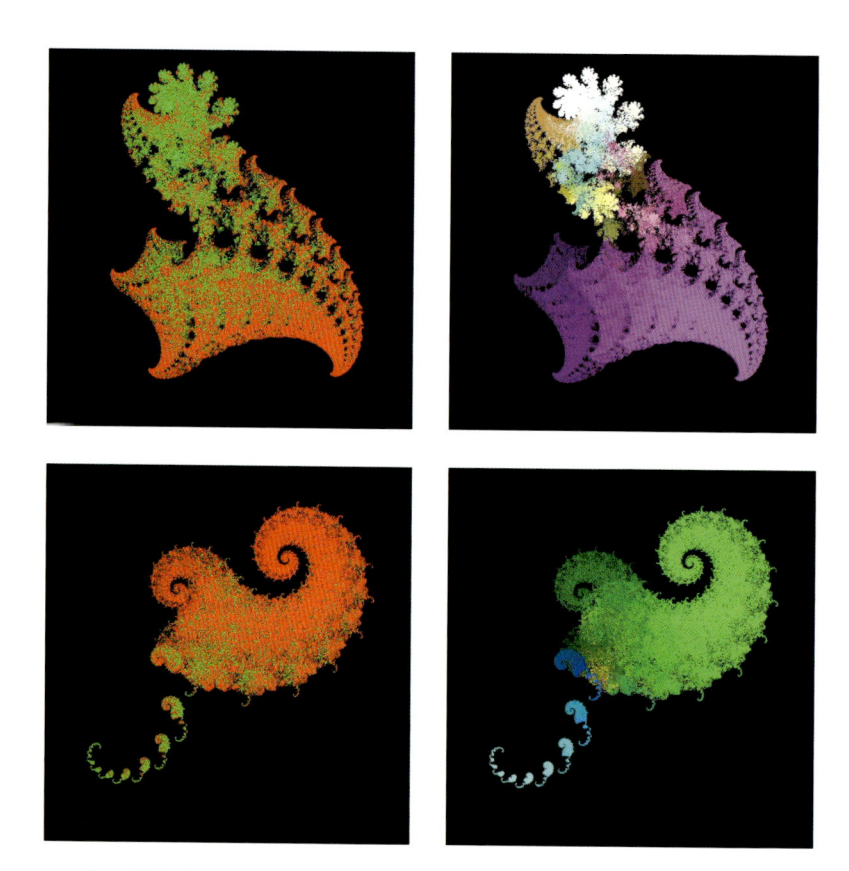

口絵 4 HIV-1 とメタン細菌から得られたデータを比較するシミュレーション 5, 12, 30, 45 において，カオスオートマトンが最良適合度を与えるフラクタルに対するアトラクタ．左図では HIV-1 とメタン細菌のデータをそれぞれ緑と赤の点で表している．右図では状態を色に関連づけることで状態使用を示している（口絵 2 では色は相似と関連）．

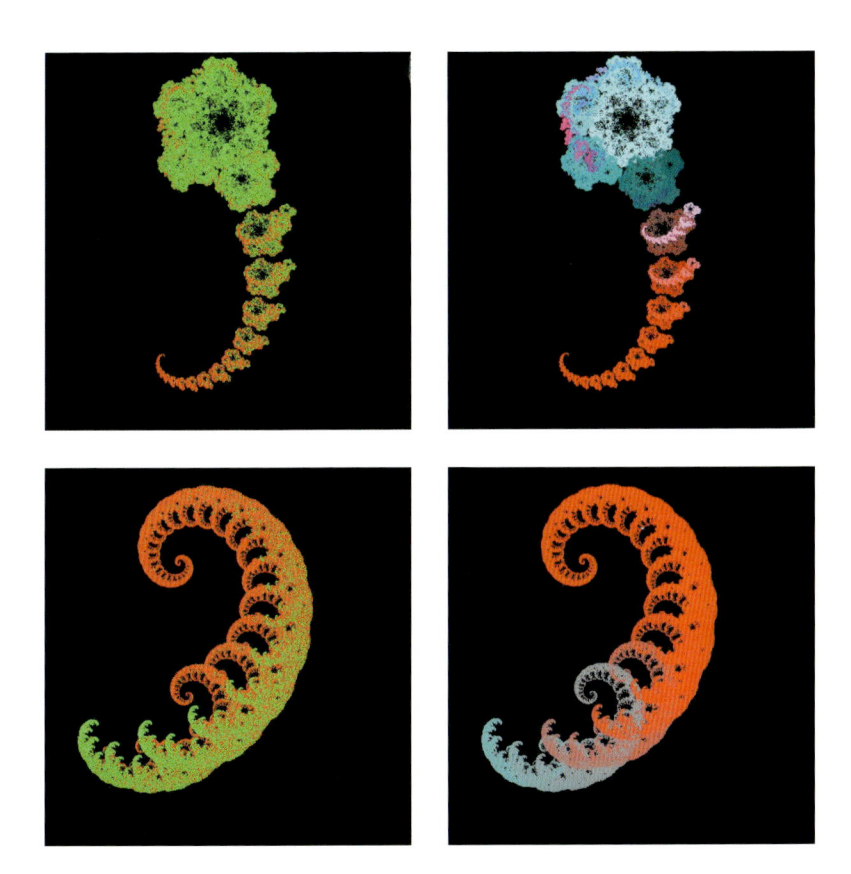

口絵 4 　（つづき）

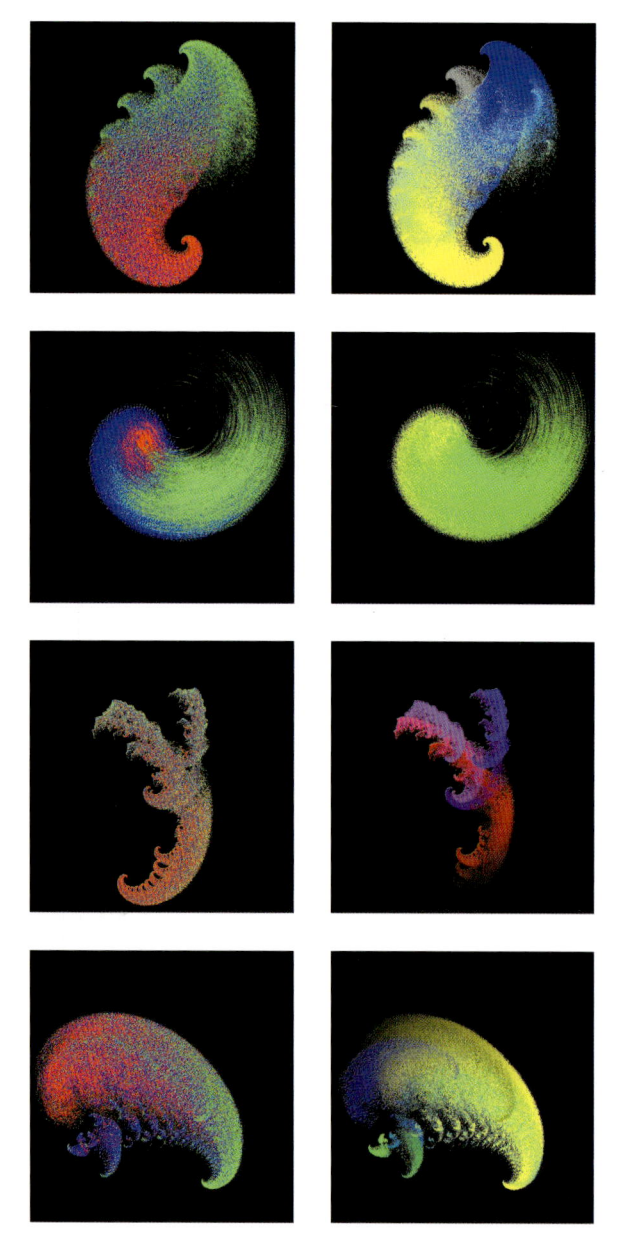

口絵 5 　HIV-1 とメタン細菌とピロリ菌から得られたデータを比較するシミュレーション 2, 10, 23, 35 において，カオスオートマトンが最良適合度を与えるフラクタルに対するアトラクタ．左図では HIV-1 とメタン細菌とピロリ菌のデータをそれぞれ緑と赤と青の点で表している．右図では状態を色に関連づけることで状態使用を示している（口絵 2 では色は相似と関連）．

高校から大学まで私の教育を助けてくれた多くの助言者と，Natural Selection 社の同僚に
　　—GBF

私の遺伝子を揺りかごから 20 世紀に至るまで安全に育ててくれた親の世代の Sophia Corne, Wolfe Corne, Rachel Wiesberg と Samuel Wiesberg に
　　—DWC

序　文

　1973年に，偉大な進化生物学者Theodosius Dobzhanskyは，「進化を考慮に入れなければ生物学では何も意味をなさない」と述べた．生物学者は地球上の生命の理解に進化が重要であることを以前から理解していた．実際，1930年代初期から進化は一種の学習プロセスとみなされている．今や研究室で進化を工学的なツールとして使えるようになり，その能力は自然のシステムにおける進化の重要性と同じくらい刺激的な時代に達している．分子生物学者は特定のタスクのためにRNAとタンパク質の配列を進化させる人工的進化手法を利用したり，抗生物質に対する抵抗力の仕組みを理解するために研究室でバクテリアを培養しその進化を観察する．しかしながら，工学的ツールとして進化のプロセスを理解するのは生物学者だけではない．生物学とほとんど独立に，情報工学での進化の重要性は過去50年にわたってコンピュータ科学者に認められてきた．物理学，化学，および生物学のような分野への人工的な進化の多種多様な適用はこの10年間に非常に多くなった．今や特定の応用に関しての教科書があふれているほどこの分野は多角的である．

　本書の目的は，生物学の問題に対する進化論的計算の応用を示すことであり，特にバイオインフォマティクスの問題に重点をおいている．したがって，進化を共通のテーマとして，2つの分野，生物学とコンピュータの統合を目指すものである．2つの入門の章があるが，1つは生物学の説明を必要としているコンピュータ科学者のためのものであり，もう1つは進化論的計算の解説を必要とする生物学者のためのものである．両方の章を必要とする読者がいるかもしれないが，ほとんどの場合はどちらか一方で十分であろう．付録には，生物学への応用に興味を持ったコンピュータ科学者が適切なデータを見出せるように，分子生物学に関するインターネットの情報源を掲載した．

　今日ほどバイオインフォマティクスが人気を集めたことはない．遺伝子革命はコンピュータサイエンスの進展と密接に関係している．それぞれのゲノムプロジェクトは，デジタル形式で急速なデータの収集をもたらすが，その意味は今後の解釈を待たねばならない．コンピュータはデータを蓄積するだけではなく，解釈に欠くことができない．遺伝子の同定，RNAとタンパク質の折りたたみ構造決定，および代謝系パスウェイの解析などはいずれも莫大な計算を必要とする．製薬会社は新しい治療を開発する手段として特にバイオインフォマティクスに興味を持っている．コンピュータ手法は生成され続ける大量のデータを生物学者が解釈するのを助け，ゲノムプロジェクトから薬の発見までに必要な時間を短縮するのに重要な役割を果たすであろう．

多くの主要な問題が非常に膨大なので，可能性のある解候補をすべて探索することはできない．生物学者がよく使う標準的な近似アルゴリズムも，時間，費用および計算パワーの観点から非実用的である．そのため研究者は（間違った問題への正解をしばしば導く）より単純な仮説を採用するか，あるいは合理的な時間内で探索できるアルゴリズムを使わざるを得ない．これこそが進化論的計算の真価が発揮される場面である．進化のプロセスは，非常に大きく複雑な空間を探索し，迅速に良い解を返すことができるシミュレーションで利用される．したがって，Dobzhansky の言葉を次のように言い直すことができるかもしれない．「進化論的計算を考慮に入れなければ生物学では何も意味をなさない」と．本書は，協力してバイオインフォマティクスの分野を作り出した生物学者とコンピュータ科学者双方の読者を対象にしている．進化の計算とバイオインフォマティクスの両分野で実験と解析を促進することになれば，その目的が達成されるであろう．

DWC は Evosolve（英国慈善番号 1086384）に本書のために助力してくれたことに感謝する．この本を世に出すことにおいて，Morgan Kaufmann Publishers の Denise Penrose，Emilia Thiuri とすべてのスタッフにお礼申し上げる．歓迎できる気散らし，大いに必要とされたサポートと役に立つ助言を与えてくれた本書の執筆者，家族と同僚に感謝する．最後に，念入りな編集をしてくれた Princeton Editorial Associates の Cyd Westmorelan と，注意深い校正に対して Princeton Editorial のスタッフに感謝する．

日本語版のための序文

　バイオインフォマティクスは計算手法だけではなく，コンピュータサイエンス，エンジニアリング，数学，生物学，化学，物理学の研究者の間のコミュニケーションによる学際的なアプローチを必要とする．インターネットが迅速なコミュニケーションを容易にしたが，異分野の研究者は本質的に異なる言語を用いるので，コミュニケーションへの重要な障壁は依然として残っている．これはバイオインフォマティクスの進展にとって大きな妨げとなる．科学者のコミュニケーションがよりいっそう容易になってブレークスルーが起こることが期待されている．本書は異なった（しかし進化の「精神」を共有している）分野の科学者によって編集されている．そして，バイオインフォマティクスでの生物学者とコンピュータ科学者の企業協力を実現することと，それが達成されたときに期待される成功と機会を示すことを意図する．そうすることで，生物学者とコンピュータ科学者の間の言語障壁の一部を粉々にしたいと願っている．にもかかわらず，本書の英語版は別の意味でのコミュニケーションの障壁を解消しなかったかもしれない．英国，アメリカ，そして英語が最初の言語である国々の科学者は，英語が世界的なコミュニケーション言語として受け入れられていることから大いに恩恵を受けている．しかしながら，われわれは英語を母国語としない国々で独創的で成功した研究がなされていることもよく理解している．そのため日本語版の翻訳の労をとった日本人研究者である東京大学大学院の伊庭斉志氏と東京電機大学出版局に対して厚くお礼を申し上げる．

　日本の研究者や学生の方々がこの本の内容を理解し，かつ発展することを期待している．

　　ゲーリー・B・フォーゲル　　Gary B. Fogel
　　La Jolla, California, U.S.A.

　　デヴィッド・W・コーン　　David W. Corne
　　Reading, United Kingdom

監訳者まえがき

本書は Evolutionary Computation in Bioinformatics の全訳である．編者の序文にあるように，バイオインフォマティクスは生物学者とコンピュータ科学者が協力して作り上げた分野である．この分野は計算手法だけではなく，コンピュータ科学者，工学者，数学者，生物学者，化学者，物理学者の間のコミュニケーションによる学際的な研究を必要とする．本書ではこのためのアプローチの1つである，進化論的計算手法（遺伝的アルゴリズムや遺伝的プログラミング），ニューラルネットワーク，カオスなどのソフトコンピューティング手法のさまざまな生物学への応用を説明している．

21 世紀はゲノムの世紀であるといわれ，ヒトゲノム配列の解読も終了した．しかしながら得られたデータの意味解釈はいまだ今後の大きな課題として残っている．さらに配列データのみではダイナミックな生命現象を理解することは難しい．その一方で，遺伝子発現データを迅速に計測する技術（DNAマイクロアレーなど）も生まれている．これにより遺伝子やタンパク質の振舞いをリアルタイムに観測することが可能になっている．そこで次の一歩として重要なのは遺伝子・タンパク質系ダイナミクスの解析手法である．このような課題に対して，ソフトコンピューティングは新しい切り口を開くものとして期待されている．本書はこれらのトピックに興味がある研究者や学生のための，進化論的手法のアプローチを中心にしたバイオインフォマティクスに関する最初の成書による解説書である．

翻訳にあたって編者の Gary B. Fogel と David W. Corne は早くから必要な資料を送ってくれ，また質問への迅速な回答を通してさまざまに協力していただいた．日ごろから監訳者は彼らと学会や電子メールで意見交換を行っている．特に IEEE Technical Committee on Evolutionary Computation の Evolutionary Computation in Bioinformatics and Computational Biology のタスクフォース（企画委員）として，本書に掲載された研究に関連する国際会議の運営，出版などの研究協力を行っている．本書を読んでこのトピックに興味を持った読者はぜひそれらの研究成果を参照してほしい（詳細は http://ieee-nns.org/ec/ や研究室のホームページ http://www.iba.k.u-tokyo.ac.jp/ からリンクを参照）．

翻訳は研究室の大学院生が分担して訳出した．訳の分担は以下のとおりである．安藤晋（7章, 15章），矢吹太朗（4章, 14章），北川純次（5章, 12章），神尾正太郎（3章, 13章, 16章），細山直樹（2章, 10章），杉本直也（6章, 9章, 11章），三橋秀行（1章, 8章）．その他の部分と全体の監訳を伊庭が担当した．不明な部分や明らか

な誤植などは原著者とのコンタクトをとり修正をした．また原著は論文収録のために若干説明不足で読みにくい部分もあるので，できるだけ必要な範囲で訳注を入れ，用語の解説をするように心がけた．

　筆者の専門はもともと進化論的計算手法である．進化型システムの研究者は，分子生物学，エコロジー，進化生物学，経済学，そして集団遺伝学の世界に足を踏み入れることが奨励され，また実際にそれを実践している．この結果しばしば異なる専門分野の科学者との共同研究が可能となる．その意味でバイオインフォマティクスは進化論的計算手法の研究にとって重要な試金石である．本書が生物学者とコンピュータ科学者のコミュニケーションをますます促進することを期待する．

監訳者しるす

目　次

序　文　iii
日本語版のための序文　v
監訳者まえがき　vii
執筆者一覧　xviii

第I部　バイオインフォマティクスと進化論的計算の基礎　1

第1章　バイオインフォマティクス入門　3
1.1　はじめに　3
1.2　生物学 —— 生命の科学　5
1.3　分子生物学のセントラルドグマ　6
　　1.3.1　DNA配列の分析　9
　　1.3.2　転写と翻訳　10
　　1.3.3　タンパク質　11
1.4　遺伝子ネットワーク　15
1.5　配列のアラインメント　16
1.6　おわりに　17

第2章　生物学者のための進化論的計算入門　19
2.1　はじめに　19
2.2　進化論的計算：歴史と用語　20
　　2.2.1　初期設定　21
　　2.2.2　変　形　22
　　2.2.3　選　択　23
　　2.2.4　付加的パラメータとテスト　24
　　2.2.5　自己適応　25
　　2.2.6　理　論　25
2.3　計算機科学における進化論的計算の位置付け　26

	2.3.1	局所探索 ……………………………………………………………	28
	2.3.2	焼きなまし法 ………………………………………………………	30
	2.3.3	集団ベースの探索手法 ………………………………………………	32
2.4	おわりに	………………………………………………………………………	34

第II部　配列と構造のアラインメント　　39

第3章　進化論的計算を用いた実験データからのゲノム配列決定　41
3.1	はじめに	……………………………………………………………………	41
	3.1.1	ハイブリダイゼーションによる配列決定 ………………………………	41
	3.1.2	例：理想的なスペクトルからの配列の再構成 ……………………	43
	3.1.3	スペクトル中の実験的エラー ………………………………………	43
3.2	配列再構成問題の定式化 …………………………………………………		45
	3.2.1	整数計画法による定式化 ……………………………………………	45
	3.2.2	例：エラーを含んだスペクトルからの配列の再構成 ……………	46
3.3	配列再構成のためのハイブリッド遺伝的アルゴリズム …………………………		47
3.4	計算機実験の結果 …………………………………………………………………		49
3.5	おわりに	………………………………………………………………………	55

第4章　進化論的計算によるタンパク質構造アラインメント　59
4.1	はじめに	……………………………………………………………………	59
	4.1.1	構造アラインメントアルゴリズム ……………………………………	60
	4.1.2	K2アルゴリズム ……………………………………………………	61
4.2	方　　法	……………………………………………………………………	62
	4.2.1	第1段階：SSEアラインメント ……………………………………	63
	4.2.2	第2段階：遺伝的アルゴリズムを用いた詳細なアラインメント ………	64
	4.2.3	第3段階：三次元平面での重ね合わせ ………………………………	69
	4.2.4	統計的有意性の評価 ……………………………………………………	69
4.3	結果と考察	…………………………………………………………………	71
	4.3.1	困難な場合 ………………………………………………………………	71
	4.3.2	GAの性能 ………………………………………………………………	74
	4.3.3	統計的有意性 ……………………………………………………………	78
4.4	おわりに	………………………………………………………………………	83

第5章 遺伝的アルゴリズムを用いたペアワイズおよび複数配列のアラインメント　87

- 5.1 はじめに　87
  - 5.1.1 標準的な探索アルゴリズム　88
  - 5.1.2 目的関数　89
- 5.2 進化論的アルゴリズムと焼きなまし法　91
- 5.3 SAGA：配列アラインメントのための遺伝的アルゴリズム　92
  - 5.3.1 初期化　92
  - 5.3.2 評価　93
  - 5.3.3 複製と変形および終了条件　93
  - 5.3.4 変形操作の設計　94
  - 5.3.5 交叉操作　94
  - 5.3.6 突然変異操作：ギャップ挿入操作　95
  - 5.3.7 遺伝的操作のダイナミックプログラミング　95
  - 5.3.8 SAGAの並列化　97
- 5.4 応用：目的関数の適切な選択　99
  - 5.4.1 重み付き総和　99
  - 5.4.2 調和度に基づいた目的関数：COFFEEスコア　101
  - 5.4.3 非局所的相互作用の考慮：RAGA　102
- 5.5 おわりに　104

第III部　タンパク質の立体構造の決定　113

第6章　進化論的探索を用いたタンパク質立体構造決定問題の解法　115

- 6.1 はじめに　115
- 6.2 問題の概要　116
- 6.3 タンパク質のコンピュータ上のモデル　118
  - 6.3.1 最小化モデル　118
  - 6.3.2 側鎖パッキング　122
  - 6.3.3 ドッキング　126
- 6.4 考察　128
  - 6.4.1 Chemistry at HARvard Molecular Mechanics (CHARMm)　129

  6.4.2 Assisted Model Building with Energy Refinement (AMBER) ……… 129
  6.4.3 力場と進化論的アルゴリズムについて ……………………………… 130
 6.5 おわりに ……………………………………………………………………… 131
  6.5.1 仮想主鎖モデリング ……………………………………………………… 131
  6.5.2 側鎖全体のモデル化 ……………………………………………………… 131
  6.5.3 適合度計算のための経験的なエネルギー関数の開発 ……………… 132
  6.5.4 探索戦略の現実的な評価 ………………………………………………… 132

第7章　並列 FMGA を用いた効率的なポリペプチド構造予測に向けて　　137

 7.1 はじめに ……………………………………………………………………… 137
 7.2 Fast Messy Genetic Algorithms …………………………………………… 138
  7.2.1 mGA の遺伝操作 ………………………………………………………… 139
  7.2.2 Fast mGA の遺伝操作 …………………………………………………… 140
 7.3 実験手法 ……………………………………………………………………… 142
  7.3.1 テストに用いたタンパク質 …………………………………………… 142
  7.3.2 エネルギーモデル ……………………………………………………… 142
  7.3.3 計算機環境 ……………………………………………………………… 142
  7.3.4 アルゴリズムのパラメータ …………………………………………… 144
  7.3.5 ミーム論的計算手法 …………………………………………………… 144
  7.3.6 立体構造制約の考慮 …………………………………………………… 146
  7.3.7 二次構造 ………………………………………………………………… 148
 7.4 二次構造計算を用いたタンパク質構造予測 …………………………… 149
 7.5 事前知識を用いた初期化 ………………………………………………… 152
 7.6 おわりに ……………………………………………………………………… 154

第8章　問題固有のオペレータを用いた進化論的計算によるタンパク質立体構造決定問題　　161

 8.1 はじめに ……………………………………………………………………… 161
  8.1.1 表現形式 ………………………………………………………………… 161
  8.1.2 適合度関数 ……………………………………………………………… 164
  8.1.3 立体配座エネルギー …………………………………………………… 164
  8.1.4 変形オペレータ ………………………………………………………… 166

	8.1.5　ab initio 予測	168
	8.1.6　側鎖配置	172
8.2	タンパク質立体配座の多目的最適化	173
8.3	問題固有の変形オペレータ	177
	8.3.1　正しい主鎖立体配座	178
	8.3.2　二次構造	178
8.4	GA の実行性能	180
8.5	おわりに	185

第 IV 部　機械学習と人工知能　　189

第 9 章　進化論的ニューラルネットワークを用いた DNA 塩基配列におけるコード領域の識別　　191

9.1	はじめに	191
	9.1.1　パターン認識としてのニューラルネットワーク	193
	9.1.2　進化論的計算とニューラルネットワーク	194
9.2	進化論的ニューラルネットワークによる遺伝子識別	197
	9.2.1　コード指標	197
	9.2.2　分類と後処理	200
	9.2.3　訓練データでの成績	202
	9.2.4　テストデータでの成績	203
9.3	おわりに	208

第 10 章　進化論的計算手法を用いたマイクロアレイデータのクラスタリング　　215

10.1	はじめに	215
10.2	k-平均法	216
	10.2.1　アルゴリズムの結果	217
	10.2.2　アルゴリズムの注意点	217
10.3	ArrayMiner ソフトウェア	220
	10.3.1　グループ遺伝的アルゴリズム	220
	10.3.2　ArrayMiner での GGA の使用	222
	10.3.3　なぜそれが問題となるか	222

10.3.4　ArrayMinerの性能：解の品質と速度 ················· 223
10.4　おわりに ··· 225

第11章　進化論的計算手法と配列データのフラクタル可視化　　227

11.1　はじめに ··· 227
11.2　カオスゲーム ··· 228
11.3　IFS ··· 234
　　11.3.1　進化論的フラクタル ·· 235
　　11.3.2　進化論的アルゴリズムの設計 ······························· 237
　　11.3.3　IFSの結果 ·· 238
11.4　カオスオートマトン：記憶の追加 ·································· 239
　　11.4.1　データ構造と変異オペレータ ······························· 240
　　11.4.2　進化と適合度 ·· 241
　　11.4.3　進化論的アルゴリズム ······································· 242
　　11.4.4　実験計画 ·· 243
　　11.4.5　結　果 ··· 243
11.5　まとめ ··· 245
11.6　おわりに ··· 245
　　11.6.1　応　用 ··· 246
　　11.6.2　適合度 ··· 247
　　11.6.3　フラクタル染色体 ··· 247
　　11.6.4　より一般的な縮小写像 ······································· 248

第12章　進化論的計算を用いた代謝経路および遺伝子制御系の推定　　251

12.1　はじめに ··· 251
　　12.1.1　生体内ネットワークの推定問題の重要性 ················ 252
　　12.1.2　生体内ネットワークのペトリネットによる記述 ······· 252
12.2　反応速度，ペトリネットおよび機能ペトリネット ············· 253
　　12.2.1　ペトリネット ·· 254
　　12.2.2　機能ペトリネット ··· 255
12.3　逆問題：観測データからの経路推定 ······························ 255
　　12.3.1　コーディング方法 ··· 256

12.3.2　適合度関数 ……………………………………………………… 256
　12.4　ネットワーク構造の進化：実験結果 ……………………………………… 257
　　　12.4.1　単純な代謝系ネットワーク ……………………………………… 257
　　　12.4.2　ランダムに生成した代謝系ネットワーク …………………… 259
　　　12.4.3　リン脂質代謝ネットワークの推定 …………………………… 259
　12.5　進化的計算手法による生体内ネットワークの推定に関する関連研究 …… 261
　　　12.5.1　遺伝的プログラミングを用いたネットワーク推定 ………… 263
　　　12.5.2　遺伝子制御ネットワークの推定 ……………………………… 267
　　　12.5.3　生体内ネットワークの対話的推定システム ………………… 270
　12.6　おわりに ……………………………………………………………………… 270

第13章　生物システム特徴付けのための進化論的計算による支援　273
　13.1　はじめに ……………………………………………………………………… 273
　13.2　EPR分光法による生物システムの特徴付け ……………………………… 274
　　　13.2.1　EPRスペクトルシミュレーションモデル …………………… 276
　　　13.2.2　スペクトルパラメータの役割 …………………………………… 278
　13.3　スペクトルパラメータの最適化 …………………………………………… 279
　13.4　実験の評価 …………………………………………………………………… 280
　13.5　おわりに ……………………………………………………………………… 286

第Ⅴ部　特徴抽出　289

第14章　進化論的計算による疾患データからの遺伝子および環境要素間の相互作用の発見　291
　14.1　はじめに ……………………………………………………………………… 291
　14.2　生物学的背景・定義 ………………………………………………………… 293
　14.3　数学的背景と定義 …………………………………………………………… 294
　14.4　特徴抽出フェーズ …………………………………………………………… 296
　　　14.4.1　特徴の部分集合の抽出 …………………………………………… 296
　　　14.4.2　解候補のコーディングと距離 …………………………………… 297
　　　14.4.3　適合度関数 ………………………………………………………… 298
　　　14.4.4　進化オペレータ …………………………………………………… 299
　　　14.4.5　選　択 ……………………………………………………………… 300

14.4.6　ランダム移民 ·· 301
14.5　クラスタリングフェーズ ··· 301
　　14.5.1　クラスタリングフェーズの目的 ···························· 301
　　14.5.2　k-平均法の利用 ··· 302
14.6　実験結果 ··· 303
　　14.6.1　人工的なデータでの実験 ··································· 303
　　14.6.2　実データを用いた実験 ····································· 304
14.7　おわりに ··· 307

第15章　創薬シミュレーションのための遺伝的アルゴリズムに基づく特徴抽出手法　309

15.1　はじめに ··· 309
15.2　特徴抽出問題 ··· 311
15.3　HIV に関連する QSAR 問題 ······································· 312
　　15.3.1　予測手段 ··· 312
　　15.3.2　予測モデル生成 ··· 314
15.4　特徴抽出手法 ··· 315
　　15.4.1　GA 重み付け回帰クラスタリング（GARC） ···················· 315
　　15.4.2　GAFEAT ··· 316
15.5　GARC ··· 316
　　15.5.1　GA による教師付きクラスタリング ·························· 317
　　15.5.2　局所学習を伴う教師付き回帰クラスタリング ················· 318
　　15.5.3　重み付き回帰クラスタリングによる教師付き学習 ············· 319
15.6　GAFEAT のパラメータ設定および実装 ······························ 320
　　15.6.1　遺伝的オペレータ ··· 320
　　15.6.2　相関行列に基づく評価関数 ································· 321
　　15.6.3　ランクに基づく選択 ······································· 322
15.7　比較と考察 ··· 322
15.8　おわりに ··· 325

第16章　進化論的計算を用いた分析スペクトルの解釈　331

16.1　はじめに ··· 331
16.2　計測手法 ··· 333

16.3 スペクトルの解釈における教師なし学習と教師あり学習 ………………… 335
16.4 モデル検証の一般的な手法 ……………………………………………………… 337
16.5 モデリングのためのスペクトル変数の選択 …………………………………… 340
16.6 遺伝的回帰 ………………………………………………………………………… 342
16.7 遺伝的プログラミング …………………………………………………………… 343
16.8 領域知識の利用 …………………………………………………………………… 345
16.9 モデルの了解度 …………………………………………………………………… 347
16.10 進化論的アルゴリズムを用いたモデル検証 …………………………………… 349
16.11 トランスクリプトミクス（transcriptomics）とプロテオミクス
（proteomics）における進化論的計算の応用 ………………………………… 350
16.12 おわりに …………………………………………………………………………… 352

付　録　バイオインフォマティクスのデータとリソース　　357

A.1 入　　門 …………………………………………………………………………… 357
A.2 核　　酸 …………………………………………………………………………… 357
A.3 遺 伝 子 …………………………………………………………………………… 358
A.4 発現配列タグ（Expressed Sequence Tags: EST） …………………………… 359
A.5 一遺伝子突然変異（Single Nucleotide Polymorphism: SNP） …………… 359
A.6 RNA構造 …………………………………………………………………………… 359
A.7 タンパク質 ………………………………………………………………………… 360
A.8 代謝系パスウェイ ………………………………………………………………… 361
A.9 教育的なリソース ………………………………………………………………… 361
A.10 ソフトウェア ……………………………………………………………………… 361

索　引　363

執筆者一覧

Dan Ashlock
Mathematics Department and
Bioinformatics and Computational
Biology Iowa State University
Ames, Iowa 50011
USA
danwell@iastate.edu

Kristin Bennett
Department of Mathematics
Rensselaer Polytechnic Institute
Troy, New York 12180
USA
bennek@rpi.edu

Jacek Blazewicz
Institute of Computing Science
Poznan University of Technology
Piotrowo 3A, 60-965 Poznan
Poland
blazewic@put.poznan.pl

Curt Breneman
Department of Chemistry
Rensselaer Polytechnic Institute
Troy, New York 12180
USA
brenec@rpi.edu

Kumar Chellapilla
Natural Selection, Inc.
3333 North Torrey Pines Court
Suite 200
La Jolla, California 92037
USA
kchellap@natural-selection.com

David W. Corne
Department of Computer Science
University of Reading
Whiteknights
Reading RG6 6AY
United Kingdom
D.W.Corne@reading.ac.uk

Dirk Devogelaere
Department of Chemical Engineering
Catholic University of Leuven
Leuven
Belgium
Dirk.Devogelaere@cit.kuleuven.ac.be

Clarisse Dhaenens-Flipo
IFL
University of Lille
Bâtiment M3
Cité Scientifique
59655 Villeneuve d' Ascq
France
Clarisse.Dhaenens@lifl.fr

Mark J. Embrechts
Department of Decision Sciences and
Engineering Systems
Rensselaer Polytechnic Institute
Troy, New York 12180
USA
embrem@rpi.edu

Emanuel Falkenauer
Optimal Design
Avenue de l' Oree 14 bte 11
B-1 000 Brussels
Belgium
efalkena@ulb.ac.be

執筆者一覧　xix

Bogdan Filipič
Department of Intelligent Systems
Jožef Stefan Institute
Jamova 39
SI-1000 Ljubljana
Slovenia
bogdan.filipic@ijs.si

David B. Fogel
Natural Selection, Inc.
3333 North Torrey Pines Court
Suite 200
La Jolla, California 92037
USA
dfogel@natural-selection.com

Gary B. Fogel
Natural Selection, Inc.
3333 North Torrey Pines Court
Suite 200
La Jolla, California 92037
USA
gfogel@natural-selection.com

Jim Golden
CuraGen Corporation
555 Long Wharf Drive
9th Floor
New Haven, Connecticut 06511
USA
JGolden@CuraGen.com

Garrison W. Greenwood
Department of Electrical and Computer Engineering
Portland State University
Portland, Oregon
USA
greenwd@psu.edu

Hitoshi Iba
Department of Frontier Informatics
University of Tokyo
Hongo 7-3-1
Bunkyo-ku, Tokyo 113-8656
Japan
iba@miv.t.u-tokyo.ac.jp

Laetitia Jourdan
LIFL
University of Lille
Bâtiment M3
Cité Scientifique
59655 Villeneuve d' Ascq
France
Jourdan@lifl.fr

Marta Kasprzak
Institute of Bioorganic Chemistry
Polish Academy of Sciences
Noskowskiego 12
61-704 Poznan
Poland
marta@cs.put.poznan.pl

Junji Kitagawa
Department of Frontier Informatics
University of Tokyo
Hongo 7-3-1
Bunkyo-ku, Tokyo 113-8656
Japan
junji@mg.xdsl.ne.jp

Gary B. Lamont
Air Force Institute of Technology
Electrical and Computer Engineering (ENG)
2950 P Street
Building 640
Room 212
Wright-Patterson Air Force Base, Ohio 45433-7765
USA
gary.lamont@afit.edu

Larry Lockwood
Department of Chemistry
Rensselaer Polytechnic Institute
Troy, New York 12180
USA
lockwl@rpi.edu

Arnaud Marchand
Optimal Design
Avenue de l' Oree 14 bte 11
B-1 000 Brussels
Belgium
A.Marchand@swing.be

Laurence D. Merkle
Department of Computer Science
U.S. Air Force Academy
Colorado Springs, Colorado 80840
USA
larry.merkle@usafa.af.mil

Cédric Notredame
Information Génétique et Structurale
CNRS-UMR 1889
31 Chemin Joseph Aiguier
13 006 Marseille
France
cedric.notredame@igs.cnrs-mrs.fr

Muhsin Ozdemir
Department of Decision Sciences and Engineering
Systems
Rensselaer Polytechnic Institute
Troy, New York 12180
USA
ozdemm@rpi.edu

Marcel Rijckaert
Department of Chemical Engineering
Catholic University of Leuven
Leuven
Belgium
Marcel.Rijckaert@cit.kuleuven.ac.be

Jem J. Rowland
Computer Science Department
University of Wales
Aberystwyth, Wales
United Kingdom
jjr@aber.ac.uk

Steffen Schulze-Kremer
RZPD Deutsches Ressourcenzentrum für
Genomforschung GmbH
Heubnerweg 6
D-14059 Berlin
Germany
steffen@rzpd.de

Jae-Min Shin
CAMDRC
Soongsil University
Seoul
South Korea
jms@cosmos.nci.nih.gov

Janez Štrancar
Department of Solid State Physics
Jožef Stefan Institute
Jamova 39
SI-1000 Ljubljana
Slovenia
janez.strancar@ijs.si

Joseph D. Szustakowski
Department of Biomedical Engineering
Boston University
Boston, Massachusetts 02215
USA
josephs@bu.edu

El-Ghazali Talbi
LIFL
University of Lille
Bâtiment M3
Cité Scientifique
59655 Villeneuve d' Ascq
France
Talbi@lifl.fr

Zhipeng Weng
Department of Biomedical Engineering
Boston University
Boston, Massachusetts 02215
USA
zhiping@bu.edu

第 I 部　バイオインフォマティクスと進化論的計算の基礎

第 1 章　バイオインフォマティクス入門
　　　　David W. Corne and Gary B. Fogel

第 2 章　生物学者のための進化論的計算入門
　　　　Gary B. Forgel and David W. Corne

第1章　バイオインフォマティクス入門

David W. Corne　University of Reading
Gary B. Fogel　Natural Selection, Inc.

1.1　はじめに

　2000年6月，イギリスのケンブリッジにあるSanger Centerで，近年最も重要な業績の1つが発表された．ホモ・サピエンスを他の動物と区別する，3,000,000,000文字のコードをもつヒトゲノムのドラフトが発表されたのである．世界中の16の主要なバイオテクノロジーの研究センターがかかわった画期的業績であり，（この業績や世界中で継続する同様の成果からの）科学の分野への貢献は計り知れないものであった．しかし「知識」への貢献は明確でない．知識を，"どの遺伝子が人間の免疫システムに関係しているのか"，"ヒトはチンパンジーやゴリラに近いのか"，"どれだけ老化は抑えられるのか"といった興味をそそる科学的な問いへの答えの集まりとしてみなすのであれば，DNA配列の発表は直接的な手助けとはなり得ない．この隔たりはバイオインフォマティクスにより埋めることができる．新しい配列データを入手することと，その情報を科学的に理解することには大きな隔たりがある．バイオインフォマティクスは，生物データを解釈したり予測したりするための，生物学，計算機科学，数学，統計学，情報理論をまとめた，多分野にまたがる学問である．

　遺伝子はDNAの配列（一般的には100～5,000の長さ）である．DNA配列はタンパク質と呼ばれる特定の分子を作るようコード化されていて，タンパク質は細胞内で行動を起こす．新しいゲノム配列を手に入れると，"このゲノムはいくつの遺伝子からなるのか"と考えるかもしれない．ヒトゲノムに関して言えばこれに対する答えは，ヒトと他の動物の相違や，ヒトがどれだけ進化したかを決定する手助けになる．一方で，自分たち自身のゲノムをどれだけ理解できていないかも認識できるだろう．新しい配列情報における遺伝子を識別することは簡単ではない．既知の遺伝子配列データベースによる計算機モデル予測を発展させ，新しく生成した配列情報のどこに遺伝子情報があるのかを予測することが一般的に行われている．現在，このようなバイオインフォマティクスの問題へのアプローチは，統計学的モデル，人工ニューラルネット

ワーク，隠れマルコフモデル，サポートベクトルマシンなどの機械学習手法にまで及ぶ．実際，生物情報の爆発的な増加に伴い，機械学習の新しく有効な考え方を適用する必要が高まってきている．したがってDNA配列中のコード領域の発見は，進化論的計算手法などで処理するパターン認識問題（9章参照）とみなすことができる．

しかし，価値ある結果が簡単に得られるデータを生物学者からもらえるとは限らない．適用分野の知識と見識を計算機分析に加えることは，より良いアプローチを発展させる手助けとなる．専門知識の付加的価値は極めて大きく，特に生物学と計算機科学が交わる分野では計り知れない．生物学と計算機科学の橋渡しができる者によって，双方の専門家を組み合わせることが理想的である．一個人に両方の専門知識が要求されることはまれである．すでにこの共同作業により，ヒトゲノムの急速な解明が行われている．これにとどまらず，いまだこの分野には多くの問題があり，適用できそうなさまざまな新しい手法がある．

多くの方法で計算機予測モデルの発展を行うことが可能である．その柔軟性や並列化の容易さ，高いパフォーマンスのために，著しく注目を集めた手法が進化論的計算 (evolutionary computation: EC) である．一般的に，ECは最適化に関するパラダイムとみなされている．パターン認識では，ECはすべてのタイプの分類子と予測モデルのパラメータや構造（もしくはその両方）の最適化に使うことができる．必ずしもパターン認識と関係しないバイオインフォマティクスの問題にもECを適用できる．例えばタンパク質立体構造決定問題は，一次アミノ酸配列のみを与え，タンパク質の最も適当な三次元構造を決定する問題である．特定のアミノ酸を表した一次配列，自由度数の制約，構造の候補の特質を評価する適切な手法を与えると，ECはそのアミノ酸の配列がどのような三次元構造をとるのかを非常に高い精度で予測する．6章から8章にECのこのような適用の詳細をまとめている．

つまり，バイオインフォマティクスは，計算と情報のアプローチを使って膨大な生物データから情報を明らかにする，多分野にまたがった科学である．このデータは複雑で膨大であるため，生物学者と計算機科学者の密接な共同研究が必要となる．共同研究を行う者がお互いの分野の基本的な知識を持っていれば，この問題の研究価値がさらに上がるであろう．本書のはじめの2章ではこのことを目標とする．1章は生物学問題についての背景知識を必要とする計算機科学者を対象とする．2章は生物学者を対象とし，特にECの手法を紹介する．つまり1章は問題の性質に，2章は有効な解を生成するEC手法に注目する．

1.2　生物学 —— 生命の科学

　生物の科学では，さまざまなレベル（分子から細胞，個体，群れ，集団，生態系に至るまで）ですべての生物の性質を理解しようと試みる．生物は1つの細胞，もしくは細胞の集合により構成されているため，細胞はほとんど普遍的に生物の基本単位として受け入れられている．この見方によると成人は100兆個の細胞の集合と考えられる．バイオインフォマティクスで主に注目するのは分子や細胞のレベルの問題であり，本書はそれを反映している．高レベルの問題が重要でないと言っているのではないが，近年の科学的研究の多くは低レベルの問題に主眼をおいている．結果として，低レベルで莫大な量のデータが作られ続けており，バイオインフォマティクスの利用はこの傾向に従っている．

　各細胞は，生物の分子・化学反応・ゲノムの複写からなる動的な環境を持つ．各細胞すべてにおいてDNAは同じであるにもかかわらず，異なる細胞ではDNAの表現型がすべて違うことがあり，個体の発達の中で劇的な細胞の特質化をもたらす．この特質化を制御する正確なメカニズムはごく最近になって分かってきた．細胞内の多くの化学反応は主としてタンパク質（酵素）に起因する．細胞により周囲の環境から吸収された栄養が反応のネットワークに送られる．しかし後述するように，環境の中での特定の変化はこのネットワークの中で大きな変化を引き起こす．

　歴史的に，生物は細胞形態学の類似度によって2つに分類されてきた．生物学者はそれらを原核生物と真核生物と呼んでいる．原核生物はバクテリア（例えば大腸菌）のような単細胞生物に分類される．原核生物はDNAを細胞中で特別な膜組織の中に保護していない．それに対して真核生物（例えば魚類，両生類，爬虫類，昆虫，鳥類，哺乳類，菌類）はDNAを各細胞の核膜の中に保護する（図1.1）(Lewin, 2001)．

　バイオインフォマティクスによって多種の生物における配列情報の比較を行ったところ，地球上の生物は真核生物，真正細菌，古細菌（Marshall and Schopf, 1996）という3区分に分けられていた．古細菌と真正細菌は原核生物であり，顕微鏡のもとで形態学的類似が見られる．しかし，古細菌は他の生物が生き残ることができないような極度の環境（例えば強酸，強塩基状態，あるいは超高温高圧下の深海の熱水孔）に住むことが知られている．この細菌は通常他の生物から全く離れたところに位置する．この生物が極度の環境でどのようにして生き延びているかを理解するためにはバイオインフォマティクスを活用するほかない．

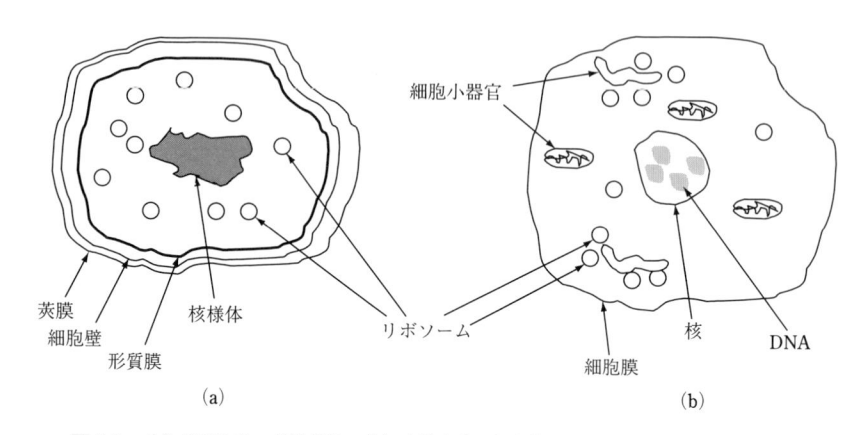

図 1.1 (a) 原核生物の細胞構造．(b) 真核生物の細胞構造．原核生物では DNA は核様体の一部にある．核様体は，タンパク質分子に包まれた密に詰まった巨大 DNA 複合体である．この DNA/タンパク質の複合体は細胞内の他のものとは区切られていない．真核生物では，DNA は核と呼ばれるしきりによって区切られている．

1.3 分子生物学のセントラルドグマ

各生物の DNA は，酵素や他のタンパク質の組立て方を定めることで，細胞内での活動を制御している．これを行うのに，遺伝子は直接タンパク質を作るのではなく，代わりにタンパク質の製造法を順番に符号化した RNA（リボ核酸）の鎖である鋳型を生成する．この細胞の中の情報の流れは，Francis Crick により"分子生物学のセントラルドグマ"と名づけられた（Lewin, 2001）．

DNA（デオキシリボ核酸）は長い 2 本の鎖で構成される．各鎖は，リン酸塩，デオキシリボース，ヌクレオチド（アデニン [A]，グアニン [G]，シトシン [C]，チミン [T]）と呼ばれる単位をつなげてできている．生物学者は通常 DNA 分子を，{A, G, C, T} の記号を使って単純に表現する．各細胞内の DNA は，その細胞の完全な（多細胞の真核生物では生物中の他の細胞すべてについても）遺伝的な青写真を与える．DNA 分子は，基本ペア規則，"A と T のペア"と"C と G のペア"に従って 2 重らせん構造を形作る，逆平行方向の 2 本鎖の組である．このペアの規則（Chargaff 規則としても知られる）により，DNA 分子の 2 本鎖は相補的であり各鎖は互いの構造を補完する．

細胞内の DNA は，RNA を作る青写真を与え，最終的にはタンパク質の製造につながる．DNA から（RNA を経て）特定のタンパク質への情報変換は，遺伝コードによって行われる．このコードはすべての生物に普遍的なものではないが，表 1.1 に示されているコードは標準的で大多数の生物に使われている．このコードを用いると，

表 1.1　遺伝コード．どのように RNA コドンがアミノ酸に対応するかを表す．各コドンにアミノ酸に一致する 3 文字のコードが与えられる．

1 文字目が A

	3 文字目			
2 文字目	A	C	G	U
A	AAA—lys	AAC—ans	AAG—lys	AAU—asn
C	ACA—thr	ACC—thr	ACG—thr	ACU—thr
G	AGA—arg	AGC—ser	AGG—arg	AGU—ser
U	AUA—ile	AUC—ile	AUG—met	AUU—ile

1 文字目が C

	3 文字目			
2 文字目	A	C	G	U
A	CAA—gln	CAC—his	CAG—gln	CAU—his
C	CCA—pro	CCC—pro	CCG—pro	CCU—pro
G	CGA—arg	CGC—arg	CGG—arg	CGU—arg
U	CUA—leu	CUC—leu	CUG—leu	CUU—leu

1 文字目が G

	3 文字目			
2 文字目	A	C	G	U
A	GAA—glu	GAC—asp	GAG—glu	GAU—asp
C	GCA—ala	GCC—ala	GCG—ala	GCU—ala
G	GGA—gly	GGC—gly	GGG—gly	GGU—gly
U	GUA—val	GUC—val	GUG—val	GUU—val

1 文字目が U

	3 文字目			
2 文字目	A	C	G	U
A	UAA—STOP	UAC—tyr	UAG—STOP	UAU—tyr
C	UCA—leu	UCC—phe	UCG—leu	UCU—phe
G	UGA—STOP	UGC—cys	UGG—trp	UGU—cys
U	UUA—leu	UUC—phe	UUG—leu	UUU—phe

表 1.2 20 種のアミノ酸.名称,標準 3 文字略,標準 1 文字略(一次配列データを表すため)を大きさ(大,中,小)と電荷(+,−,中性)とともに示す.

アミノ酸	3 文字	1 文字	大きさ	電荷
アラニン	ala	A	小	中性
アルギニン	arg	R	大	+
アスパラギン	asn	N	中	中性
アスパラギン酸	asp	D	中	−
システイン	cys	C	小	中性
グルタミン酸	glu	E	大	−
グルタミン	gln	Q	大	中性
グリシン	gly	G	小	中性
ヒスチジン	his	H	大	+
イソロイシン	ile	I	中	中性
ロイシン	leu	L	中	中性
リシン	lys	K	大	+
メチオニン	met	M	大	中性
フェニルアラニン	phe	F	中	中性
プロリン	pro	P	中	中性
セリン	ser	S	小	中性
スレオニン	thr	T	小	中性
トリプトファン	trp	W	大	中性
チロシン	tyr	Y	中	中性
バリン	val	V	小	中性

AGTCTCGTTACTTCTTCAAAT

という DNA 配列は,はじめに,アデニン (A),グアニン (G),シトシン (C),そしてチミンの場所にウラシル (U) といったヌクレオチドを用いて,RNA 配列

AGUCUCGUUACUUCUUCAAAU

に転写される.真核生物では,この RNA 配列は,一次タンパク質配列に翻訳されることで,核外の細胞質に出される.RNA は連続した 3 文字のコドンとして解釈される.

AGU CUC GUU ACU UCU UCA AAU

各コドンは表 1.1,表 1.2 に示す特定のアミノ酸に対応する.開始コドンと呼ばれる特別なコドンは翻訳プロセスの開始を示し,そのプロセスは終止コドンの 1 つに達すると終了する.この例では,タンパク質の配列 SLVTFLN が生成されるだろう(この配列で使われているアミノ酸の略字は表 1.2 で定義される).このプロセスの中で,DNA

(情報保管分子)から RNA(情報変換分子)を経て特定のタンパク質(機能的で暗号化されていない生産物)に情報が変換される.これらの各段階での調節や相互作用は謎であったが,ここ 50 年間でようやく解明されてきた.医学の分野では,分子操作により患者の細胞レベルでの相互作用を制御できる期待がふくらみ,これらの相互作用の知識は広がりをみせている.

この情報の流れに対するより深い理解を得るには,最初に多くの生物のゲノム(遺伝物質の完全な補完物)を作らなければならない.そして遺伝子をマッピングする必要がある.遺伝コードの知識は,既知の遺伝子との類似性に基づき,RNA とタンパク質の製造を予測し,新しく発見された遺伝子の機能を推測することに使われる.このために,配列や構造アラインメント,パターン認識,特徴選択,RNA やタンパク質の折りたたみの予測,そして細胞内の驚くべき相互作用ネットワークについての特性の予測といった,多くの計算手法が必要とされている.本書は特にこれらの問題領域への EC の適用に注目している.使用可能な他の手法についてはバイオインフォマティクスについての別の教科書を参照してほしい(Durbin et al., 1998; Baldi and Brunak, 2001; Mount, 2001).研究中の問題へのより良い理解ができるように,以下では細胞中での情報の主な流れを詳述する.

1.3.1 DNA 配列の分析

前述のとおり,DNA は A, G, C, T の組を使って,記号の連続として表現される.生物学者は,1 本の鎖の各記号を塩基配置またはヌクレオチド(nucleotide: nt)配置と呼び,双方の DNA 鎖が交叉する相互補完された配位を塩基対(base pair: bp)と呼ぶ.注解されていない DNA 配列中の遺伝子を解明するとき,開始コドンと終止コドンの間に現れてタンパク質をコード化している可能性のあるセグメントを探す.このようなセグメントが遺伝子候補である.しかし,遺伝子がコード化する一次タンパク質配列を明確にすることはできない.開始ヌクレオチドの位置が確実ではないため,適切な読み枠にも曖昧さが生じるからである.この概念を図 1.2 に図示する.これは開始位置が決まっていない場合の,3 つの可能な読み枠を表している.いくつかの既知のケースがあり,特に遺伝子の部分的な一致が,同じ DNA セグメントの中で複数の読み枠につながる.この例としてはウイルスやバクテリアの短い遺伝子がある.

調節要素(プロモータやエンハンサ)は通常遺伝子配列の側面に並ぶ.これらの要素を構成するヌクレオチドは遺伝子発現の速度を制御し,研究者が実際の遺伝子配列を解明するときにも用いられる.真核生物では,コード化領域(つまりタンパク質がコード化された領域)は DNA 全体のほんの一部分である.この部分は生物によって

DNA	A	G	T	C	T	C	G	T	T	A	G	T	T	C	T	C	A	A	A	T
読み枠1	S			L			V			T			F			E				
読み枠2		V			L			L			L			L			K			
読み枠3			F			R			Y			F			L			K		

図 1.2 とり得る DNA 配列の 3 つの読み枠．1 行目は DNA 配列を示す．3 文字のコドンによる解釈は開始点に依存する．読み枠 1, 2, 3 は，それぞれ 1 つ目，2 つ目，3 つ目のヌクレオチドの位置から始める．各読み枠にて，表 1.2 をアミノ酸の決定に（T の位置を U で置き換えて）用いて，表 1.1 によってそのアミノ酸を標準 1 文字コードに直すことで，アミノ酸配列への翻訳が行われる．

大きく異なる．1 つの遺伝子中にさえ，機能的な生成物を発生させる DNA 領域 (エクソン) と，機能的な生成物の発生を行わない DNA 領域（イントロン）が存在する．原核生物には真核生物に比べコード化されない DNA がはるかに少なく，遺伝子規則と形態学の独自システムを持つ．このレベルでの真核生物と原核生物の違いは本項の範囲ではないが，真核生物のモデルを原核生物に変換したりその逆変換はできないことに注意されたい．

多くの真核生物では，コード化されていない DNA は，単純な短い配列の繰返しの連続（マイクロサテライト），元来遺伝子であったもの（擬似遺伝子），遺伝子中の他の位置へ自己スプライシングと複製のどちらかもしくは両方を行える DNA のセグメント（トランスポゾン）の 3 つに分類される．例えば，長さ 280bp のトランスポゾンである Alu 配列[*1]は，進化の過程でヒトゲノム内において活動的に伸び続けている．このようなトランスポゾンは，SINE (short interspersed nuclear elements, 短分散型核内反復配列) と呼ばれるカテゴリに属する．LINE と呼ばれるより長いトランスポゾンもある．例えば，L1 と呼ばれる LINE の 1 つは 7 キロベース（kb）の配列であり，ヒトゲノム全体の 15% を占める．さまざまな繰返し要素はわれわれのゲノムのかなりの部分となっている．進化史と現在の細胞のプロセスにおけるこれらのトランスポゾンの役割や効果については大きな関心が寄せられ議論がなされている．コード化されていない DNA や遺伝子間 DNA に特に大きな特徴はない．しかし"ジャンク"として無視するのは，多くの理由から抑えておく．

1.3.2 転写と翻訳

DNA 中の遺伝子はまず RNA へと転写され，その後タンパク質へと翻訳される．

---

*1 訳注：ヒトゲノム中に広く分布する繰返し配列で，全体の約 5% を占める．

DNAとRNAの核酸は非常に似通った記号言語を共有している．それゆえ，DNAからRNAへの変換は，非常に近い言語を使って1冊の本を翻訳することに似ている．しかし，核酸からタンパク質への情報変換は2つの非常に異なった言語間の翻訳過程を必要とする．

DNAからRNAへの転写では，発現する予定の遺伝子のすぐ上流のプロモータ領域の周りに前開始複合体が集められる．DNAにくっついたこのタンパク質の複合体は，RNAポリメラーゼと呼ばれる特別なタンパク質を引きつける．これによって開始位置の遺伝子に近い領域でDNA鎖がほどかれ，RNAポリメラーゼ酵素は鎖の1本と結び付く．その後，RNAポリメラーゼはRNA転写物を作りながら，遺伝子の左から右（生物学者は核酸の生化学に従いこれを$5'$から$3'$方向と呼ぶ）に沿って移動する．RNAは，前述のペアルールに従って正確に補完し合うようなヌクレオチド（AとU，GとCの組）を用いることで，遺伝子中の各ヌクレオチドを表現する$\{A, G, C, U\}$のセットとして合成される．このプロセスはRNAポリメラーゼが終了信号と出合うと終了し，結果として生じたメッセンジャーRNA（mRNA）は，細胞の中を自由に浮遊できるようになる．真核生物の細胞の中では，mRNAは核から外へ出て細胞質へと入る．そこで，細胞中のリボソームと出合い，mRNAの情報解読およびアミノ酸とタンパク質の言語への翻訳（図1.2，図1.3）が始まる．多数のRNAの集合とタンパク質配列がこのプロセスを補助するが，この詳細については省略する．

生成されたタンパク質は，直ちに自然な三次元構造（立体配座と呼ぶ）をとり，細胞内でいつでも働けるような準備が整う．上記のような遺伝子発現プロセスはすべての生物の細胞で絶えず行われている．細胞の環境によって特定の遺伝子がオン・オフされ，それゆえ時間の経過に従って発現の割合が変化する．次にこれら遺伝子のタンパク質生成物について述べ，章の終わりでは遺伝子ネットワークとその発現に焦点を当てる．

1.3.3 タンパク質

タンパク質は生物のバイオマスのほとんどを占め，生物の代謝と他の細胞過程において重要な役割を担っている．それぞれのタンパク質は特有の三次元形状を持ち，通常1,000から50,000の原子で構成されている．タンパク質のアミノ酸配列は細胞内の情報の流れの機能的な部分である．例えばコラーゲンタンパク質は人間の体のタンパク質全体の約25%を占める．コラーゲン分子は強固なケーブルによく似ており，その集合体は皮膚，臓器，骨，歯，筋肉をサポートするために自己組織化する．人の細胞に存在する何万ものタンパク質には，個体レベルで容易に識別できる影響を持つもの

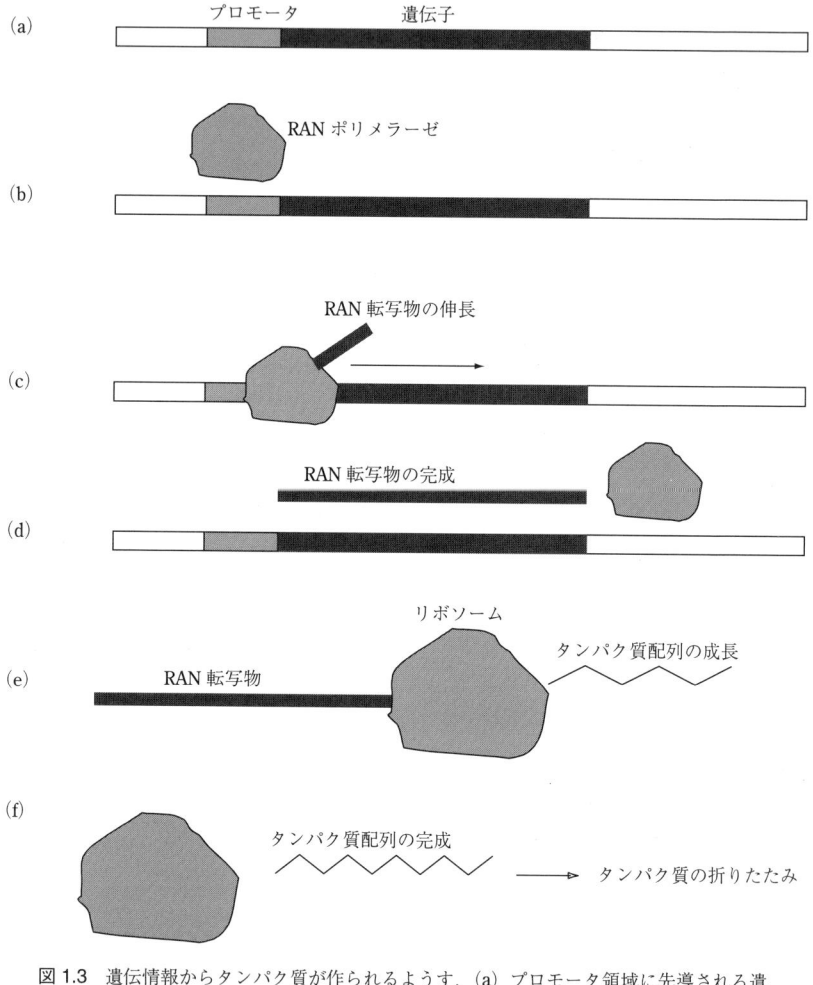

図1.3 遺伝情報からタンパク質が作られるようす．(a) プロモータ領域に先導される遺伝子を含む DNA 断片．(b) RNA ポリメラーゼ複合体（特殊なタンパク質の集合）はプロモータの近くの DNA に付着し，開始位置の遺伝子から DNA と相互作用を始める．(c) RNA ポリメラーゼは，徐々に遺伝子配列の RNA 転写を作りながら 左から右へと移動する．(d) 転写が完了し，転写物は RNA ポリメラーゼと DNA のどちらからも分離している．これはリボソームとぶつかるまで細胞内を浮遊する．(e) リボソームはこれを使って自動的にタンパク質分子を生成する．(f) プロセスは完了し，タンパク質は自然な形に折りたたまれ細胞内で働き始める．

は比較的少ない．つまり多くのタンパク質は細かな点でわれわれの特徴を決めている．例えば，免疫グロブリンと呼ばれるタンパク質の大きな集団は，免疫システム機能の鍵を握り，さまざまな種類の感染病との戦いを制御する．ヒストンタンパク質は真核生物の細胞中に存在し，DNA組織構造に重要なものであり，DNAの青写真をどのように解釈するか決める．細胞中の多数のタンパク質の相互作用は，すべての細胞の振舞いに影響を及ぼす複数の作用を織り交ぜたものである．

　非常に多様な構造と機能があるにもかかわらず，すべてのタンパク質は構造的な語彙を共有している．タンパク質構造の本質的部分を図1.4に示す．すべてのタンパク質は，配列の中に炭素（C）原子と窒素（N）原子が連結した主鎖を持つ．N-C-Cの箇所はペプチド単位(炭素原子と窒素原子の結合がペプチド結合である) と呼ばれ，そのためタンパク質はポリペプチドと呼ばれる．酸素（O）原子と水素（H）原子は，図示するように各ペプチド単位の窒素と2つ目の炭素原子に結合する．各ペプチド単位の中央の炭素原子（C_αと記す）には，20種類のアミノ酸（側鎖や残基と呼ばれる）のうちのどれかが結合する（図1.4）．

　したがってタンパク質はそのアミノ酸（側鎖や残基）の配列によって特定できる．表1.2で示すように，この20種類のアミノ酸はそれぞれ1文字の記号で表される．例えばPNAYYAという配列は，6ペプチド単位の主鎖を持ったタンパク質で，1つ目のアミノ酸はプロリン，2つ目はアスパラギンというように表されている．この方法で，いかなるアミノ酸配列も完全にタンパク質分子の一次構造を定められる．主鎖の構造と各アミノ酸の化学構造が与えられると，タンパク質はその構成原子の化学結合により，非常に基本的なレベルで特徴づけられる．

　タンパク質分子の構造の細部はその生物中の機能的役割と密接な関連性があり，病理学で言えばどのようにタンパク質の機能が失われるかが決まる．例えばヘモグロビンタンパク質は血流の中で酸素輸送に直接関連している．2つの主要なヘモグロビン組織（αヘモグロビンとβヘモグロビン）をコード化した遺伝子は，長さ数百のアミノ酸残基による特定の一次配列で表される．βヘモグロビンの遺伝子の15番目のbpが1つ異なる人間もいる．遺伝子レベルでのこの差異からヘモグロビンの一次アミノ酸配列の変化が起こる．アミノ酸配列の変化はタンパク質構造の変化に帰着し，この場合鎌状赤血球貧血として知られる病状を引き起こす．この形状が異なるヘモグロビンは酸素がないとき長く強固な鎖の形に連結しやすい．この鎖は細胞を比較的きつく鎌状にゆがめ，細い血管をつまらせてひどい痛みを引き起こす．しかしこの特有の疾患を持つ人間はマラリアにかかりにくいことも知られている[*2]．このように，タンパ

[*2] 訳注：そのため進化論的に優位になったという説がある．

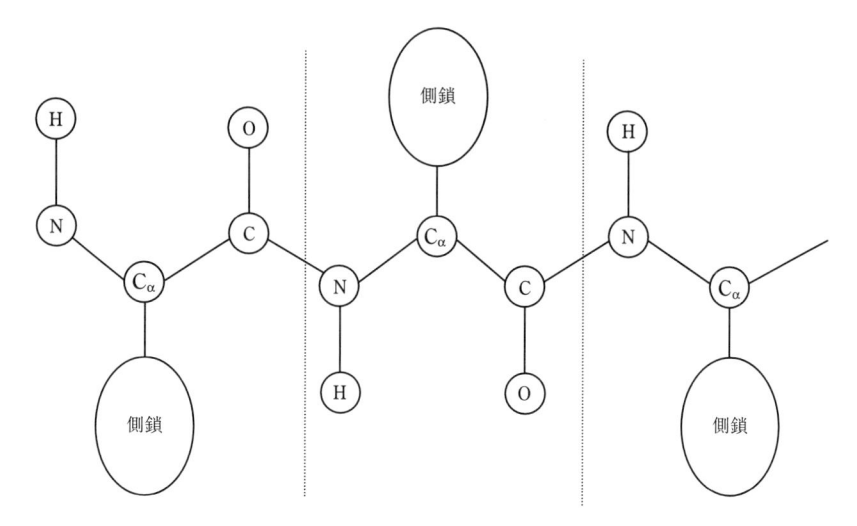

図 1.4 タンパク質構造の概要．タンパク質分子のポリペプチド主鎖の一部を示す．N-C-C の形の 3 つ組を交互の向きに繰り返し構成する．繰返し部分の中央の炭素原子（C_α 原子）には，20 種類の側鎖残基の 1 つが付く．

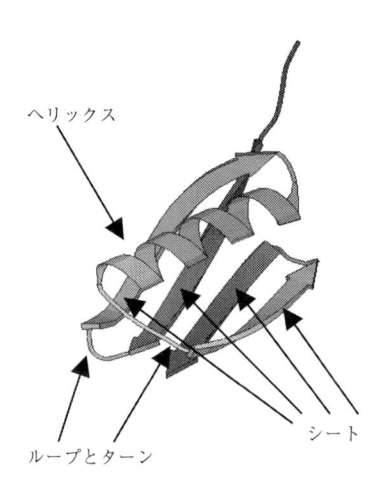

図 1.5 連鎖球菌タンパク質 G（図 6.7 より）．構造生物学者の通常の見方でタンパク質構造を描写したもの．異なる二次構造から構成されている．このタンパク質の主鎖は 4 つの β シート領域と 1 つの α ヘリックスに折りたたまれている．β シート領域はおおむね平行になっている．

ク質の三次元構造はそれが持つ機能への影響が大きく，形状の変化は個体にとって有害であったり，有益であったり，どちらでもなかったりする．

一次配列の知識だけでは，タンパク質の三次元構造を決定するには不十分である (Branden and Tooze, 1998；図 1.5 参照)．アミノ酸の側鎖は規則的な間隔で突き出ており，粗い球構造を支え安定させている．任意のタンパク質の三次元構造をその一次配列から正確に推測することは非常に難しい．これはバイオインフォマティクスにとって最も急を要する問題であり，本書の 3 つの章 (6, 7, 8 章) でこの問題を扱っている．

1.4 遺伝子ネットワーク

遺伝子は，細胞が生きている間に，頻度を変化させながら発現する．同一のゲノムの中で，個々の遺伝子の発現速度は，毎秒ほとんど 0 から約 100,000 タンパク質まで連続的に変化し得る．他の遺伝子の発現パターンを含めたいくつかの要素が特定の遺伝子の発現のレベルに影響を及ぼす．細胞内の発現プロセスを，遺伝子のノードと，その遺伝子間をつなぐリンクによる動的なネットワークとして視覚化することは有用である．ここでネットワークのリンクは，遺伝子の発現が別の遺伝子の発現に影響する度合を表す実数（正または負）の重みを持つ．システムバイオロジーの分野では，これらのさまざまな遺伝子発現の関係をより良く理解できるように試みている (Kitano, 2001)．

動的ネットワーク中のリンクは間接的な影響をモデル化するのに役立つ．例えば，遺伝子 1 が CTACTG という DNA 配列と固く結び付くタンパク質をコード化するとしよう．さらにこの遺伝子 1 は部分配列 CTACTG を含む遺伝子の発現を妨げる．するとこの部分配列のごく近くにあるプロモータもまた影響を受けるだろう．しかし別の遺伝子（遺伝子 2 とする）は遺伝子 1 の生成によって，発現が増加するかもしれない．ターゲットの配列が遺伝子 2 の付近で起こるかもしれず，その領域での DNA に及ぼす影響は遺伝子 2 の周りに折りたたまれている DNA に転写レベルで増加するように作用するだろう．細胞の遺伝子発現レベルの速度はある意味ではその細胞の指紋である．この指紋は時間ごとに変わる．生物中で各細胞が含む遺伝物質は他のすべての細胞と同一であるが，細胞の経歴や現在の環境がその遺伝子発現ネットワークに大きく影響する．マイクロアレー（または DNA チップ）は，一定の時間と環境状態で，多数の遺伝子の発現レベルを調べるのに用いられる．さらに新しい発現パターンが現れるように環境を変更することもできる．この技術は最近利用可能になったばかりであり，ゲノムの相互作用を解明するのに役立つと期待されている．本書の第 V 部では

このような相互作用の分析手法について議論する．

1.5 配列のアラインメント

　新しい遺伝子とそのタンパク質生成物を同定するのに，生物学者は以前に集めたデータに類似した配列を探す．類似点は遺伝子の進化の歴史やタンパク質の機能に関しての手がかりとなる．類似点を探すためにはオンラインのサーチエンジンを使うこともできる（付録を参照）．通常データベース中の類似した配列を発見するのに配列と構造の情報を用いる．これらのサーチエンジンはアラインメントによりクエリーとデータベースの配列を比べる．ここで2つの配列を考えよう．一方は新しく発見されたもので，他方は以前に発見されていてデータベースにあるものとする．

ATCTCTGGCA

TACTCGCA

2つの配列のアラインメントは次のような結果となる：

ATCTCTGGCA

-T-ACTCGCA

この場合，2つの配列の間で欠けている場所に隙間（－）が挿入されている．また，2つの配列は隙間以外の場所でも完全に一致しているわけではない．このようなアラインメントは，配列間の進化的関係についての仮説をもたらす．ただしこれはどちらも共通の祖先の配列から進化したという仮定に基づく．この例では，隙間は，共通の祖先から進化的に世代を重ねる間に，長い方の配列に挿入が起こったか，短い方の配列に削除が起こったか，その両方が起こったかを表す．比較が一致しない遺伝子座は，2つが世代を重ねるうちに，同じ位置で異なる突然変異を起こしたことを示す．

　アラインメントは配列のペア（または多数の組）によって行われる．これらの配列の組は，世代を越えて変わらずに残ったヌクレオチドの位置や進化の過程で自由に変化したヌクレオチドの位置などの情報を与える．配列の長さや数が増えるとより多くのアラインメントが得られ，確からしさの尺度さえもなしに最良解らしいものを求める必要がある．標準的なアプローチはアラインメントのコストを算出することである．これは進化で起こった突然変異の推定回数を反映する．4, 5章では，DNAとタンパク質の配列の情報を得るための，配列アラインメントについての解説を行うことにしよう．

1.6 おわりに

バイオインフォマティクスの分野には，計算機科学者にとって新しい課題が山積みである．本書に述べられる適用例では，分子や細胞レベルで起こるプロセスに焦点が置かれている．現代の分子生物学は DNA 配列情報を増やし続けるさまざまなゲノムプロジェクトを中心とするが，それ自体は答えへの足がかりにしかならない．バイオインフォマティクスはこれらの答えを得る手段である．

しかしながら，バイオインフォマティクスとして取り組む多くの問題はその大きさと範囲の広さのために非常に手強い．与えられた問題（タンパク質の立体構造決定など）は，全探索が不可能なほど大きい場合がある．このジレンマにより，生物学者は問題の解空間を全探索や最急降下法で考えられる程度に簡略化する．このような簡略化を行うと，間違った問題に対して一見正しい答えを導いてしまうことがある．必要とされているのは，簡略化なしに広い空間を効果的に探索できる手法である．そのような手法の 1 つとして EC があり，すでに幅広い工学の問題において効果的な手法として証明されている．バイオインフォマティクスの分野でも現在この手法は盛んに応用されている．

参考文献

[1] Baldi, P., and Brunak, S. (2001). *Bioinformatics: The Machine Learning Approach*. MIT Press, Cambridge, Mass.

[2] Branden, C., and Tooze, J. (1998). *Introduction to Protein Structure*. Second edition. Garland Publishing Inc., New York.

[3] Durbin, R., Eddy, S., Krogh, A., and Mitchison, G. (1998). *Biological Sequence Analysis: Probabilistic Models of Proteins and Nucleic Acids*. Cambridge University Press, Cambridge, U.K.

[4] Kitano, H. (2001). *Foundations of Systems Biology*. MIT Press, Cambridge, Mass.

[5] Lewin, B. (2001). *Genes VII*. Oxford University Press, New York.

[6] Marshall, C. R., and Schopf, J. W. (1996). *Evolution and the Molecular Revolution*. Jones and Bartlett Publishers International, London.

[7] Mount, D. W. (2001). *Bioinformatics: Sequence and Genome Analysis*. Cold Spring Harbor Laboratory Press, Cold Spring Harbor, N.Y.

第2章 生物学者のための進化論的計算入門

Gary B. Fogel　Natural Selection, Inc.
David W. Corne　University of Reading

2.1 はじめに

　自然の進化は，細胞・器官・個体・集団という階層における最適化である．この点で進化とは，新しい方法で新しい問題を解決できるようなプロセスと考えられる．進化は，遺伝的な変形と選択という2つの過程を，集団ベースで何度も繰り返す．遺伝的な変形は，通常個体のゲノムがある種の変化をするために起こる．これには，点変異，DNA複製時のエラー，および減数分裂時の組換えなどがある．これらの変化は次の世代に引き継がれる．そして選択により，その時点で環境の要求を満たしていない個体が淘汰される．生き残った個体は，次の世代の個体を作り出す．その際突然変異によってそれまでになかった個体が生み出される可能性がある．

　集団内のすべての個体の表現型は，遺伝子型と環境の相互作用で決まる．遺伝子型の変化は表現型の変化を引き起こす．選択は組織体（表現された振舞い）の表現型にだけ作用する．自然界において直面する問題は非線形の相互作用の組合せである．非線形とはいえ，生き残るために進化が発見する方法は効率的で，しばしば最適とみなせるものである．

　自然界のシステムをまねた進化的手法が計算機上にモデル化され，さまざまな問題に適用されている．例えばヒューリスティクスでは解けないまたは不満足な結果しか導けない問題，全探索を行うには探索空間が大きすぎるような問題である．その結果，進化論的計算手法は，医学・産業・バイオインフォマティクスの分野において，複雑な問題を解決する方法としてますます研究者の興味を引き付けるようになった．このアプローチの利点としては，その概念のシンプルさ，広い適応性，実世界の問題に対して従来の最適化手続よりも性能が優れていること，そしてニューラルネットワーク，有限状態機械，およびファジーシステムなどの従来手法との協調が容易なことが挙げら

れる．この章では，さまざまな進化論的計算のアルゴリズムを紹介する．そして，以下の章で紹介する適用例を理解するために十分な背景知識を提供する．

2.2 進化論的計算：歴史と用語

　計算機上で進化を扱うモデルとして，これまで数多くの手法が提案されてきた．まずはじめに，進化的操作手法（evolutionary operation technique: EVOP）が提案された（Box, 1957, 1960, 1966）．EVOP は製造工場の管理手法を最適化する方法である．これは化学産業における進化論的計算の最初の適用例でもある．この方法では製造工場自体を進化の対象とした．プラントへの一連の変形と選択操作によって，あたかも専門家の集団によって行われるかのように，プラントからの製品の適合度が増大し，世代が進むごとにプラントの生産効率が上がる様子が観察された．これは計算上だけではなく，人手と併せて進化の過程を扱う実時間的な試みだった．

　Friedberg（Friedberg, 1958; Friedberg et al., 1959）は，進化システムをマシン語の計算機プログラムで開発した初期の研究者である．「論理積-AND」や「排他的論理和-XOR」などの論理演算子の構成法を学習するプログラムが進化によって合成された．1950 年代から 1960 年代においては使える計算機の処理能力は極めて低く，ある程度の複雑さの問題しか進化論的手法では取り組めなかった．

　Barricelli の"人工生命"での初期の実験で，格子内で数値が進化する様子が示された (Barricelli, 1954)．彼のシミュレーションでは突然変異と複製といった方法が行われ，とりわけ格子内の数の創発的な振舞いに注目していた．後に進化的な生態系は，複雑系における創発的な振舞いの理解に重点を置いてシミュレーションされるようになった．この研究例としては文献（Conrad and Pattee,1970; Conrad, 1981; Rizki and Conrad, 1985; Ray, 1991）等がある．

　また，特定のシステムを最適化するのに進化を利用する研究者もいた．L. J. Fogel (L. J. Fogel, 1962; L. J. Fogel et al., 1966 ほか）は，進化論的プログラミング（evolutionary programming: EP）という進化シミュレーションを用いて人工知能の開発を行うことを提案した．他のアプローチとしては EP とは独立に，進化的戦略（evolution strategies: ES）が流体力学や一般的な工学応用における最適化問題のために，Rechenberg や Schwefel によって始められた（Rechenberg, 1965; Schwefel, 1965）．1950 年代から 1960 年代にかけては，第 3 の進化シミュレーションである遺伝的アルゴリズム（genetic algorithms: GA）が生まれた．これは Fraser, Bremermann, Holland と彼の学生のほかに多くの人々によって開発された（Fraser, 1957a,b, 1960, 1962, 1967, 1968; Bremermann, 1962;

Bremermann et al., 1966; Holland, 1969, 1973, 1975; Bagley, 1967; Rosenberg, 1967）．これらの研究の多くは，遺伝的な適応システムのモデルとして開発された．

近年開発された進化論的計算手法に，遺伝的プログラミング（genetic programming: GP）がある（Koza, 1989, 1992, 1994; Koza et al., 1999）．GPは特別なタイプの操作を必要とする染色体を用いる．この操作は問題に合わせて注意深く作られる．GPが扱う染色体はプログラムで，通常は木のような構造で表現される．このアイデアはもともとCramerが提出した（Cramer, 1985）．しかしGPとして確立し一般的になったのは，Kozaが計算機プログラムの自動的な進化の可能性を示してからである（Koza, 1992）．後にこれらの手法をもう一度紹介する．歴史的なことについてさらに知りたいならば，文献（D.B.Fogel, 1998）を参照してほしい．これにより，進化論的計算手法の全体的な歴史を知り，この分野での多くの初期の論文に触れられるだろう．

大ざっぱに言うと，これらすべての進化的な最適化手法では解候補の集団を扱う．この解候補には特定の目的のためにランダムな変形と選択が行われる．集団内の各個体の適合度は，与えられた目的に関連した個体ごとの評価値を反映する．しかしそれぞれの手法には，表現方法，突然変異オペレータ，集団の振舞い方，そして自己適応などのメタレベルの手法において歴史的な差異がある．多くの問題に共通の類似性があることと，すべての問題に適用できる最良の進化論的アプローチはないということが理解されてきたため，これらの違いはそれほど明白でなく（さらには重要でなく）なってきている．

生物学者は，これらの進化論的アルゴリズムを開発している計算機科学者が，時として生物学の用語と理論を本来の意味から離れて使っていることに気づくであろう．計算機科学の文脈で使われるイントロン，染色体，および適合度は，生物学の対応する用語とは同じ意味を持たないかもしれない．この章を読むと，計算機科学・生物学双方のコミュニティーで共通に使われてはいるが意味は似ていない用語について確認ができる．計算機科学者が興味を持っているのは，有用な最適化手法を開発することであって，生物学の用語を正確に再現することではない．生物学者はアプローチの有用性に注意を払い，用語の解釈については無視するのがよいかもしれない．

2.2.1 初期設定

進化は集団に対して作用するプロセスとなっている．しかし，変形と選択の仕組みは個体レベルで働く．そのため進化による最適化では，シミュレートされた個体の表現方法が成功への鍵となる．これらの表現は，探索すべき問題空間を進化に利用できるようにコード化する．表現型としては，バイナリ列で実数値を表したり単純に実数値

を用いたりする方法がある．これらの違いは表現を作るためにどのような生物学的アナロジーを使ったかを反映する．遺伝的アルゴリズムでは，表現のバイナリ要素は染色体上の遺伝子と類似している．そのため，これらの表現形式は染色体または遺伝子型と呼ばれる．進化的プログラミングや進化戦略における実数表現は表現型（または振舞い）のアナロジーと考えられる．これらの表現型のもとになる遺伝子に必要条件は全くない．そのため表現の構成要素は時として形質と呼ばれる．これらの伝統的な表現形式は似ているように見えるかもしれないが，個々の解の価値（または適合度）を評価するための操作は非常に異なる．次節でこれらの重要なメカニズムの概要を示す．

アナロジーはともかく，表現形式によって，進化論的計算が探索する可能な解空間の写像が定義される．特定の表現形式とその変形オペレータの組合せによって，進化論的計算が他手法よりも効率よく探索空間を探索できるようになる．ただし本章で述べるようにすべての問題について単一の手法を適用することは避けなければならない．

2.2.2 変　　形

自然界においては，変形によって集団の中に多様性が生まれる．遺伝子型および表現型に対する変化が大きい突然変異と小さい突然変異がある．小さな突然変異は1つの遺伝子の1点に作用し，その結果として悪くなる場合，影響のない場合，および良くなる場合とがある．小さな突然変異のよく知られた例として，ヘモグロビンの1つのヌクレオチドの変異がある．この変異によってグルタミン酸とバリンの交換が引き起こされ，タンパク質表面上に疎水性のポケットを生じさせる．この疎水性のポケットによって，ヘモグロビンのサブユニットの二量化が起こり，その結果鎌状赤血球貧血が起こる．大きな突然変異の例は組換えである．これによって遺伝子の大きな部分が同じゲノムの別の場所に移動する（水平移動の場合はゲノム間をまたいで移動する）．しかしながら，このような大きな変異が起こっても表現型レベルではほとんど変化がないこともある．生物では，組換えは同じ染色体の中で一点または複数点の交叉によって行われる．大きな変異と小さな変異の割合は，個体や環境によって大きく変わる．

このような変形オペレータのアナロジーが進化論的計算では広く用いられ，表現や探索空間に合わせて特定のオペレータが用いられている．例えばバイナリ遺伝子表現の場合，突然変異はランダムなビット反転である．表現型的な場合，突然変異は実数をランダムに変化させる．後者の場合，前もって決められたリストや0を中心にした分布（ガウス分布やコーシー分布[*1]など）に従って，置き換える数値が選択される．進化論的計算においては，1つの親（この場合突然変異や逆位を用いる）や複数の親

[*1] 訳注：6.3.3項参照．

（この場合には交叉や配合）から新しい個体が作られる．さまざまな表現形式や変形オペレータ，選択方法が本書を通じて明らかになるだろう．

1980年代中ごろから1990年代中ごろにかけては，重要なのは交叉であり，1点の突然変異は補助的なオペレータでしかないと考えられていた．積み木仮説では，良い「積み木」を特定し，それらを交叉によって組合せより大きな積み木を作ることで，遺伝的アルゴリズムはうまくいくとされている（Holland, 1975; Grefenstette et al., 1985）．この仮説については広く議論されており，また問題の対象を変えると結果が大きく変わってくる．

どの方法を使っても，変形オペレータによって新しい世代における多様性が生み出される．探索空間がたくさんの局所解とただ1つの最適解を持つ場合，大きな突然変異は局所解から抜け出すために非常に重要であるかもしれない．しかし，最適解を見つけるのに必要な解像度を持っていない可能性もある．最適解に向かうのに小さな突然変異が重要なこともあり得るが，有用な点にたどり着くには時間がかかりすぎるかもしれない．このジレンマの解決法の1つとして，突然変異に幅を持たせ，問題を解く過程で自動的にそれを調整することが考えられる．この自己適応の手法については，2.2.5項で紹介する．

2.2.3 選　択

さまざまな解の候補から悪いものを取り除くのが選択である．選択で取り除かれなかったものは，前項で説明したように次世代の生成過程で親として使われる．選択のためには，その解候補が目標にどの程度近いかの指標を与えるようなスコアが必要となる．

そのスコアの計算には，ユーザが定義した適合度関数を用いる．例えばマルチプルアラインメントを決定する問題（4章と5章を参照）では，適切な適合度関数を与えれば，ギャップとミスマッチを最小化し，マッチの数を最大化できる．最終的な適合度の計算に際して，これらの要素を適当な重みを付けて足し合わせることもある．集団中の各個体について，ギャップ，ミスマッチ，マッチの数を調べ適合度を決める．このような適合度はさまざまな特性から決定される．エネルギー（構造たたみ込みや薬の結合など），予測と観測の平均2乗誤差（遺伝子推定や薬の作用予測など），主観的評価（進化的アートや音楽など）といったものがある．適切な適合度を定義することは，どのような進化論的計算を適用する上でも難しい課題となる．適合度は問題を正確に反映していなければならない．さもないと，間違った問題についての解を見つけることになる．

集団内のすべての個体の適合度が与えられた際に，どの候補を淘汰するかを決定する選択手法がさまざまに開発されてきた．比例選択（ルーレット選択と呼ばれることもある）では，複製に用いる個体を適合度に比例した確率で選ぶ．選択される確率は適合度によって大きく影響を受ける．しかしこの選択のプロセスだけでは，探索空間全体の最適解に向かって漸近的に収束していくとは限らない (D.B.Fogel, 1992; Rudolph, 1994)．この問題点を回避する方法として，エリート戦略が提案されている (Grefenstette, 1986)．この方法では常に集団中の最も良い解を保持することで，漸近的に収束することを保証する (D. B. Fogel et al., 1992; Rudolph, 1994)．トーナメント選択[*2]では，集団内の各個体をランダムに選んだ n 個体と比較する．比較の結果，最も高い適合度を持つ個体を「勝ち」とする．全個体の比較が終わった後，集団内の個体はトーナメントの勝利数に基づいてランク付けされる．そして，集団内で低得点側にある半数の個体が削除される．残りの個体は，次世代を生み出す両親として用いられる．比例選択・トーナメント選択のいずれも，選択された集団中に最も良い解が残り続けることを保証していない．そのため，各世代においての最良解が集団内にとどまることを保証する目的でエリート戦略が使われる．

2.2.4 付加的パラメータとテスト

進化論的計算の大部分の作用は世代を基準にしている．各世代においてすべての個体に突然変異と選択を適用する過程を，事前に定められた世代数まで，または集団が局所解に陥るか，あるいは最適解に収束するまで繰り返す．収束の様子は集団全体の平均適合度と最良適合度を全世代にわたってプロットすることで調べられる．進化の停滞が一定の世代数以上起こるときや，適合度の増大がある期間内に起こらない場合には進化論的計算を停止させることもできる．変異と選択を非同期的に適用するような手法も提案されている．その時点での集団で最も悪い解候補のみが置き換えられたり，集団内のある割合だけを選択や置き換えの対象にする．初期の進化的戦略の研究で用いられた用語が世代での処理を表すのに使われている．$(\mu + \lambda)$ 戦略では μ 個の親から λ 個の子を生成し，すべての解候補が生存競争を行う．(μ, λ) 戦略では λ 個の子だけが生存競争を行い，μ 個の親は各世代ごとに置き換えられる．この記法は集団を特徴づける便利な方法として，広く受け入れられている．

集団サイズは適用事例ごとにさまざまな値を取るが，主に利用可能な計算能力や時間，取り組む問題の複雑さによって決められる．例えば，ある問題に対しては Pentium

---

[*2] 訳注：通常使われるトーナメント選択では，集団から決められた数の個体を無作為に選択し，その中で適合度が最大の個体を次の世代に残す手続きを繰り返す．

III プロセッサ 1 つで 100 個体を用い数分で準最適解に到達できるかもしれない．しかし問題の複雑さが増し局所解が増えるに従って，問題解決にはより大きな集団サイズと計算機処理能力が必要となってくるだろう．進化とは本質的に並行的なプロセスである．1 つの集団を多くのマシンで分散して進化させたり，複数のマシンに独立して集団の進化を計算させることで，収束にかかる時間を著しく減少させることができる．

2.2.5 自己適応

2.2.2 項と 2.2.3 項で説明したように，変形オペレータの使われる割合はあらかじめ決められている場合が多い．しかし典型的な実世界での問題の次元数は大きく，それではうまくいかないこともある．このような場合，探索空間のすべてについて変形オペレータの最適なパラメータをあらかじめ設定することは困難もしくは不可能である．そこで 1967 年のはじめから，自己適応的なパラメータを進化論的計算で用いるようになった（D. B. Fogel, 2000）．例えば各個体に解の候補を表すベクトル χ を持たせるだけでなく，χ をどれほど変異させるかを示すような追加ベクトル σ を結び付ける．追加ベクトル σ も突然変異させる．この手法によって，集団は探索空間のランドスケープに対して変形率を適応できるようになる．これは進化プロセス自体に影響するパラメータの進化である．

2.2.6 理　論

1970 年代中ごろから 1990 年代中ごろまでは，進化論的計算の研究では，どのような問題セットに対しても最適であるようなパラメータとオペレータを探す試みがなされていた．その多くの研究が，組換えと変異の影響を理解し，変形オペレータを適用する適切な確率を見つけるため，一連のベンチマークを利用していた．さらに，"最適な" 表現方法や集団サイズなどが求められた．しかしながら，Wolpert と Macready が 1997 年に発表した No Free Lunch 理論（または簡単に NFL 理論）によって，一般的な仮定をおくことにより，すべての問題に対しての成功の度合いの平均を取ると，結果は使用するアルゴリズムには依存しないことが証明された[*3]．すなわち，すべての問題に対して最も良い進化論的計算というものは存在しない[*4]．この理論は大きな議論を引き起こした．これは進化論的計算（や他のアルゴリズム）の研究者に対して，問題を特定の進化論的計算に当てはめるよりむしろ，アルゴリズムの構成要素を問題に合わせて調整すべきであることを示唆している．つまり，特定の進化論的計算が使

[*3] 訳注：ただし，定理で仮定されている成功の基準は，必ずしも一般的なものではない．
[*4] 訳注：すべての問題の数え方も NFL の仮定に含まれている．

われている場合に，別のアルゴリズムを一緒に用いることで性能が大きく向上する可能性がある．

2.3 計算機科学における進化論的計算の位置付け

　計算機科学は，さまざまな形式の最適化問題を扱うための要素を十分に備えている．大ざっぱに言って，問題は2つのカテゴリに分けられる．分析的に説明できるものとそうでないものである．これら2つの問題カテゴリを扱うには，それぞれに特化したアルゴリズムを用いる．分析的アプローチ（取り扱う問題に応じてたくさんある）と，ヒューリスティクスやメタヒューリスティクスを用いる手法である（進化論的計算もこれに属する）．分析的に問題を取り扱えるということは，探索空間の構造を十分に知っており，最適解に向かって確実に探索できることを意味する．しかし多くの場合，これを行えるほどの十分な分析的知識を持っていない．一般的にはある程度の範囲までは問題の構造を分析できるかもしれない．しかしそれは最適解を確実に得るために十分な知識ではない．この種の問題は「分析的に扱えない」カテゴリーに分類される．

　配列のアラインメント問題の場合を考えよう．2つの配列間の最適なアラインメントは，動的計画法により，高速かつ容易に見出せることが知られている（ただしこの手法で求められる解が生物学的にも正しいかについては議論の余地がある）．ペアワイズアラインメント*5は分析的に解決できる良い例である．2つの配列 S_1 と S_2 の間の最適なアラインメントは，S_1 と S_2 を含むような少し大きな配列の最適なアラインメントと非常に近いため，S_1 と S_2 についてすでに見つけているものを拡張したアラインメントの候補だけを調べればよい．動的計画法はこの探索を単純に繰り返すことで，長い配列の最適なアラインメントを高速に見つけられる．

　しかしながら，マルチプルアラインメント*6は，図2.1に示すように現時点では分析的には対処できない問題である．この図は，ペアワイズアラインメントを効率的に発見する際に用いた分析的知識が，マルチプルアラインメントに関してはあまり役に立たないことを示す．

　マルチプルアラインメント問題（詳しくは5章を参照）は，ヒューリスティクスまたはメタヒューリスティクス手法を用いる問題の一例である．このような問題に対する一般的な手法は，数多くの解候補を順に調べあげるといった網羅的な探索である．ランダムに試行を重ねるより，ヒューリスティクスをしばしば探索を導くのに用いる．

---

*5 　訳注：一組の配列に対してのアラインメント．
*6 　訳注：3つ以上の配列に関してのアラインメント．

配列 1： ACGT
配列 2： AGT
配列 3： ACT

1,2 の最適アラインメント： ACGT
                          A-GT

1,3 の最適アラインメント： ACGT
                          AC-T

2,3 の最適アラインメント： AGT
                          ACT

最適マルチプルアラインメント： ACGT
                              A-GT
                              AC-T

図 2.1　ペアワイズアラインメント手法をマルチプルアラインメントで用いることはできないことを示す例．3 つのペアワイズアラインメントを組み合わせてもマルチプルアラインメントの解にはならない．その結果，どのアラインメントも 1 つ以上のペアワイズアラインメントの準最適解（最適解でないもの）を含んでいる．

問題に対し何らかの分析的知識が利用できる場合（例えばマルチプルアラインメントに関しては，ペアワイズアラインメントの分析的知識が使える），この知識からヒューリスティクスを作ることができる．例えば，マルチプルアラインメントを解く場合，最初に動的計画法によって作られたペアワイズアラインメントから始め，そこに最小限の変更を加えることで良い結果が得られるかもしれない．

しかしながら，ヒューリスティクスが全く使えない，または十分に役立たないこともしばしばある．このような状況に対して（この方がはるかに一般的なケースなのだが），計算機科学，オペレーションズリサーチ，人工知能の研究者たちはメタヒューリスティクスを使うようになった．メタヒューリスティクスというのは，問題によらないヒューリスティクスを用いて探索する手法である．これらの手法はさまざまな問題に適用できる．実際，解の候補に対して何らかの評価やスコアを与えられるなら，常にこれらの手法を適用できる．

メタヒューリスティクスの手法は，本質的には局所探索と集団ベース探索の 2 グルー

プに分類できる．進化論的計算は，集団ベースのものだが，同時に局所探索の要素も持っている．つまり両方を組み合わせたアルゴリズムである．しかしながら，ここでの目的は進化論的計算を計算機科学の探索法から生じた一手法として位置づけることなので，これ以上この点は強調しない．次項ではまず簡単な局所探索のアイデアを見てみよう．進化的手法の欠陥によって局所探索についてのさまざま議論が生まれている（本書の他の章も参照）．その結果他の探索手法に照らして進化論的計算の仕組を理解できるようになる．

2.3.1 局所探索

マルチプルアラインメントの問題例を再び見てみよう．n 個の配列のアラインメントを考える．それぞれの配列長は m とする．n と m が現実的な値ならば，候補となるマルチプルアラインメントの集合 S は非常に大きなものになる．実際に S を数え上げることはしないが，原理的には S のすべてを生成してテストすることができる．さらに，評価関数 $f(s)$ を設定しなければいけない．f は集合 S に含まれる任意のマルチプルアラインメント s のスコアを与える．簡単のため，図 2.2 に示したようにペアワイズアラインメントのコストの和を評価関数とする．最後にアラインメント s を少しだけ変化させ，新しいアラインメント s' を作るような方法が必要である．これをここでは突然変異オペレータと呼ぶ．近接オペレータや局所動作オペレータと呼ばれることもある．アラインメント問題には，多くの種類の突然変異オペレータを使うことができる．最も単純な例を図 2.3 に示す．ここでは，マルチプルアラインメントについて適用位置をランダムに決め，左隣または右隣と交換する．当然のことながら突然変異オペレータは適切な「子供」の候補を作らなければならない．進化論的計算を用いる際に制約を満たす変形オペレータを作ることは，他のメタヒューリスティクス探索手法と同様に必須の作業である．

局所探索の具体的なアルゴリズムを説明する．まず，山登り法と呼ばれる最も簡単な（しかししばしば強力な）手法について述べる．山登り法は以下のように動作する．

1. 初期の解候補を（ランダムに）生成する．この解を c と呼び，適合度 $f(c)$ を求める．
2. c を突然変異させて m を作り，m の適合度を求める．
3. もし $f(m)$ が $f(c)$ より良いならば，c を m で置き換える．
4. 終了条件が満たされていないならば，2 に戻る．

山登り法のアイデアは図 2.4 で表されている．探索の段階で，現在の解候補とその近傍（図 2.4 では x 座標の差が小さいところを指す）が定義される．近傍は現在の解

配列1： ACGTACGT
配列2： TGGTCTCA
配列3： ACACACTG

スコアモデル
　0：一致
　1：不一致
　2：挿入または削除（ギャップ）

複数アラインメントの例
　AC--GTACGT--
　--TGGT-C-TCA
　AC--ACAC-TG-

スコアは3つのペアワイズアラインメントの和となる
　1： AC--GTACGT--　(1,2)　2+2+2+2+0+0+2+0+2+0+2+2 = 16
　2： --TGGT-C-TCA　(2,3)　2+2+2+2+1+1+2+0+2+0+1+2 = 17
　3： AC--ACAC-TG-　(1,3)　0+0+2+2+1+1+0+0+2+0+2+2 = 12

マルチプルアラインメントスコア = 45

図 2.2　短い3つの配列のアラインメント問題と簡単な適合度関数．マルチプルアラインメントの適合度関数は，ペアワイズアラインメントのスコアの合計値とする．

候補とは少し異なる．近傍の方がより適合度が高い（または同じ）ならばそこに移動する．もし低いなら現在の場所にそのままとどまる．

　局所探索の背景にある基本的な考え方は，良い解は特定の部分に集まっており，局所的な情報は大局的な情報よりもより有用だということである．かなり良い解が得られた場合，どこへでも移動できるような大きな突然変異の結果はたいてい失敗する．一方，小さい変異，つまりその候補の近傍を探索するような変異によって少しだけ良い解候補が得られるかもしれない．局所探索では常に現在の解の近くを探索するという方法でこのアイデアを利用している．

　しかしながらよく知られた危険がこの考え方にはひそんでいる．図 2.4 に示すように，探索はしばしば局所解で終わってしまう．すなわち，より良い解が存在するもの

親世代のアラインメント：
```
AC--GTACGT--
--TGGT-C-TCA
AC--ACAC-TG-
```

ランダムに配列と位置を選ぶ：
```
AC--GTACGT--
--TGG T - C-TCA
AC--ACAC-TG-
```

挿入/欠落の位置を近接する文字とランダムに入れ換える：
```
AC--GTACGT--
--TGG-TC-TCA
AC--ACAC-TG-
```

図 2.3 複数アラインメントのための簡単な突然変異オペレータ操作

の（例えば図の点 E），現在の解（図での点 D）に近い点はすべて適合度が低くなっている．単純な山登り法を使う際には，このような局所解にどうしても陥ってしまう．次の項では，この問題に対処できる効果的な山登り法の改良を紹介する．

2.3.2 焼きなまし法

焼きなまし法と山登り法の差異は，前項で紹介したアルゴリズムのステップ 3 だけである．しかしながら，この差異には説明しなければならないパラメータが含まれているため，以下に焼きなまし法の完全なアルゴリズムを示す．

1. 初期の解候補 c を（ランダムに）生成し，評価する．温度 T と冷却率 $r(0 < r < 1)$ を設定する．
2. c を変異させ m を作り，評価する．
3. もし $test(f(m), f(c), T)$ を評価して真なら，c を m で置き換える．
4. 温度を更新する（つまり T を rT にする）．
5. 終了条件が満たされていないならば，2 に戻る．

焼きなまし法では，ときどき適合度の低いところに移動することもある．これによって局所解に陥らずにすむ．現在の解候補より適合度が低いとしても時に新しい解候補になり得る．つまり図 2.4 の D から E のような移動も可能となっている．ステップ 3

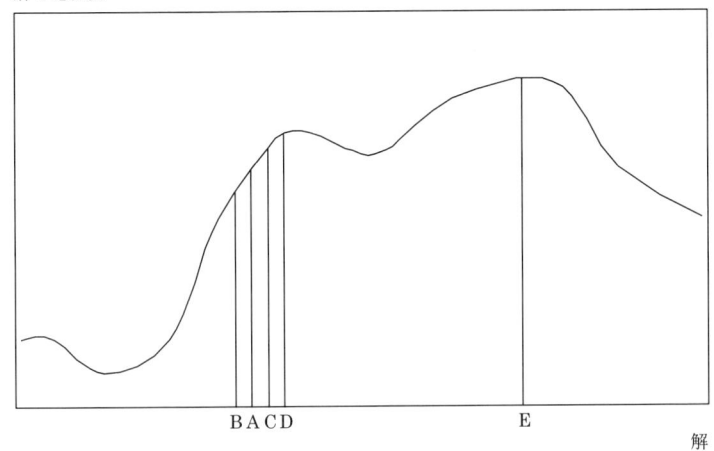

図 2.4 山登り法．探索は A から始まるとする．候補解が x 軸上の点で表される探索空間を占め，この点の適合度は適合度曲線との交点の高さである．A の最初の突然変異が B であったとしよう．この適合度は A よりも悪いので捨てられ，A から再び探索が再開される．次の突然変異が C だったとする．この点は A よりも成績が良いので，A は捨てられ C が新しい解候補となる．単純な山登り法では D で探索が停滞することに注意してほしい．局所探索では必然的に x 軸に沿って小さな移動のみを考えるので，D のすべての突然変異は D 自身よりも成績が悪くなり，そのため E のような点に到達することはできない．

では，例えば $e^{(f(m)-f(c))/t}$ のような関数値を確率として利用する．もしこの値が 1 以上（新しい解候補が現在の解候補よりも良いか同程度のものの場合）ならば，この新しい解候補を採用する．この値が 1 未満（新しい候補が現在の候補よりも悪い場合）ならば，その確率で新しい候補を採用する．時間がたつ（ステップ 4 によって温度が下がる）か新しい候補の適合度が低い場合には，新しい候補は採用されにくくなる．つまり，初期においては適合度空間の低いところに移動することが可能なため，さまざまな場所を探索する．時間がたつと低い場所への移動は禁止され，適合度の低い候補への突然変異は起こりにくくなり，悪くない候補のみが採用される．最終段階では探索は山登り法と同様になる．

ステップ 3 ではランダムな 0 から 1 の乱数 $rand$ を生成し，$test$ 関数は単に $e^{(f(m)-f(c))/t}$ が $rand$ よりも大きいかどうかを調べる．もし大きいなら（新しい解候補が現在の解候補より良いか同等ならば常に大きい），新しい候補を採用する．T は温度パラメータであり，はじめは大きな値であるがステップ 4 によって徐々に小さくなる．時間がたつにつれて，式 $e^{(f(m)-f(c))/t}$ により適合度の低い解候補が採用される

確率は小さくなる．

　適切なパラメータを選ぶのは難しいが，焼きなまし法は非常に強力な手法である．文献（Dowsland, 1995）が最近の優れた解説になっている．局所探索法の基本的な考えは，局所的な変異の大部分が良いものだというものである．しかしながら，（願わくは）一時的に悪い解を選択することでより良い解を見つけられることもある．焼きなまし法はこの問題に対処するための一つの方法である（ほかにもさまざまな局所探索法がある）．

　また他のアプローチとして集団ベースの手法がある．この手法では解候補は解候補の集団に置き換えられ，怪しい空間を探索することがより安全になる．なぜなら集団中に良い解の代表が保持されているからである．進化論的計算は集団ベースのアルゴリズムである．

2.3.3　集団ベースの探索手法

　集団ベースのアルゴリズムでは，2つの方法によって良い解を見つけ出す可能性を高めている．まず，同時にいくつもの異なる地点を効率的に調べることができる．特に自然淘汰に基づいた原理が使われる集団ベースのアルゴリズムでは，相対的な適合度に重みをかけることで，異なる解候補に計算資源を振り分けられる．つまり，良い解がありそうな領域ではより時間をかけて探索するのである．しかし，あまり良くない領域も多少は探索しなくてはならない．これによって良い候補が見つかれば，計算資源の配分は適切に修正される．

　集団ベース探索のもう1つの利点は，2つ以上の解候補を親としてかけ合わせて新しい解候補を作り出せることにある．これにより非局所的に新しい解候補を作り出し，単純に大きな突然変異を起こすよりもより良い結果が得られる．焼きなまし法やタブサーチ[*7]のような高度な手法を用いたとしても，局所探索では局所解に陥る可能性がある．その場合脱出するための唯一の方法は大きな突然変異しかない．つまり，近傍をすべて試したら，局所解を飛び越えるような非局所的な変異を使うしかない．非局所的な動かし方は無数にある．実際，非局所的に移り得る点は探索空間全体である．そこで集団中の多数の個体が非局所的な変異の源になる．進化的な集団ベースの探索アルゴリズムは以下のとおりである．ステップ3によってすべての可能な移動を行う可能性がある．

[*7] 訳注：局所解に陥りにくいよう設計された山登り法の改良の1つ．過去一定期間内に見つけた解候補をタブリストに登録し，次の解候補となる数多くの近傍点の中からここに登録されていないものを選び続ける．

1. 解候補の初期集団を作り，それぞれを評価する．
2. 集団の中の一部を選択し，親とする．
3. 親に対して変形オペレータ適用し，子を生み出す．
4. 子を集団に組み入れる．
5. 終了条件が満たされていないならば，2 に戻る．

これらの各ステップを実行する方法は数多くある．その中で集団ベース探索に肝心な点は以下のとおりである．通常ステップ 2 では，「最も適しているものを生き残らせる」戦略が用いられる．解候補の適合度が高いほど親になる可能性が上がり，その付近を探索する時間が増大する．選択の方法はいくつかある．そのほとんどは，適合度の高い親をどのように選ぶかというパラメータ（淘汰圧）で記述できる．ステップ 3 では，交叉または突然変異オペレータのいずれかまたは両方を用いる．標準的な交叉，突然変異オペレータは数多くあるが，他の章で示されているように，問題依存の知識をもとに設計したオペレータを用いるとより効果がある．ステップ 4 において集団のサイズは普通一定に保たれる．ここで集団サイズを 50 としよう．そして 10 個体の子が追加されるとする．このとき，合計 60 個体の集団から 10 個体を取り除かなければならない．通常は 10 個体増やした後の集団から，適合度が最も低い 10 個体を取り除くが，ほかにも多くの方法がある．

この一般的な集団ベースのアルゴリズムの枠組みは，2.2 節で説明した進化論的計算をすべて含んでいる．この節では，これらのアルゴリズムを計算機科学によって作られた最適化手法の 1 つとして扱った．注目すべきことが 2 つある．第 1 に，進化論的計算は，計算機科学や人工知能の研究者が遺伝やダーウィンの自然淘汰にヒントを得て作り出した最適化手法である．第 2 に，集団ベースアルゴリズムは局所探索の欠点を克服するために作られており，その操作がたまたま自然淘汰や自然の変形を反映したものになっている．特定の良いヒューリスティクスや分析的なアプローチが使えないような難しい問題のための最適化手法として，進化論的計算は多くの研究者に好まれている．しかしながら注意しなければならないこともある．進化論的計算が好まれるのは，良い結果を生むことと同時に，さまざまな問題に簡単に適用できるからである．凝った進化論的計算よりも単純な山登り法の方が適していて高速なことも多い．さらに言うと，焼きなまし法の専門家はそのパラメータを進化論的計算に匹敵する程度まで調整することができるだろう．しかしながら，大規模で興味深い難問に対しては，進化論的計算はより効率的かつ効果的である．これはもともと進化論的探索手法が適切なためかもしれないし，他のアルゴリズムで同等以上のパフォーマンスを得るためのパラメータの調整がなされていないからかもしれない．いずれにせよ，進化論

的計算が非常に効果的であり，かつ広く使える手法であることは明らかである．

2.4 おわりに

この本では，バイオインフォマティクスの問題に対する進化論的計算手法の適用例を扱っている．バイオインフォマティクスと医学に対する適用例はこの10年間で劇的に増大した．計算機上の単純な進化モデルはさまざまな実世界の問題のための最適化手法として有用である．どのようなときに進化論的計算が利用できるかを理解することが重要になる．探索空間が小さく，構成要素の間に線形の関係が成り立っているような場合には，単純な方法が最も早いかもしれない．しかしながら実世界の問題の多くはそう単純ではない．

この世界は非線形な相互作用に満ちており，可能な解候補の数は膨大なものになり得る．例えば，タンパク質を構成するアミノ酸配列が与えられたとき，すべての可能な解候補を実時間で計算しつくすのは不可能である．また，自然環境でのそれらの相互作用は不明なままである．同様に，遺伝子型から表現型への変換は常に同じではなく非線形なため，予測するのは非常に難しい．研究者はこれらの現象の一部だけを簡単なモデルで表現し，微分方程式や大規模な探索などの伝統的な方法で扱う．しかしながら，自然はそのような方法を使わずに，新しい問題をさまざまな方法で解決している．進化は可能な空間のごく一部を探索するにすぎないが，当面の問題についてはより良い解を獲得し続けている．計算機上でこれをシミュレートすることで，薬の結合，タンパク質のたたみ込み，画像理解，配列解析，さらには人間のエキスパート並みのゲームプログラムの生成まで可能になっている．進化論的計算の分野はまだ黎明期である．計算機科学と生物学の組合せにより，自然の進化と人工的な進化についてのわれわれの理解は進むだろう．

参考文献

[1] Bagley, J. D. (1967). The Behavior of Adaptive Systems Which Employ Genetic and Correlation Algorithms. Ph.D. Dissertation, University of Michigan, Ann Arbor.

[2] Barricelli, N. A. (1954). Esempi numerici di processi di evoluzione. *Methodos*, 6:45 – 68.

[3] Box, G.E.P. (1957). Evolutionary operation: a method for increasing industrial productivity. *Appl. Stats.*, 6:81 – 101.

[4] ── (1960). Some general considerations in process optimisation. *J. Basic Eng.*, March, pp. 113–119.
[5] ── (1966). A simple system of evolutionary operations subject to empirical feedback. *Technometrics*, 8:19 – 26.
[6] Branden, C., and Tooze, J. (1991). *Introduction to Protein Structure*. Garland, New York.
[7] Bremermann, H. J. (1958). The evolution of intelligence. The nervous system as a model of its environment. Technical Report No. 1, Contract No. 477(17), Department of Mathematics, University of Washington, Seattle, July.
[8] ── (1962). Optimization through evolution and recombination. In *Self-Organizing Systems* (M. C. Yovits, G. T. Jacobi, and G. D. Goldstine, eds.), Spartan Books, Washington, D.C.
[9] Bremermann, H. J., Rogson, M., and Salaff, S. (1966). Global properties of evolution processes. In *Natural Automata and Useful Simulations* (H. H. Patee, E. A. Edlasck, L. Fein, and A. B. Callahan, eds.), Spartan Books, Washington, D.C.
[10] Conrad M. (1981). Algorithmic specification as a technique for computing with informal biological models. *BioSystems*, 13:303 – 320.
[11] Conrad, M., and Pattee, H. H. (1970). Evolution experiments with an artificial ecosystem. *J. Theor. Biol.*, 28:393 – 409.
[12] Cramer, N. L. (1985). Representation for the adaptive generation of simple sequential programs. In *Proceedings of an International Conference on Genetic Algorithms and Their Applications* (J. J. Grefenstette, ed.), Lawrence Erlbaum, Hillsdale, N.J., pp. 183 – 187.
[13] Dowsland, K. A. (1995). Simulated annealing. In *Modern Heuristic Techniques in Combinatorial Optimization* (C. R. Reeves, ed.), McGraw-Hill, New York, pp. 20 – 69.
[14] Fogel, D. B. (1992). Evolving Artificial Intelligence. Ph.D. Dissertation, University of California, San Diego.
[15] ── (1998). *Evolutionary Computation: The Fossil Record*. IEEE Press, New York.
[16] ── (2000). *Evolutionary Computation: Toward a New Philosophy of Machine Intelligence*. Second edition. IEEE Press, New York.

[17] Fogel, D. B., Fogel, L. J., and Atmar, J. W. (1991). Meta-evolutionary programming. In *Proceedings of the 24th Asilomar Conference on Signals, Systems and Computers* (R. Chen, ed.), IEEE Press, Pacific Grove, Calif., pp. 540 – 545.

[18] Fogel, D. B., Fogel, L. J., Atmar, W., and Fogel, G. B. (1992). Hierarchic methods of evolutionary programming. In *Proceedings of the First Annual Conference on Evolutionary Programming* (D. B. Fogel and W. Atmar, eds.), Evolutionary Programming Society, La Jolla, Calif., pp. 175 – 182.

[19] Fogel, L. J. (1962). Autonomous automata. *Indust. Res.*, 4:14 – 19.

[20] Fogel, L. J., Owens, A. J., and Walsh, M. J. (1966). *Artificial Intelligence through Simulated Evolution.* John Wiley, New York.

[21] Fraser, A. S. (1957a). Simulation of genetic systems by automatic digital computers. I. Introduction. *Australian J. Biol. Sci.*, 10:484 – 491.

[22] —— (1957b). Simulation of genetic systems by automatic digital computers. II. Effects of linkage on rates of advance under selection. *Australian J. Biol. Sci.*, 10:492 – 499.

[23] —— (1960). Simulation of genetic systems by automatic digital computers. VI. Epistasis. *Australian J. Biol. Sci.*, 13:150 – 162.

[24] —— (1962). Simulation of genetic systems. *J. Theor. Biol.* 2:329-346.

[25] —— (1967). Comments on mathematical challenges to the neo-Darwinian concept of evolution. In *Mathematical Challenges to the Neo-Darwinian Interpretation of Evolution* (P. S. Moorhead and M. M. Kaplan, eds.), Wistar Institute Press, Philadelphia.

[26] —— (1968). The evolution of purposive behavior. In *Purposive Systems* (H. von Foerster, J. D. White, L. J. Peterson, and J. K. Russell, eds.), Spartan Books, Washington, D.C.

[27] Friedberg, R. M. (1958). A learning machine: Part I. *IBM J. Res. Devel.*, 2:2 – 13.

[28] Friedberg, R. M., Dunham, B., and North, J. H. (1959). A learning machine: Part II. *IBM J. Res. Devel.*, 2:2 – 13.

[29] Friedman, G. J. (1956). Selective feedback computers for engineering synthesis and nervous system analogy. Master's Thesis, University of California, Los Angeles.

[30] —— (1959). Digital simulation of an evolutionary process. In *General Systems: Yearbook of the Society for General Systems Research*, Vol. 4, pp. 171 – 184.

[31] Grefenstette, J. J. (1986). Optimization of control parameters for genetic algorithms. *IEEE Trans. Sys. Man Cybern.*, 16:122 – 128.

[32] Grefenstette, J. J., Gopal, R., Rosmaita, B., and Van Gucht, D. (1985). Genetic algorithms for the traveling salesman problem. In *Proceedings of an International Conference on Genetic Algorithms and Their Applications* (J. J. Grefenstette, ed.), Lawrence Erlbaum, Hillsdale, N.J., pp. 160 – 168.

[33] Holland, J. H. (1969). Adaptive plans optimal for payoff-only environments. In *Proceedings of the 2nd Hawaii International Conference on System Sciences*, pp. 917 – 920.

[34] —— (1973). Genetic algorithms and the optimal allocation of trials. SIAM J. *Comp.*, 2:88 – 105.

[35] —— (1975). *Adaptation in Natural and Artificial Systems*. University of Michigan Press, Ann Arbor.

[36] Koza, J. R. (1989). Hierarchical genetic algorithms operating on populations of computer programs. In *Proceedings of the 11th International Joint Conference on Artificial Intelligence* (N. S. Sridharan, ed.), Morgan Kaufmann, San Mateo, Calif., pp. 768 – 774.

[37] —— (1992). *Genetic Programming: On the Programming of Computers by Means of Natural Selection*. MIT Press, Cambridge, Mass.

[38] —— (1994). *Genetic Programming II: Automatic Discovery of Reusable Programs*. MIT Press, Cambridge, Mass.

[39] Koza, J. R., Bennett, F. H., III, Andre, D., and Keane, M. A. (1999). *Genetic Programming III: Darwinian Invention and Problem Solving*, Morgan Kaufmann, San Mateo, Calif.

[40] Mayr, E. (1982). *The Growth of Biological Thought: Diversity, Evolution, and Inheritance*. Belknap Press/Harvard University Press, Cambridge, Mass.

[41] Ray, T. S. (1991). An approach to the synthesis of life. In *Artificial Life II* (C. G. Langton, C. Taylor, J. D. Farmer, and S. Rasmussen, eds.), Addison-Wesley, Reading, Mass., pp. 371 – 408.

[42] Rechenberg, I. (1965). Cybernetic solution path of an experimental problem. Royal Aircraft Establishment, Farnborough, U.K., Library Translation No. 1122, August.

[43] —— (1973). *Evolutionsstrategie: Optimierung Technisher Systeme nach Prinzipien*

der Biologischen Evolution. Fromman-Holzboog Verlag, Stuttgart.
[44] Reed, J., Toombs, R., and Barricelli, N. A. (1967). Simulation of biological evolution and machine learning. *J. Theor. Biol.* 17:319–342.
[45] Rizki, M. M., and Conrad, M. (1985). Evolve III: a discrete events model of an evolutionary ecosystem. *BioSystems*, 18:121–133.
[46] Rosenberg, R. (1967). Simulation of Genetic Populations with Biochemical Properties. Ph.D. Dissertation, University of Michigan, Ann Arbor.
[47] Rudolph, G. (1994). Convergence properties of canonical genetic algorithms. *IEEE Trans. Neural Networks*, 5:96–101.
[48] Schwefel, H.-P. (1965). *Kybernetische Evolution als Strategie der experimentellen Forschung in der Strömungstechnik*. Diploma Thesis, Technical University of Berlin.
[49] —— (1981). *Numerical Optimization of Computer Models*. John Wiley, Chichester, U.K.
[50] Wolpert, D. H., and Macready, W. G. (1997). No free lunch theorems for optimisation. *IEEE Trans. Evol. Comp.* 1:67–82.
[51] Yao, X., and Liu, Y. (1996). Fast evolutionary programming. In *Evolutionary Programming V* (L. J. Fogel, P. J. Angeline, and T. Back, eds.). MIT Press, Cambridge, Mass., pp. 451–460.

第II部 配列と構造のアラインメント

第3章 進化論的計算を用いた実験データからのゲノム配列決定
Jacek Blazewicz and Marta Kasprzak

第4章 進化論的計算によるタンパク質構造アラインメント
Joseph D. Szustakowski and Zhiping Weng

第5章 遺伝的アルゴリズムを用いたペアワイズおよび複数配列のアラインメント
Cédric Notredame

第3章 進化論的計算を用いた実験データからのゲノム配列決定

Jacek Blazewicz　Poznan University of Technology
Marta Kasprzak　Polish Academy of Sciences

3.1 はじめに

ゲノム科学において，正確な DNA 塩基配列の生成は最もやりがいがあり，重要で時間のかかる問題の1つである．バイオインフォマティクスという発展しつつある分野では DNA 塩基配列（1章参照）中の情報を分析し利用する．本書のいくつかの章で配列情報のさまざまな利用について述べている．そのような研究はいずれも正確な配列データにある程度依存している．この章では DNA 塩基配列の決定を可能にする技術を考え，企業において重要な役割を果たす高度な最適化技術について示す．特にハイブリダイゼーション（hybridization）による配列決定を行う際に他の手法よりも優れているとみられる遺伝的アルゴリズムによるアプローチを扱う．この節では導入として，実験室でどのようにして配列が同定されるかを理解するために必要な生化学の予備知識を紹介する．3.2 節では中心となる最適化問題の定式化を行う．この問題を扱う手法とその結果についてそれぞれ 3.3 節と 3.4 節で述べる．

3.1.1 ハイブリダイゼーションによる配列決定

ハイブリダイゼーションによる配列決定（sequencing by hybridization: SBH (Waterman, 1995; Apostolico and Giancarlo, 1997; Setubal and Meidanis, 1997; Vingron et al., 1997)）は DNA 塩基配列を決定するために広く用いられている手法である．配列決定の分野には有名な古典的アプローチが2つある．1つは Maxam と Gilbert により提案された手法（Maxam and Gilbert, 1977）だが，これは次第に使われなくなった．もう1つは Sanger らによるゲル電気泳動を使った手法（Sanger and Coulson, 1978）である．ここでは SBH アプローチだけを扱う．

いずれの DNA 塩基配列決定手法も，ゲノムから切り取られた DNA 断片中のヌク

レオチドの配列決定を行う．このような断片は制限酵素（DNAを切るためのタンパク質で，その酵素が"認識"する特徴的な部分配列の位置で切ることができる）を用いて切り取られる．同じようにショットガンアプローチ（shotgun approach）と呼ばれる手法で，高周波の振動によってゲノムをランダムな位置で切ってもDNA断片を得ることができる．

DNA断片は一般にA,C,G,Tの4文字の並びとして表される．これら4文字は断片を構成する4つのヌクレオチド（アデニン，シトシン，グアニン，チミン）をそれぞれ表している（1章参照）．ヌクレオチドの短い配列（5から10塩基程度のもの）はオリゴヌクレオチドと呼ばれる．SBH手法（Bains and Smith, 1988; Lysov et al., 1988; Southern, 1988; Drmanac et al., 1989; Markiewicz et al., 1994）の第1段階であるハイブリダイゼーション実験（hybridization experiment）の目的は，調査対象であるDNA断片を構成している長さl（一般に8～12塩基）のオリゴヌクレオチドすべてを検出することである（このDNA断片の長さnは典型的には数百塩基であり，ゲル電気泳動実験を行うことで決定できる）．この目的のためにオリゴヌクレオチドライブラリ（oligonucleotide library）が作られる．これには長さlで可能なDNA断片すべてが含まれている．このライブラリはハイブリダイゼーションによる調査対象のDNA断片との比較に使われる．

オリゴヌクレオチドライブラリは非常に大きく，4^lもの要素を含んでいる．そのように大きな数の分子を扱うためにマイクロアレーチップ（microarray chip）が開発された(Southern, 1988; Fodor et al., 1991; Caviani Pease et al., 1994)．この技術を用いると，オリゴヌクレオチドライブラリの要素と同数の区画（セル）を持った正方形のプレートの上にライブラリを構成することができる．必要な長さに応じた回数だけ生化学的な手順を繰り返すことで，指定された長さlで可能なすべてのオリゴヌクレオチドをそのプレート上の固有の位置に作ることができる．それにより，特定のオリゴヌクレオチドを構成するヌクレオチドの配列はそのプレート上の座標から容易に決定できる．そのライブラリが上に載っているプレート（これをマイクロアレーチップと呼ぶ）を，蛍光マーカーでラベル付けされた分析すべき大量のDNA断片とともに，温度などの物理パラメータが精密にコントロールされた環境に導入する．次にハイブリダイゼーションプロセスがこの環境のもとで行われる．そのプロセスでは，ライブラリからの相補的なオリゴヌクレオチドの断片が分析対象のDNA断片の一部に結合する．チップの蛍光画像を撮ると，DNA断片に最もよく結合した相補的なオリゴヌクレオチドが最も明るい点として検出できる．チップ上の明るい点の座標を知ることで，そのDNA断片がどのオリゴヌクレオチドから構成されているかを決定できる．これ

らのオリゴヌクレオチド（A,C,G,T からなる長さ l の単語で表される）はスペクトル（spectrum）と呼ばれる集合を定義する．配列決定プロセスではこのスペクトルに基づいてもとの配列を再構成する．

もしハイブリダイゼーション実験がエラーなしに行われれば理想的なスペクトルが得られるだろう．すなわち長さ n のもとの配列から得られる長さ l の部分配列だけが含まれている．その場合，スペクトルは $n-l+1$ の要素からなり，もとの配列を再構成するには，スペクトルの要素から常に $l-1$ 個のヌクレオチドが重なるような隣り合う要素の並べ方を見出さなくてはいけない（次の項で述べる理想的なスペクトルからの再構成の例を参照）．理想的なスペクトルで DNA 塩基配列問題を解く厳密解法はいくつか存在する（Bains and Smith, 1988; Lysov et al., 1988; Drmanac et al., 1989）．しかし実用的な時間で解けるのは Pevzner による手法（Pevzner, 1989）だけである．

3.1.2 例：理想的なスペクトルからの配列の再構成

再構成すべきもとの配列（長さ $n = 7$）を ACTCTGG とする．ハイブリダイゼーション実験において，例えば長さ $l = 3$ の完全なヌクレオチドライブラリを用いたとする．このライブラリは {AAA, AAC, AAG, AAT, ACA, ..., TTG, TTT} のような $4^3 = 64$ のオリゴヌクレオチドから構成される．エラーのない SBH 実験の結果，理想的なスペクトル {ACT, CTC, TCT, CTG, TGG}（すなわちもとの配列中の 3 文字の部分列すべて）を得る．このスペクトルから，$l-1 = 2$ 文字が重なる隣り合うスペクトル要素の組とその並び順を見つけることで，もとの配列を再構成できる．図 3.1 に示したのがこの例での唯一の解である．

3.1.3 スペクトル中の実験的エラー

しかし，ハイブリダイゼーション実験ではスペクトル中にエラーが生じるのが普通

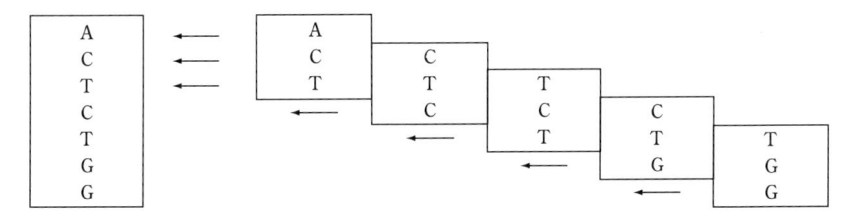

図 3.1 理想的なスペクトルからのもとの配列の再構成．オリゴヌクレオチド（右側の階段状の四角）は隣同士が常に $l-1$ 個のヌクレオチドを共有し，全体としてもとの配列（左側の四角）を構成するように並べられる．

表 3.1 スペクトル中に現れるエラーの例．(a) イタリック体になった断片は同じオリゴヌクレオチドの 2 つのコピーである．スペクトルではその要素を 1 つしか含んでいない．(b) 偶発的な負のエラー．不完全なハイブリダイゼーションによって起きる．(c) 正のエラー TTT．不完全なハイブリダイゼーションによって配列中に存在する TTA に似た TTT がスペクトル中に現れた．(d) 偶発的な正のエラー．

	配列	スペクトル
(a)	TT*ACA*TTA	{ACA, ATT, CAT, TAC, TTA}
(b)	TTAC*AT*TC	{ACA, ATT, TAC, TTA, TTC}
(c)	TTACAT	{ACA, CAT, TAC, TTA, *TTT*}
(d)	TTACAT	{ACA, CAT, *GAG*, TAC, TTA}

である．エラーには 2 種類ある．それは負のエラー（スペクトル中のオリゴヌクレオチドが検出されない場合）と正のエラー（誤ったオリゴヌクレオチドが検出される場合）である．一般にスペクトルはどちらのエラーも含んでいる．負のエラーが起きる主要因は以下の 2 つである．

- もとの配列に同じオリゴヌクレオチドが何度も現れる．スペクトルは固有な要素の集合であるため，その要素の 1 つしかこのオリゴヌクレオチドに対応しない（表 3.1 の (a) 参照）．
- ハイブリダイゼーションが不完全であった場合（例えば溶液中の pH が適切ではなかったなど），相補的なオリゴヌクレオチドが DNA 断片とハイブリダイズしないために，もとの配列の一部が検出されない（表 3.1 の (b) 参照）．

正のエラーを起こす主要因は以下の 2 つである．

- ハイブリダイゼーション中に相補的でない（すなわちすべての塩基が一致しているわけではない）オリゴヌクレオチドが DNA 断片と結合した．結果としてチップ上でこの偽の挿入に対応する点が発光するために，誤ったオリゴヌクレオチドがスペクトルに含まれてしまう（表 3.1 の (c) 参照）．
- チップの発光画像にノイズが多いために，無関係のオリゴヌクレオチドがスペクトルに偶然含まれてしまう（表 3.1 の (d) 参照）．

もしチップ上の点の座標が誤って読み取られた場合には，2 つのエラー（一つは負のエラーで，もう 1 つは正のエラー）が同時に起きる．その場合，得られるスペクトルにはもとの配列中の 1 つ以上の単語が欠落し，もとの配列にない単語が含まれる．ここではこれらのエラーをなくす手助けとなるような追加情報（例えば，与えられたオリゴヌクレオチドが配列中に含まれる確率やオリゴヌクレオチドの部分的な順序などの情報）はないものと仮定している．

3.2 配列再構成問題の定式化

スペクトル中に負のエラーがあると,隣接オリゴヌクレオチドのうちいくつかが $l-1$ 文字以下で重複しなければならない.また正のエラーが存在すると,再構成プロセス中にオリゴヌクレオチドをいくつか排除しなければならない.DNA 塩基配列中にエラーが存在することによって,この再構成問題は NP 困難な組合せ問題となる(Blazewicz and Kasprzak, 2002).スペクトル中のエラーを仮定して再構成を行う手法は厳密解法,ヒューリスティック手法ともにあるが,これらはいずれも限定されたエラーのモデルを扱っている(Pevzner, 1989; Drmanac et al., 1991; Lipshutz, 1993; Hagstrom et al., 1994; Blazewicz et al., 1997; Fogel et al., 1998; Fogel and Chellapilla, 1999).どの種類のエラーも扱え,スペクトルに関する何の追加情報も必要としない唯一の厳密解法は Blazewicz らによって示されている(Blazewicz et al., 1999b).もしスペクトル要素の大多数が正しいならば(3.2.1項の例を参照),この手法はスペクトル要素の最大数からなる解を生成し(制約付き巡回セールスマン問題[*1]の一種),もとの配列を再構成する.最も一般的なエラーのモデルを使ったタブーサーチ手法(Blazewicz et al., 1999a, 2000)ではこれと同様な基準(使われるスペクトル要素数の最大化)が用いられる.

3.2.1 整数計画法による定式化

上記のような最大化を仮定すると,両方のエラーを含んだ場合の DNA 塩基配列決定問題は以下の整数計画法の問題として定式化できる.

最大化:

$$\sum_{i=1}^{z}\sum_{j=1}^{z} b_{ij} + 1 \tag{3.1}$$

条件:

$$\sum_{i=1}^{z} b_{ik} \leq 1,\ k = 1,...,z \tag{3.2}$$

$$\sum_{i=1}^{z} b_{ki} \leq 1,\ k = 1,...,z \tag{3.3}$$

[*1] 訳注:通過する経路それぞれにコストが定義され,そのコストの総和に上限があるという制約下での巡回セールスマン問題.例えば(Laporte, G. and Martello, S., "The selective travelling salesman problem". Discrete Applied Mathematics, vol. 26, pp. 193-207, 1990)を参照.

$$\sum_{k=1}^{z}\left(\left|\sum_{i=1}^{z}b_{ki}-\sum_{j=1}^{z}b_{jk}\right|\right)=2 \qquad (3.4)$$

$$\sum_{s_k\in S'}\left(\sum_{s_i\in S'}b_{ik}\cdot\sum_{s_j\in S'}b_{kj}\right)<|S'|,\ \forall S'\subset S,\ S'\neq\phi \qquad (3.5)$$

$$\sum_{i=1}^{z}\sum_{j=1}^{z}c_{ij}b_{ij}\leq n-1 \qquad (3.6)$$

ここで S はスペクトル,s_i はスペクトルの1つの要素,z はスペクトルの要素数,n はもとの配列の長さ,l はスペクトル要素の長さを表す.b_{ij} はブール変数であって,解において要素 s_j の直前が要素 s_i であるときに1となり,それ以外で0となる.そして c_{ij} は要素 s_i と s_j を隣接させるコストである(このコストは s_i と s_j の最大重複長を l から差し引いた値として定義される).

基準関数式 (3.1) の最大値は解を構成するスペクトル要素数と同じになる.不等式 (3.2) と (3.3) が保証するのは,スペクトルのすべての要素が解の中で連結されており,たかだか1つの要素が左からもしくは右から連結されていることである.式 (3.4) では,どんな解においても一方の端からしか連結されていないことを保証する.この2つの要素が再構成された配列の始端と終端となる.不等式 (3.5) のように定式化をすることで,解が要素の部分サイクル(解の1つの要素が他の要素の直前とその後部に連結すること)を含むことはない.不等式 (3.6) の条件により,再構成された配列の長さはもとの配列の既知の長さ(これは実際の長さよりも短くなることがある.例えば配列の終端に負のエラーが起きた場合)を超えることはない.

3.2.2 例:エラーを含んだスペクトルからの配列の再構成

3.1.2項で用いた配列を例にとって,スペクトルにエラーを導入する.先と同じように配列は ACTCTGG であり,理想的なスペクトルは {ACT, CTC, TCT, CTG, TGG} である.しかしここでは負のエラー CTC を導入し,スペクトルから CTC を削除する.さらに2つの正のエラー CAA と TTG を導入する.したがってもとの配列にはない CAA と TTG がスペクトルに追加される.するとエラーを含んだスペクトルは {ACT, CAA, CTG, TCT, TGG, TTG} となる.前項で述べた Blazewicz らによる基準関数 (Blazewicz et al., 1999b) を用いて,解を構成するスペクトル要素の数を最大化する.ただし解自身は指定された長さ(ここでは $n=7$)に制限される.この例で用いたような非常に短い配列では全探索によって解を求めることが可能である.探索を行う

と，このスペクトルからオリゴヌクレオチドの順序が 2 つ求まる．その順序は {ACT, TCT, CTG, TGG} と {CAA, ACT, CTG, TGG} であり，これらはそれぞれ ACTCTGG と CAACTGG という 2 つの解を表す．このうち 1 つがもとの配列であるが，この場合にはどちらを良いとするかの明確な理由は存在しない．しかし，エラーを含みがちな実際のハイブリダイゼーション実験で得られるデータに対しては，唯一の最適解を再構成することが求められている．

3.3 配列再構成のためのハイブリッド遺伝的アルゴリズム

ここでは文献 (Blazewicz et al., 2002) で DNA 塩基配列再構成問題に用いられた，ハイブリッド進化論的アルゴリズムについて紹介する．この手法は交叉オペレータを広範囲に利用しているので，遺伝的アルゴリズムの一種として知られる進化論的アルゴリズム (evolutionary algorithm: EA) (Holland, 1975; Goldberg, 1989) (2 章参照) に分類される．しかしそのアルゴリズムはヒューリスティックな欲張り法との混合アルゴリズムでもある．これは標準的な突然変異オペレータの代わりに局所探索 (2 章参照) を使用する．局所探索は現在の近傍から改善された解を見つけることを目指す．

ハイブリッド遺伝的アルゴリズムは配列再構成における困難な問題に対しても驚くべき良い結果を与え，さらにもとの配列に非常に近い配列を再構築できる．以下で述べる計算機実験では，ハイブリッド遺伝的アルゴリズムと文献 (Blazewicz et al., 1999a) で述べられているタブサーチ (tabu search) 法 (タブサーチは局所探索手法の特殊な形式である．2 章参照) の結果を比較している．

ハイブリッド遺伝的アルゴリズムは負のエラー，正のエラーを含んだ DNA 塩基配列再構成問題に用いた前述の基準関数を用いる．すなわち，スペクトルが与えられたときに，スペクトルから選ぶ要素数を最大にするような解 (スペクトルから選んだ要素の順序は再構成する配列の順序と同じでなければならない) を見つけるのが目標である．しかしもうひとつの制約として，再構成した配列の長さが指定された長さ n を超えないという条件がある．入力はスペクトル (要素の長さがすべて l であるような任意の集合) と最大配列長 n である．また，このアルゴリズムでは一般的なエラーのモデルを仮定する．すなわち，スペクトル中に存在するエラーの種類や数について何ら制限しない．

解候補の表現はスペクトラム中のオリゴヌクレオチドのインデックスの単なる並びである (すなわち，オリゴヌクレオチドに番号を振り，解候補はこれらの番号の順列となる)．その表現には隣接エンコーディング (adjacency-based encoding) を用いる．

この表現では j 番目の位置に値 i が入っている場合には，インデックス j のオリゴヌクレオチドの後にインデックス i のオリゴヌクレオチドが続くことを示す．解候補の適合度の評価関数（適合度関数）は，GA 染色体中から最も良いオリゴヌクレオチドの部分配列（すなわちヌクレオチド数が n を超えない範囲で最も多くの要素からなる部分配列）を選び，その要素数を求める．隣接するオリゴヌクレオチドは最大限まで重なるものと仮定する．これにより評価される部分配列中の可能な限り多くの要素の包含が保証される．このアルゴリズムでの正規化された適合度はその部分配列中のオリゴヌクレオチドの数を $n - l + 1$（有効な配列がとり得るスペクトル要素の最大数）で割った数である．

3.2.1項からの例，すなわち $n = 7$ でエラーを含んだスペクトル {ACT, CAA, CTG, TCT, TGG, TTG} を使ってこのコード化を説明する．スペクトルのいずれの要素も固有のインデックスを持っている．これは例えばスペクトル中の要素のアルファベット順で決めることができる．するとこの場合，オリゴヌクレオチド ACT はインデックス 1 となり，CAA はインデックス 2 などとなる．解候補は例えば次のようになる．

| 4 | 1 | 5 | 3 | 6 | 2 |

これはインデックス 1 のオリゴヌクレオチドの後ろにインデックス 4 のオリゴヌクレオチドが続き，インデックス 2 のオリゴヌクレオチドにインデックス 1 のものが続き，インデックス 3 のものにインデックス 5 のものが続くということを示している．結果としてのスペクトル要素のサイクルは {CTG, TGG, TTG, CAA, ACT, TCT, CTG} である．評価関数は，このサイクルのうち n を超えない長さとなる 6 つの部分経路を異なった位置から始めて評価する．すなわち {CTG, TGG, TTG}, {TGG, TTG}, {TTG, CAA}, {CAA, ACT, TCT}, {ACT, TCT, CTG, TGG}, そして {TCT, CTG, TGG} である．それらは n を超えない長さの配列 CTGGTTG, TGGTTG, TTGCAA, CAACTCT, ACTCTGG, TCTGG を作る．この解候補でコード化されている最良の配列は ACTCTGG であり（なぜならこれらは他より多くのスペクトル要素で構成されているからである），その適合度は 4 である．オリゴヌクレオチドインデックスの順列すべてが解候補になれるわけではない．以下の例のように，オリゴヌクレオチドの一部を使わないサイクルを作ってしまう順列もあり得る．

| 4 | 6 | 5 | 3 | 1 | 2 |

この例ではスペクトラム要素の 2 つの部分サイクル {CTG, TGG, ACT, TCT, CTG}, {CAA, TTG, CAA} ができてしまう．

第 3 章 ■ 進化論的計算を用いた実験データからのゲノム配列決定　**49**

解候補の初期集団は一様分布に基づきランダムに生成される．上で述べたようにいずれの解候補もインデックスの順列でなければならず，スペクトルの要素数より少ない要素からなる部分サイクルを含んではいけない．それから集団中のすべての解候補に関して正規化された適合度が計算される．置換なし確率的残余選）手法（stochastic remainder without replacement selection method）[*2]（Goldberg, 1989）を適用するために，最も高い適合度を持つ個体が格納され，そして集団中の全個体の適合度が線形にスケールされる．次世代の集団（すなわち子集団）は解候補（親集団）からランダムに2つを組み合わせて作成するが，それには文献（Grefenstette et al., 1985）と同様の欲張り交叉（greedy crossover）アプローチが用いられる（文献（Glover, 1977）の拡散探索（scatter search）アプローチ[*3]も参照）．欲張り交叉法は以下のように定義される．まず子の中のオリゴヌクレオチドがランダムに選ばれる．そして，それに続く次のオリゴヌクレオチドとしてまだ子染色体中で使われていない最良のオリゴヌクレオチドを選ぶ．ここでの最良のオリゴヌクレオチドとは，注目しているオリゴヌクレオチドに重複するヌクレオチドが最も多くなるものである．この操作は確率 0.2 で行う．残りの確率 0.8 では，2つの親の中で注目しているオリゴヌクレオチドに続くものの中から最良のオリゴヌクレオチドを選ぶ．以上で選ばれたヌクレオチドが部分サイクルを作るならば残りのオリゴヌクレオチドの候補からランダムに選ぶ．最良の選択肢が2つ以上あった場合には単純に最初の選択肢を選ぶ．この手続きを次世代集団の全染色体が作られるまで繰り返す．

新しく作られた集団についても上記の手続きを繰返し，各世代で見つかった最良個体を記録する．以上のステップは基準関数が改善されないまま一定の回数だけ繰り返されると終わる．このアルゴリズムは全世代の中で最良の個体を解として出力する．

3.4　計算機実験の結果

ここで述べる計算機実験では，3.3 節で紹介したアルゴリズムを文献（Blazewicz et al., 1999a）におけるタブサーチ法（その前のバージョンについては Blazewicz et al., 2000 で触れられている）と比較した．タブサーチ法は初期解を生成するために欲張り

[*2] 訳注：GA での選択手法の1つ．ある個体 i が次世代へコピーされる期待数が $e_i = n \cdot f_i / \sum f_j$ で計算され（n は全個体数，f_i は i の適合度），その e_i の端数部分をコピーされる確率として取り扱う．例えば，$e_i = 1.5$ となったとき，個体 i は確実に1つコピーされ，残り 0.5 の確率でもう1つコピーされる（Goldberg, 1989 の p.121）．
[*3] 訳注：参照集合（reference set）と呼ばれる解の集合を保持し，これらの解を組み合わせて新たな解の集合を生成することで探索を行う手法（Glover, 1977）．

法による構成的手続きを用いている（Blazewicz et al., 1999b）．そのため，すでにそれなりに適合した個体から探索が始まる．それとは対照的にハイブリッド遺伝的アルゴリズムでの解候補の初期集団はランダムに生成される．以下で示す結果では，さまざまなパラメータはタブサーチと遺伝的アルゴリズムの計算時間が同程度になるように設定されている．ハイブリッド遺伝的アルゴリズムのパラメータは予備実験に基づいて定めた．集団サイズは 50 とし，改善なしに繰り返す上限は 20 回，すなわち最近 20 世代のうちにそれまでの最良適合度を超えるものが出てこなければ停止する．

　実験はプロセッサ Pentium II 300 MHz，メモリ 256 MB，Linux オペレーティングシステムの PC ワークステーションで行った．実験で用いたスペクトラムはいずれもGenBank（GenBank の Web サイトアドレスについては付録を参照）にある，ヒトのタンパク質をコード化する DNA 塩基配列をもとにした．いずれのスペクトルにもランダムな負のエラー，正のエラーをそれぞれ 20% の割合で導入した．すなわち理想的なスペクトルからランダムに選んだ 20% の要素を削除し（負のエラー），さらに存在しない要素を 20% 付け加える（正のエラー）．スペクトルの要素数は 100 から 500 オリゴヌクレオチドと幅があるので，それらは 40 から 200 のエラーを含む（後者では，ランダムに選んだ 100 のオリゴヌクレオチドが削除され，100 のオリゴヌクレオチドがエラーとして追加される）．オリゴヌクレオチドの長さはすべてにおいて 10 とした．もとの配列の長さ（$109 \leq n \leq 509$）とオリゴヌクレオチドの長さ（$l = 10$）は実際のハイブリダイゼーション実験から定めたものである．しかしどちらのアルゴリズムも $l \leq n$ なるいかなる n, l でも扱うことができる．

　この実験のためのデータは以下のように準備した．要素数がそれぞれ 100, 200, 300, 400, 500 のスペクトラムを作成するため，GenBank にある配列から長さが 109, 209, 309, 409, 509 のものを選び出した．ハイブリダイゼーション実験はこれらの配列から長さ 10 のオリゴヌクレオチドを切り出し，繰返しのないスペクトルを作ることで再現した．次に，スペクトルのそれぞれについてオリゴヌクレオチドの 20% を一様分布でランダムに選び削除することで，負のエラーを作り出した．そして最初の要素数の 20% にあたる数の正のエラーをランダムに作り出しスペクトルに導入した．この正のエラーでは，導入する要素がもとの理想的なスペクトルではないように選ばれた．もとの配列中でのオリゴヌクレオチドの並びについて手がかりを残さないために，スペクトルをアルファベット順に並べ換えた．再現実験や比較実験の手助けのため，もとの配列として用いられた 40 の配列の GenBank でのアクセッション番号を以下に示す．

D00723	D11428	D13510	X13440	X51535	X00351	X02994	X04350
Y00264	X58794	Y00649	X05299	X51841	X02160	X04772	X13561
X14758	X15005	X06537	Y00711	X05908	X07994	X13452	Y00651
X07982	X05875	X53799	X05451	X14322	X14618	X55762	X14894
X57548	X51408	X54867	X02874	X06985	Y00093	X15610	X52104

両手法で生成された配列は古典的なペアワイズアラインメント (pairwise alignment) アルゴリズム ((Waterman, 1995) 1章もしくは5章でのアラインメントの説明も参照) を用いてもとの配列と比較した．アラインメントアルゴリズムは次のように類似度スコアを見積もる．マッチ (2つの配列の決まった位置に同じヌクレオチドがある) ならば1ポイント加算，ミスマッチ (同じ場所に異なったヌクレオチドがある) なら1ポイント減点，ギャップ (挿入，何もないところにヌクレオチドが対応している) なら1ポイント減点である．最高スコアすなわち類似度の上限 (全く同じ配列が並んでいるとき) は配列中のヌクレオチド数に等しい値となる．

表3.2はハイブリッド遺伝的アルゴリズムの実験結果を示している．表中の平均値はすべて40回の実行の平均である．ここで性能とは解を構成するスペクトル要素の数として定義される．どの実行に関しても，これらのアルゴリズムによって得られる基準関数の値は最適性能 (すなわちスペクトル中のオリゴヌクレオチドの正確な数) を超えることはない．類似度スコアは上に述べたようなペアワイズアラインメントから直接得られ，ポイント (最大値はそれぞれ109から509) とパーセンテージ (2つの配列が全く同じ場合に最大値100%をとる) で示されている．

これらの結果はハイブリッド遺伝的アルゴリズムがこの再構成問題において非常に良い性能であること示している．比較的少ない計算時間で最適に近い解を生成してお

表3.2 要素数が100から500までのスペクトルで実験したハイブリッド遺伝的アルゴリズムの結果．いずれのスペクトルも40回ずつ実行した．

パラメータ	スペクトルの要素数				
	100	200	300	400	500
平均性能	80.0	159.4	237.6	315.9	393.0
性能の最適値	80	160	240	320	400
最適解が得られた回数	40	31	20	9	5
平均類似度スコア (点)	108.4	199.3	274.1	301.7	326.0
平均類似度スコア (%)	99.7	97.7	94.3	86.9	82.0
平均計算時間 (秒)	13.5	63.4	154.9	263.4	437.9

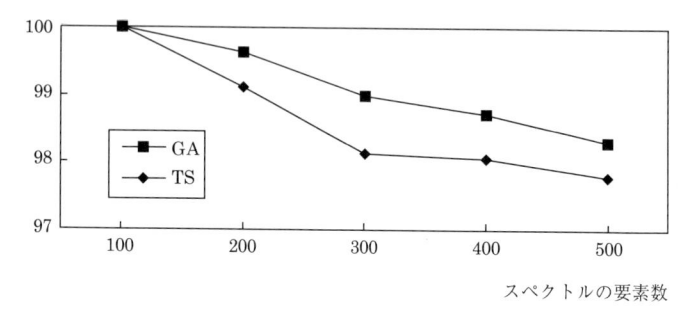

平均性能（最適値に対するパーセンテージ）

図 3.2 最適解性能に対する平均の解性能の割合．ハイブリッド遺伝的アルゴリズム（GA）とタブサーチ法（TS）についてすべてのスペクトルでの結果を示した．

表 3.3 タブサーチ法の結果．表 3.2 で示したハイブリッド遺伝的アルゴリズムと同じ問題で実験した．

パラメータ	スペクトルの要素数				
	100	200	300	400	500
平均性能	80.0	158.6	235.5	313.8	391.1
性能の最適値	80	160	240	320	400
最適解が得られた回数	40	24	11	6	2
平均類似度スコア（点）	108.4	184.1	196.6	229.5	235.1
平均類似度スコア（％）	99.7	94.0	81.8	78.1	73.1
平均計算時間（秒）	14.1	60.8	177.7	258.3	471.5

り，しかももとの配列との類似度も非常に高い．要素数 100 の場合，このアルゴリズムは常にもとの配列と同じ配列を再構成できた．もとの配列の始端や終端に起きた負のエラーの結果（そのためもとの配列を正確に再構成することは不可能である），類似度スコアは時折 100% を下回ることがあった．多くのエラーを含んでいる大きなスペクトルの場合でも，このアルゴリズムは非常に良い（しばしば最適な）配列を再構成した．得られた解は 40 回の平均をとると，どのスペクトルも 98.3% から 100% の性能を達成していた（図 3.2 も参照）．時には問題が 1 つ以上の最適解を持つことに注意してもらいたい．その場合には得られる解はもとの配列とは異なったものとなる．したがって実際のところは表 3.2 に示した類似度がこのアルゴリズムの性能の下限である．

比較のため，表 3.3 には同じ問題をタブサーチ法（Blazewicz et al., 1999a）で解いた結果を示した．このアルゴリズムでも要素数 100 の場合には最適解を得た．しかし要素数を増やすにつれてハイブリッド遺伝的アルゴリズムよりも悪い結果となった．平

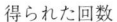

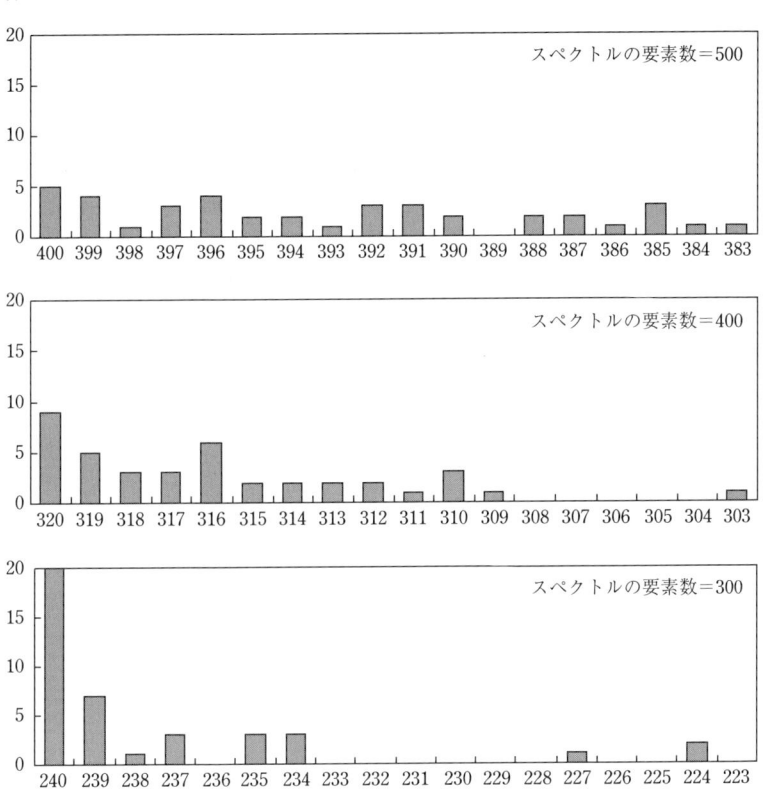

図 3.3 スペクトル要素数が 300, 400, 500 のときにハイブリッド遺伝的アルゴリズムによって得られた解性能の分布．例えば一番上のヒストグラムは，要素数が 500 の場合には性能 400 のものが 40 回の実行のうち 5 回，性能が 399 のものは 4 回得られたことを示す．

均性能も最適性能に近いものとなっている (97.8% から 100%, 図 3.2 参照)．しかし得られた配列はハイブリッド遺伝的アルゴリズムほどもとの配列に似ていない．

遺伝的アルゴリズムはタブサーチ法よりも多くの最適解を得た．もっとも生化学者，特に自分の実験に基づき配列の再構成を行う者は正確な解を得ることにしか関心がないだろう．もちろん，エラーを含んだ DNA 塩基配列の再構成は NP 困難な問題であるため，厳密解の指数関数時間アルゴリズムを用いるのは不可能である．それゆえここで示したような多項式時間で働き，しばしば最適解を返す（一般には最適に近い解

を返す）手法は理論面と実用面の両方から見ても非常に価値がある．ここで紹介した実験では（与えられたエラーを含んだスペクトルから最大数の要素を使う）適合度関数のもとでほとんどの解が最適であったが，これらは生化学者の観点からも十分最適のようである（配列の末端での負のエラーによってときどきヌクレオチドが欠落するにもかかわらず，もとの配列を正確に再構成するため）．これには2つだけ例外が存在する．それは要素数が200と300の場合であり，そこで再構成された配列はそれぞれ160と240のヌクレオチドを含んでいるがもとの配列とは異なっている．しかし結果におけるこのような曖昧さ（1つのスペクトルに対して2つ以上の最適解があり得る）はもとの配列についての付加的情報なしには解決することができない．それゆえ，このアルゴリズムにおける基準関数の選択は非常に適切であったといえる．

　表3.2に示した平均性能はハイブリッド遺伝的アルゴリズムの性能についての情報をすべて示してはいない．そこで図3.3には要素数300, 400, 500のスペクトルについて得られた性能の分布を示した．図から明らかなように，40回の実行で得られた最適の性能と最悪の性能の差は17より大きくならず，最悪の場合はまれである．さらにスペクトルのサイズが200のときには最も低い性能でも153であり，これは最適値の95％以上である．

　長時間の計算を行ったときにハイブリッド遺伝的アルゴリズムとタブサーチ法がどのように振る舞うかを見積もるため，別のテストを行った．これには最も難しく，性能改善の余地が見られた要素数500のスペクトルだけを用いた．このテストの時間制限は約40分とした．ハイブリッド遺伝的アルゴリズムのパラメータはより長時間の計算を可能にするために，集団サイズを200，改善なしで繰り返す世代の最大数を40とした．タブサーチ法でも同様にパラメータを変更したが，それは単純により多くの繰り返しを行い，探索（2章の局所探索の節を参照）のリスタートを増やすことで実現した．これらのテストの結果を表3.4に示した．

　両アルゴリズムによって得られた解の平均性能は非常に高く，似た値となった．そ

表3.4 ハイブリッド遺伝的アルゴリズムとタブサーチ法の結果．要素数500のスペクトルで，計算時間は40分程度に設定した．このサイズのスペクトルでの目標となる最適性能は400である．

パラメータ	遺伝的アルゴリズム (**GA**)	タブサーチ (**TS**)
平均性能	396.0	394.1
最適解が得られた回数	9	4
平均類似度スコア（点）	393.1	286.0
平均類似度スコア（％）	88.6	78.1

して類似度スコアはハイブリッド遺伝的アルゴリズムの方がタブサーチ法と比べて非常によかった．これらの結果はこの問題設定における遺伝的アルゴリズムの強みを示している．

3.5 おわりに

SBHデータから遺伝子配列を再構成する際には，遺伝的アルゴリズムのアプローチが非常に適していることを以上の計算機実験の結果は示している．特に遺伝的アルゴリズムは局所探索を使った他の凝った手法よりも優れている．しかしこれらの結果をさらに改善することも可能である．本章の手法は生化学実験から得られるようなスペクトルやもとの配列についての追加情報を何ら使っていない．そのような追加情報は正しい配列決定を手助けするだろう．例えばもとの配列の最初（または最後）のオリゴヌクレオチドが既知であると仮定できるかもしれない．この仮定はプライマーについての知識に基づく．プライマーは配列決定の前にPCR法（DNAを複製させる手法）にかけて分子を増幅させるために生化学者が用いるものである．この情報を用いるとアルゴリズムはもとの配列にさらに似通った配列を生成できるだろう．もう1つの情報源としてはデータベースサーチが挙げられる．特定遺伝子中の特徴的な部分配列の存在に関して確率的な解析を行うことで，オリゴヌクレオチドの順序で非常に可能性の低いものはあらかじめ除外することができる．しかしこのような追加情報は常に得られるとは限らない．そこでわれわれは広く適用可能な一般的なアルゴリズムを提案した．ここで示したテストでのオリゴヌクレオチドに与えたエラーの割合はかなり大きかったことにも注意してもらいたい．実際の実験ではスペクトル中のエラーはもっと少ないと期待され，アルゴリズムの結果もより良いものとなる．

謝辞

この研究はKBN grant 7T11FO2621の資金を得て行ったものである．2番目の著者は特別研究員の支援に対してポーランド科学財団に感謝する．

参考文献

[1] Apostolico, A., and Giancarlo, R. (1997). Sequence alignment in molecular biology. In *Mathematical Support for Molecular Biology* (M. Farach, F. Roberts, and M. Waterman, eds.), American Mathematical Society DIMACS series, American Mathematical Society, Providence, R.I., pp. 85–116.

[2] Bains, W., and Smith, G. C. (1988). A novel method for nucleic acid sequence determination. *J. Theor. Biol.*, 135:303–307.

[3] Blazewicz, J., and Kasprzak, M. (2002). Complexity of DNA sequencing by hybridization. *Theor. Comp. Sci.*, in press.

[4] Blazewicz, J., Kaczmarek, J., Kasprzak, M., Markiewicz, W. T., and Weglarz. J. (1997). Sequential and parallel algorithms for DNA sequencing. *CABIOS*, 13:151–158.

[5] Blazewicz, J., Formanowicz, P., Glover, F., Kasprzak, M., and Weglarz, J. (1999a). An improved tabu search algorithm for DNA sequencing with errors. In *Proceedings of the III Metaheuristics International Conference MIC' 99*, Catholic University of Rio de Janeiro, Angra dos Reis, Brazil, July 19–22, 1999, pp. 69–75.

[6] Blazewicz, J., Formanowicz, P., Kasprzak, M., Markiewicz, W. T., and Weglarz, J. (1999b). DNA sequencing with positive and negative errors. *J. Comp. Biol.*, 6:113–123.

[7] —— (2000). Tabu search for DNA sequencing with false negatives and false positives. *Eur. J. Op. Res.*, 125:257–265.

[8] Blazewicz, J., Kasprzak, M., and Kuroczycki, W. (2002). Hybrid genetic algorithm for DNA sequencing with errors. *J. Heuristics*, in press.

[9] Caviani Pease, A., Solas, D., Sullivan, E. J., Cronin, M. T., Holmes, C. P., and Fodor, S.P.A. (1994). Light-generated oligonucleotide arrays for rapid DNA sequence analysis. *Proc. Natl. Acad. Sci. USA*, 91:5022–5026.

[10] Drmanac, R., Labat, I., Brukner, I., and Crkvenjakov, R. (1989). Sequencing of megabase plus DNA by hybridization: theory of the method. *Genomics*, 4:114–128.

[11] Drmanac, R., Labat, I., and Crkvenjakov, R. (1991). An algorithm for the DNA sequence generation from k-tuple word contents of the minimal number of random fragments. *J. Bio. Struct. Dynamics*, 8:1085–1102.

[12] Fodor, S.P.A., Read, J. L., Pirrung, M. C., Stryer, L., Lu, A. T., and Solas, D. (1991). Light-directed, spatially addressable parallel chemical synthesis. *Science*, 251:767–773.

[13] Fogel, G. B., and Chellapilla, K. (1999). Simulated sequencing by hybridization using evolutionary programming. In *Proceedings of the IEEE Congress on Evolutionary Computation CEC' 99*, IEEE Service Center, Piscataway, N.J., pp. 445–

452.
[14] Fogel, G. B., Chellapilla, K., and Fogel, D. B. (1998). Reconstruction of DNA sequence information from a simulated DNA chip using evolutionary programming. In *Lecture Notes in Computer Science* (V. W. Porto, N. Saravanan, D. Waagen, and A. E. Eiben, eds.), Vol. 1447, Springer-Verlag, New York, pp. 429 – 436.
[15] Glover, F. (1977). Heuristics for integer programming using surrogate constraints. *Decision* Sci., 8:156 – 166.
[16] Goldberg, D. E. (1989). *Genetic Algorithms in Search, Optimization, and Machine Learning*. Addison-Wesley, Reading, Mass.
[17] Grefenstette, J. J., Gopal, R., Rosmaita, B. J., and Van Gucht, D. (1985). Genetic algorithms for the traveling salesman problem. In *Proceedings of an International Conference on Genetic Algorithms and Their Applications*, Lawrence Erlbaum Associates, Hillsdale, N.J., pp. 160 – 168.
[18] Hagstrom, J. N., Hagstrom, R., Overbeek, R., Price, M., and Schrage, L. (1994). Maximum likelihood genetic sequence reconstruction from oligo content. *Networks*, 24:297 – 302.
[19] Holland, J. H. (1975). *Adaptation in Natural and Artificial Systems*. University of Michigan Press, Ann Arbor.
[20] Lipshutz, R. J. (1993). Likelihood DNA sequencing by hybridization. *J. Biomol. Struct. Dyn.*, 11:637 – 653.
[21] Lysov, Y. P., Florentiev, V. L., Khorlin, A. A., Khrapko, K. R., Shik, V. V., and Mirzabekov, A. D. (1988). Determination of the nucleotide sequence of DNA using hybridization with oligonucleotides. A new method. *Dokl. Akad. Nauk SSSR*, 303:1508 – 1511.
[22] Markiewicz, W. T., Andrych-Rozek, K., Markiewicz, M., Zebrowska, A., and Astriab, A. (1994). Synthesis of oligonucleotides permanently linked with solid supports for use as synthetic oligonucleotide combinatorial libraries. Innovations in solid phase synthesis. In *Biological and Biomedical Applications* (R. Epton, ed.), Mayflower Worldwide, Birmingham, U.K., pp. 339 – 346.
[23] Maxam, A. M., and Gilbert, W. (1977). A new method for sequencing DNA. *Proc. Natl. Acad. Sci. USA*, 74:560 – 564.
[24] Pevzner, P. A. (1989). l-tuple DNA sequencing: computer analysis. *J. Biomol.*

Struct. Dyn., 7:63 – 73.

[25] Sanger, F., and Coulson, A. R. (1978). The use of thin acrylamide gels for DNA sequencing. *FEBS Lett.*, 87:107 – 110.

[26] Setubal, J., and Meidanis, J. (1997). *Introduction to Computational Molecular Biology*. PWS, Boston.

[27] Southern, E. M. (1988). United Kingdom Patent Application GB8810400.

[28] Vingron, M., Lenhof, H. P., and Mutzel, P. (1997). Computational molecular biology. In *Annotated Bibliographies in Combinatorial Optimization* (M. Dell' Amico, F. Maffioli, and S. Martello, eds.), John Wiley, Chichester, U.K., pp. 445 – 471.

[29] Waterman, M. S. (1995). *Introduction to Computational Biology. Maps, Sequences and Genomes*. Chapman and Hall, London.

第4章 進化論的計算によるタンパク質構造アラインメント

Joseph D. Szustakowski
Zhiping Weng　Boston University

4.1 はじめに

　最近の10年でタンパク質の三次元構造についての知識は飛躍的に増大してきた．2001年6月19日の時点で，三次元構造のパブリックデータベースであるProtein Data Bank（PDB）には15,435のデータがある（Berman et al., 2000）．さらに，構造ゲノムの研究者たち（Burley et al., 1999）は膨大な数のタンパク質の多種多様な構造を決定しようと計画している．莫大なデータによって，タンパク質の配列・構造・機能・進化を理解するために構造を比較するという基本的な技術が確立されてきた．最終的な目標は，アミノ酸配列のみからタンパク質の三次元構造を予測することである．この目標のために，PDBのようなデータベースからタンパク質に共通する構造を発見し，これらをつなぎ合わせてタンパク質全体の構造や機能を理解する手法を開発しなければならない．

　構造比較アルゴリズムを用いると，2つのタンパク質の三次元構造を比較することで共通するアミノ酸配列を特定することができる．この共通部分は構造アラインメントと呼ばれ，剛体回転と平行移動によって重ね合わせることができる．構造アラインメントは特に2つの分野で利用される．まず，構造アラインメントによって，2つのタンパク質が同じフォールド（部分構造）（例えば，αヘリックスやβシートのような特別な形）を持つかどうかを推測できる．構造が非常によく似ているということは，機能の類似性や進化的な関係性の結果であることが多い（Rozwarski et al., 1994）．構造比較は配列比較に比べて関係の薄いタンパク質を特定することができる．なぜなら，一般的に構造は配列よりも保存されやすいからである．よって構造比較は，2つのタンパク質の機能が同じアミノ酸配列の組かどうかを知るための精度の高い方法になっている（Chothia and Lesk, 1986; Murzin, 1996, 1998）．アミノ酸はタンパク質の機能を

決める最も重要な領域にあって，構造から機能を予測するための重要な手がかりになるかもしれない．このように，構造比較はホモロジーモデリングなどさまざまな構造予測手法の主要部分である．構造アライメントはまた，構造予測法の評価の基準としても用いられる．データベースを検索するためには膨大な数の構造比較を行わなければならず，効率のよい比較方法が求められている．この章では，進化論的計算によるタンパク質の構造比較に焦点を当てる．進化論的計算と他の最適化手法を組み合わせた例も示す．これらのアプローチを組み合わせて，従来よりも高い特異度と感度[*1]の，新しいタンパク質構造比較手法を作ることができる．

4.1.1 構造アライメントアルゴリズム

さまざまな構造アライメントが存在する（Eidhammer et al., 2000 とそこで挙げられている文献を参照）．最近われわれは KENOBI という構造アライメントアルゴリズムを開発した．このアルゴリズムは生物学的に有用で詳細なアライメントを求めることを目的にしている（Szustakowski and Weng, 2000）．KENOBI はタンパク質の核や二次構造（secondary structure elements: SSEs）と表現されるような部分をそろえる．次に遺伝的アルゴリズム（GA）を用い，類似度のスコアを最適化する．続いて KENOBI は SSE のアライメントをループやターンの対応点も含むように拡張する．8 つの代表的なタンパク質ファミリーで実験し，KENOBI はロバストであることを確認した．KENOBI は人手によるアライメントや実験結果と完全に一致する高品質なアライメントを生成することができる（Szustakowski and Weng, 2000）．われわれは KENOBI に 2 つの特徴を加えて拡張した（これは K2 という C++プログラムに含まれている．このプログラムは http://zlab.bu.edu/k2 から利用できる）．改良点には，GA に先立つ高速のベクトルベース SSE アライメントと結果の統計的有意性の計算が含まれている．この章ではこれらの拡張の詳細を述べ，タンパク質構造アライメントに進化論的計算を用いる効果を説明する．

ベクトルベース SSE アライメントは新しいものではない．基本的なアイデアは，2 つのタンパク質の SSE を複数のベクトルで表現し，対応するベクトルの集合を決定するというものである．グラフ理論やクラスタリング手法（Grindley et al., 1993; Rufino and Blundell, 1994; Madej et al., 1995; Mizuguchi and Go, 1995; Alexandrov and Fischer, 1996），コンピュータビジョンの分野で使われる幾何学的ハッシング[*2]な

[*1] 訳注：感度とは真の（または参照法における）正例のうち実際に正例と判断されるものの割合である．特異度とは真の負例のうち実際に負例と判断される割合をいう．
[*2] 訳注：幾何学的特徴のマッチングのために，もともとコンピュータビジョンの手法として開発されたもの．回転・平行移動・拡大・縮小のもとで不変な特徴を見出すのに用いられる．

どを用いる方法（Holm and Sander, 1995; Alesker et al., 1996）がある．ベクトル表現は，構造アラインメントにおいて計算の複雑さを大きく減らすことができるため広く使われている．しかしながら，この方法には特定のアミノ酸の対応を決定できないなどの欠点もある．アミノ酸レベルも扱えるように SSE アラインメントを精密化する方法もある．これらの方法は，剛体変換や最小二乗法，焼きなまし法，動的計画法を利用している（Holm and Sander, 1995; Madej et al., 1995; Alesker et al., 1996; Alexandrov and Fischer, 1996）．一方で，ベクトルに抽象化せずに，アミノ酸の配置を直接決めるような方法もある（Holm and Sander, 1993; Gerstein and Levitt, 1998; Szustakowski and Weng, 2000）．

4.1.2　K2 アルゴリズム

K2 アルゴリズムは高速なベクトルベース SSE アラインメントと，低速だがアミノ酸の配置をうまく決められる GA とを組み合わせたものである．手法を組み合わせることで，それぞれの構造アラインメントに対する利点を利用できる．ベクトルのアラインメントは非常に高速に効率良く計算することができる．対応する SSE を正しく特定できることに加えて，似ていないタンパク質のアミノ酸配置の決定に時間を費やさないですむ．従来の研究によって，ランダムな SSE アラインメントの集団から始めて，正しいアラインメントを生成できることが示されている（Szustakowski and Weng, 2000）．K2 はまず SSE を決めるという戦略をとり，その後 SSE 中の最適なアミノ酸配列を探索する．ベクトルベースアラインメントを導入することによって，探索する価値のあるものだけを賢く選択できる．困難な問題に対して進化論的計算と標準的な方法を組み合わせることの利点を K2 は示している．構造アラインメントにおいては統計分析の研究はあまり行われていない．

一方, 配列アラインメントの場合, 統計分析の基礎的な理論がある (Karlin and Altschul, 1990)．広く使われる BLAST や PSI-BLAST（Altschul et al., 1997）にはそれが実装され，必要不可欠な構成要素となっている．VAST はそろった SSE の数と偶然にそれだけの数の SSE がそろう確率をもとに，統計的有意性の P 値（4.2.4 項）を計算する（Gibrat et al., 1996）．Holm と Sander は重複のないデータベースのすべてのデータと比較して得られるスコアの平均（Z-score）の標準偏差を用いて構造アラインメントの有意性を定量化した（Holm and Sander, 1993, 1996）．Levitt と Gerstein は，配列アラインメントのスコアと類似した意味で構造比較のスコアは極値分布に従うことを示した（Levitt and Gerstein, 1998）．彼らは重複のない構造アラインメントの集合からアラインメントスコアとしての P 値を算出した．

われわれは Levitt と Gerstein の方法を採用し，それにいくつかの拡張を加えた．彼らのアラインメントスコアは 2 つのタンパク質の対応するアミノ酸残基の距離の 2 次関数である．ここでは，Holm と Sander によって開発された別のアラインメントスコアであるエラスティック類似度を採用する (Holm and Sander, 1993)．Levitt と Gerstein の方法は配列の限定されたアラインメントにのみ用いることができる．K2 は配列が限定されている場合もいない場合も扱うことができる．そのため，配列の限定されていない場合のアラインメントについて，統計的有意性を計算できるようになった．最終的に，K2 の統計的有意性はタンパク質のサイズと SSE から単純な方法で決まる．

新しく開発した統計的有意性の指標を用いて，アラインメントによって似たタンパク質を同定する K2 の能力をテストした．このデータセットに対して，K2 の感度は 75%（似ていることの定義を最も緩くした場合）から 89%（最も厳しくした場合）であった．最も広く普及している配列アラインメントアルゴリズムである BLAST の場合は 5% から 22% の感度であった．SCOP の古いバージョン (ver.32) を使った場合の感度は 39% であった (Levitt と Gerstein による)．SCOP(ver.53) に K2 と同じ類似性の基準を用いた場合の感度は 82% であった．

特異度のテストのために，10,000 組の関連のないタンパク質のアラインメントを行った．この実験ではほとんど似た構造は見つからないはずである．感度テストと同様の統計的有意性の基準のもとで，K2 はわずか 30 のアラインメントが類似していると判断した．その特異度は 99.7% である．

次の節ではアルゴリズムの概要と，タンパク質構造アラインメントに進化論的計算を用いることの重要性を示す．

4.2 方　法

K2 アルゴリズムは 3 つの段階からなる．まず，対象となるタンパク質の最良の SSE アラインメントを探索する．次に，GA によって SSE 内のアミノ酸配置を最適化する．最後に，こうして決まった位置対応に基づいてタンパク質の主鎖を重ね合わせる．続いて K2 は SSE に属さない領域の対応を探索する．

この階層的なアプローチはタンパク質の性質を反映したものである．一般的に，タンパク質のコアは表面のループやターンよりもよく保存されることが知られている．SSE のアラインメントにまず焦点を絞ることで，探索空間を狭くし，意味ある結果を得やすくしている．さらに，第 1 段階の SSE アラインメントは効率良く実行され，最適な SSE アラインメントを次の段階の GA に渡すことができる．

4.2.1 第1段階：SSE アラインメント

K2 のはじめの手続きは SSE の最適なアラインメントを決定することである．SSE は DSSP アルゴリズム（Kabsch and Sander, 1983）を用いて決定され，平滑化される (http://bmerc-www.bu.edu/needle-doc/latest/dssp-progs.html)．SSE はベクトルとしてモデル化される．モデル化はまずモーメントが最小になるような主軸を決定し，先頭と末尾の α 炭素を主軸に射影することで行われる．最後に 2 つのタンパク質の対応するベクトルを見つければよい．同一直線上にない 3 点があれば，三次元空間の座標系を設定することができる．あらかじめ両方のタンパク質の対応する 3 点がわかっているとする．その場合，これらの点を用いれば，タンパク質の内部に座標系を設定し，三次元空間で近い場所にある SSE の同定が簡単にできる．実際には，このような知識をあらかじめ持っているわけではないため，構造を対応させるような変換を探索しなければならない．

同一直線上にない 2 つの SSE を使ってユニークな座標系を定義することができる．2 組の対応する SSE のベクトルによって，それぞれのタンパク質を正しい方向に向けるような内部座標系が定義される．あり得る戦略の 1 つは，すべての可能な SSE の組を変換の基底に使うことである．N 個と M 個の SSE を持つ 2 つの SSE について，$N(N-1)M(M-1)$ 個の変換の組[*3]を考えなければならない．この数は単純なヒューリスティクスを用いて減らすことができる．すべての SSE の組を使うのではなく，物理的近傍にあるものだけを選べば十分である．もし SSE が Q 個の近傍 SSE を持っているならば，考慮しなければならない変換は Q^2MN である．Q は概してタンパク質のサイズによらない．つまり SSE は限られた数の近傍 SSE しか持つことができない．その数は大体 6 未満である．

2 つの SSE ベクトルを与えると，原点を第 1 ベクトルの中心とし，そのベクトルに沿って x 軸の正の方向がカルボキシル末端となるように，K2 は座標系を定める．y 軸の方向は 2 つの SSE ベクトルの外積の方向とする．最後に z 軸の方向を x 軸と y 軸の外積で定める．向きを定めた後，タンパク質 A の SSE をタンパク質 B の SSE に対応づける．タンパク質 A と B のすべての SSE 間のユークリッド距離を計算することで，行列 D_{ij} を生成することができる．D_{ij} の成分は SSE A_i と SSE B_j の距離である．この距離行列は簡単に類似度の行列 M_{ij} に変換することができる．M_{ij} によって SSE アラインメントの質を表すことができる．

[*3] 実際は $N(N-1)M(M-1)$ より少なく，タンパク質を構成する SSE に依存する．α ヘリックスと β ストランドは対応しないと仮定するのが安全である．K2 は SSE タイプのみによってこれらの変換ペアを判断する．ここでは解析を単純にするためにこの詳細は無視する．

アラインメントを構成する際には，2つのケースを考慮しなければならない．1つは配列を制限する場合のアラインメントである．この場合，SSE はタンパク質のアミノ酸配列の順番を守らなければならない．つまり，もし A_i と B_m，A_j と B_n をそろえたとき，$i < j$ ならば，$m < n$ でなければならない．この配列の制限された場合というのは，配列アラインメント問題に似ている．このような場合には，K2 は Needleman-Wunsch の動的計画法のを用いて最適なアラインメントを計算する（Needleman and Wunsch, 1970）．

配列を制限しない場合，解かなければならないのはマッチングまたはアラインメント問題である．この割当ての古典的な具体例はお見合い問題である．女の子と男の子の集合と，行列 L_{ij} が与えられたとする．L_{ij} は女の子 i が男の子 j をどの程度好きかを表している．目的は，できるだけ彼らを幸せにするような結婚の組合せ，つまりカップルについての L_{ij} の和を最大にするような組合せを作ることである．この問題は重み付き二分グラフでモデル化され，重みの和を最大にするような組合せを求めることで解かれる．この問題と（配列の制限されていない）構造アラインメント問題の類似性は明らかである．タンパク質 A と B の SSE が男の子と女の子の集合に，行列 M が行列 L に相当する．この問題を厳密に解くアルゴリズムはいくつかある．K2 は現時点で知られている最速のアルゴリズムを用いる．このアルゴリズムの計算時間は $O(nm + n \log m)$ である．これは配列が制限されている場合にダイナミックプログラミングを用いた計算量 $O(nm)$ よりわずかに悪いだけである．

ダイナミックプログラミングや極大マッチングを用いて SSE がそろえられたら，それが三次元空間で物理的に実現可能かどうかを調べる．そろえられた2つのベクトルの組は次の2つの制限を満たさなければならない．まず対応する SSE 間の最短距離は 10Å 未満でなければならない．次に2つのベクトルが三次元空間で作る角は 90° より小さくなければならない．これらの条件を満たさない SSE の組は取り除かれる．この距離と角度の条件は明らかに間違った組合せを取り除くためだけのものである．これらの値は SSE アラインメントの基準（厳密にするか緩くするか）としてユーザが決めることができる．

4.2.2　第2段階：遺伝的アルゴリズムを用いた詳細なアラインメント

SSE アラインメントができたならば，より難しいタスクであるアミノ酸のアラインメントを決めなければならない．最適なアラインメントを選ぶために次の2つを決める．どのようにアラインメントの良さを評価すると，どのように良いアラインメントを探索するかである．

アラインメントを評価するのに，K2 は Holm と Sander (1993) によるエラスティック類似度を用いる．

$$S = \begin{cases} \displaystyle\sum_{i=1}^{L}\sum_{j=1}^{L}\left(\theta - \frac{d_{ij}^A - d_{ij}^B}{\bar{d}_{ij}}\right)e^{-(\bar{d}_{ij}/a)^2} & i \neq j \text{ のとき} \\ \theta & i = j \text{ のとき} \end{cases} \quad (4.1)$$

ここで d_{ij}^A と d_{ij}^B はタンパク質 A と B での対応する点 i, j の距離，$\bar{d}_{ij}$ は d_{ij}^A と d_{ij}^B の平均，θ と a は定数（それぞれ 0.2 Å，20 Å）である．この基準の原理は単純であり，2 つのタンパク質の対応する点の距離が同じ程度でなければならないことを意味する．例として，2 つの単純なタンパク質 A と B を考える．A には点 1, 2, 3 があり，B の $1', 2', 3'$ に対応している．1 に $1'$ が対応し，2 に $2'$ が対応しているとき，1 と 2 の距離 (d_{12}^A) は $1'$ と $2'$ の距離と大体同じでなければならない．式 (4.1) の最初の項は対応する点の距離が平均の 20% 未満になっているならば報酬を与える．これによって上述の条件を定量化している．式 (4.1) の指数項は距離の大きい組み合わせの寄与を小さくするためのスケールファクタである．このスコアはそろえられた位置についてのみ適用される．そろえられていない点はこのスコアには寄与しない．

われわれは以前からタンパク質構造アラインメントのための GA を開発してきた (Szustakowski and Weng, 2000)．そのアルゴリズムはランダムな SSE アラインメントの初期集団を作り，式 (4.1) に従って正しいアミノ酸アラインメントになるように最適化した．ここでは同じ GA を SSE ベクトルのアラインメントにも適用する．これらのベクトルのアラインメントはすでに最適に近いものである．そのため，GA に非常に有利なスタート地点を与え，高確率でしかも高速に最適なアミノ酸アラインメントを見つけることを可能にする．

アルゴリズムの第 1 段階では，すべての変換について最適な SSE アラインメントを 1 つ生成する．これによって中程度のサイズのタンパク質に対して，簡単に 100 以上のアラインメントを生成することができる．GA には初期世代として多様な SSE アラインメントが必要である．単に最高スコアの SSE アラインメントだけを選択するよりは，高スコアのアラインメントを広く選択する方が GA のパフォーマンスを向上させることが分かっている．K2 の既定の動作では，50 の高スコアな SSE アラインメントから 100 のアラインメントを初期集団として生成する．この初期集団では高いスコアの SSE アラインメントがよりコピーされるようなバイアスがかけられている．これによって，他のアルゴリズムよりも良い成績を上げるようになる．

アラインメントの基本的な単位は SSE である．すべての SSE には DSSP アルゴリ

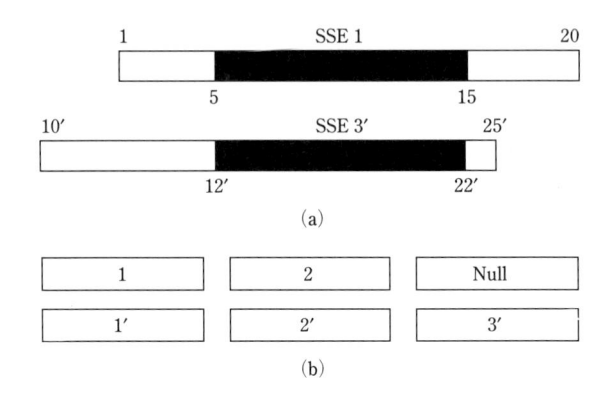

```
            1              SSE 1               20
        ┌──────┬─────────────────────┬──────┐
        │      │█████████████████████│      │
        └──────┴─────────────────────┴──────┘
               5                     15
      10′                SSE 3′              25′
        ┌──────┬─────────────────────┬──────┐
        │      │█████████████████████│      │
        └──────┴─────────────────────┴──────┘
              12′                    22′
                         (a)


        ┌─────────┐  ┌─────────┐  ┌─────────┐
        │    1    │  │    2    │  │  Null   │
        └─────────┘  └─────────┘  └─────────┘
        ┌─────────┐  ┌─────────┐  ┌─────────┐
        │   1′    │  │   2′    │  │   3′    │
        └─────────┘  └─────────┘  └─────────┘
                         (b)
```

図 4.1 遺伝的アルゴリズムを用いた 2 つのタンパク質のアラインメント．それぞれのタンパク質は四角で表現した SSE の集合である．(a) そろえられた SSE の組み：SSE 1 の位置 5 から 15 が，SSE 3′ の位置 12′ から 22′ に相当する．(b) 例：SSE 1 が 1′ に，2 が 2′ に，Null 要素が 3′ に対応する場合．

ズム（Kabsch and Sander, 1983）によって決まる始点と終点がある．SSE にはまたアラインメントを最適化するために GA によって調整される変更可能な境界がある（図 4.1 (a)）．この変更可能な境界は，はじめはランダムに決められる．すべての SSE は他のタンパク質の SSE か Null 要素と対応づけられる（図 4.1 (b)）．SSE に対応づけられた SSE はアラインメントのスコアに寄与し，Null 要素に対応づけられた SSE はスコアに寄与しない．

　GA はさまざまな確率的オペレータを用いる．それらはアラインメントに大小さまざまな変更を加え，結果としてスコアを改善することが期待される．これらのオペレータはこのタスクのために作られたものであって，種類の豊富さのために空間を効率良く探索できるようになっている．GA を特定の世代数（デフォルトでは 200）だけ実行するように設定する．世代ごとにすべてのアラインメントは式 (4.1) に従って評価される．スコアが良くなった場合にはすべての変更が保存される．スコアが悪くなった場合には次の世代に移る前に変更前の状態に戻される．この方法は低いスコアのものが集団から取り除かれる標準的な進化論的計算とは異なっている．

　突然変異オペレータによって，アミノ酸の対応付けの細かい調整をすることができる．このオペレータはいくつかの方法で SSE の調整可能な境界を修正する（図 4.1 (a)）．境界を拡大または縮小することでそろえられた領域の長さを変更する．また，領域を両方向にシフトさせることもできる．デフォルトでは，10% の確率で突然変異オペレータを用いる．オペレータの性質は確率的に決まり，どのタイプの突然変異も等確率で

起こる.

　第1段階は最適なSSEアラインメントを求めるものであったが，本来対応させるべきSSEを対応させなかったり，対応させるべきでないSSEを対応させるなどの問題がある．さらに，たとえ正しいSSEアラインメントを決定できたとしても，進化論的計算の初期集団（スコアの高い50のSSEアラインメント）は最適なものも準最適なものも含んでいる．ホップオペレータは間違ったSSEの対応を含んでいるようなSSEアラインメントのためのオペレータである．このオペレータは5%の確率で用いられ，アラインメント中の2つのSSEの位置を交換する（図4.2 (a)）．配列の制限のないアラインメントの場合，第1のSSEの選択ではアラインメントスコアへの寄与が小さいか負のものにバイアスをかけ[*4]，もう1つは残ったSSEからランダムに選択する．配列を制限されている場合は，順番を保存しなければならない．このために，第1のSSEとしてはNull要素を選択し，そのすぐ隣を2番目のSSEとして選択する．

　進化論的計算の利点の1つに，解の集合を扱えるということがある．これによってたくさんの解を同時に最適化することができる．さらに，進化論的計算にはすでにある解の一部を用いてより良い解を作るための組換えがある．K2には2つの組換えオペレータがある．前述のように，K2は同じ構造のSSEしか対応づけない．GAはこの区別をスワップオペレータで利用している．スワップオペレータは5%の確率で用いられ，ランダムに一組のアラインメントを選択し，そろえられたヘリックスのすべてを交換する[*5]．これは1つのアラインメントではヘリックスがよくそろえられていて，もう1つのアラインメントではストランドがよくそろっているような場合にとても効果がある．

　GAで使われる最も変化の大きいオペレータは交叉オペレータである（図4.2 (b)）．交叉はスワップオペレータに似ているが，対象は1つのSSEタイプに限られない．交叉はすべての世代のすべてのアラインメントに適用される．各アラインメントはランダムに別のアラインメントと組になる．アラインメントの組に対して次のような操作をする．まず，SSEペアを整列させ，ランダムに交叉点を選ぶ．次に交叉点の片側のSSEのペアをすべて交換する．最後にそれぞれのタンパク質からのSSEを1つだけ含むようにアラインメントを修正する．

[*4] SSEはe^{-s}に比例する確率で選択される．ここで，sはアラインメントスコアへのそのSSEの寄与である．
[*5] つまり，K2はヘリックスよりもストランドをスワップする．

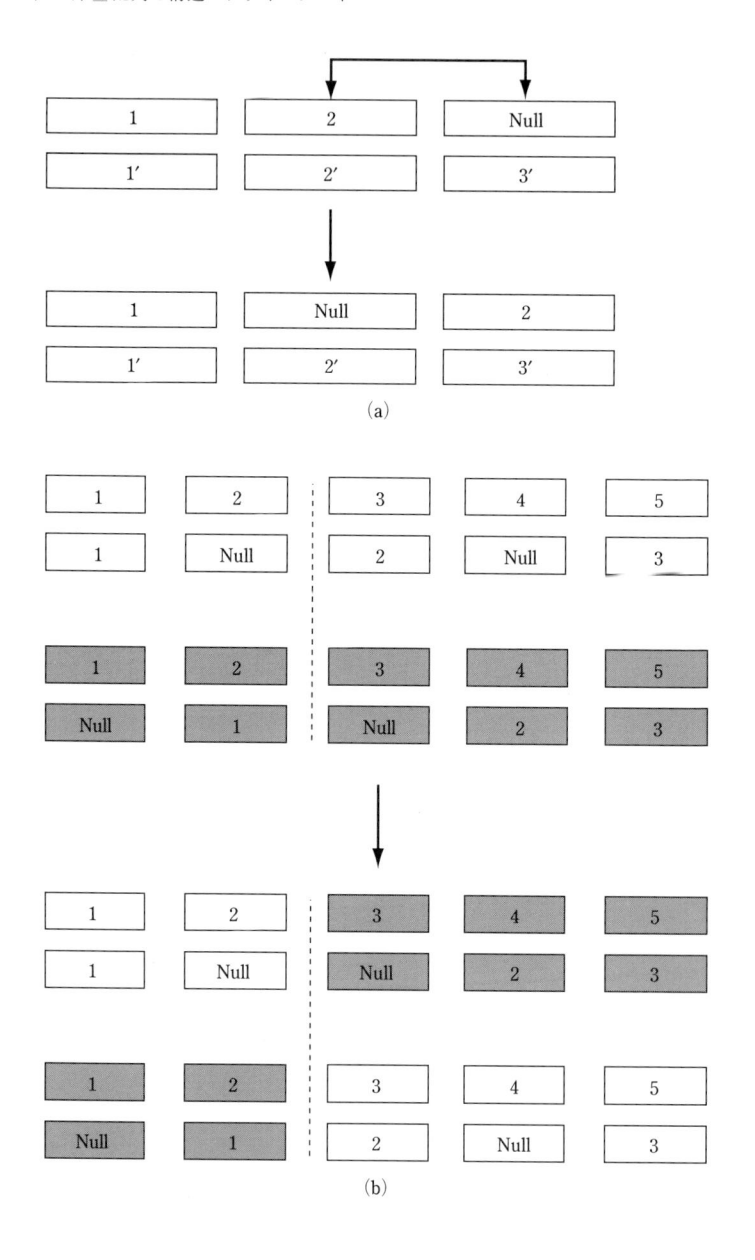

図 4.2 オペレータ．(a) ホップオペレータ：Null 要素と SSE 2 を入れ換える．(b) 交叉：まず 2 つのアラインメント（白と灰色）を選ぶ．ランダムに交叉点（点線）を決め，アラインメントを組み換えて新しいアラインメントを 2 つ作る．

4.2.3　第3段階：三次元平面での重ね合わせ

　GAの終了後，最もスコアの高いアラインメントに対して，簡単な修正を施す．まず，アラインメントから負のスコアのSSEの組を取り除く．次に，SSEを拡張・縮小およびシフトすることでスコアを向上させる．

　それが終わるとタンパク質は三次元空間で重ね合わされる．重ね合わせは対応するアミノ酸を基準にして行われる．これによってK2はタンパク質の主鎖を調べてさらに対応する点を探索することができる．最近隣の点の距離がある閾値（デフォルトでは5Å）より小さければ，2つの点は対応しているとみなされる．このように対応点を増やした後で，離れすぎていたり（距離が5Åより大きい），4つ以上の残基の連続にならないような組を取り除く．この重ね合わせ，点の追加と削除を繰り返し，アラインメントを最適解まで収束させる．

4.2.4　統計的有意性の評価

　2つのタンパク質の構造の類似性を決定するには，まず構造をそろえてそのよさを定量化する必要がある．式 (4.1) で定義されるエラスティック類似度は2つの構造のそろい具合が最適なのか準最適なのかを区別する非常によい指標になっている．しかしながら，いくつかの理由で異なる構造をそろえた場合には良い指標にはならない．この類似度はアラインメントの長さの2乗程度の加法的関数である．（正しくそろえられた残基の組はすべて関数値の増加に寄与するので）2つの構造のアラインメントの最適値を見つける場合には役立つとしても，異なる構造のアラインメントを比較するのは難しい．例えば，大きなタンパク質の100個のそろった残基を持つスコア150のアラインメントと，小さなタンパク質の90個のそろった残基を持つスコア120のアラインメントのどちらがいいだろうか．

　このサイズ依存性はスコアに基づいてSSEアラインメントを生成する場合に重大な混乱をもたらす．一般的に，αヘリックスのみからなるタンパク質はβシートのみからなるものよりも高いスコアになる．その一方で，αヘリックスとβシートからなるタンパク質のスコアはその中間になる．このような混乱のために，異なるタンパク質のアラインメントをエラスティック類似度のみに基づいて意味のある比較をすることは不可能である．

　必要なのはアラインメントスコアの統計的有意性の指標である．特に，2つのタンパク質の構造とアラインメントスコアが与えられたときに，それ以上のスコアが得られる確率を知りたい．そのような指標の優れた例はBLASTのP値である．BLASTはタンパク質やDNAの大きなデータベースから，配列のクエリに対して似た配列を探

すために広く使われているツールである．BLAST が広く使われている理由の 1 つは，その統計的有意性の厳密な計算のためである（Karlin and Altschul, 1990）．ここでの目的のためにキーとなる特徴は，配列アラインメントスコアのバックグラウンド確率をモデル化する極値分布（Gumbel, 1958）である．極値分布はしばしば最適化計算に現れ，指数的にゆっくり減少する裾を持つ．配列アラインメントスコアと同様に，構造アラインメントスコアも極値分布に従うことが示されている．

極値分布の確率密度関数（probability density function: PDF）は次のとおりである．

$$\rho(Z) = e^{-Z} e^{-e^{-Z}} \tag{4.2}$$

ここで Z は規格化のための定数である．BLAST では Z は次のように定義される．

$$Z = \lambda S - \ln(\kappa L) \tag{4.3}$$

ここで S はアラインメントスコア，λ と κ はパラメータで L は 2 つの配列の長さの積である．Z が計算されるとそのスコア以上のアラインメントを得る確率が計算できる．この値は P 値と呼ばれ，式（4.3）の確率密度関数を Z から ∞ まで積分することで得られる．一般にこの値は，

$$P(Z) = 1 - e^{-e^{-Z}} \tag{4.4}$$

である．ギャップのないアラインメントの場合 BLAST の統計的性質は解析的に求めることができる（Karlin and Altschul, 1990）．構造アラインメントとエラスティック類似度は複雑であるため，K2 の統計的性質を解析的に求めることは不可能である．そのためわれわれは経験的な方法を用いた．約 2,000,000 組の構造アラインメントのデータを用い，式（4.3）のためのパラメータを見積もった．これらのアラインメントは約 2,000 の関連や重複のないタンパク質とその部分構造を用いて生成された．

式（4.3）を構造アラインメントに用いると，構造アラインメントスコアは配列アラインメントスコア S とよく似たものになる．配列アラインメントの場合には L は配列の長さの積で，探索空間の広さの指標として用いられる．K2 ははじめ SSE に対して行われるが，SSE には 2 つの異なったタイプ（α ヘリックスと β ストランド）があるため，別の長さの指標を用いなければならない．われわれはそろえることのできる SSE の数の積[*6] がよい指標になることを発見している．

[*6] もう一方のタンパク質に同じタイプの SSE がある場合に限って SSE をそろえることができる．例えばもしタンパク質 A が 2 つのストランドと 3 つのヘリックスを持っていて，タンパク質 B が 4 つのストランドと 5 つのヘリックスを持っているならば，ストランドとヘリックスをそろえることができ，長さは $(2 \times 4) \times (3 \times 5) = 120$ となる．もしタンパク質 B が 4 つのストランドを持ち，ヘリッ

表 4.1 式 (4.5) のパラメータの見積り

タイプ	a_1	a_2	b_1	b_2
λ, すべて α	0.089	0.056	0.025	0.00005
κ, すべて α	2.3	0.076	0.035	10^{-7}
λ, すべて β	0.32	0.095	0.05	0.0006
κ, すべて β	1.7	0.21	0.19	0.013
λ, 混合	0.062	0.04	0.059	0.0018
κ, 混合	0.70	0.065	0.14	0.0095

2,000,000 個のアラインメントを，そろえられる SSE によってすべて α ヘリックス，すべて β シート，混合の 3 つのカテゴリに分けた．これらのデータセットはアラインメントの長さとスコアに基づいて区分けした．各区画は長さ 5 単位，スコア 5 単位からなる．どの長さでも，すべてのスコアの頻度の合計が 1 になるように規格化した．これによってアラインメントの分布は単位面積内の曲線群に分けられる．長さ 5 単位に対して 1 本の曲線が対応する．次にわれわれはこのデータを用い，それぞれの曲線について λ と κ の値を見積もった．単純な対数プロットによって，λ と κ は次のような形の L の関数になることが分かった．

$$a_1 e^{-a_2 L} + b_1 e^{-b_2 L} \tag{4.5}$$

式 (4.5) をさまざまな長さのデータにフィットさせることで，a_1, a_2, b_1, b_2 の値を見積もることができた（表 4.1）．これらのパラメータと L を与えることで，λ, κ, Z の計算が可能になる．

4.3 結果と考察

構造アラインメントの正しさ評価するためには，まず標準的な基準を設定しなければならない．Gerstein らは人手による構造アラインメントが比較の基準として最適であると主張している (Gerstein and Levitt, 1998)．先述の GA はその基準に合う構造アラインメントを生成する (Szustakowski and Weng, 2000)．ここではパフォーマンスの改良によって，これまで困難だった例にも適用可能となったことを示す．

4.3.1 困難な場合

非常に難しい例の 1 つとして免疫グロブリンの定常ドメイン（PDB レコード 7FABL2）

クスは持っていないならば，ストランドだけをそろえることができ，長さは $(2 \times 4) = 8$ となる．

と可変ドメイン（PDB レコード 1REIA）がある．どちらのタンパク質も特徴的な免疫グロブリン β サンドウィッチ構造を持っている．これは繰返し構造を有し，その結果探索を失敗させる原因になる局所解が多く含まれる．

タンパク質 1TRNA と 1KXF はどちらもセリンプロテアーゼで，触媒となるアミノ酸の3つ組 Asp-His-Ser を持っている．これらのタンパク質は関連が薄く（1TRNA は人間のトリプシン，1KXF はウイルスを囲んでいるタンパク質である），共通のアミノ酸配列も持っていない．そのため，配列アラインメントではこれらのタンパク質の間の有用なアラインメントを生成することはできない．さらに，1KXF 中のストランドは他のセリンプロテアーゼに比べると歪んだりシフトしたり壊れていたりする．このタンパク質の組の間の人手による構造アラインメントは存在しないが，触媒の位置が正しいかどうかを調べることで，自動構造アラインメントの正しさを確認することができる（図 4.3）．

streptavidin(1STP) と avidin(1AVE) はどちらも β バレル構造である．免疫グロブリンの場合と同様，これは繰り返し構造で，現存のアルゴリズムでは局所解に陥りやすい．

われわれは DNA メチルトランスフェラーゼ（1BOO と 2ADMA）が配列に制限の

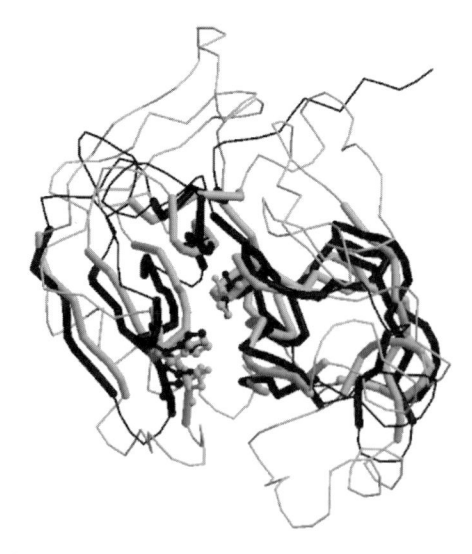

図 4.3　ヒトのプロテアーゼ（1TRNA, 灰色）とウイルスのプロテアーゼ（1KXF, 黒）のアラインメント．触媒 Asp-His-Ser を作る残基は球と棒で表現している．太い部分がそろえられる場所，細い部分はそろえられない場所を表している．

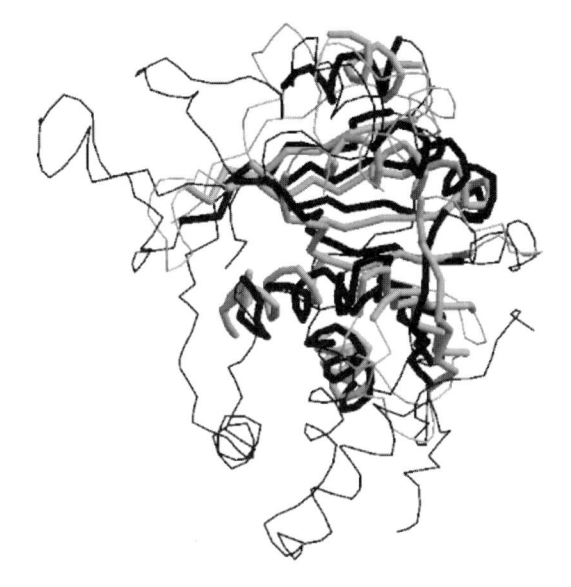

図 4.4 循環的に並べ換えられた配列を持つ 2 つの DNA メチルトランスフェラーゼの
アラインメント（黒は 1BOO，灰色は 2ADMA）

ない場合のテストケースに適していることを発見した．これらのタンパク質の触媒部分は 7 本のストランドからなる β シートの両サイドを α ヘリックスに囲まれているという共通の構造を持っている（図 4.4）．タンパク質の一次配列を循環的に並べ換えて，2 つのタンパク質で対応する SSE の順序を再配置する．

表 4.2 から，われわれのアルゴリズムは従来のものに比べてよい収束性を持っていることが分かる．実際，このような困難なケースに対しても，ランダムシードを変えた 100 回の試行のうち K2 は 100 回とも正しいアラインメントに収束した．このパフォーマンスの改善は第 1 段階における SSE のアラインメントのためである．他の方法（GA による修正，重ね合わせ）は従来のものと変えていない．第 1 段階で準最適なアラインメントを与えるため，GA はアミノ酸の組み合わせを最適化したり，間違った SSE の組の削除やそろえられなかったものをそろえたりという局所探索だけを行えばよいのである．

表 4.2 K2 の収束のようす．新アルゴリズムは配列の制約を入れずに実行した．旧アルゴリズムでは 1REIA-7FABL2 と 1TRNA-1KXF は配列の制約を用い，1STP-1AVE と 1BOO-2ADMA は配列の制約を入れずに実行した．

	100 回の実行のうち正しいアラインメントに達した数	
アラインメント	旧アルゴリズム	新アルゴリズム
1REIA, 7FABL2	85	100
1STEP, 1AVE	80	100
1TRNA, 1KXF	98	100
1BOO, 2ADMA	80	100

4.3.2 GA の性能

GA の性能を調べるために，上述のセリンプロテアーゼとメチルトランスフェラーゼのアラインメントを交叉や突然変異・ホップオペレータを使う場合と使わない場合で比較した．すべての場合で，1 つのオペレータのみを変え，他のオペレータはデフォルト値に固定した．

この構造アラインメント問題には交叉が最もよく合っていることが分かった．このことは図 4.5 (a) と図 4.5 (b) に現れている．まずセリンプロテアーゼとメチルトランスフェラーゼのアラインメントに交叉の果たす役割を見てみよう．交叉を使うと，K2 はどちらのタンパク質の場合もすぐに最適解に収束した．交叉を用いないと，GA の 350 世代以内では同じスコアの解に到達できなかった．

2 つのアラインメントを組み替えると，その変化は劇的なものからわずかなものまでさまざまである．2 つのアラインメントが似ていない場合，どちらの親にも似ていない，異なった SSE の組をもったアラインメントができるだろう．GA が進んで集団が最適解に近づき一様になると，組換えはアラインメントを構成し直すというよりは，細かく修正するようになる．一般に，正しい SSE の組を持つ 2 つのアラインメントを組み換えると，複数の SSE のアラインメントを一度に修正できる．

突然変異オペレータの影響を調べるために，同じ 2 つのタンパク質のアラインメントを，突然変異率を 0 から 1 まで変えながら行った．突然変異率が 0.0，つまり突然変異を使わないためアミノ酸のアラインメントの細かい修正を K2 が行えないようにした場合，性能は非常に悪くなる．突然変異率が 0.10 になると，K2 は正しいアミノ酸アラインメントを探索できるようになり，性能は目に見えてよくなる（図 4.6）．突然変異率を 0.10 より大きくしても性能の向上は見られなかった（図には示していない）．突然変異率が 1.0 に近づくと，性能は再び悪くなった．突然変異率が 0.75 の場合，セリンプロテアーゼに対する性能はかなり悪くなった．メチルトランスフェラーゼに対

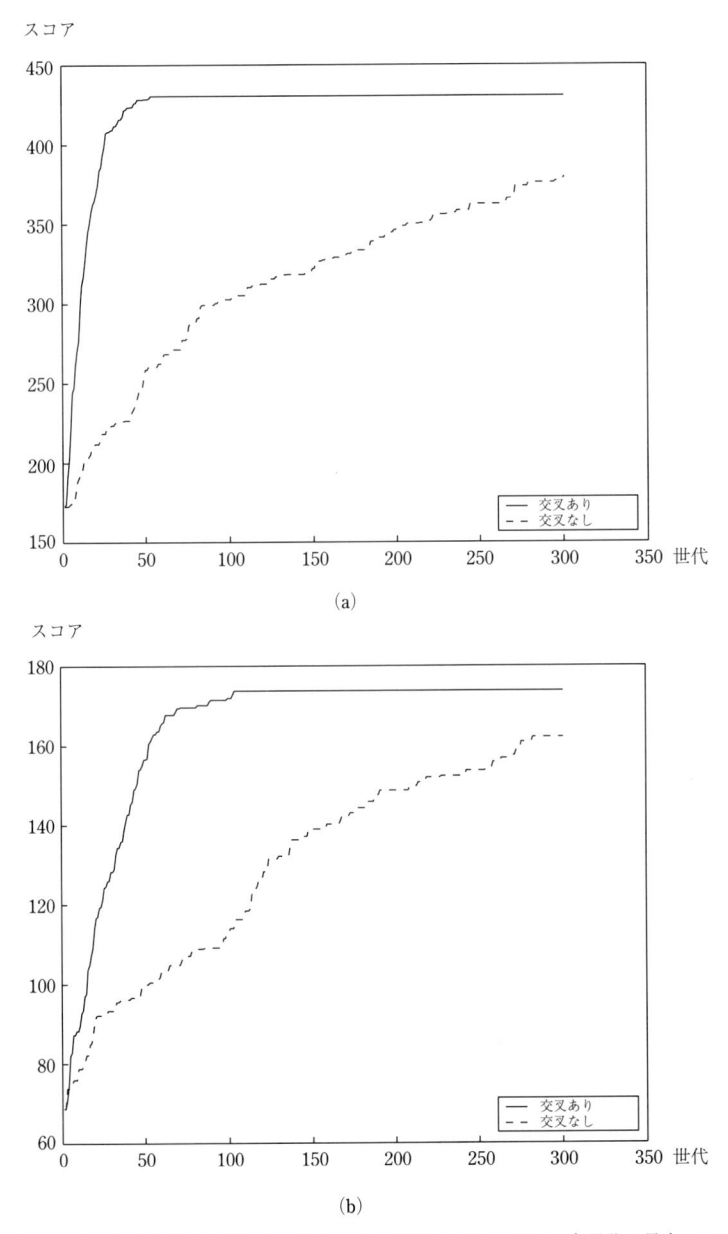

図 4.5 交叉を使う場合と使わない場合の K2 の性能の違い．GA の各世代の最良スコアのプロット (5 回の実行の平均)．(a) メチルトランスフェラーゼの場合．(b) セリンプロテアーゼの場合

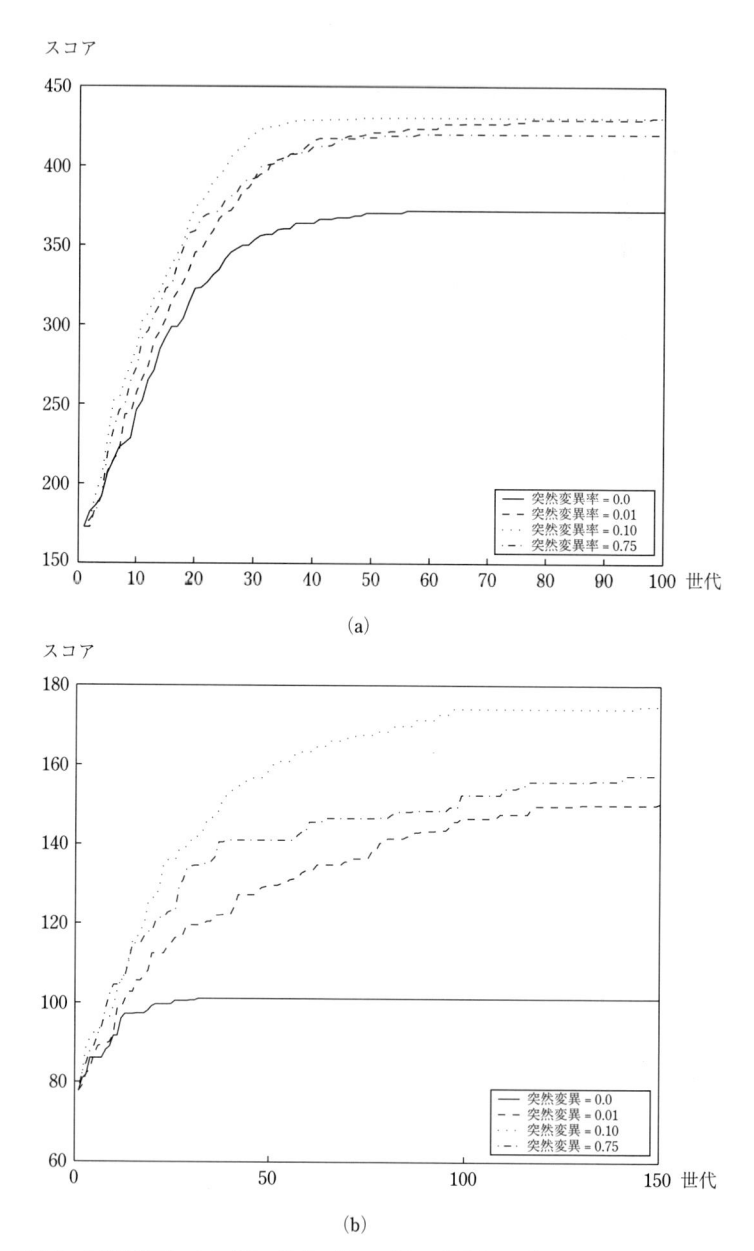

図 4.6 突然変異率による K2 の性能の違い．GA の各世代の最良スコアのプロット（5 回の実行の平均）．(a) メチルトランスフェラーゼの場合．(b) セリンプロテアーゼの場合

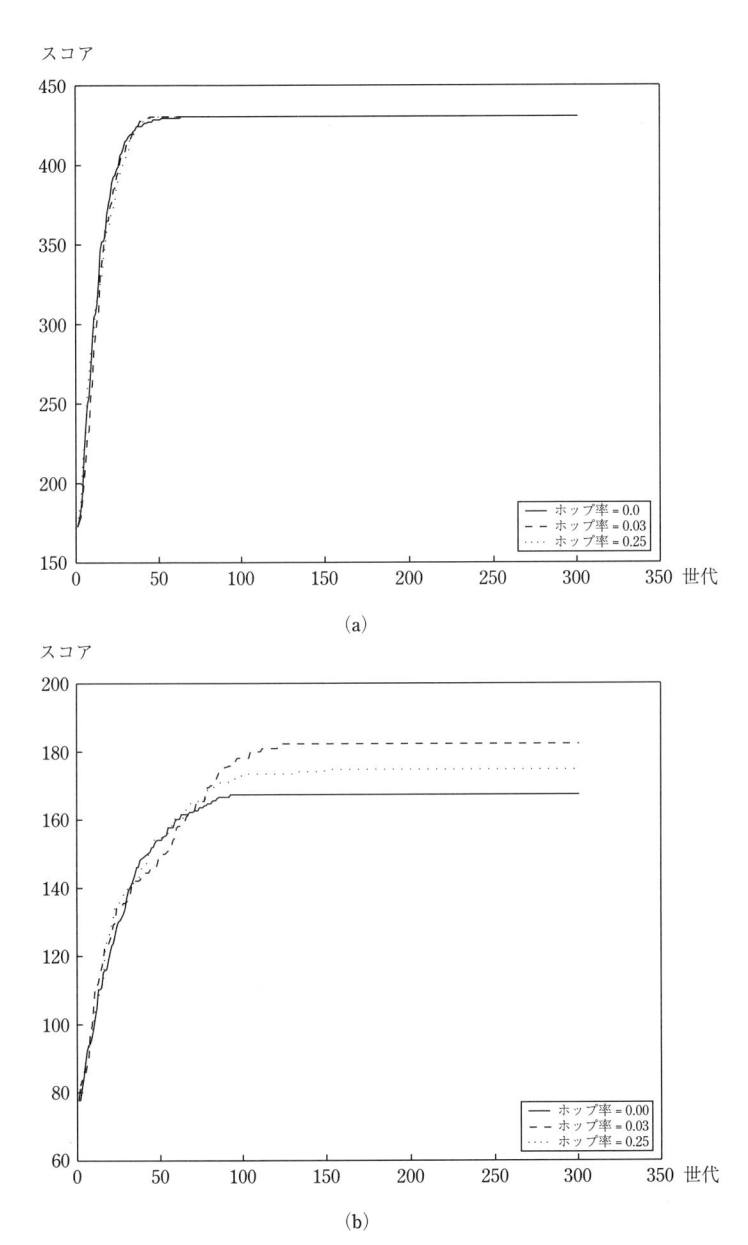

図 4.7 ホップ率による K2 の性能の違い．GA の各世代の最良スコアのプロット（5 回の実行の平均）．(a) メチルトランスフェラーゼの場合．(b) セリンプロテアーゼの場合

してはそれほど大きくないがやはり目に見えて悪くなった．このような高い突然変異率を用いると，アラインメントには1つ以上の突然変異が起こる．ほとんどの突然変異はアラインメントを壊し，最終的には除去されることになる．突然変異率が低いとアラインメントにはしばしば有用な変化が起こり，GAの次の世代に受け継がれる．突然変異率が高いとそのような有用な突然変異のほかに別の場所での悪い突然変異が起こる．その結果個体は除去されることになり，GAは細かい調整ができなくなる．

ホップオペレータの影響は突然変異オペレータの場合とよく似ている．図4.7に示したように，ホップ率は小さすぎても大きすぎてもよくない．最もスコアの高いSSEアラインメントは実際には対応しないはずのSSEを2つ含んでいる．ホップオペレータはこれらのエラーをNullエレメントと置き換えることで修正する．

メチルトランスフェラーゼの場合はホップ率の変化は性能に影響しなかった．セリンプロテアーゼの場合と同じく，最もスコアの高いSSEアラインメントは間違ったSSEの組を2つ含んでいる．ホップオペレータのないGAがこのような間違いをどう修正するのかという疑問が生じる．答えは簡単である．SSEアラインメントの初期集団には低いスコアのアラインメントも含まれており，間違ったSSEの組を含んでいないのと同様，正しいSSEの組のいくつかも失われている．GAの各段階で，高スコアのアラインメントと低スコアのアラインメントを交叉オペレータが組み換えれば，正しいSSEの組を含んだアラインメントを生成するだろう．

4.3.3 統計的有意性

K2のP値計算の効果を見るために，文献（Levitt and Gerstein, 1998）と似たいくつかのテストを行った．具体的には比較のための2つの基準を用いた．BLAST配列アラインメント（Altschul et al., 1997）とSCOPデータベース（Hubbard et al., 1999）である．SCOPデータベースはタンパク質のドメイン構造を自動的な方法と手動の方法を組み合わせて分類している．ドメインはクラス，フォールド，スーパーファミリ，ファミリを記述する階層の中に分類される．われわれの関心があるのはフォールドとスーパーファミリの指定だけである．SCOPのフォールドはタンパク質の主要なSSEと幾何学的な接続性，タンパク質がどのように見えるかという特徴を記述している．同じSCOPフォールドに属していることは必ずしも進化的関係性を意味しない．タンパク質同士が関連している，つまり構造的・機能的類似性が共通の祖先を示唆する場合には同じスーパーファミリに属しているとされる．

われわれは3,839個のSCOPタンパク質ドメイン[7]から199,789のアラインメント

---

[7] 構造はSCOP (version 53) のタンパク質リストから，ASTRAL (Brenner et al., 2000) で定義さ

を行った．各タンパク質と同じ SCOP フォールドに属する別のドメインとのアラインメントを行った．またこれらのタンパク質の BLAST を用いたアラインメントも行った．その結果は図 4.8 (a) に示されている．各アラインメントについて，BLAST と K2 の P 値をプロットした（先述のように，P 値はよりスコアの高いアラインメントを偶然得る確率である）．結果はタンパク質の配列と構造について知られていることと一致している．配列の類似性のないタンパク質（BLAST の P 値 $> 10^{-5}$）は構造の類似性に広がりがある．構造がよく似ているものもあれば，ほとんど似ていないものもある．配列の類似性が上がるにつれて（BLAST の P 値が 10^{-15} から 10^{-16}），構造の似ていないタンパク質の数は少なくなる．さらに配列の類似性が上がると，構造の類似性も上がる．非常に配列の似たタンパク質（BLAST の P 値 $< 10^{-60}$）ならば構造の類似度も非常に高くなる．

図 4.8 (a) はこの振舞いを一目で見ることができて便利だが，下と右の点の密度が高く誤解を少し招くものである．図 4.8 (b) ではこれを三次元で描いた．高さはそこにある点の数を表している．大部分の点は上述の配列・構造関係に従っていることが分かる．より詳しく解析するためには，データをいくつかのカテゴリに分類すると都合がよい．SCOP のフォールドとスーパーファミリの分類を，正例の定義つまり本当に似た構造のタンパク質が含まれているものとして用いた．また，似ているかどうかを決めるための P 値の閾値を設定することができる．BLAST, K2 ともに P 値の閾値を 10^{-2} とした．これらの閾値はアラインメントを 4 つのカテゴリに分けることができる．K2・BLAST ともに似ていると判断されるもの（図 4.8 の左下），K2 では似ているが BLAST では似ていないとされるもの（図 4.8 の右下），BLAST では似ているが K2 では似ていないとされるもの（図 4.8 の左上），どちらでも似ているとされないもの（図 4.8 の右上）である．

正例をいくつかのクラスに分類すると便利である．同じフォールドに属していて共通の配列が 95% より少ないもの，同じフォールドに属していて共通の配列が 40% より少ないもの（最も難しい），同じスーパーファミリに属していて共通の配列が 95% より少ないもの（最もやさしい），同じスーパーファミリに属していて共通の配列が 40% より少ないものの 4 つである．

結果を表 4.3 にまとめた．P 値の閾値が 10^{-2} の場合，K2 の感度は最も難しい正例集合の場合の 75% から最も簡単な場合の 89% までである．BLAST の感度は 5% から 22% である．Levitt と Gerstein は同じ解析を古いバージョンの SCOP (version 32) で

れる同一性が 95% より小さいものを選んだ．このリストは核磁気共鳴によって決定された構造は除外され，SCOP の all-α, all-β, α/β, $\alpha+\beta$ のみを含んでいる．

(a)

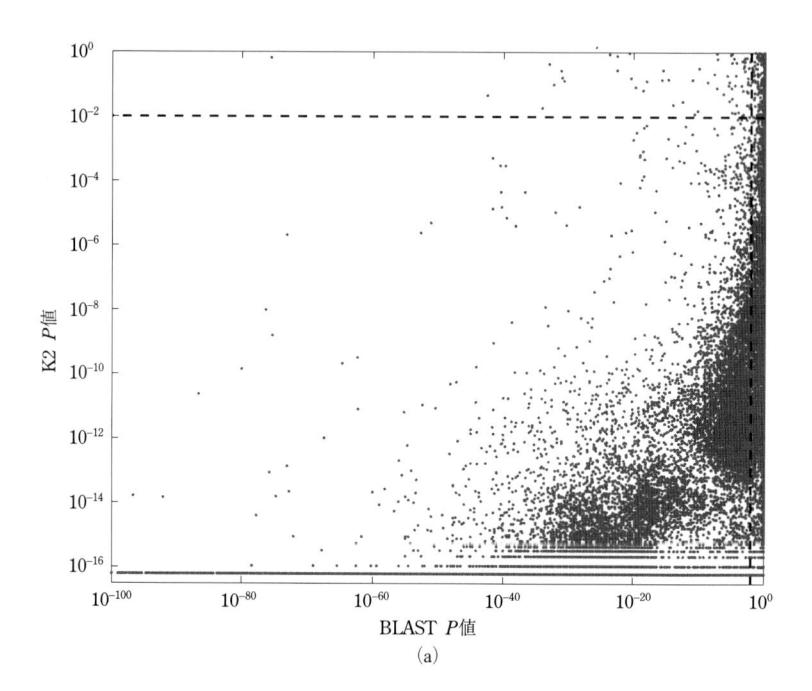

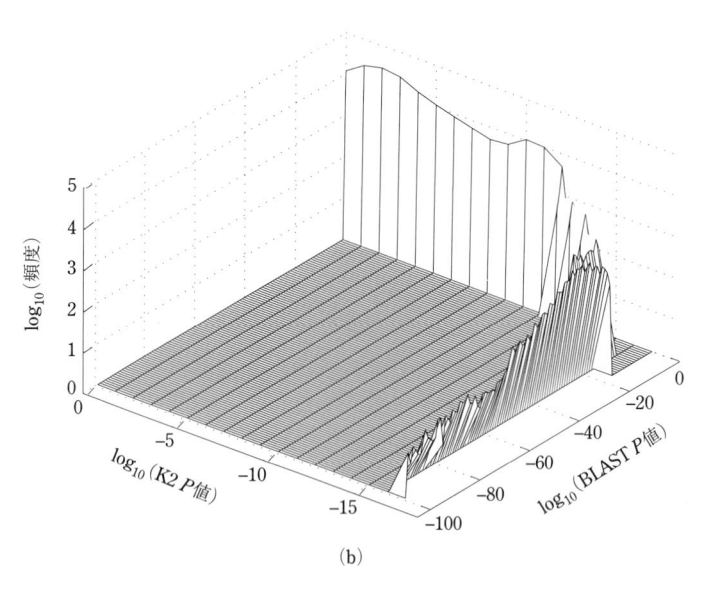

(b)

第 4 章 ■ 進化論的計算によるタンパク質構造アラインメント

表 4.3　K2 と BLAST の感度. SCOP (version 53) の定義のもと同じフォールドまたはスーパーファミリで, 最も配列が似ているものを正例とした. K2 と BLAST の両方で似ているとされたものが図 4.8 (a) の左下である. 同様に, K2 でのみ似ているとされたものは右下, BLAST のみで似ているとされたものが左上, 似ているとされなかったものが右上である. 合計は左下・右下・左上・右上の和である. K2 の感度は (左下 + 右下) / 合計, BLAST の感度は (左下 + 左上) / 合計である.

正例	左下	右下	左上	右上	合計	K2 の感度	BLAST の感度
同じフォールド, 配列の 95% が同じ	31,909	133,709	79	34,092	199,789	83%	16%
同じフォールド, 配列の 40% が同じ	1,582	22,237	8	7,927	31,754	75%	5%
同じスーパーファミリ, 配列の 95% が同じ	31,909	95,722	79	16,541	144,251	89%	22%
同じスーパーファミリ, 配列の 40% が同じ	1,582	11,519	8	2,873	15,982	82%	10%

行っている. 同じスーパーファミリで, 配列の共通部分が 40% より少ない場合の 941 の異なる構造のアラインメント 2,107 個を計算し, 感度は 39% であったと報告している. 同じ基準で新しいバージョンの SCOP (version 53) を用いた場合の K2 の感度は 82% であった. ただし SCOP の構成要素はバージョン 32 から 53 で大きく変わったため, 直接の比較はできない.

左下の部分のアラインメントは配列も構造も似たものになる. 右下のものは, 構造でならばできるが配列ではできないものである. このようなタンパク質は一般に 2 つのカテゴリに分けられる. 配列が認識できないほどに変わっているが関連のあるタンパク質と, 収束進化によって同じフォールドに収束したものである. 赤貝のヘモグロビン (PDB レコード d3sdha_) とヒト・ヘモグロビン (PDB レコード d1babb_) は前者の例である. これらのタンパク質は確かに関連がある. 非常に似た構造を持っていて (K2

図 4.8　BLAST を用いた配列アラインメントと K2 を用いた構造アラインメントの P 値の比較. SCOP データベース (version 53) の同じフォールドに属する構造のすべての可能な組み合わせ (全部で 199,789) のアラインメントを調べた. (a) 1 つの点が 1 つのアラインメントに対応する 2 次元プロット. P 値が 10^{-2} のところで引いた点線によって, 4 つの領域に分けられる：K2 と BLAST で似ていると判断されたもの (左下), K2 でのみ似ていると判断されたもの (右下), BLAST でのみ似ていると判断されもの (左上), どちらの手法でも似ていると判断されなかったもの (右上) である. (b) データの 3 次元ヒストグラム. アラインメントは P 値によって分けられ, それぞれの領域に入るアラインメントの数の 10 を底とした対数が高さで表されている. これらの図には BLAST の P 値が 10^{-100} より小さく, K2 の P 値が 10^{-16} より小さいような点 (400 個) は表示されていない.

の P 値が 7×10^{-10}），どちらも酸素と結合するためにヘム（heme group）[*8]を用いている．しかしながら配列は大きく異なっている．共通部分は 21% しかなく，BLAST の P 値は 0.40 である．

SCOP の免疫グロブリンに似たフォールドのタンパク質は構造レベルでの収束進化の例になる．β ガラクトシダーゼ（PDB レコード d1bg1a1）は糖分解酵素であるが，三型のフィブロネクチン（PDB レコード d1fna_）は細胞接着タンパク質である．これらのタンパク質が関連しているという証拠はない．まったく異なった分子的機能を持ち，配列も似ていない（BLAST の P 値は 1.0）．しかしながら構造は非常に似ていて，56 残基を二乗平均平方根（Root Mean Square: RMS）が 1.67Å でそろえることができる．K2 の P 値は 2.3×10^{-5} である．

199,789 のアラインメントの中で，BLAST では似ているとされて K2 ではそうならなかったものは 79 個であった．これらは図 4.8 の左上に相当する．このうち 76 個は，EF hand 様（43）と免疫グロブリン様 β サンドイッチ（15），長い α ヘアピン（8），sh3 様バレル（7），ホスホリパーゼ（3）の 5 つのフォールドのものであった．これらの構造は，シフトしたりねじれたり壊れたりした SSE を含み，束縛・非束縛状態で異なる配位子に結合し，3 つかそれ以下のコア SSE でできる SCOP フォールドに属しているため，K2 を混乱させるのである．

右上の点は自動的な方法では検出できない構造的類似性を示している．前述の左上のアラインメントの性質に加えて，これらの構造は重ね合わせられるような大きな領域を含んでいない．より詳しく言えば，同じ大きな SSE を含んでいたとしても，サイズや向きがタンパク質ごとに大きく変わっていて重ね合わせられるのはほんの一部だけになっている．

K2 の P 値計算は感度が高いだけでなく特異度も高く有用であることを忘れてはならない．特異度のテストとして，異なる SCOP フォールドからランダムに 10,000 組のタンパク質を選択し，アラインメントを行った．この組は構造的な類似性がほとんどなく，適切な負例になっている．10,000 のアラインメントのうち P 値が 10^{-2} より小さくなったのはわずか 30，10^{-3} より小さくなったのはわずか 9 であった．目で見て調べたところ，これらの 30 のアラインメントは間違いではないことが確認できた．実際，異なるフォールドに属すことになっているにもかかわらず，かなりの構造的類似性があった．これらのアラインメントは K2 や SCOP のエラーではなく，よいタンパク質部分構造を再利用する自然の才能によるものである．30 のアラインメントは，β シート（18）と α-β-α サンドイッチ（7），α-β 構造（4），3 ヘリックス束状構造（1）の

[*8] 訳注：ヘモグロビン中の酸素と結合する部分である錯体分子．

4つのカテゴリに属する．図 4.9 に例を 2 つ挙げた．SCOP domain d1vid__ と d1qq5a（図 4.9 (a)）はどちらも大きな α-β-α サンドイッチを含んでいる．これは 70 残基を RMS 値 2.59 Å 以下，P 値 8.72×10^{-5} でそろえることができる．ドメイン d1ec7a2 と d2vaal（図 4.9 (b)）の共通構造はさらに小さい．3 つのストランドからなる β シートは 27 の残基を RMS 値 1.29 Å，P 値 6.52×10^{-4} でそろえることができる．

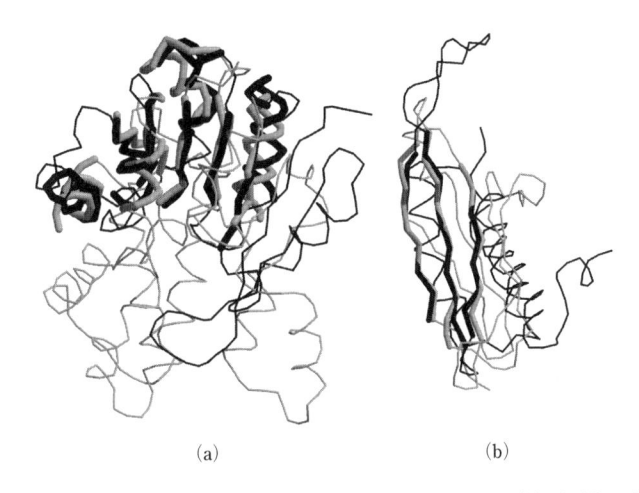

(a)　　　　　　　(b)

図 4.9　K2 の P 値が 10^{-3} より小さい SCOP フォールドの例．(a) d1vid__（黒）と d1qq5a（灰色）．どちらも似た α-β-α サンドイッチを持っている．(b) d1ec7a2（黒）と d2vaal（灰色）．似た β シートを持っている．

これらは何を意味するのか．P 値の閾値を 10^{-2} にして K2 を用いれば，正例の条件次第で似ているタンパク質を 75% から 89% の感度で検出できることが分かった．一般に，K2 は BLAST の 4 倍から 15 倍の数の似ているタンパク質を見つけられる．また，P 値の閾値を 10^{-2} とすると，擬陽性の率は 30/10000，つまり特異度は 99.7% であることが期待できる．さらに，これらの擬陽性は実際にはエラーではなく，共通の部分構造を持ちながら関連は少ないタンパク質であった．

4.4　おわりに

さまざまな技術が必要なタンパク質の構造比較のための手法（K2）を示した．K2 は，進化論的計算を用いて構造アラインメントを求める手法である KENOBI をもとにしている．K2 における最大の改良は，高速なベクトルベースの SSE アラインメン

トを導入したことである．これによって，GA に準最適なアラインメントを与えるようになり，性能を大きく改善した．標準的な最適化手法によるベクトルのアラインメントと進化論的計算の組合せは，タンパク質構造比較手法の開発に非常に役立った．

さまざまな GA オペレータを解析し，2 つのタンパク質間でのアミノ酸の対応付けを最適化する能力を明らかにすることができた．オペレータは，特定のアミノ酸の位置を変える突然変異から，SSE のクラス全体を変えるスワップまでさまざまなレベルで働く．これらのオペレータはこの問題のためだけに考案されたものである．

最後に，K2 によって生成されたアラインメントの統計的有意性を計算するためのフレームワークを提案した．構造を分類したデータベースや配列アラインメントとの比較によって，K2 の感度と特異度は極めて高く，共通のフォールドを持つタンパク質を同定するのに利用可能であることが明らかになった．

謝辞

この研究は National Science Foundation grant DBI0078194 の支援のもとで行われた．Compaq BioCluster（Alpha Server ES40 で構成され，計算ノードは 26 台（104 CPU，メモリ 120 Gb）と 1 Tb ファイルサーバが 1 台）の利用に関して Compaq 社の High Performance Technical Computing group に感謝する．Temple Smith と Simon Kasif が統計的有意性計算法の開発とテストについて議論してくれたことに感謝する．

参考文献

[1] Alesker, V., Nussinov, R., and Wolfson, H. J. (1996). Detection of non-topological motifs in protein structures. *Protein Engineering*, 9(12):1103–1119.

[2] Alexandrov, N. N., and Fischer, D. (1996). Analysis of topological and nontopological structural similarities in the PDB: New examples with old structures. *Proteins*, 25:354–365.

[3] Altschul, S. F., Madden, T. L., Schaffer, A. A., Zhang, J., Zhang, Z., Miller, W., and Lipman, D. J. (1997). Gapped BLAST and PSI-PLAST: a new generation of protein database search programs. *Nucl. Acids Res.*, 25:3389–3402.

[4] Berman, H. M., Westbrook, J., Feng, Z., Gilliland, G., Bhat, T. N., Weissig, H., Shindyalov, I. N., and Bourne, P. E. (2000). The protein data bank. *Nucl. Acids Res.*, 28:235–242.

[5] Brenner, S. E., Koehl, P., and Levitt, M. (2000). The ASTRAL compendium for protein structure and sequence analysis. *Nucl. Acids Res.*, 28:254–256.

[6] Burley, S. K., Almo, S. C., Bonanno, J. B., Capel, M., Chance, M. R., Gaasterland, T., Lin, D., Sali, A., Studier, F. W., and Swaminathan, S. (1999). Structural genomics: beyond the human genome project. *Nat. Genet.*, 23:151 – 157.

[7] Chothia, C., and Lesk, A. M. (1986). The relation between the divergence of sequence and structure in proteins. *EMBO J.*, 5:823 – 826.

[8] Eidhammer, I., Jonassen, I., and Taylor, W. R. (2000). Structure comparison and structure patterns. *J. Comput. Biol.*, 7:685 – 716.

[9] Fredman, M. L., and Tarjan, R. E. (1984). Fibonacci heaps and their uses in improving network optimization algorithms. In *The 25th Annual IEEE Symposium on Foundations of Computer Science*, IEEE Computer Society Press, New York, pp. 338 – 346.

[10] Gerstein, M., and Levitt, M. (1998). Comprehensive assessment of automatic structural alignment against a manual standard, the SCOP classification of proteins. *Prot. Sci.*, 7:445 – 456.

[11] Gibrat, J. F., Madej, T., and Bryant, S. H. (1996). Surprising similarities in structure comparison. *Curr. Op. Struct. Biol.*, 6:377 – 385.

[12] Grindley, H. M., Artymiuk, P. J., Rice, D. W., and Willett, P. (1993). Identification of tertiary structure resemblance in proteins using a maximal common subgraph isomorphism algorithm. *J. Mol. Biol.*, 229:707 – 721.

[13] Gumbel, E. J. (1958). *Statistics of Extremes*. Columbia University Press, New York.

[14] Holm, L., and Sander, C. (1993). Protein structure comparison by alignment of distance matrices. *J. Mol. Biol.*, 233:123 – 138.

[15] —— (1995). 3-D lookup: Fast protein structure database searches at 90% reliability. *Proc. Int. Conf. Intell. Syst. Mol. Biol.*, 3:179 – 187.

[16] —— (1996). Mapping the protein universe. *Science*, 273:595 – 603.

[17] Hubbard, T. J., Ailey, B., Breneer, S. E., Murzin, A. G., and Chothia, C. (1999). SCOP: a structural classification of proteins database. *Nucl. Acids Res.*, 27:254 – 256.

[18] Kabsch, W., and Sander, C. (1983). Dictionary of protein secondary structure pattern recognition of hydrogen-bonded and geometrical features. *Biopolymers*, 22:2577 – 2637.

[19] Karlin, S., and Altschul, S. F. (1990). Methods for assessing the statistical significance of molecular sequence features by using general scoring schemes. *Proc.*

Natl. Acad. Sci. USA, 87:2264 – 2268.
[20] Levitt, M., and Gerstein, M. (1998). A unified statistical framework for sequence comparison and structure comparison. *Proc. Natl. Acad. Sci. USA*, 95:5913 – 5920.
[21] Madej, T., Gibrat, J. F., and Bryant, S. H. (1995). Threading a database of protein cores. *Proteins*, 23:356 – 369.
[22] Mizuguchi, K., and Go, N. (1995). Comparison of spatial arrangements of secondary structural elements in proteins. *Prot. Eng.*, 8:353 – 362.
[23] Murzin, A. G. (1996). Structural classification of proteins: new superfamilies. *Curr. Op. Struct. Biol.*, 6:386 – 394.
[24] —— (1998). How far divergent evolution goes in proteins. *Curr. Op. Struct. Biol.*, 8:380 – 387.
[25] Needleman, S. B., and Wunsch, C. D. (1970). A general method applicable to the search for similarities in the amino acid sequence of two proteins. *J. Mol. Biol.*, 48:443 – 453.
[26] Rozwarski, D. A., Gronenborn, A. M., Clore, G. M., Bazan, J. F., Bohm, A., Wlodawer, A., Hatada, M., and Karplus, P. A. (1994). Structural comparisons among the short-chain helical cytokines. *Structure*, 2:159 – 173.
[27] Rufino, S. D., and Blundell, T. L. (1994). Structure-based identification and clustering of protein families and superfamilies. *J. Comp. Aided Mol. Des.*, 8:5 – 27.
[28] Szustakowski, J. D., and Weng, Z. (2000). Protein structure alignment using a genetic algorithm. *Proteins*, 38:428 – 440.

第5章 遺伝的アルゴリズムを用いたペアワイズおよび複数配列のアラインメント

Cédric Notredame　Information Génétique et Structurable, CNRS-UMR 1889

5.1 はじめに

　多数の核酸配列やアミノ酸配列を同時にアラインメントすることは，バイオインフォマティクスにおいて最も頻繁に利用される手法の1つである．相同的な配列の集合が与えられた際に，複数アラインメントの手法は，新規の配列中の二次構造や三次構造を予測し（Rost and Sander, 1993），既存のファミリと新規の配列との間の相同性を明らかにし，ファミリ内の特徴的なパターンを発見し（Bairoch et al., 1997），ポリメラーゼ連鎖反応（PCR）のプライマーを提示し，系統樹の再構築の重要な端緒として利用する（Felsenstein, 1988）ことができる．これらのアラインメントはプロファイル（Gribskov et al., 1987）や隠れマルコフモデル（HMM）（Haussler et al., 1993; Bucher et al., 1996）といった形式に変換されて，ファミリ内で遠い親戚となっているメンバーのデータベースをより良いものにしていくことができるだろう．

　複数アラインメントの手法は2種類に分類することができる．大域的手法と局所的手法である．大域的アラインメントのアルゴリズムは，ユーザが選んだ配列の全体を整列させることを試みる．一方，局所的アラインメントのアルゴリズムでは，他の配列のどの部分とも相同性を示さないような部分列を自動的に排除する．この手法ではアルゴリズムによって下すべき決定事項が増えるので，問題はより難しくなる．ほとんどの複数アラインメントの手法は大域的なものであり，配列のどの部分を組み入れるかをユーザ自身が決定する必要がある．研究者らはこの決定を容易にするために，しばしばBLAST（Altschul et al., 1990）のような局所アラインメントプログラムや文献（Smith and Waterman, 1981）のアルゴリズムをそのまま用いている．本章では，特にタンパク質とRNA配列のアラインメントに着目した場合の大域的アラインメント手

法について述べる．

　複数配列の正確なアラインメントは，その重要性にもかかわらず，バイオインフォマティクスにおける最も困難な問題の1つである．この問題の複雑さの理由は容易に説明される．複数アラインメントとは，何百万年，時には何十億年にもわたって多様化してきた遺伝子配列の進化的，構造的，そして機能的な関係性を再構築することを意味する．より正確には，この再構築はこれらの配列の進化的な歴史と構造的な特徴に関する完全な知識を必要とする．もちろんこのような情報はほとんど利用することができないので，配列の類似性に基づいたタンパク質の進化に関する経験的で一般的なモデルを代わりに用いなければならない (Dayhoff, 1978; Benner et al., 1992; Henikoff and Henikoff, 1992)．残念なことに配列が30%以下の割合でしか相同でないような，いわゆるトワイライトゾーンと呼ばれる領域 (Sander and Schneider, 1991) にある場合にはこのような手法を適用することは困難である．さらに，これらのモデルを利用した正確な最適化を行うために必要な計算資源は，扱う配列の数が少し多くなっただけでも莫大なものになってしまう (Carrillo and Lipman, 1988; Wang and Jiang, 1994)．そのためほとんどの複数アラインメントの手法は近似的な発見的知識に基づいたアルゴリズムを用いている．それらの発見的知識は通常ダイナミックプログラミングの手法と何らかの特殊な手続きとを複雑に組み合わせたものとなっている．それらには2つの重要な特性が存在する．最適化のためのアルゴリズムとこのアルゴリズムが最適化を試みる評価基準である．本章では，複数配列のアラインメントのための進化論的計算という考え方を紹介する．

5.1.1　標準的な探索アルゴリズム

　探索アルゴリズムは大まかに，厳密，前進的，反復アルゴリズムの3種類に分類することができる．最適なアラインメントを発見することに関して言えば，厳密アルゴリズムはいくつかの限定された範囲の中での最適または準最適なアラインメントを見つけ出すことを試みる．あいにく，これらのアルゴリズムには扱える配列の数と最適化可能な目的関数の種類に関して深刻な限界が存在する．

　前進的アルゴリズムは最も広く用いられているアルゴリズムである．この方法は，配列やアラインメントを1つずつ加えていくという複数アラインメントの前進的な組立てによっているので，2つより多い配列をダイナミックプログラミングを用いて同時に整列することはできない．本質的には最適化の質を保証しない貪欲な発見的探索であるにもかかわらず，その早さと単純さに加えて，適度な感度を備えているという大きな利点がある．

反復アラインメントアルゴリズムではアラインメントを生成した後に，一連の反復過程を施すことでそれ以上の改善ができなくなるまでアラインメントを洗練させていく．反復方法はアラインメントを改善させるための戦略に依存して決定論的にも確率論的にも行うことができる．最も簡単な反復の戦略は決定論的なものである．この方法では，複数のアラインメントから1つずつ配列を取り出して，残りの配列に対して再度アラインメントを試みる．この作業はそれ以上改善を加えることができなくなった時点で終了する．確率論的な反復方法は，HMM訓練法や焼きなまし法（SA），そして遺伝的アルゴリズム（genetic algorithm: GA）などの進化論的計算や進化論的プログラミング（evolutionary programming: EP）などを含んでいる．これらの主な利点は探索過程と評価基準をうまく分離することができる点である．探索過程の目標は目的関数によって定義される．われわれの方法の場合，アラインメントの中に表現される生物学的知識を含むような目的関数を用いる．

5.1.2 目的関数

EAでは，解候補の質を評価する基準を適合度によって表現する．この適合度は，解の生物学的妥当性を反映し，整列化される配列中における構造的または進化的関連性を示すようなものでなければならない．整列化された残基がその各々の列において同一の進化的歴史をたどっており，RNAやタンパク質の三次元構造において同じような役割を果たしていたのであれば，その複数アラインメントは理論的に正しい．進化的情報や構造的情報はほとんど利用できないので，配列の類似性を測ることによって代替することが一般的に行われる．その根拠は，似たような配列はその類似性が十分に強い（100残基以上にわたって30%以上の類似度）ならば，同じ折りたたみ構造を共有し，同じ進化的な起源を有していると想定できるためである．

類似性の正確な指標は，置換行列を用いて得られる（Dayhoff, 1978; Henikoff, 1992）．置換行列とはあらかじめ計算しておく数値の表のことで，起こり得る置換や保存の生じる程度を，データ分析に基づいて決定した重みとして記述している．例えばタンパク質ではこの行列は 20×20 となり，20種類のアミノ酸のすべての状態遷移を表す．これらの行列では，偶然よりも大きな頻度で観測できる置換（または変換）は正の値をとり，ほとんど現れない突然変異には負の値が与えられている．このような行列が与えられると，正しいアラインメントは置換（または変換）スコアの和を最大化するようなものとして定義される．挿入や欠失に対してペナルティを課すために，ギャップペナルティと呼ばれる追加的な要素も考慮する．このために用いられる最も一般的なモデルはアフィンギャップペナルティである．このモデルは挿入や欠失が見つかる

たびにペナルティを課し（ギャップ開始ペナルティ），その長さに比例してさらにペナルティを課す（ギャップ延長ペナルティ）．あらゆるギャップは1つの突然変異が生じたことによって説明できるので，アラインメントにおいて最もスコアが良い進化的な筋書きには挿入や欠失（インデル）が少ししか起きていないというのがこの手法の背景にある考え方である．その結果，アラインメントには多くの短いギャップよりも少しの長いギャップが含まれる．結果として得られるスコアは2つの配列の類似性の指標として見ることができ，複数配列のアラインメントに対してさまざまな形で応用することができる．例えば，複数アラインメントのスコアを，そこに含まれるすべてのペアワイズアラインメントのスコアの総和として与えることは一般的に行われる (Altschul, 1989)．

このスコアの手法は最も広く用いられてはいるが，基礎となる進化的筋書きに不足があるために大きな欠点が存在する．すなわち，すべての配列が独立であることを想定しているので置換の数を過大評価してしまう．HMMと確率論に基づいた手法がこの過大評価の傾向を埋め合わすために導入された．その目的はアラインメントの各行に対して確率を付与することである (Krogh et al., 1994)．評価はベイジアン統計学の手法を用いて行い，モデル（アラインメント）の確率はデータ（整列したアラインメント）の確率と同時に見積もられる．結局，完全なアラインメントのスコアはHMM訓練法によって得られるアラインメントされた配列の確率に等しいということになる．このモデルの主な欠点は，アラインメントする配列の数に結果が大きく依存することとHMM訓練法の適用の難しさである．すなわち，正確なモデルを構成するためには多くの配列が必要となる．

最近では，複数配列のアラインメントの評価のための調和度に基づく新しい手法が提案されている．これらの手法では，複数アラインメントのスコアはあらかじめ決められた一連の制約との間の調和度によって測られる (Morgenstern et al., 1996; Notredame et al., 1998, 2000; Bucka-Lassen et al., 1999)．通常，その制約としてペアワイズアラインメントや複数配列のアラインメント，または局所的アラインメントの集合が用いられる．調和度に基づいた手法の主な限界は，アラインメントの質がそれを評価するために用いる制約の質に強く依存してしまうことである．

目的関数は常に数学的最適値を規定する．この場合は，それ以上改善できないように整列された配列のアラインメントのスコアである．数学的に最適なアラインメントは正しいアラインメント，すなわち生物学的最適値と混同すべきではない．生物学的最適値は当然正しいが，数学的最適値はそれが生物学的最適値に近いという場合だけ生物学的に良いといえる．生物学的最適値と数学的最適値との関係は，解を評価する

ために用いる目的関数の質に依存する．2つの最適値の収束性の保証という観点では，設計する目的関数の複雑さには何の制限もない．しかし，実際には適切な最適化プログラムがないことが大きな問題点となる．

最適化できないとなれば目的関数の用途とは何であろうか．そして，どのようにして目的関数が生物学的に妥当であることを示せるのであろうか．EAはこれらの問いに対して巧みに答えてくれる．少なくとも最初の段階では，最適化の問題について悩むことなく新たなスコア手法を設計できる．以下では，GAをどのように配列アラインメント問題に適用できるのかについて，3つの例を挙げて述べる．

5.2　進化論的アルゴリズムと焼きなまし法

進化論的アルゴリズム（evolutionary algorithm: EA）は，解候補に対して変形（突然変異と交叉）を加えることで進化させて問題の解を得る手法である．ほとんどのEAは，探索空間が順に探索されるというよりはランダムに探索されるという点で確率論的である．突然変異を許すならば，このランダムさによって探索空間の広さによらずにあらゆる解が探し出される可能性が存在する．ランダムさの欠点は探索の過程で（最適解も含めて）すべてのあり得る解が評価されるわけではないという点である．これを修正するために，探索空間から解を抽出する方法に偏りを持たせるための発見的知識が数多く考案されている．それらは最適解を抽出する確率を増やすことを目指している．そのため，進化論的計算も含めてほとんどの確率論的戦略には貪欲さとランダムさの間のトレードオフがあるとされている．

本書の多くの話題で示されているように計算機生物学の他の分野では，EAは強力な道具としてすでに確立されている．EAを複数配列のアラインメント問題に適用するという試みは，石川ら（1993b）がハイブリッドGAを発表したときから始まった．彼らはアラインメントを直接的に最適化する代わりにダイナミックプログラミングを用いて配列を並べる順序を最適化した．しかしこのアプローチではアルゴリズムをダイナミックプログラミングで使用できる目的関数のみに限定させていた．それにもかかわらず，得られた結果は配列解析のためのGAの開発を促進させるには十分に励みとなるものだった．配列をより一般的な方法で扱えるような最初のGAは，数年後にSAGAというアルゴリズムによって発表された（Notredame and Higgins, 1996）．このすぐ後にZhangらによる同様の研究がある（Zhang and Wong, 1997）．これらの2つのGAでは，個体の集団は完全な複数配列のアラインメントから構成されており，その遺伝的操作は，ギャップをランダムに挿入したり変更したりして，整列された配列に対し

て直接的に作用する．1997年にはSAGAはRNA配列の解析に適用され (Notredame et al., 1997)，この問題を解決するために島モデルによって並列化された．この研究は，AnabarasuによつてClustalWを用いて再現され，モデルが広範囲に評価された．(Anabarasu, 1998)．続く数年間にわたって，少なくとも3つのEAに基づいた新しい複数配列のアラインメント手法が紹介されている．これらの各々はSAGAと同様の原理に基づいており，複数アラインメントの個体集団が選択，交叉と突然変異によって進化する．個体集団はアラインメントから構成されており，突然変異としては，複雑なモデルを用いてギャップを交ぜ合わせる文字列操作を用いている．SAGAとこれらの最近のアルゴリズムとの違いは効率と正確さを改善するための突然変異操作の設計である．これらの新しい結果によって，GAを複数配列のアラインメントに適応させるために最も重要な部分は分子進化の仕組みを反映するような適切な遺伝的操作の設計であることが分かった．次章ではECによる配列アラインメントの例をいくつか紹介する．

5.3 SAGA：配列アラインメントのための遺伝的アルゴリズム

SAGAではGAの各個体は複数アラインメントとなっている．個体の内部表現に用いたデータ構造は，各行を整列された配列，各要素を残基かギャップとした二次元配列としてそのまま表す．集団は固定された大きさを持ち，重複個体（同一の個体）は含まない．アルゴリズムの擬似コードを図5.1に示した．以降の項では，これらの各手順を解説する．

5.3.1 初期化

初期化における課題は，遺伝子型の点でいかに多様に，評価値の点でいかに一様に個体を生成できるかということである．SAGAでは，初期世代はギャップを末端にのみ含むようなランダムに生成した100個の複数アラインメントとしている．これらの初期アラインメントは最長配列の半分以下の長さとなっており，より長いアラインメントは後に生成される．個体を生成するには，各配列について0から最長配列の長さまでの値をとるランダムなオフセット値を選択する．そしてその値の分だけ各配列を右に移動させ，すべての配列を同一の長さ L にするために余分な領域を空の記号で埋める．初期化には，ランダムさを組み込んだダイナミックプログラミングを利用して準最適なアラインメントを生成することもできる．これはRNA配列のアラインメントに特化したRAGAアルゴリズムで用いられている．

初期化：	1. ランダムな初期集団 G_0 を作成する
選択：	2. 世代 $n(G_n)$ の個体集団を評価する
	3. 個体集団が収束すれば終了
	4. 置換を行う個体を選択する
	5. 生成される子孫を評価する
変形：	6. G_n から親個体を選択する
	7. 操作を選択する
	8. 子孫を選択する
	9. G_{n+1} における新しい子孫を保持または放棄する
	10. G_{n+1} がすべてそろうまでステップ 6 へ戻る
	11. $n = n + 1$
	12. ステップ 2 へ
終了：	13. 終了

図 5.1　SAGA アルゴリズムの流れ．この擬似コードは，SAGA による最適化の主要なステップを示している．

5.3.2　評　価

適合度は選んだ目的関数に基づいて各アラインメントの評価値を計算することによって測る．ここで挙げた例では，より良いアラインメントにはより高い評価値が与えられ，その結果適合度はより高くなる．標本に基づく誤差を最小限にするために，評価値を期待子孫（expected offspring: EO）として知られる標準化した値に補正する．EO は，より良いアラインメントが持つと期待される子孫の数の指標である．SAGA では，EO を置き換えなしの確率論的抽出という方法を用いて確率的に決定する（Goldberg, 1989）．これは通常 0 から 2 の値を与える．個体の集合のうち，弱い方の半分だけを新しい子孫で置き換え，残りの半分は何も変更を加えずに次の世代に引き継ぐ．この方法は重複世代法（overlapping generations）として知られている（Davis, 1991）．

5.3.3　複製と変形および終了条件

変形の過程では新しい個体が生成される．現在の集団の各個体が親として選択される確率として EO の値を利用する．この選択は置き換えなしの重み付きルーレット選択（Goldberg, 1989）で行い，各個体の EO はそれが親として選択されるたびに 1 だけ値を減らされる．変形操作も同様に選択されて，親のアラインメントから子のアラインメントを生成するために適用される（これは 5.3.7 項で議論する）．SAGA では 22 種類の異なる変形操作が利用できる．それらはすべて利用確率を持っており，親が 1 つのもの（突然変異）と親が複数のもの（交叉）の 2 種類に分けることができる．集

団中での重複を許可していないので，新しい子孫の個体は現在の集団における他のすべての個体と異なっているときにのみ許容される．変形過程は集団の大きさが再び満たされると終了し，ユーザが設定した終了条件が満たされないならば次の世代へと進む．SAGA では最適性を保証するような条件は存在せず，無限の時間をかけたとしても最適個体に到達する保証はない（この点で SA とは異なる．4 章を参照）．そのため終了のためには経験的な基準が用いられ，100 世代の間に改善が何も生じなかった場合にアルゴリズムを終了する（Davis and Hersh, 1980）．

5.3.4 変形操作の設計

前述のように，適切な変形操作の設計は SAGA に至るまでの研究における主要な点であった．伝統的な GA の体系に従って，SAGA では交叉と突然変異という 2 種類の操作を共存させる．それぞれの操作はどのように実行するかを指定するための 1 種類以上のパラメータを必要とする．例えば，アラインメントのある箇所に新しいギャップを挿入する操作には 3 種類のパラメータがある．すなわち，挿入の位置，変更される配列番号，そして挿入の長さである．これらのパラメータはあらかじめ決めておいた範囲内でランダムに決定されるかもしれない．パラメータがランダムに決定されるならば，操作は確率論的に行われることになる（Notredame and Higgins, 1996）．一方，1 つを除いたすべてのパラメータをランダムに決定し，残りのパラメータを網羅的な探索によって最良の適合度をとるようにする方法もある．このように適用される操作は山登り法において用いられる（山登り法については 2 章を参照）．効率化に特化した操作を構築することに興味がある場合を除けば，GA のロバスト性を実現するために目的関数のあらゆる特徴から操作を独立に決めることも重要である．

5.3.5 交叉操作

複数配列のアラインメントの問題では，2 つのアラインメントに含まれる情報を交叉が組み合わせて新しいアラインメントを生成する．SAGA では一点交叉か一様交叉（図 5.2）のうちのどちらかの操作を用いる．一様交叉は一点交叉よりも破壊的ではないが，2 つの親がある程度の調和度を保っている必要がある．この条件は探索の最初の方の世代では滅多に満たされることはない．2 つの親の解からの交叉は 2 つの子孫の個体を生成する．SAGA では，より適合している子孫のみを，それが重複しない場合に限り集団の新しい一員として保持する．

5.3.6 突然変異操作：ギャップ挿入操作

SAGAの突然変異操作は他でも広く解説されている（Notredame and Higgins, 1996）．ここでは配列が進化の過程で経てきたと考えられるいくつかの挿入，欠失現象を大ざっぱに再構築するためのギャップ挿入操作についてのみ解説する．この操作が適用されると，アラインメントは図5.3に示した方法に基づいて変更が加えられる．整列されたアラインメントは2つの集団に分割され，それぞれの集団ですべての配列の同じ位置にギャップが挿入される．集団は見積もられた（ClustalWによって与えられる）系統樹（Thompson, 1994）をランダムに分割することで選ばれる．この操作としては，確率論的なものと山登り的なものの両方が実装されている．確率論的な方法では，挿入するギャップの長さと2つの挿入位置はランダムに決定されるのに対して，山登り的な方法では2番目の挿入位置はすべてを網羅的に試してそのアラインメントの評価値を比較することで決定する．

5.3.7 遺伝的操作のダイナミックプログラミング

子孫を生成する際には，変形操作の選択は親の選択と同じくらい重要である．そのため，便利な操作がより良く利用されるように，親が生き残りのためにするがごとく遺伝的操作も競争させることは意味のあることである．悪い操作と良い操作を事前に見分けることはできないので，すべての操作は最初同じだけの利用確率を持っている．実行の過程で，各操作の性能を反映するようにこれらの利用確率が再評価される．SAGAではDavis（1991）によって発表された動的計画法（ダイナミックプログラミング）を用いている（自己適応については2章の2.2.5項を参照）．遺伝的操作は最近の効率の関数で定義される利用確率を持っており，この効率は過去の10世代における改善の度合で測られる．ある操作の効率の改善を示す信頼度は，それ以前に行われた操作とも共有されており，この改善には多くのものが寄与している．そのため，新しい子孫が親よりも改善に貢献するのであれば，その子孫の生成に直接的にかかわった操作に対して大きな信頼度（例えば50%）を与え，その親の生成にかかわった操作にも信頼度を与える（残りの信頼度の50%）．この信頼度は一定の世代数の間（通常は4世代）だけ継続される．10世代ごとに各操作について結果がまとめられ，蓄積された信頼度に基づいて利用確率が再評価される．ある遺伝的操作が早期に失われてしまうことを防ぐために，最小利用確率は0よりも大きい値に保つようにしている．通常は，これらの最小利用確率が合計で0.5になるようにする．そのため各操作について $1/(2\times$遺伝的操作の数$)$ の最小利用確率を用いる．

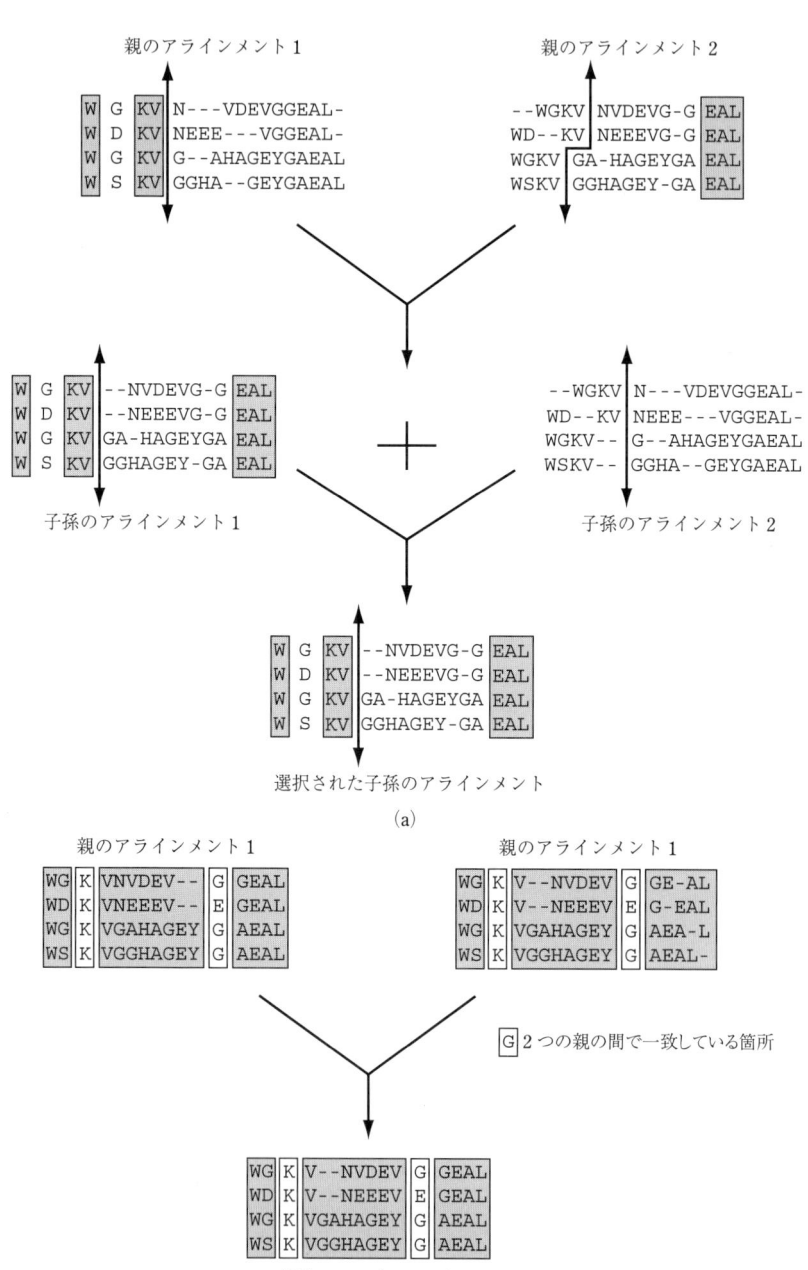

第 II 部 ■ 配列と構造のアラインメント

親のアラインメント1

W	G	KV	N---VDEVGGEAL-
W	D	KV	NEEE---VGGEAL-
W	G	KV	G--AHAGEYGAEAL
W	S	KV	GGHA--GEYGAEAL

親のアラインメント2

--WGKV	NVDEVG-G	EAL
WD--KV	NEEEVG-G	EAL
WGKV	GA-HAGEYGA	EAL
WSKV	GGHAGEY-GA	EAL

子孫のアラインメント1

W	G	KV	--NVDEVG-G	EAL
W	D	KV	--NEEEVG-G	EAL
W	G	KV	GA-HAGEYGA	EAL
W	S	KV	GGHAGEY-GA	EAL

子孫のアラインメント2

--WGKV	N---VDEVGGEAL-
WD--KV	NEEE---VGGEAL-
WGKV--	G--AHAGEYGAEAL
WSKV--	GGHA--GEYGAEAL

選択された子孫のアラインメント

W	G	KV	--NVDEVG-G	EAL
W	D	KV	--NEEEVG-G	EAL
W	G	KV	GA-HAGEYGA	EAL
W	S	KV	GGHAGEY-GA	EAL

(a)

親のアラインメント1

WG	K	VNVDEV--	G	GEAL
WD	K	VNEEEV--	E	GEAL
WG	K	VGAHAGEY	G	AEAL
WS	K	VGGHAGEY	G	AEAL

親のアラインメント1

WG	K	V--NVDEV	G	GE-AL
WD	K	V--NEEEV	E	G-EAL
WG	K	VGAHAGEY	G	AEA-L
WS	K	VGGHAGEY	G	AEAL-

G 2つの親の間で一致している箇所

子孫のアラインメント

WG	K	V--NVDEV	G	GEAL
WD	K	V--NEEEV	E	GEAL
WG	K	VGAHAGEY	G	AEAL
WS	K	VGGHAGEY	G	AEAL

(b)

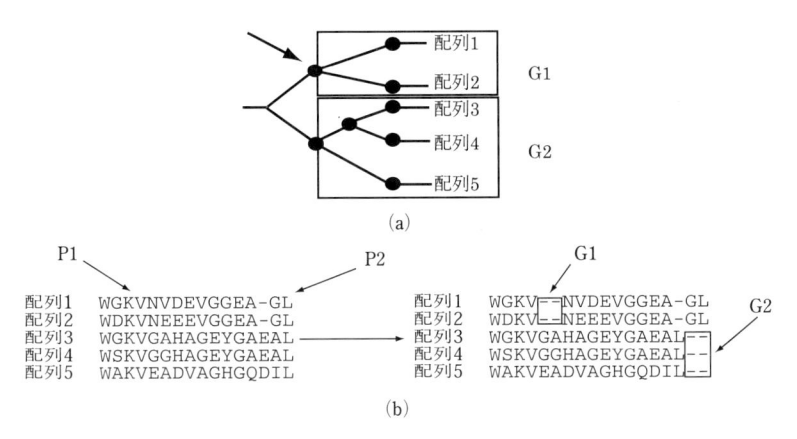

```
                    ●━━━配列1
              ┌────●         G1
              │    ●━━━配列2
          ━━━●    ●━━━配列3
              │    ●━━━配列4  G2
              └────●
                    ●━━━配列5
```
(a)

P1   P2   G1
配列1 WGKVNVDEVGGEA-GL   配列1 WGKV--NVDEVGGEA-GL   G2
配列2 WDKVNEEEVGGEA-GL   配列2 WDKV--NEEEVGGEA-GL
配列3 WGKVGAHAGEYGAEAL ━━━━━━▶   配列3 WGKVGAHAGEYGAEAL
配列4 WSKVGGHAGEYGAEAL   配列4 WSKVGGHAGEYGAEAL--
配列5 WAKVEADVAGHGQDIL   配列5 WAKVEADVAGHGQDIL--

(b)

図 5.3　ギャップ挿入操作．(a) 見積もられた 5 つの配列の系統樹をランダムに 2 つの部分木に分割する．これにより 2 つの配列グループ G1 と G2 ができる．(b) 2 つの位置 P1 と P2 がアラインメントの中でランダムに選択される．ランダムな長さを持ったギャップ（ここでは長さ 2）をグループ G1 の位置 P1 に挿入する．そして，同じ長さのギャップをグループ G2 の位置 P2 に挿入する．

5.3.8　SAGA の並列化

SAGA の初期バージョンの主な限界は長い実行時間が必要とされることであり，これはリボソーム RNA（1,000 塩基以上）などの非常に長い配列の整列を行う際には特に顕著なものとなった．通常は，このような問題を軽減するために並列化を行う．SAGA で用いられた手法は GA に特化したもので，島モデルとして知られている（Goldberg and Wittes, 1996）．単独の GA 集団を実行する代わりに，複数の GA 集団を別個の演算装置で並列に実行するのである．5 世代ごとにそれぞれの演算装置がいくつかの個体を集団の間で交換する．図 5.4 に示すように，複数の GA は k 本の枝を持つ木の葉とノードに並べられ，集団の交換は葉から木の根に対して単方向的に行われる．標準状態では，ある GA から別の GA へと移動する個体は最良の評価値を持つものとする．与える方の GA は移動させる個体の複製を保持しておくが，受け取る方の GA では移動した個体はより低い評価値の個体と置き換えられる（Notredame and Higgins, 1996）．

◀ 図 5.2　SAGA で用いる交叉．(a) 一点交叉．矢印は 2 つの親個体がどのようにカットされるかを示しており，アラインメント中の位置をランダムに選択する．子孫 1 は親 1 の左側と親 2 の右側を組み合わせて生成され，子孫 2 は親 1 の右側と親 2 の左側を組み合わせて生成される．スコアがより優れている方が保持される．四角で囲まれた部分は子孫において結合された親個体中のいくつかのパターンを示している．(b) 一様交叉．2 つのアラインメントの間で一致している親個体中の箇所を四角で示している．子孫は 2 つの親の間でブロックを交換することで生成される．各ブロックは 2 つの一致している位置の間でランダムに選択される．

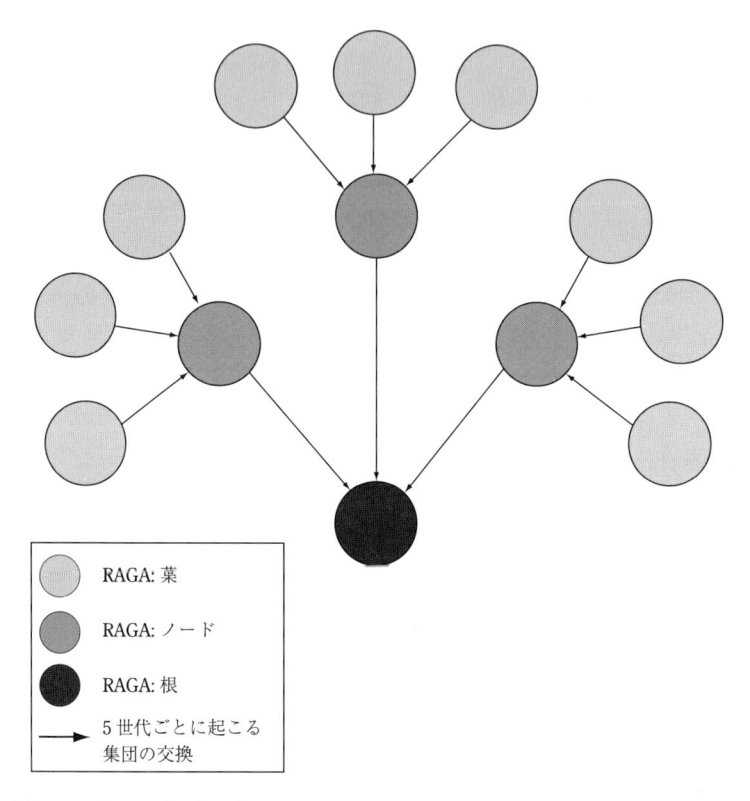

図 5.4 RAGA の並列化．丸は RAGA の処理を表している．最良個体は上部から下部へと移住する．最適解は最下部にある根において得られる．

凡例:
- RAGA: 葉
- RAGA: ノード
- RAGA: 根
- →　5 世代ごとに起こる集団の交換

島モデルはあらゆる形の EC で利用することができる．最初は，SAGA の RNA 版である RAGA において，3 つの枝を持つ深さ 3 の木で合計 13 集団の GA として実装され，SAGA の後のバージョンでも適用された．これらの計算過程は同期的で，個体を交換する前に同じ世代数に達するようにお互いの実行を待つようになっている．

　この分散モデルは並列化が明白な利点となっており，並列化しないものよりも約 10 倍速かった（すなわち，13 の演算装置に計算を分散させたときに期待される最大限の速度向上率のおおよそ 80% であった）．これはまた，木構造によって集団の構造に新たな制約を課すことによっても有利になっている．つまり巡回構造がないことによって，単一の集団よりもより高い多様性の実現を可能にしていると考えられる．末端の葉は多様性の貯蔵庫として機能しており，この並列化 GA は同じ規模の集団を用いた並列化しない GA よりも高い正確さを実現する．ただし，これらの予備的な検証は徹

底的な評価実験を通じてしっかりと結論づける必要がある．

5.4 応用：目的関数の適切な選択

　SAGA の設計における主要な目的は，どんな目的関数でも試すことができるような強固な基盤を構築することであった．このようなブラックボックスは，生物学的な関連を持った関数とそうではない関数とを区別するために利用することができる．例えば，一般的な重み付け総和による目的関数を考えよう．この関数には近似的な最適化アルゴリズム手法が存在しているため，一般的なものとなっている．しかし，この関数は生物学的な見地からいえばあまり意味がない．3 つの主要な限界は，挿入と欠失の大ざっぱなモデル化と各位置の独立性の想定，そして位置と無関係に評価を行うことができないことにある．

　SAGA のような進化論的な手法では，より複雑なギャップ損失を利用し，非局所的依存性を考慮したり位置依存的な評価手法を採用して新しい目的関数を用いることができる．そして，この付加的な改善手法の善し悪しを，アラインメント結果を生物学的な見地から検証して評価できる．次項では，SAGA によってうまく最適化できた 3 種類の目的関数を解説し，その性能評価を行う．

5.4.1 重み付け総和

　MSA は組ごとの総和を利用することで最適な複数配列のアラインメントを発見できるアルゴリズムである．この洗練された発見的手法は境界を制限した超空間において多次元ダイナミックプログラミングを行う．SAGA で得られた最適化の性能は，同じ目的関数を用いた MSA の結果と比較することによって評価できる．

　重み付け総和の原理では，あるアラインメントと別のアラインメント中の各列における整列された残基の組に対してコスト（置換コスト）を規定し，ギャップに対しても同様のコスト（ギャップコスト）を規定する．これらのコストの合計がアラインメントの全体としてのコストとなる．別の方法としては，(1) 置換に対して別のコストの定義を用いる，(2) ギャップに対して別のコストの定義を用いる，(3) 各配列の組に対して異なる重みを用いる，といったものがある．より厳密には，複数アラインメントのコスト A は次のように定義される．

$$A = \sum_{i=1}^{N-1} \sum_{j=i+1}^{N} W_{i,j} \text{cost}(A_i, A_j) \tag{5.1}$$

ここで，N は配列の総数であり，A_i は整列された i 番目の配列である．$\text{cost}(A_i, A_j)$ は2つの整列された配列 A_i と A_j の間のアラインメントスコアであり，$W_{i,j}$ はその配列の組に対する重みである．このコスト関数は置換行列によって与えられる置換コストと，アフィンギャップペナルティのモデルを用いて定義される挿入と欠失のコストの総和を含んでいる．ギャップのスコアを定義するためには，自然なアフィンギャップペナルティと半自然なアフィンギャップペナルティの2種類の方法がある．半自然なアフィンギャップペナルティは MSA のプログラムが効率的に最適化できる唯一の方法である．残念ながら，これらの半自然なペナルティはギャップの数を過大評価してしまう傾向があるので，もう一方の自然なペナルティよりも生物学的には正確ではないとされている．どちらの手法においても末端ギャップは，開放ギャップとしてではなく延長ギャップとしてペナルティが算出される．

　通常，専門家が作成したアラインメントと得られたアラインメントを比較することによってアルゴリズムの有効性を確認する．複数アラインメントの場合，最良の標準として知られる構造に基づいた配列アラインメントがよく用いられる．4章では構造情報に基づいたタンパク質のアラインメントについて詳しく解説している．SAGA では，3Dali を用いて有効性の検証を行った．前述したように生物学的な有効性と数学的な有効性を混同するべきではない．実証実験として両方の有効性について評価を行い，その結果を表 5.1 にまとめた．

　SAGA は最初に半自然なギャップペナルティを用いてペアワイズ総和の最適化を行い，MSA のアラインメントの結果を参照として用いた．3分の2の場合において，SAGA は MSA と同じ程度の最適化を達成した．残りの場合では，SAGA は MSA よりも良い結果を与え，参照としたアラインメントとの比較から判断すると，すべての場合においてアラインメントの生物学的な質も同様に改善されていた．証明とまではいかないが，これらの結果は SAGA が精巧に練られた発見的手法とかなりよく張り合う最適化手段であることを示す．2つ目の有効性の検証では，MSA では扱うことができない大きい規模の整列問題を SAGA で行った．この場合には，目的関数として自然なギャップペナルティを用いた重み付き総和を採用した．また，非確率論的な発見的手法である ClustalW を比較対照とした．予想どおり，ClustalW によって達成された最適化は自然なペナルティの採用によっていくらか改善し，生物学的な有効性とともに数学的な有効性も改善されていた．これらの結果は，SAGA が広い用途に適した最適化手法であることを示すと同時に，標準的なダイナミックプログラミングに基づいた手法では扱えない目的関数を最適化できることを示唆するものである．

第 5 章 ■ 遺伝的アルゴリズムを用いたペアワイズおよび複数配列のアラインメント   **101**

表 5.1 3Dali に基づいた，MSA に対する SAGA の数学的有効性の評価．長さとは最終的な SAGA のアラインメントの長さであり，スコアとは重み付き総和と半自然アフィンギャップペナルティを用いた MSA で得られたアラインメントのスコアを表している．Q は構造アラインメントに一致する MSA アラインメントの割合である．CPU の単位は秒である．SAGA の性能が MSA を上回ったものを太字で書いている．各場合における PDB 構造データは 3Dali で見つけることができる．各場合の PDB 構造データは以下のとおりである．*Cyt c*:451c, 1ccr, 1cyc, 5cyt, 3c2c, 155c. *Gcr*: 2gcr, 2gcr-2, 2gcr-3, 2gcr-4, 1gcr, 1gcr-2, 1gcr-3, 1gcr-4. *Ac protease*: 1cms, 4ape, 3app, 2apr, 4pep. *S protease*: 1ton, 2pka, 2ptn, 4cha, 3est, 3rp2. *Chtp*: 3rp2, M13143（EMBL アクセス番号）, 1gmh, 2tga, 1est, 1sgt. *Dfr secstr*: 1dhf, 3dfr, 4dfr, 8dfr. *Sbt*: 1cse, 1sbt, 1tex, 1prk. *Globin*: 4hhb-2, 2mhb-2, 4hhb, 2mhb, 1mhb, 1mbd, 2lhb, 2lh1. *Plasto*: 7pcy, 2paz, 1pcy, 1azu, 2aza.

テストケース	配列の数	長さ	MSA			SAGA-MSA		
			スコア	Q	CPU	スコア	Q	CPU
Cyt c	6	129	105,1257	74.2	7	105,1257	74.2	960
Gcr	8	60	371,875	75.0	3	**371,650**	82.0	75
Ac protease	5	183	379,997	80.1	13	379,997	80.1	331
S protease	6	280	574,884	91.0	184	574,884	91.0	3500
Chtp	6	247	111,924	*	4525	**111,579**	*	3542
Dfr secstr	4	189	171,979	82.0	5	**171,975**	82.5	411
Sbt	4	296	271,747	80.1	7	271,747	80.1	210
Globin	7	167	659,036	94.4	7	659,036	94.4	330
Plasto	5	132	236,343	54.0	22	**236,195**	54.0	510

5.4.2　調和度に基づいた目的関数：COFFEE スコア

配列の集合中のすべての情報を組み合わせて，生物学的に関連のある研究の端緒となるような統一したモデルを構築する手段として，複数配列のアラインメントを利用できるかもしれない．しかし，配列の情報が信頼できない場合もあるだろう．また，情報のいくつかは互いに相容れず，相互に排他的になってしまうこともあろう．用いるモデルはこのような矛盾を明らかにし，アラインメントの全体としての質を考慮に入れた決定を下す必要がある．

複数アラインメントと重み付けした情報成分のリストとの間の適合度を測るような新しい目的関数を定義することができる．もちろん，この目的関数の妥当性はあらかじめ決めたリストの質に大きく依存するだろう．例えば，手ごろなのは N 個の配列が与えられた場合の N^2 のあらゆる組合せを含むようなペアワイズアラインメントのリストである（Notredame et al., 1998, 2000）．調和度に基づいたアラインメント評価のための目的関数（COFFEE）は複数アラインメントとあらゆるペアワイズアラインメ

ントを集めた集団間の調和性を測るために用いることができる．複数アラインメント中の整列した残基の各組と，ペアワイズアラインメントの集団における残基の組の集合とを比較することによって評価が行われる．比較の際には，残基の場所は配列中の番号だけで指定される．調和度のスコアは，複数アラインメントとペアワイズアラインメントの集団とに同時に現れるような残基の組を，複数アラインメント中に現れるすべての組の総数で割った数によって表される．その最大値は1であるが，最適値はそのアラインメントの集団との間で発見された調和度に依存する．この関数の生物学的な妥当性を増すために，残基の各組にはそれの由来するペアワイズアラインメントの質を示す重みが関連づけられている．

COFFEE関数は以下のように定式化される．複数アラインメント中にN個の整列した配列$S_1...S_N$があり，$A_{i,j}$を配列S_iとS_jとの並びであるとする．$\text{LEN}(A_{i,j})$はこのアラインメント中のギャップのない列の個数であり，$\text{SCORE}(A_{i,j})$は$A_{i,j}$と集団中の対応するペアワイズアラインメントとの間の全体としての調和度，そして，$W_{i,j}$をこのペアワイズアラインメントに定められた重みとする．

$$\text{COFFEE score} = \left[\sum_{i=1}^{N-1}\sum_{j=i+1}^{N} W_{i,j} \times \text{SCORE}(A_{ij})\right] \Big/ \left[\sum_{i=1}^{N-1}\sum_{j=i+1}^{N} W_{i,j} \times \text{LEN}(A_{ij})\right] \quad (5.2)$$

この関数と先に開発された重み付き総和とを比較してみよう．主な相違点は，置換行列の代わりに位置依存的な評価方法を実現するようなペアワイズアラインメントの集合を用いていることである．また興味深いことに，COFFEEスコアの最適値を与えるアラインメントは，ペアワイズアラインメントグラフによる最大重みトレースのアラインメントと等価となる (Kececioglu, 1983)．

表5.2には3Daliを利用してSAGAとCOFFEEによって得られたいくつかの結果を示した．この実験では，ペアワイズアラインメントの集団はClustalWのアラインメントを用いて生成されており，得られたアラインメントは他の手法によるものよりも生物学的な質が高いことが明らかとなった．これらの結果は十分に説得力があったので，COFFEE関数の最適化のためにGAとは別の高速な手法の開発がなされることになった．この新しいアルゴリズムはT-Coffee (Tree-based Coffee) と呼ばれ，最近一般に利用できるようになっている (Notredame et al., 2000)．

5.4.3 非局所的相互作用の考慮：RAGA

これまでは，すべての位置が他の位置から独立であると考えた場合の配列解析問題

表 5.2 3Dali に基づいた，COFFEE 関数の生物学的妥当性の評価．長さとは最終的な SAGA のアラインメントの長さであり，SAGA-MSA とは，自然アフィンギャップペナルティを用いて重み付き総和を SAGA で最適化するようにした場合に，得られたアラインメントが構造アラインメントと一致した割合を表している．SAGA-COFFEE も同様で，この場合は COFFEE 関数を用いている．CLUSTALW は ClustalW の標準的出力による同様の比較である．最良の結果を与えたものを太字で書いている．

テストケース	配列の数	長さ	SAGA-MSA	SAGA-COFFEE	CLUSTAL
Ac protease	21	14	**51.2**	50.2	39.2
Binding	31	7	64.2	**64.5**	50.0
Cytc	42	6	67.3	**90.7**	89.1
Fniii	17	9	45.2	**47.0**	42.0
Gcr	36	8	80.8	**83.1**	80.8
Globin	24	17	78.0	85.2	**86.4**
Igb	24	37	70.1	**78.1**	74.8
Lzm	39	6	**72.3**	**72.3**	72.2
Phenyldiox	22	8	55.6	**64.7**	58.5
Sbt	61	7	96.0	**96.9**	96.7
S protease	27	15	**68.5**	66.6	62.5

に対して SAGA を用いる方法について解説した．この近似は配列の情報がアラインメントを作成するのに十分な場合には許容できる．しかしながら，RNA や DNA といった，タンパク質よりも情報内容は低いが明らかに構造的な情報を含んでいるような場合にはその限りではない．ここでは，局所的および非局所的相互作用を考慮した目的関数を用いて，RNA 構造配列を最適化するために SAGA を利用した例について解説する．RNA を選んだ理由は，ワトソン・クリック型の塩基対に基づいた折りたたみが特徴的な構造を生成しており，それを容易に予測・解析できるためである．2 つの RNA 塩基の間の結合エネルギーはかなりの精度で予測できるので，アラインメントの評価では，容易に構造 (S_e) と配列 (P_r) の間の類似性を考慮できる．RNA に基づいた目的関数を用いた SAGA は RAGA と呼ばれる．RAGA は 2 つの RNA 配列，すなわち一方（マスタ）の二次構造が既知であり，他方（スレーブ）はマスタと相同の配列ではあるが，その正確な二次構造は未知であるような間のアラインメントを評価するのに用いることができる．これは次のように定式化される．

$$A = P_r + (\lambda \cdot S_e) - \text{Gap Penalty} \tag{5.3}$$

ここで，λ は 1 から 3 の値をとる定数であり，Gap Penalty はアラインメント中のアフィンギャップペナルティの総和である．P_r は同一であるものの個数とする．S_e の値はマスタ配列の二次構造を反映しており，それをスレーブの配列に当てはめたときの構造の安定性を数値化する．マスタにおいて 2 つの塩基が塩基対を形成するならば，整列化されるスレーブ中の 2 つの塩基もワトソン・クリック型の塩基対を形成できるはずである．S_e はこれらの推測された塩基対のスコアの総和として定められる．RAGA では，塩基対相互作用における水素結合の数に基づいて定数値のスコアを割り当てるという非常に単純なエネルギーモデルを用いる．

　RAGA の精度と効率を評価するために，参照とするアラインメントとして専門家によって構築されたミトコンドリアリボソームの小サブユニットの RNA のアラインメントを用いた．ヒトの配列をマスタとして用いて，それと相同となる 7 つのミトコンドリアの配列をスレーブとして RAGA によって整列を試みた．RAGA の評価は，最適化されたペアワイズアラインメントを参照アラインメント中の対応するものと比較することによって行った．表 5.3 に示した結果は，RAGA によって適切な最適化が行われ，アラインメントの質を向上させるために二次構造の情報が有効に利用されたことを示している．正確なアラインメントが決定できないほど少ない情報しか含んでいない多様な配列に対して，この方法は特に有効だろう．シュードノット構造として知られる三次構造のいくつかの要素も，目的関数に適切に追加することによって RAGA では考慮できることも興味深い．これらの構成要素はダイナミックプログラミングに基づいた手法では扱えないので，より精度の高いアラインメントの最適化へとつながるだろう．

5.5　おわりに

　本章の 5.4 節では，EC がかなりの正確さで複数配列のアラインメントに適用できることを 3 つの例を挙げて述べた．それらは配列解析の分野における重要性を端的に示している．しかし EA は主に 2 つの欠点を内包している．それは，実行が遅く，不確実であるという点である．複数配列アラインメントの問題のための配列の集合が与えられても，GA はその最適化の過程が確率的でありかつ探索空間をうまく制御して導くことが難しいために同じ答えを何度も出すことがない．このことは，予測のための手段として，そして費用のかかる生物学的実験を支援するための手段として複数アラインメントを利用したいと考えている生物学者にとって，大きな悩みの種となるかもしれない．この問題はどれほど厳しいものなのだろうか．ここで解析を行ったタンパ

表 5.3 RNA に基づいた目的関数の生物学的な妥当性の評価. 距離とは参照アラインメントにおいて測定されたマスタとスレーブの間の位置ごとの平均置換数を表している. 組とはマスタの二次構造に含まれる残基の割合であり, 長さとは参照アラインメントの長さである. Q は局所的ギャップペナルティアラインメントを用いたダイナミックプログラミング (DP) の場合と, RAGA アラインメントの場合のそれぞれについて, 参照アラインメントとの間の一致の度合を表している. 配列の EMBL アクセス番号は以下のとおりである. *Homo sapiens* (X03205), *Homo sapiens* mitochondria (V00702), *Oxytrichia nova* (X03948), *Giarda ardeae* (Z177210), *Latimeria chalumnae* mitochondria (Z21921), *Xenopus laevis* mitochondria (M27605), *Drosophila virilis* mitochondria (X05914), *Apis mellifera* mitochondria (S51650), *Penicillium chrysogenum* mitochondria (L01493), *Chlamydomonas reinhardtii* mitochondria (M25119), *Saccharomyces cerevisiae* mitochondria (V00702).

マスタ	スレーブ	距離	組 (%)	長さ	Q (%) DP	RAGA
Homo sapiens	*Oxytrichia nova*	0.41	82.5	1914	83.9	86.6
Homo sapiens	*Giarda ardeae*	0.57	82.1	1895	72.2	76.1
Homo sapiens mitochondria	*Latimeria chalumnae* mitochondria	0.31	81.2	998	85.9	92.5
Homo sapiens mitochondria	*Xenopus laevis* mitochondria	0.43	84.9	985	83.9	92.5
Homo sapiens mitochondria	*Drosophila virilis* mitochondria	0.76	82.6	973	66.8	76.6
Homo sapiens mitochondria	*Apis mellifera* mitochondria	1.23	72.1	977	45.2	56.0
Homo sapiens mitochondria	*Penicillium chrysogenum* mitochondria	1.26	81.3	1478	37.7	63.8
Homo sapiens mitochondria	*Chalamydomonas reinhardtii* mitochondria	1.30	66.6	1271	34.1	53.2
Homo sapiens mitochondria	*Saccharomyces cerevisiae* mitochondria	1.33	80.3	1699	31.6	60.2

ク質の場合を考えると, SAGA は平均して半数の試行において最良のスコアに達することができた. RAGA では, 探索空間がより複雑であるために, その割合は 20% まで低下した. もし, 新しい目的関数の有効性を確認することだけが目的であるならば, これはそれほど重大な問題ではない. なぜならば, 最も悪い場合でも, 得られた準最適解は最良解よりもほんの数パーセント以内にあったからである. しかしこの不安定性は GA 特有のものではなく, また効率というもう 1 つの大きな欠点ほどは厳しいものではない. SA よりは実用的ではあるにせよ, GA は効率的とはいえないので, 数日

間にわたって何百万ものアラインメントを行う必要があるような非常に大きな実験計画の一翼を現状では担うことはできない（Corpet et al., 2000）．この目的のためには，いくらか不正確ではあっても，より確実で頑強な手法が必要である．

　状況は望み薄なのだろうか．答えは明らかにノーだ．なぜなら，GA が特に適している 2 つの重要な応用分野が存在するからだ．1 つは，非常に長い RNA の折りたたみ問題のような，他に代わりとなる手段がなく，非常に複雑な問題である．これらの問題では，妥当な時間で総当たり的に探索を行うには探索空間があまりに広すぎる．この場合，研究者は最良の解を近似する必要があり，EA はこのような点で特に有利な手法である．2 つ目の応用分野はより一般的なものである．アルゴリズム的な問題が関係している場合，GA は少なくとも最初の段階として，ほとんど悩むことなく非常に複雑な問題に取り組む独自の手段を提供してくれる．とても単純な GA を用いたとしても，非常に重要な問題を難なく取り上げ，それに対する研究を行う価値があるか，それとも見限るべきかという問いに対して GA の結果に基づいて決断を下せるのは特筆すべきことである．

　COFFEE 計画はそのような一連の解析の良い例である．それは 3 つの段階からなっていた．第 1 の段階では，最適化の問題の複雑さやアルゴリズム的な側面について何の懸念もなく目的関数を設計した．第 2 の段階では，SAGA を用いてその関数の生物学的な妥当性について評価した．第 3 の段階では，この検証が十分に説得力のあるものだったので，もとのアルゴリズムよりもより早くて適切な新しいダイナミックプログラミングのアルゴリズム（T-Coffee）の開発を進めた（Notredame et al., 2000）．これらの 2 つの計画の開発期間の相対的な長さは，SAGA を利用する際の良い例である．つまり，COFFEE 計画は 4 カ月だったのに対して，T-Coffee 計画はアルゴリズムの開発とソフトウェアの設計に一年半を要したのである．かくしてある考えを迅速に検証する GA の能力は，ソフトウェアの開発計画に必要な期間を正当化する助けとなっている．

　SAGA, RAGA, COFFEE, そして, T-Coffee は作者への電子メール（cedric.notredame@igs.cnrs-mrs.fr）もしくは World Wide Web（http://igs-server.cnrs-mrs.fr/ cnotred）からすべて無償で利用することができる．

謝辞

　非常に有用な助言と丁寧な査読をして下さった Hiroyuki Ogata と Gary Fogel に感謝する．

参考文献

[1] Altschul, S. F. (1989). Gap costs for multiple sequence alignment. *J. Theor. Biol.*, 138:297 – 309.

[2] Altschul, S. F., and Lipman, D. J. (1989). Trees, stars, and multiple biological sequence alignment. *SIAM J. Appl. Math.*, 49:197 – 209.

[3] Altschul, S. F., Carroll, R. J., and Lipman, D. J. (1989). Weights for data related by a tree. *J. Mol. Biol.*,207:647 – 653.

[4] Altschul, S. F., Gish, W., Miller, W., Myers, E. W., and Lipman, D. J. (1990). Basic local alignment search tool. *J. Mol. Biol.*, 215:403 – 410.

[5] Anabarasu, L. A. (1998). Multiple sequence alignment using parallel genetic algorithms. In *The Second Asia-Pacific Conference on Simulated Evolution (SEAL-98)*, Canberra, Australia (B. McKay, X. Yao, C. S. Newton, J. H. Kim, and T. Furuhashi, eds.), Springer-Verlag, Berlin, pp. 130 – 137.

[6] Bairoch, A., Bucher, P., and Hofmann, K. (1997). The PROSITE database, its status in 1997. *Nucl. Acids Res.*, 25:217 – 221.

[7] Barton, G. J., and Sternberg, M.J.E. (1987). A strategy for the rapid multiple alignment of protein sequences: confidence levels from tertiary structure comparisons. *J. Mol. Biol.*, 198:327 – 337.

[8] Benner, S. A., Cohen, M. A., and Gonnet, G. H. (1992). Response to Barton's letter: computer speed and sequence comparison. *Science*, 257:1609 – 1610.

[9] Bucher, P., Karplus, K., Moeri, N., and Hofmann, K. (1996). A flexible motif search technique based on generalized profiles. *Comput. Chem.*, 20:3 – 23.

[10] Bucka-Lassen, K., Caprani, O., and Hein, J. (1999). Combining many multiple alignments in one improved alignment. *Bioinformatics*, 15:122 – 130.

[11] Cai, L., Juedes, D., and Liaknovitch, E. (2000). Evolutionary computation techniques for multiple sequence alignment. In *Proceedings of the IEEE Congress on Evolutionary Computation 2000*, IEEE Service Center, Piscataway, N.J., pp. 829 – 835.

[12] Carrillo, H., and Lipman, D. J. (1988). The multiple sequence alignment problem in biology. *SIAM J. Appl. Math*, 48:1073 – 1082.

[13] Chellapilla, K., and Fogel, G. B. (1999). Multiple sequence alignment using evolutionary programming. In *Proceedings of the IEEE Congress on Evolutionary Computation 2000*, IEEE Service Center, Piscataway, N.J., pp. 445 – 452.

[14] Corpet, F. (1988). Multiple sequence alignment with hierarchical clustering. *Nucl. Acids Res.*, 16:10881 – 10890.

[15] Corpet, F., Servant, F., Gouzy, J., and Kahn, D. (2000). ProDom and ProDom-CG: tools for protein domain analysis and whole genome comparisons. *Nucl. Acids Res.*, 28:267 – 269.

[16] Davis, L. (1991). *The Handbook of Genetic Algorithms*. Van Nostrand Reinhold, New York.

[17] Davis, P. J., and Hersh, R. (1980). *The Mathematical Experience*. Birkauser, Boston.

[18] Dayhoff, M. O. (1978). *Atlas of Protein Sequence and Structure*, National Biomedical Research Foundation, Washington, D.C.

[19] Felsenstein, J. (1988). PHYLIP: phylogeny inference package. *Cladistics*, 5:355 – 356.

[20] Feng, D.-F., and Doolittle, R. F. (1987). Progressive sequence alignment as a prerequisite to correct phylogenetic trees. *J. Mol. Evol.*, 25:351 – 360.

[21] Goldberg, A. L., and Wittes, R. E. (1966). Genetic code: aspects of organization. *Science*, 153:420 – 424.

[22] Goldberg, D. E. (1989). *Genetic Algorithms in Search, Optimization, and Machine Learning*, Addison-Wesley, New York.

[23] Gonzalez, R. R., Izquierdo, C. M., and Seijas, J. (1998). Multiple protein sequence comparison by genetic algorithms. In *Proceedings of the Applications and Science of Computational Intelligence* (S. K. Rogers, D. B. Fogel, J. C. Bezdek, and B. Bosacchi, eds.), SPIE—The International Society for Optical Engineering, Bellingham, Wash., pp. 99 – 102.

[24] Gotoh, O. (1996). Significant improvement in accuracy of multiple protein sequence alignments by iterative refinements as assessed by reference to structural alignments. *J. Mol. Biol.*, 264:823 – 838.

[25] Gribskov, M., McLachlan, M., and Eisenberg, D. (1987). Profile analysis: detection of distantly related proteins. *Proc. Natl. Acad. Sci. USA*, 84:4355 – 4358.

[26] Haussler, D., Krogh, A., Mian, I. S., and Sjölander, K. (1993). Protein modeling using hidden Markov models: analysis of globins. In *Proceedings for the 26th Hawaii International Conference on Systems Sciences*, IEEE Computer Society Press, Los Alamitos, Calif., pp. 792 – 802.

[27] Henikoff, S., and Henikoff, J. G. (1992). Amino acid substitution matrices from protein blocks. *Proc. Natl. Acad. Sci.* USA, 89:10915 – 10919.
[28] Heringa, J. (1999). Two strategies for sequence comparison: profile-preprocessed and secondary structure-induced multiple alignment. *Comp. Chem.*, 23:341 – 364.
[29] Higgins, D. G., and Sharp, P. M. (1988). CLUSTAL: a package for performing multiple sequence alignment on a microcomputer. *Gene*, 73:237 – 244.
[30] Hogeweg, P., and Hesper, B. (1984). The alignment of sets of sequences and the construction of phylogenetic trees: an integrated method. *J. Mol. Evol.* 20:175 – 186.
[31] Ishikawa, M., Toya, T., Hoshida, M., Nitta, K., Ogiwara, A., and Kanehisa, M. (1993a). Multiple sequence alignment by parallel simulated annealing. *CABIOS*, 9:267 – 273.
[32] Ishikawa, M., Toya, T., and Tokoti, Y. (1993b). Parallel iterative aligner with genetic algorithm. In *Artificial Intelligence and Genome Workshop, 13th International Conference on Artificial Intelligence*, Chambery, France, August 28-September 3.
[33] Kececioglu, J. D. (1983). The maximum weight trace problem in multiple sequence alignment. *Lect. Notes Comput. Sci.*, 684:106 – 119.
[34] Kim, J., Pramanik, S., and Chung, M. J. (1994). Multiple sequence alignment using simulated annealing. *CABIOS*, 10:419 – 426.
[35] Kim, J., Cole, J. R., and Pramanik, S. (1996). Alignment of possible secondary structures in multiple RNA sequences using simulated annealing. *CABIOS*, 12:259 – 267.
[36] Krogh, A., Brown, M., Mian, I. S., Sjölander, and Haussler, D. (1994). Hidden Markov models in computational biology: applications to protein modeling. *J. Mol. Biol.*, 235:1501 – 1531.
[37] Lipman, D. L., Altschul, S. F., and Kececioglu, J. D. (1989). A tool for multiple sequence alignment. *Proc. Natl. Acad. Sci. USA*, 86:4412 – 4415.
[38] Morgenstern, B., Dress, A., and Wener, T. (1996). Multiple DNA and protein sequence alignment based on segment-to-segment comparison. *Proc. Natl. Acad. Sci. USA*, 93:12098 – 12103.
[39] Needleman, S. B., and Wunsch, C. D. (1970). A general method applicable to the

search for similarities in the amino acid sequence of two proteins. *J. Mol. Biol.*, 48:443 – 453.

[40] Notredame, C., and Higgins, D. G. (1996). SAGA: sequence alignment by genetic algorithm. *Nucl. Acids Res.*, 24:1515 – 1524.

[41] Notredame, C., O' Brien, E. A., and Higgins, D. G. (1997). RAGA: RNA sequence alignment by genetic algorithm. *Nucl. Acids Res.*, 25:4570 – 4580.

[42] Notredame, C., Holm, L., and Higgins, D. G. (1998). COFFEE: an objective function for multiple sequence alignments. *Bioinformatics*, 14:407 – 422.

[43] Notredame, C., Higgins, D. G., and Heringa, J. (2000). T-Coffee: a novel algorithm for multiple sequence alignment. *J. Mol. Biol.*, 302:205 – 217.

[44] Pascarella, S., and Argos, P. (1992). A data bank merging related protein structures and sequences. *Protein Eng.*, 5:121 – 137.

[45] Rost, B., and Sander, C. (1993). Prediction of protein secondary structure at better than 70% accuracy. *J. Mol. Biol.*, 232:584 – 599.

[46] Sander, C., and Schneider, R. (1991). Database of homology-derived structures and the structural meaning of sequence alignment. *Proteins Struct. Funct. Genetics*, 9:56 – 68.

[47] Smith, T. F., and Waterman, M. S. (1981). Comparison of biosequences. *Adv. Appl. Math.*, 2:483 – 489.

[48] Stoye, J., Moulton, V., and Dress, A. W. (1997). DCA: an efficient implementation of the divide-and-conquer approach to simultaneous multiple sequence alignment. *CABIOS*, 13:625 – 626.

[49] Taylor, W. R. (1988). A flexible method to align large numbers of biological sequences. *J. Mol. Evol.*,28:161 – 169.

[50] Thompson, J., Higgins, D., and Gibson, T. (1994). CLUSTAL W: improving the sensitivity of progressive multiple sequence alignment through sequence weighting, position-specific gap penalties and weight matrix choice. *Nucl. Acids Res.*, 22:4673 – 4690.

[51] Van de Peer, Y., Jansen, J., De Rijk, P., and De Watcher, R. (1997). Database on the structure of small ribosomal RNA. *Nucl. Acids Res.*, 25:111 – 116.

[52] Wang, L., and Jiang, T. (1994). On the complexity of multiple sequence alignment. *J. Comput. Biol.*,1:337 – 348.

[53] Watson, J. D., and Crick, F.H.C. (1953). Molecular structure of nucleic acids. A

structure for deoxyribose nucleic acid. *Nature*, 171:737 – 738.
[54] Zhang, C., and Wong, A. K. (1997). A genetic algorithm for multiple molecular sequence alignment. *CABIOS*, 13:565 – 581.
[55] Zuker, M., and Stiegler, P. (1981). Optimal computer folding of large RNA sequences using thermodynamics and auxiliary information. *Nucl. Acids Res.*, 9:133 – 148.

第III部 タンパク質の立体構造の決定

第6章 進化論的探索を用いたタンパク質立体構造決定問題の解法
Garrison W. Greenwood and Jae-Min Shin

第7章 並列 FMGA を用いた効率的なポリペプチド構造予想に向けて
Gary B. Lamont and Laurence D. Merkle

第8章 問題固有のオペレータを用いた進化論的計算によるタンパク質立体構造決定問題
Steffen Schulze-Kremer

第6章 進化論的探索を用いたタンパク質立体構造決定問題の解法

Garrison W.Greenwood　Portland State University
Jae-Min Shin　Soongsil University

6.1　はじめに

　生物は数千種のタンパク質で構成されている．タンパク質は小さな分子を運んだり（例えば，ヘモグロビンは血液の中で酸素 O_2 を運ぶ），生物機能を触媒したり，コラーゲンや皮膚を組織化したり，ホルモンを制御するなどの多くの機能に関与する．タンパク質はアミノ酸が直鎖状に連結された配列であり，特定の三次元構造に折りたたまれた形をとっている．形状はタンパク質が働く上で，重要な鍵を握っている．実際,この情報は病気に対抗する新薬の設計に欠かせない．

　残念なことにタンパク質の形状を確かめるのは難しく，また多くの費用がかかる．そのため，分類が完了しているタンパク質は比較的少ない．タンパク質の形状を正確に予測する問題にはコンピュータ上で描かれた仮想的なタンパク質のモデルを用いるのが費用対効果の高い解決策となるであろう．不運なことに，タンパク質立体構造決定問題（すなわちタンパク質のアミノ酸配列のみからその構造を予測する試み）は組合せ最適化問題であり，解候補の数が指数的であるためこれまで解決できない難問であった．

　本章は，進化論的計算（evolutionary computation: EC）の研究者がこの問題を理解し，その難しさを認め，進化論的アルゴリズム（evolutionary algorithm: EA）がどのように利用されているかの詳細まで把握できるように，十分な情報を提供する．このサーベイでは，主に最近3, 4年間に行われた研究に限定する（初期の研究成果については Clark と Westhead によるサーベイ（Clark and Westhead,1996）を参照されたい）．しかし本章はチュートリアルを意図してはいない．この分野に全く不慣れな読者は，まず一般的な科学文献の中で手に入る優れた指導書（Richards, 1991; Chan and Dill, 1993）から始めるとよい．

6.2 問題の概要

タンパク質はアミノ酸の長い配列である．アミノ酸には中心に炭素原子（以下 C_α と記述する）があり，これにアミノ基（NH_2），カルボキシル基（$COOH$）や側鎖（以下 R）が結合している．このアミノ基・炭素原子 C_α・カルボキシル基のことをタンパク質の主鎖と呼ぶ．どの 2 つのアミノ酸も，側鎖の構成と構造が異なる．20 種のアミノ酸が生物システムの中で見つかっており，そのうち 19 個は図 6.1 に見られるような基本構造を持つ．

タンパク質は連結されるアミノ酸の数と，その順番すなわちこれらのアミノ酸が配列中に現れる順番だけが異なる．1 つのアミノ酸のカルボキシル炭素が隣のアミノ酸のアミノ態窒素と結合すると，アミノ酸が連結する．この連結によって水分子が放出され，その結果できた結合のことをペプチド結合と呼ぶ．結合したアミノ酸は，残基またはペプチドと呼ばれる．CO-NH 基は平面状であり，境界である C_α 原子と結合するときにペプチド基を形成する．この 2 つのアミノ酸の縮合はジペプチドと呼ばれる．3 つのアミノ酸が縮合するとトリペプチドを形成する．より長い鎖はポリペプチド鎖と呼ばれる．ポリペプチドは，それぞれ特定の形に折りたたまれる．タンパク質分子は 1 つ以上のこれらの鎖からなる．

タンパク質ポリペプチド鎖の一次構造はそのアミノ酸配列のことである．この配列が規則的で特徴的な形状（二次構造と呼ばれる）を形成することがある．二次構造の主なものとしては，α ヘリックス，β 鎖または β シート，そしてヘリックスや鎖につながるターンまたはループがある（図 6.2 参照）．ある残基は鎖よりもヘリックスの中により多く現れやすいことがいくつかの研究から分かっている．このことは，アミノ酸配列とその形状の間に相関があることを意味している．それにもかかわらず，この相関について完全には理解できていない．なぜなら形状には多様性があるためである．ヘ

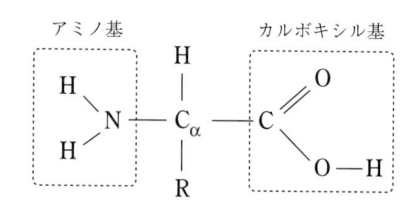

図 6.1 20 個のアミノ酸のうちの 19 個の一般的な構造（残りのアミノ酸であるプロリンは側鎖とアミノ基の間が結合している）．R は側鎖の場所を示し，C_α で示された中心炭素原子につながっている．

第 6 章 ▌進化論的探索を用いたタンパク質立体構造決定問題の解法　　*117*

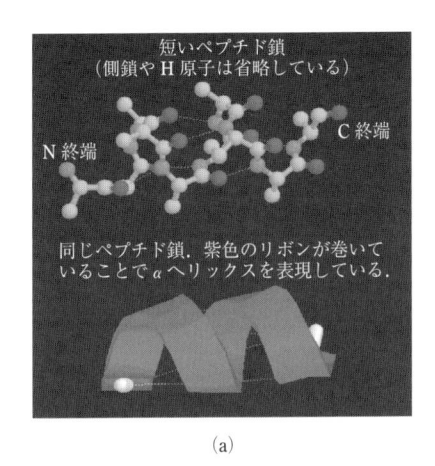

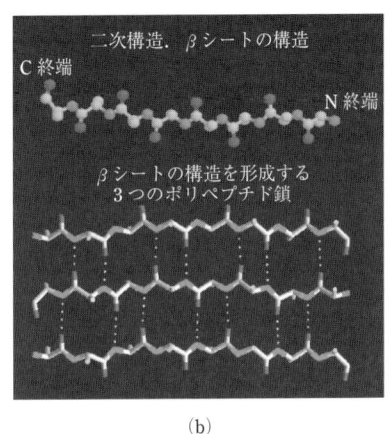

(a)　　　　　　　　　　　　　　　(b)

図 6.2　二次構造の例．(a) α ヘリックス．各ターン当たり 3.6 個のアミノ酸がある．(b)
β シート．1 つのアミノ酸のカルボキシル基が他のアミノ酸のアミノ基と結合す
るとき，ポリペプチド鎖が形成される．鎖の一方の端は N 終端と呼ばれるアミノ
基であり，もう一方の端は C 終端と呼ばれるカルボキシル基である．

リックス-ループ-ヘリックスや鎖-ループ-鎖のように二次構造の変形が見つかっている．この変形はモチーフと呼ばれる．これらの局所的二次構造の集まりは三次構造を形成し，極めて重要である．というのは，タンパク質の機能はその三次構造に強く影響されるからである．三次構造がサブユニットとして結合し，より大きな四次構造を形成することもある．

　タンパク質の立体配座と安定性は，ファンデルワールス力，水素結合，疎水性効果を含む数々の因子に影響される (Socci et al., 1994)．ポリペプチド鎖は不自然な状態から秩序だった自然な状態になり，非常に独特な三次元構造を持つ．この過程をタンパク質の折りたたみと呼ぶ．タンパク質の機能はその構造に直結しており，それゆえそのアミノ酸配列からすばやく構造を特定することは，非常に興味深いことである．

　不運なことに，膨大な数の立体配座が存在するので，最終的な構造を見つけることは困難である（実際，タンパク質よりも簡単な異種原子の集団の一番エネルギーの低い構造を見つけることさえも NP 困難であることが知られている (Greenwood, 1999)）．X 線結晶構造解析 (X-ray crystallography: XC) と核磁気共鳴 (nuclear magic resonance: NMR) は自然な立体配座を決定するのに使われる．しかしながら，両手法とも莫大な時間を消費するので，この方法で研究されているタンパク質はほんの少ししかない．RCSB (The Research Collaboratory for Structural Bioinformatics) は非営利団体であり，生物学的な高分子三次元構造の研究を行っている．そのデータベースの 1 つにタ

ンパク質データバンク (PDB) があり, XC と NMR によって構造決定された 13,000 個を超えるタンパク質とペプチドが含まれている. 一方, ヒトの遺伝子は 30,000 から 40,000 個あると推測されており, そのほとんどが別個のタンパク質をコード化している.

6.3 タンパク質のコンピュータ上のモデル

本節ではタンパク質の基本構造について解説し, EA によるタンパク質立体構造決定問題 (最小化モデル, 側鎖埋込み, ドッキング) の解法について述べる. タンパク質折りたたみに EA を適用した他の研究については, 7 章, 8 章を参照されたい.

6.3.1 最小化モデル

ab initio 法とは, 比較のためのタンパク質構造情報を一切使わずに折りたたみを予測しようというものである. これらの方法では, 最小エネルギー構造 (これは自然な状態と関連があると信じられている) を求めてエネルギー超曲面 (適合度ランドスケープ, fitness landscape) を探索する. 残念ながらエネルギー超曲面は広大であり探索過程は困難の極みである. そのため, 最小タンパク質モデルを採用する研究者もいる.

最も初期の最小化モデルではタンパク質の基本構造について考慮していない. 例えば残基は疎水性や親水性として分類されることはほとんどない. ここでいう疎水性とは水とほとんど混ざらないものであり, 親水性とは水分子を引き付けるものである. 加えて, すべての残基は二次元の正方格子を, 他の残基が入り込む余地なくすべて埋めるようにしなければならない. この制限によってポリペプチド鎖が格子上で自分と交わらない形を形成する. ポリペプチド鎖の各点において, もし次の点が 0 度か ±90 度で曲がるなら, タンパク質は折りたたまれる. 図 6.3 を見ると, この規則によって作られた多くの構造は立体的衝突を引き起こすため使えない. Greenwood は, 二次元の格子よりも二次元の円環を用いた方が自己回避的な形をより多く与えることを示した (Greenwood, 1998).

König と Dandekar は, 二次元の原子的モデルの低エネルギー構造を探索するための組織的な交叉オペレータを使った遺伝的アルゴリズム (genetic algorithm: GA) について説明している (König and Dandekar, 1999). このオペレータは確率に基づいて親を選択し, 可能な全交叉点を試す. それらのうちの 2 つの最良個体が次の世代として選ばれる. また, 集団の中に多様性を保持するために "先駆的探索戦略" を追加している. これは以下のようなものである. 10 世代ごとに新たに個体が作られ, 親集団の

第 6 章 ■ 進化論的探索を用いたタンパク質立体構造決定問題の解法

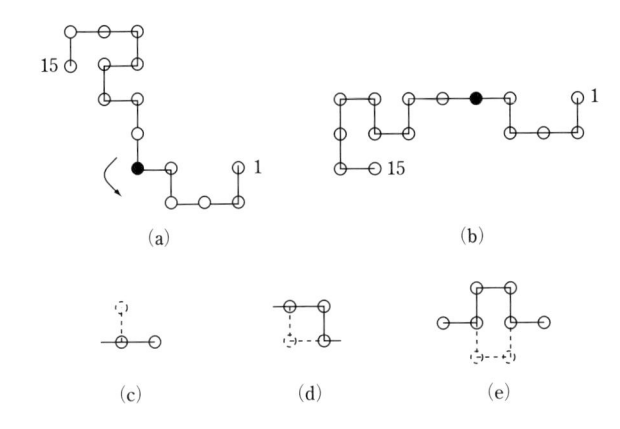

図 6.3 二次元格子におけるポリペプチド鎖の可能な構造．単純な突然変異はこのほかの構造を生成するが，自己回避的な形（すなわち立体衝突が起こらない形）のみが許される．突然変異の例としては回転がある．黒丸（残基）の周りに $+90°$ 回転した構造 (a) は (b) のような構造になる．$+90°$ の回転は自己回避的であるが，$-90°$ の回転はできないことに注意．他の単純な突然変異は (c) から (e) に示されている．

各個体とそれが異なるかをテストし，もし同じであればそれは捨てられる．適合度は次のような簡単なエネルギー関数によって計算される．すなわち対角要素でない隣接した格子点にある疎水性残基と結合していない対があるごとに，適合度関数に -1 を加える．例えば，図 6.3 (b) における 10 から 15 残基が疎水性であるなら，残基対 (10, 13) と (10, 15) の相互作用によりこの構造は -2 のエネルギーを持つ．最小エネルギー構造は疎水性の核を持つ．すなわち，すべての疎水性残基は内側にある．図 6.4 はこのような交叉オペレータを適切に使うことで得られた最小エネルギー構造の例である．

ポリペプチド鎖が疎水性核を形成する傾向を調べるには二次元の格子または円環は適当だが，二次構造を調べるには三次元立方体格子が必要である．EA では時折格子でないモデルが使われるが，その場合の残基は等間隔に配置された場所を占有する必要はない．また，側鎖は単一の仮想の原子としてのみモデル化される．一般に結合角と結合長は固定され，ϕ と ι の二面角は調整可能とし，通常ペプチド結合におけるトランスの立体配座（$\omega = 180°$）のみが考慮される（これらの角度の定義は次節の図 6.6 を参照）．GA を用いた一般的なやり方では，$\phi - \psi$ の組をビット列でコード化する．この各組としては二面角の小規模なライブラリから値を取ってくる (Gunn, 1997)．Pedersen と Moult もまた側鎖の二面角（χ）としてライブラリの情報を用いた (Pedersen and

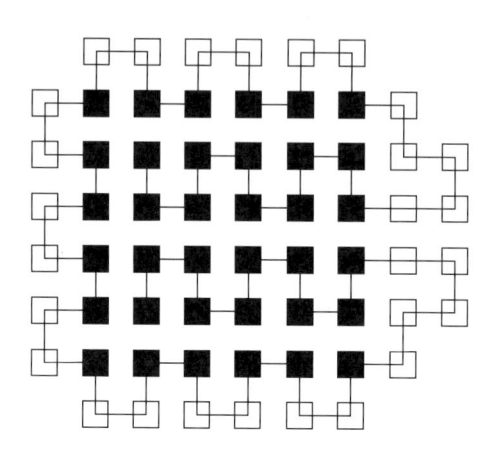

図 6.4 64 残基の鎖の最小エネルギー状態.黒い四角は疎水性残基を表す.この構造のエネルギーは −40 である.(Köning and Dandekar, 1999) から再掲した.

Moult, 1997).適合度は,XC や NMR 法によって決定された構造との平均二乗偏差 (RMS 偏差)[*1]によって与えられる.ポリペプチド鎖の適度な長さとして,平均二乗偏差が 2.0 Å 以下であるものが一般に良いと考えられている.

Sun らは 210 種類の格子モデルにおけるタンパク質の構造予測に GA を用いた (Sun et al., 1999).このモデルにおいては,配列の中のそれぞれの残基と次の残基との距離 l が固定されている.1つの残基にとっての三次元空間における隣の残基からの位置は,それぞれの軸において $0, \pm a, \pm 2a$ に制限される.それゆえ,$l = a\sqrt{5}$ である.ある残基が $(0,0,0)$ に位置しているとすると,その隣の残基は 24 個の可能な位置のうちの 1 つしか取り得ない.ここでいう可能な位置とは,$(a, 2a, 0), (a, -2a, 0), (-a, 2a, 0),$ $(-a, -2a, 0), (2a, a, 0), (2a, -a, 0), (-2a, a, 0), (-2a, -a, 0), (a, 0, 2a), (a, 0, -2a),$ $(-a, 0, 2a), (-a, 0, -2a), (2a, 0, a), (2a, 0, -a), (-2a, 0, a), (-2a, 0, -a), (0, a, 2a),$ $(0, a, -2a), (0, -a, 2a), (0, -a, -2a), (0, 2a, a), (0, 2a, -a), (a, -2a, a), (0, -2a, -a)$ である.実際には,配列の中でその 3 つ前の残基と相対的に 1 つの残基を配置するのに,ただ 2 つの角度 θ と ϕ が必要である (図 6.5 参照).残基と近隣の残基に限定された場所との間の距離を固定すると,11 個の θ 値と 30 個の ϕ 値のみが有効なものとして得られる (Sun et al., 1999).経験的なポテンシャルエネルギー値は次のような 3 つの項からなる.

$$E = E_{rep} + E_{pair} + E_{ss} \tag{6.1}$$

[*1] 訳注:8 章に定義がある.

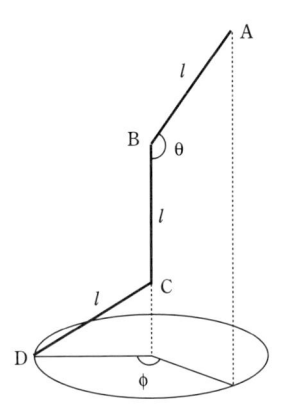

第 6 章 ■ 進化論的探索を用いたタンパク質立体構造決定問題の解法　*121*

図 6.5　タンパク質配列における 4 つの残基 (A, B, C, D) の配列を配置するための θ と ϕ の利用

E_{rep} は反発エネルギー，E_{pair} は対接触エネルギー，E_{ss} は "好ましい" 二次構造のエネルギーである．より専門的には，E_{rep} は 2 つの残基が互いに近すぎる場合に加えられるペナルティ項である．格子における 2 つの残基の間の距離が r，格子定数が a のとき，$r < a$ であれば $E_{rep} = 100$ であり，$a \leq E_{rep} < a\sqrt{5}$ ならば，$E_{rep} = 8.0$ である．対接触エネルギーは，

$$E_{pair} = \sum_{|i-j|>1} c_{ij}\epsilon_{ij} \qquad (6.2)$$

で与えられる．ここで，残基 i, j 間の距離が 6.5Å ($= 3.8a$：ここでいう a とは格子定数である) 以下であるならば，$c_{ij} = 1$ であり，それ以外は 0 である．ϵ_{ij} は既知のタンパク質構造の中に現れる残基対の頻度から求めた相互作用である (Miyazawa and Jernigan, 1996)．この $|i-j|>1$ 項は，近隣残基を考慮しないことを保障する．E_{ss} は好ましい二次構造に一致している残基があれば報酬を与える．例えば，$(\theta, \phi) = (101.55°, 48.19°)$ であるならば，その残基は α ヘリックスに割り当てられる．反対に，$(\theta, \phi) = (143.58°, 180.0°)$ ならば，その残基は β シートに割り当てられる．通常の報酬は -25 であり，好まれる二次構造に一致する隣り合う 2 つの残基がある場合には，-10 の追加報酬を与える．

タンパク質構造は，$\{(\theta_1, \phi_1), (\theta_2, \phi_2), \cdots\}$ としてコード化された．有効な角度の離散値の対 (θ, ϕ) の組をランダムに選んで，集団の初期化を行った．標準的な交叉と突然変異の方法を用いた．この結果，チトクロム B562 の構造を平均二乗偏差 7.5Å 以下で予測した．その値は主鎖のみをモデル化したものと考えると幾分高くなっている．

6.3.2 側鎖パッキング

共通の起源を持つ相同タンパク質（構造的に似ているもの）の既知の構造を利用することで，タンパク質折りたたみ問題において大きな成功がおさめられた．実際，既知の構造が増えるにつれて，他の未解決のタンパク質の構造を解決する可能性も増える．Wilson らは，ホモロジーモデリング法に対する3つの主な側面を挙げている（Wilson et al., 1993）．それらは，(1) アミノ酸配列のアラインメント，(2) 必要に応じた環状の立体配座の生成，(3) 側鎖の立体配座の予測である．側鎖パッキング問題（side-chain packing problem: SCPP）はこのモデル化手順の最後の段階を扱う．議論の余地もあるが，SCPP はタンパク質立体配座決定問題以前に解くべき最も重要な補助問題である．すべてのタンパク質は，側鎖を無視すると原子的に同一となる．したがって，実現可能な主鎖立体配座を決定するのはこの側鎖パッキングである．

側鎖構造はパッキング可能条件で決まる．タンパク質の内部では側鎖が高密度なため，多数の側鎖で同時に起こる相互作用がその条件に関係している．しかしながらホモロジーモデリング法だけがこの問題に注目しているわけではない．この問題の有効な解決策は，多くの ab initio 法によるタンパク質構造予測操作にも必須である．またタンパク質の安定性増大と大規模タンパク質の再設計のために，突然変異がとり得る位置を決定する助けにもなるだろう．

図 6.6 では主鎖の中にねじれ角があるのが見て取れる．ねじれ角 χ が側鎖のパッキングを決定するので，$\phi-\psi$ のねじれ角はポリペプチド鎖の折りたたみを決める．SCPP を解く場合の難点は，非常に大きな解空間の中で探索しなければならないことである．この組合せ論的性質のために数え上げでは解くことができない．通常簡単ないくつかの仮定を用いることで計算の複雑さを減らすことができる．例えば，一般にすべての結合長と結合角が固定されていれば，残る自由度はねじれ角のみである．ねじれ角 $\phi-\psi$ を固定しておく（これは曲がらない主鎖構造を作る）ことで複雑さをさらに減少させることができる．そしてそれからねじれ角 χ を選ぶことによって側鎖の構造を予測する．残念なことに，この補助問題ですら必ずしも簡単に解けない．残基ごとに回転異性体が平均して r 状態にあるならば，n 残基を持つペプチド鎖は r^n 個の可能な構造がある．図 6.6 (b) のチロシンの側鎖を考えてみる．もしそれぞれの側鎖のねじれ角を $10°$ ずつに分けた回転として扱うならば（χ は $360°/10° = 36$ 個の状態がある），チロシンは $36^3 = 46,656$ 個もの可能な構造がある．ペプチド鎖のほかのどの残基も考慮していないのにこれだけの数になるのである．しかし，幸いなことに事態はそれほど悪いものではない．今までの研究では，側鎖の二面角が特定の χ の値の周りに集まる傾向にあることが分かっている（Summers et al., 1987 を参照）．さら

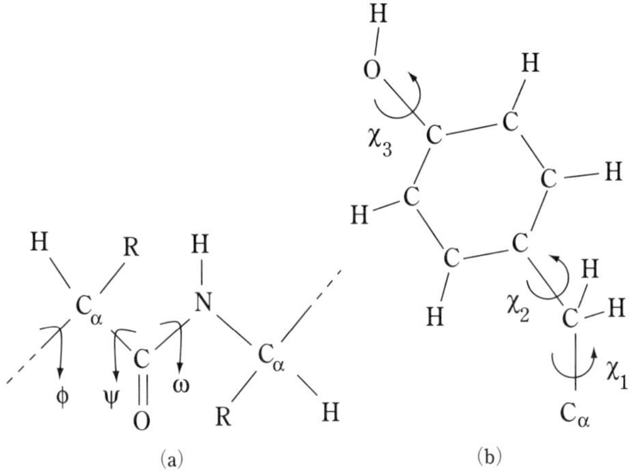

第 6 章 ■ 進化論的探索を用いたタンパク質立体構造決定問題の解法 123

図 6.6 ねじれ角．残基は通常トランス型をとる ($\omega = 180°$)．ねじれ角 χ_1 は C_α 炭素に結合した側鎖の回転を示す．これはプロリン [Pro] とグリシン [Gly] 以外のすべての残基にある．ねじれ角 χ の正確な数は側鎖の化学的構成による．(a) 残基．(b) チロシン [Tyr] の側鎖．

に，これらの研究では，側鎖二面角と主鎖構造との関連も明らかにされている．これは回転異性体のライブラリの発展をもたらした．

　これほど SCPP が重要であるにもかかわらず，EC の研究者たちはこの問題にあまり興味を示さなかった．GA ではアラインメント配列問題ばかり扱われていた（例えば文献（Notredame et al., 1998）；また 4 章, 5 章も参照）．今まで全く研究されなかったわけではない．Desjarlais と Handel は低エネルギー疎水性の核配列と構造を探索するために GA を用い，その入力として回転異性体のライブラリを使っている（Desjarlais and Handel, 1995）．それぞれの核には，バイナリ遺伝子のビット列が割り当てられる．そのビット列は，回転異性体ライブラリの中に記述されている残基の種類と回転異性体の角度をコード化している．このように，それぞれの核の場所に対応する回転異性体ライブラリの入力は，残基・ねじれ角の確率のリストである．遺伝的オペレータには通常の交叉と突然変異，そして逆位オペレータを用いた．逆位オペレータはビットの組の間に遺伝的連鎖を実現するために用いられた．最近ではこの GA は，小さなペプチド鎖を新規に設計するときに用いられている（Ghirlanda et al., 1998）．新規の設計については次節で説明する．

　われわれは，すべての主鎖原子を表現し側鎖から C_β 原子を加えたポリペプチドモ

デルを用いて進化的戦略（evolution strategy: ES）による推定を行った[*2]．この側鎖の"擬似原子"表現は，折りたたみを考慮して表現するための最も基本的な方法である．エネルギーは既知の結晶構造からの平均二乗偏差によって測定した．

ES 推定に用いた遺伝子表現は整数配列であり，その整数は各残基のねじれ角 $\phi - \iota$ を表す．探索は $(\mu + \lambda_t)$-ES で行う．この方式では，世代 t において，μ 個の親から λ_t 個の子が作られる．また，生存をかけて親は子と同等に競う．しかしながら複製は通常の $(\mu + \lambda)$-ES とは異なる．それぞれの親は 200 個の子まで生成するが，適応度の低い子孫は生成後すぐに淘汰される．これは，生き残りの候補となる子の全体数が親ごとに異なることを意味する．さらに，$m \neq k$ であるとき，λ_k は λ_m と等価である必要はない．これが $(\mu + \lambda_t)$ という表記を採用した理由である．通常の選択では次の世代の親 μ を選ぶ．

新しい構造は，選択された残基のねじれ角に確率的な変更を加えることで作られる．ここでは突然変異が唯一の遺伝的オペレータである．なぜなら，より密な構造にするには交叉オペレータはあまり意味がないことが予備実験から分かっていたからである．突然変異はランダムに配置された k 個の連続した残基のまとまりに対して実行される（k は一般に 3 である）．結晶構造からの平均二乗偏差（これは適合度に比例する）は連続した残基の窓の中だけで計算される．この残基には，突然変異を受けた k 残基も含まれる．窓の大きさ w は適応的なパラメータであり，ポリペプチド鎖の全体の長さと等しくなるまで段階的に大きくする．

より頻繁に見られるトランス型のペプチド立体配座では，ねじれ角は Ramachandran マップ ($\phi - \psi - \omega$) の中で 6 つのはっきりとした部分に集まる傾向がある (Ramachandran and Sasisekharan, 1968)．このことから ES 推定では，別々の集合から異なる角度を選ぶことによってねじれ角に突然変異を起こさせる．しかし，これらの角度は等しい確率で選択されず，タンパク質ライブラリから得た偏りが加えられる (Rooman et al., 1992)．突然変異で選ぶ角度の集合と選択確率は表 6.1 にある．結晶構造による平均二乗偏差のマイナスの値に立体衝突によるペナルティ項を加えて，適合度を測るのに用いられる．

ES 推定の試行を 61 個の残基を持つ連鎖状球菌タンパク質 G で行った．このタンパク質は 1 つの α ヘリックスと 4 つの β 鎖からなる．それぞれの世代では，最大 $\lambda_t = 200$ のもとで，集団の大きさ $\mu = 200$ で処理する．最初の窓の大きさは $w = 5$ とした．おおよそ 1.8 Å の平均二乗偏差で常に正しい構造が推定できた．図 6.7 はその結果を表している．最終的な構造を緩めるような試みはしていないが，これをもし

[*2] 側鎖の C_β 原子は C_α 原子に直接結合している．

表 6.1 角 $\phi-\psi$ の離散値とそれぞれの発生確率．
トランス型（$\omega=180°$）だけが許される．

(ϕ, ψ)	確率
$(-65, -42)$	0.370
$(-87, -3)$	0.147
$(-123, 139)$	0.274
$(-70, 138)$	0.139
$(77, 22)$	0.045
$(107, -174)$	0.025

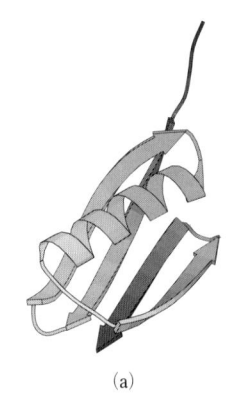

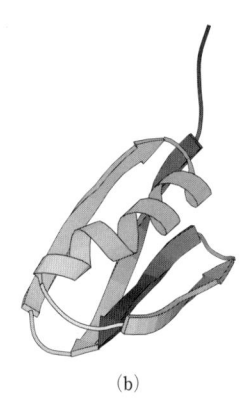

(a)   (b)

図 6.7 (a) 連鎖球菌タンパク質 G と (b) ES 推定された構造のリボンダイアグラム．単一の α ヘリックスがはっきりと分かる．β シートの矢印は N 終端から C 終端への回転を示す．図は MolScript version 2.1.1 Copyright ⓒ 1997-1998（Kraulis, 1991）による．

したならば平均二乗偏差は 1.0 Å 以下に減るだろう．

Shin と Lee はタンパク質の構造を小さな窓内の残基で摂動させるような EA を開発している（Shin and Lee, 2002）．ES 推定の場合と同様に，彼らのモデルは側鎖の擬似原子とすべての原子の主鎖を使っている．最初の窓の大きさは 3 残基よりも少ないが，すべての残基が考慮されるまでゆっくりと増やされる．現在の集団（大きさ μ）中の親は 200 回のモンテカルロステップを経て，メトロポリス受理基準[*3]を通過するすべての子が保存される．次に選択により集団の大きさを μ まで戻す（減らす）．この方法によって，結晶構造から 1.0 Å 以下の平均二乗偏差でタンパク質 crambin の構造を見出した．この技術をさらに洗練する研究が行われている．

[*3] 訳注：$\exp\left(-\frac{\Delta E}{T}\right)$．ただし，$\Delta E$ はエネルギー変化量，T は温度パラメータである．

6.3.3 ドッキング

ドッキング問題とは，2つの有機分子がどのようにエネルギー的かつ物理的に結合するのかを推定することである．受容体と呼ばれる一方の分子は，もう一方の分子との結合を作る"空洞"（結合基と呼ばれる）を持っている．それゆえこの問題の解は親和力のほかに受容体と結合基の形状を記述しなければならない．新薬設計では，すべての可能な薬の形をしらみつぶしに試さずに，タンパク質空洞に最良の結合をする薬を見つけようとする．ドッキング問題を効率的に解決することができれば，莫大な恩恵をもたらすだろう．例えば，エイズウイルスの複製はヒト免疫不全ウイルス（HIV）プロテアーゼ（タンパク質分解酵素）に依存している．もし，HIVプロテアーゼの中の活動部位と永久に結合する分子を発見できれば，その酵素の機能を阻止できるだろう．

Morris らは，エリート GA と一緒に Auto-Dock と呼ばれる既存のドッキングソフトウェアパッケージを使った（Morris et al., 1998）[*4]．GA の遺伝子型は実数で構成されている．その中には，結合基の平行移動のための 3 つの直交座標と，結合基の回転を特徴づける四元数[*5]（4つの変数），そしてそれぞれの結合基のねじれを表す1つの実数値がある．

この GA では通常の二点交叉が使われていた．実数値パラメータの突然変異はコーシー分布[*6]による乱数を追加することによって行われた．慣習的な GA かラマルキアン GA のどちらかが利用できる（ラマルク学習では，各世代で集団の一部を局所探索の結果で置き換える）．突然変異は局所探索にはもはや必要ないが，探査の目的で使われている．適合度は経験的な自由エネルギー関数によって測られる．

$$\Delta G = \Delta G_{\text{vdW}} + \Delta G_{\text{hbond}} + \Delta G_{\text{elec}} + \Delta G_{\text{tor}} + \Delta G_{\text{sol}} \quad (6.3)$$

ここで ΔG_{vdW} はファンデルワールス分散・反発エネルギー，ΔG_{hbond} は水素結合エネルギー，ΔG_{elec} は静電エネルギー，ΔG_{tor} は内部回転と全体的な回転と平行移動の制限，ΔG_{sol} は結合と疎水性効果における脱溶媒和[*7]をモデル化している．β トリプシン／Benzamidine（3ptb）とチトクローム P-450cam／カンファー（2cpp）を含む7つのタンパク質結合基に対して，焼きなまし法と通常の GA，そしてラマルキアン GA

[*4]　AutoDock version 3.0 がこの研究で用いられた．version 4.0 は製作中である．これは側鎖の柔軟性を取り込める．
[*5]　四元数は回転軸と回転角を決定するベクトルである．
[*6]　訳注：確率密度関数 $f(x) = \frac{1}{\pi}\frac{\alpha}{\alpha^2+(x-\lambda)^2}$ ($\alpha > 0, -\infty < \lambda < \infty, -\infty < x < \infty$) で表される．
[*7]　訳注：溶媒和とは，溶媒液中で溶質と溶媒の間の相互作用によりいくつかの溶媒分子が溶質分子あるいはイオンに強く引きつけられる現象をいう．この逆の現象が脱溶媒和である．特に溶媒が水の場合水和（脱水和）という．

とを比較した．その結果ラマルキアン GA は結晶構造から最小エネルギーと最小平均二乗偏差を発見した．

Jones らは，タンパク質に対しては部分的ではあるが，結合基構造には全範囲の柔軟性があるドッキング問題の GA による解法を報告している (Jones et al., 1997)．それぞれの GA 染色体は結合基とタンパク質の活性化部位の内部座標をコード化し，水素結合の位置の間をマップしている．内部座標は，ビット列としてコード化され，$1.4°$ 間隔で $±180°$ の間のねじれを 1 バイトで表現している．整数列は，可能な水素結合場所を特定する．適合度は，(1) 結合基とタンパク質の間の水素結合エネルギー，(2) 結合基とタンパク質の間の相互エネルギー，(3) 結合基の立体的なねじれのエネルギーを合計して決定される．

1 つの大きな集団で進化させる代わりに，複数の小さな集団で進化させる島モデルの GA が使われた．生殖操作には，交叉，突然変異と，集団の間で遺伝的要素を共有する移民操作が含まれる．筆者らは，この島モデルは GA の（効率ではなく）成績を向上したと強調している．PDB (Abola et al., 1997) 中の 100 個の複合物がテストケースとして使われ，実験的な結合モデルを特定するのに 71% の成功率を達成した．

Raymer らは全く異なる方法で GA を用いた (Raymer et al., 1997)．結合部位の水分子は結合基によって置き換えられているかあるいは依然結合したままである．どちらの場合でも，エネルギー的な相互作用が影響している．Raymer らの目標は，保持されているかまたは結合基に置き換えられた水分子の場所を推定することであった．k 最近隣法[*8]分類子は置き換えられた場所を推定し，GA が分類子に最適な特徴値の重み付けを決定する．集団の個体は二進数列によって特徴量をコード化し，二点交叉が主なオペレータとして用いられる．適合度は knn 分類子によって正しく推定された割合による．GA は水分子の場所の推定には用いられていない．GA の唯一の任務は推定のための分類子を訓練することである．

他の進化論的アルゴリズムもドッキング問題に試みられている．Gehlhaar らは HIV-1 プロテアーゼの中に AG-1343 阻害剤をドッキングさせるために進化論的プログラミング (evolutionary programming: EP) を用いた (Gehlhaar et al., 1995)．結合基構造や結合基タンパク質相互作用に関しては何の仮定もしなかった．結合基は活動領域と 2.0 Å 程度の緩衝剤を含む平行六面体の中にとどまっている必要がある．この箱の外側にある結合基原子にはエネルギーのペナルティが課される．集団の各個体は，結合基構造を表現する 6 つの剛体座標と二面角をコード化している．この AG-1343 薬は回転可能

[*8] 訳注：k-nearest-neighbor (knn)．あらかじめ分類の分かっている既知サンプルを使用してモデルを構築し，これを利用して未知サンプルの分類を決定する手法．

な結合が多く,そのためGAの集団サイズは2,000個体とした.対数正規分布[*9]による自己適合によってガウシアンノイズを加えて新しい個体を生成している.適合度関数は,結合基タンパク質重原子のすべての対を合計したペアワイズポテンシャルである.これらの原子は立体ポテンシャル(van der Waals)と水素結合のポテンシャルを通じて互いに影響し合う.同じ関数の形が両方のポテンシャルに用いられたが,係数は異なっている.というのは,単一の水素結合は単一の立体相互作用よりも大きな力を持つはずだからである.筆者らは100回の実行のうち34回において,1.5Å以内の正しさで,結晶構造を再現することができた.

6.4 考　察

近年,ホモロジーモデリングにおいて注目すべき成功例がいくつかあった.大きなタンパク質のまとまりが1.0Å以下の平均二乗誤差で得られたのである.この成功によって一部の研究者にはSCPPの組合せ問題はもはや重要ではないと考えられるようになった(Eisenmenger et al., 1993).この主張に対していくつかの弁護はあるであろうが,組合せ論的なパッキングを無視すると高い平均二乗偏差(と高いエネルギー値)となり,これは全く満足のいかない解である(Vasquz, 1995).それゆえパッキングの最適化に取り込んでいくのが賢明であろう.

ポテンシャルエネルギー関数(適合度)が正確な推定にいかに重要であるかを強調しておきたい.きちんと定義されていないポテンシャルエネルギー関数は,タンパク質の真の構造に相関のないエネルギー超平面となろう.例えば,ある研究(Schulze-Kremer and Tiedemann, 1994)ではGAによる探索は成功したが,結晶構造の平均二乗偏差が非常に高い構造が得られた.Rosinらは,エネルギー超平面における局所解の中には,低エネルギーの立体配座よりも結晶構造からの平均二乗偏差が良いものがあると指摘している(Rosin et al., 1997).それゆえ,これ以上の最適化をしてもより正確な構造は得られない.Jonesらはドッキング問題における失敗を徹底的に分析した(Jones et al., 1997).失敗の理由の1つは,結合基の結合が水素であるという条件を強くしすぎたことである.実際の構造においては,そういった条件が必ずしも観察されない.2番目の理由は,結合における疎水性の寄与を過小評価した適合度関数による.

ポテンシャルエネルギー関数を取り入れた2つのソフトウェアパッケージについて

[*9] 訳注:確率密度分布は次の式で表される.$f(x) = \frac{1}{\sqrt{2\pi}\sigma x} e^{-\frac{(\log x - \mu)^2}{2\sigma^2}}$ (μ, σ:対数の平均と標準偏差)

は，次項で述べる．

6.4.1 Chemistry at HARvard Molecular Mechanics (CHARMm)

CHARMm はエネルギー最小化，分子力学，モンテカルロシミュレーションを含む，高分子シミュレーションのためのプログラムである（MacKerrel et al., 1998）．エネルギー最小化には，1階・2階微分が用いられる[*10]．用いられたエネルギー関数は，

$$E_{\text{total}} = \sum_{\text{bonds}} K_b(b-b_0)^2 + \sum_{\text{angles}} K_\theta(\theta-\theta_0)^2 + \sum_{\text{dihedrals}} K_\phi[1-\cos(n\phi)]^2$$
$$+ \sum_{i<j}\left[\frac{A_{ij}}{R_{ij}^{12}} - \frac{B_{ij}}{R_{ij}^6}\right] + \sum_{i<j}\frac{q_i q_j}{\epsilon R_{ij}} \quad (6.4)$$

である．第1項は共有結合によって分離された原子間のエネルギーを表し，b_0 は理想的な結合長である．第2項は，結合角の理想的な値 θ_0 からの偏向を考慮したエネルギーを表す．このように最初の2つの項は，理想的な位置からの偏向に対するペナルティである．後ろの3つの項は，ねじれ，ファンデルワールス，静電エネルギーを表したものである．

6.4.2 Assisted Model Building with Energy Refinement (AMBER)

AMBER は，生体分子のシミュレーションとして設計された分子力場である．実装されたエネルギー関数は，

$$E_{\text{total}} = \sum_{\text{bonds}} K_b(b-b_0)^2 + \sum_{\text{angles}} K_\theta(\theta-\theta_0)^2 + \sum_{\text{dihedrals}} \frac{Vn}{2}[1+\cos(n\phi-\gamma)]$$
$$+ \sum_{i<j}\left[\frac{A_{ij}}{R_{ij}^{12}} - \frac{B_{ij}}{R_{ij}^6}\right] + \sum_{i<j}\frac{q_i q_j}{\epsilon R_{ij}} + \sum_{\text{H bonds}}\left[\frac{C_{ij}}{R_{ij}^{12}} - \frac{D_{ij}}{R_{ij}^{10}}\right] \quad (6.5)$$

である（Cornell et al., 1995）．この等式は CHARMm の中で用いられたものに似ているが，水素結合のためのエネルギー項が追加されている[*11]．AMBER はおよそ60個のプログラムからなり，FORTRAN または C 言語において利用できる．また，これはインターネット上でも利用可能であり，そこでは，ユーザが PDB ファイルをアップロードして，結果を電子メールで受け取ることができる[*12]．

[*10] より詳細な情報は，http://pore.csc.fi/chem/progs/charmm.html にある．最新版は 27b1 である．
[*11] 水素結合項は AMBER のすべての版でサポートされているわけではない．
[*12] より詳細な情報は，http://www.amber.ucsf.edu/amber/ にある．version 6.0 が現在の最新版である．

6.4.3 力場と進化論的アルゴリズムについて

CHARMm と AMBER は EA に適しているわけではない．なぜならほとんどの原子間相互作用を計算するからである．すべての結合角，結合長，ねじれ角などを考慮すると，世代ごとのエネルギー計算量が膨大になる．しかしこれは不適合な理由の一部分でしかない．より詳しくいうと，

1. 係数（例えば，K_b, K_θ）は真空での小さな分子系において測定される．タンパク質は通常水環境の中で存在するので，すべての力が正確にモデル化できるわけではない．
2. 関数は分子動力学のシミュレーションのために設計されている．つまり，分子の時間的な動きを取り込んでいる．これらのシミュレーションはほんの短い時間（ピコ秒のオーダ）のみをカバーするものである．それに対し多くのタンパク質の折りたたみは数ミリ秒以上かかる（Nolting and Andert, 2000）．分子動力学シミュレーションで 1.0 ミリ秒の動きをカバーするのは計算量的に不可能である．
3. ポテンシャルはタンパク質の微小な位置間にあるエネルギーの差異を推定するために設計されており，単一の静的な立体配座のエネルギーのためのものではない．

これらの理由から，EA による探索戦略ではより単純な経験的なエネルギー関数を適合度として使う．関数が単純なほど計算量が少ない．なぜなら多くの量子力学的な効果を無視するからである．疎水性力だけが考慮されているエネルギー関数の一例が 6.3.1 項にある．しかしながら，近似には自然とエラーが入り込んでしまうので，そのようなシミュレーションはコストを伴う．理想的な経験上のエネルギー関数の特徴を 6.5 節に記載した．

GA は，タンパク質立体構造決定問題の研究に使われる EA の中で中心を占めている．特にタンパク質の構造がより密になるときは，(GA で用いられる主な生殖機構である) 交叉があまり効果的でないということが多くの研究者に指摘されてきた (Pedersen and Moult, 1997) ので，この事実にはいささか驚かされる．さらに研究者の中には，より良い解を作り出す（積み木を組み換えさせる）交叉は探索に有効でないと主張する人もいる (Kampen and Buydens, 1997; Krasnogor et al., 1998)．進化的戦略と進化論的プログラミングでは生殖オペレータとして突然変異に重きが置かれる．これらの代替のパラダイムの使用についてはさまざまに研究がなされている．

6.5 おわりに

本章では，進化論的探索アルゴリズムに組み入れるべき研究の道筋を提案する．

6.5.1 仮想主鎖モデリング

現在の EA 手法は SCPP を解くのには適当でない．まず最初に求められる改善は，主鎖の適切な向きを決めるための（C_α 原子だけで構成される）仮想主鎖のモデル化である．結合とねじれ角は，現在のモデルにおける角度 $\phi - \psi$ に必ずしも直接対応しないという意味で仮想的である（図 6.6 (a) を参照）．C_α 鎖モデルについては図 6.8 を参照されたい．

主鎖を適切に配置することは，側鎖立体配座の正確な推定にとって重要である．C_α 鎖は詳細さを欠くので，C_α 鎖モデルによって主鎖を表現することは一歩後退であるようにみえる．実際には，C_α 鎖モデルは正確な主鎖立体配座の探索に必要な情報を持っている．タンパク質がより密になっていくほど立体衝突の確率は増加し，確率論的な探索によって作られた多くの立体配座は無効なものになる．Elofsson らはねじれ空間での局所探索がアルゴリズムの能率を改善することを示した（Elofsson et al., 1995）．本質的には，局所探索は連続した窓の中でねじれ角を変える．しかし，窓の外の C_α 原子の場所は変えない．

いったん C_α 鎖が適切な場所に配置されると，その鎖にはペプチドを付けることができる．この後主鎖にいくらかの柔軟性を加えることが許される．柔軟性を加える単純な手法としては，ペプチドの回転角（図 6.9）だけを変更すればよい．これによって，合理的な計算速度で現実的な折りたたみ構造を生成できる（Wang et al., 1997）．

6.5.2 側鎖全体のモデル化

側鎖の結合角と結合長は固定しておくべきで，その結果唯一の自由度はねじれ角 χ となる．最初に，ねじれ角の離散値の集合（10° ずつ）を仮想主鎖における $\theta - \psi$，ペプチド回転角およびねじれ角 χ として用いる．最後に離散値は連続値に置き換えられ

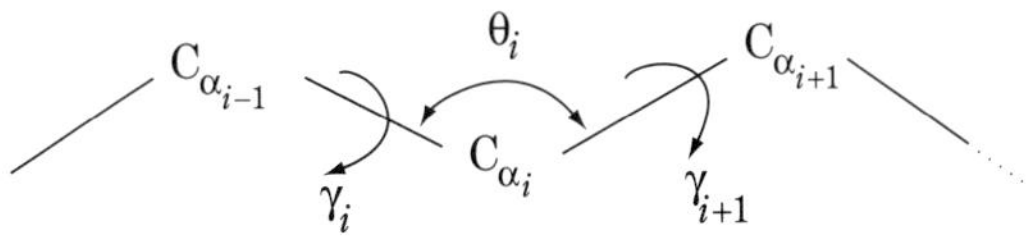

図 6.8　仮想主鎖モデル

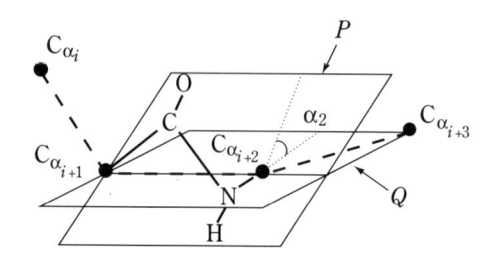

図6.9 ペプチドの回転角．ペプチド基を形成している結合は太線で示した．これらの原子は平面 P 上にあるが，太点線で結合している $C_{\alpha_{i+1}}$, $C_{\alpha_{i+2}}$, $C_{\alpha_{i+3}}$ 原子はもう一方の平面 Q 上にある．ペプチド回転角 α は 2 つの平面の間の角度である．結合長はスケーリングしていない．

る．各世代で，EA 推定器は角 $\theta - \psi$ を変更できるが，エネルギー計算よりも優先してペプチド回転角とねじれ角 χ が最適化される．このようにして，EA は階層的なものになるだろう．

6.5.3 適合度計算のための経験的なエネルギー関数の開発

6.4 節で述べたように，適切なポテンシャルエネルギー関数は正しい ab initio 予測に不可欠である．理想的なエネルギー関数は含んでいるエネルギー項が非常に少なく，計算上能率的で，実験データから簡単に導出できるものである．現在のエネルギー項は，疎水性のパッキング，水素結合力，溶解あるいは環境の影響からなる．これはまた，好ましくない立体の影響に対するペナルティを含んでいる．残念なことに，これらの基準を完全に満足する経験上のエネルギー関数は今のところ存在していない（Lazaridis and Karplus（2000）とその参考文献を参照されたい）．

6.5.4 探索戦略の現実的な評価

EA を用いた以前の研究の多くは，ポテンシャルエネルギー関数として，結晶構造からの平均二乗偏差か切り離された疎水性の残基対の数のどちらかを使っていた．その目的は最小エネルギー値をもつ立体配座を見つけることであった．過去の研究は探索オペレータの開発に重要ではあったが，EA が立体構造決定問題を解くための有効な探索戦略であることを示してはいない（議論の余地はあるが）．今や EA の実際的なテストを行う時期にきている．

カリフォルニアのリバーモアにある Lawrence Livermore National Laboratory 内の The Protein Structure Prediction Center は，Critical Assessment of Techniques for

Protein Structure（CASP）実験を支援してきた．これは，推定目標を与えることによって推定手法の現在の状況を確認する試みである．研究者たちはアミノ酸配列を与えられ，最終データとして推定した立体配座を提出する．目標データの入手と推定結果は電子的に行われるので，コンテストには誰でも参加できる．独立した審査員が推定結果を評価し得点を決める．最終結果は Web サイトに掲載され，正式な会議で十分に議論される．The Critical Assessment of Techniques for Free Energy Evaluation (CATFEE) Drug Design Challenge は生体分子結合エネルギーを推定する技術を評価するものである[*13]．ただしここではランキングはなされない．

このコンテストに参加した研究者たちは,ポテンシャルエネルギー関数として CHARMm や AMBER を利用せず，彼ら自身のものを定義する．しばしばこの関数は，原子間力や観察されるタンパク質構造から得られる統計学上の特性を組み合わせている．エネルギー関数の一例として，構造上のデータと疎水性情報から残基間の相互エネルギーを得る Miyazawa-Jernigan ポテンシャル (Miyazawa and Jernigan, 1996) がある．

われわれは EC の研究者たちに CASP や CATFEE のコンテストに参加するように呼びかけている．このようなテストは，EA 探索戦略の効能を決定するだけでなく，他の推定技術に対して公平で厳密な比較を提供するだろう．生物学の研究者たちにもまた EA 探索戦略を研究するように促している．この章では過去の研究の例を紹介したが，その証拠は明らかである．EA はバイオインフォマティックスの広範にわたるさまざまな問題を解決できる，有効でかつ効率のよい探索戦略である．EA の理論や応用についての優れた指導書が今や簡単に手に入る．Fogel の著書（Fogel, 2002）は生物学者の方に特にお勧めである．

謝辞

GWG の研究の一部は National Science Foundation Grant ECS-1913449 によって支援されている．

参考文献

[1] Abola, E. E., Sussman, J. L., Prilusky, J., and Manning, N. O. (1997). Protein data bank archives of three-dimensional macromolecular structures. In *Methods in Enzymology* (C. W. Carter, Jr., and R. M. Sweet, eds.), Vol. 277, Academic Press, San Diego, pp. 556–571.

[*13] CASP の詳細は http://PredictionCenter.llnl.gov/casp4 にある．CATFEE の詳細は http://uqbar.ncifcrf.gov/~catfee にある（訳注：2003 年 9 月現在リンク切れ）．

[2] Berman, H. M., Westbrook, J., Feng, Z., Gilliland, G., Bhat, T. N., Weissing, H., Shindyalov, I. N., and Bourne, P. E. (2000). The protein data bank. *Nucl. Acids Res.*, 28:235 – 242.

[3] Chan, H., and Dill, K. (1993). The protein folding problem. *Physics Today*, 46:24 – 32.

[4] Clark, D. E., and Westhead, D. R. (1996). Evolutionary algorithms in computer-aided molecular design. *J. Comput. Aided Mol. Des.*, 10:337 – 358.

[5] Cornell, W., Cieplak, P., Bayly, C., Gould, I., Merz, K., Ferguson, D., Spellmeyer, D., Fox, T., Caldwell, J., and Kollman, P. (1995). A second generation force field for the simulation of proteins and nucleic acids. *J. Am. Chem. Soc.*, 117:5179 – 5197.

[6] Desjarlais, J., and Handel, T. (1995). De novo design of the hydrophobic cores of proteins. *Protein Sci.*, 4:2006 – 2018.

[7] Eisenmenger, F., Argos, P., and Abagyan, R. (1993). A method to configure protein sidechains from the main-chain trace in homology modeling. *J. Mol. Biol.*, 231:849 – 860.

[8] Elofsson, A., Le Grand, S. M., and Eisenberg, D. (1995). Local moves: an efficient algorithm for simulation of protein folding. *Proteins*, 23:73 – 82.

[9] Fogel, D. B. (2000). *Evolutionary Computation: Toward a New Philosophy of Machine Intelligence.* Second edition. IEEE Press, Piscataway, N.J.

[10] Gehlhaar, D., Verkhivker, G., Rejto, P., Sherman, C., Fogel, D. B., Fogel, L. J., and Freer, S. (1995). Molecular recognition of the inhibitor AG-1343 by HIV-1 protease: conformationally flexible docking by evolutionary programming. *Chem. Biol.*, 2:317 – 324.

[11] Ghirlanda, G., Lear, J., Lombardi, A., and DeGrado, W. (1998). From synthetic coiled coils to functional proteins: automated design of a receptor for the calmodulin-binding domain of calcineurin. *J. Mol. Biol.*, 281:379 – 391.

[12] Greenwood, G. W. (1998). Efficient construction of self-avoiding walks for protein folding simulations on a torus. *J. Chem. Phys.*, 108:7534 – 7537.

[13] —— (1999). Revisiting the complexity of finding globally minimum energy configurations in atomic clusters. *Zeitschr. für Physik. Chem.*, 211:105 – 114.

[14] Gunn, J. R. (1997). Sampling protein conformations using segment libraries and a genetic algorithm. *J. Chem. Phys.*, 106:4270 – 4281.

[15] Jones, G., Willett, P., Glen, R., Leach, A., and Taylor, R. (1997). Development and validation of a genetic algorithm for flexible docking. *J. Mol. Biol.*, 267:727 – 748.

[16] Kampen, A. H., and Buydens, L. M. (1997). The ineffectiveness of recombination in a genetic algorithm for the structure elucidation of a heptapeptide in torsion angle space: a comparison to simulated annealing. *Chem. Intell. Lab. Sys.*, 36:141 – 152.

[17] König, R., and Dandekar, T. (1999). Improving genetic algorithms for protein folding simulations by systematic crossover. *BioSystems*, 50:17 – 25.

[18] Krasnogor, N., Pelta, D., Lopez, P., and de la Canal, E. (1998). Genetic algorithm for the protein folding problem, a critical view. *Proc. Engr. Intell. Sys.*, 98:345 – 352.

[19] Kraulis, P. J. (1991). MolScript–a program to produce both detailed and schematic plots of protein structures. *J. Appl. Cryst.*, 24:946 – 950.

[20] Lazaridis, T., and Karplus, M. (2000). Effective energy functions for protein structure prediction. *Curr. Op. Str. Biol.*, 10:139 – 145.

[21] MacKerell, A., Brooks, B., Brooks, C., Nilsson, L., Roux, B., and Karplus, M. (1998). CHARMm: The Energy Function and the Program. In *The Encyclopedia of Computational Chemistry* (P. v. R. Schleyer, N. L. Allinger, T. Clark, et al., eds.), John Wiley, Chichester, U.K., pp. 271 – 277.

[22] Miyazawa, S., and Jernigan, R. (1996). Residue-residue potentials with a favorable contact pair term and an unfavorable high packing density term for simulation and threading. *J. Mol. Biol.*, 256:623 – 644.

[23] Morris, G., Goodsell, D., Halliday, R., Huey, R., Hart, W., Belew, R., and Olson, A. (1998). Automated docking using Lamarckian genetic algorithm and an empirical binding free energy function. *J. Comp. Chem.*, 19:1639 – 1662.

[24] Nolting, B., and Andert, K. (2000). Mechanism of protein folding. *Proteins*, 41:288 – 298.

[25] Notredame, C., Holm, L., and Higgins, D. (1998). COFFEE: an objective function for multiple sequence alignments. *Bioinformatics*, 14:407 – 422.

[26] Pedersen, J., and Moult, J. (1997). Protein folding simulations with genetic algorithms and a detailed molecular description. *J. Mol. Biol.*, 269:240 – 259.

[27] Ramachandran, G., and Sasisekharan, V. (1968). Conformation of polypeptides and proteins. *Adv. Protein Chem.*, 23:283 – 437.

[28] Raymer, M., Sanschagrin, P., Punch, W., Venkataraman, S., Goodman, E., and Kuhn, L. (1997). Predicting conserved water-mediated and polar ligand interactions in proteins using a k-nearest-neighbors genetic algorithm. *J. Mol. Biol.*, 265:445–464.

[29] Richards, F. M. (1991). The protein folding problem. *Sci. Am.*, 264:54–63.

[30] Rooman, M. J., Kocher, J.-P., and Wodak, S. J. (1992). Extracting information on folding from the amino acid sequence: accurate predictions for protein regions with preferred conformation in the absence of tertiary interactions. *Biochemistry*, 31:10226–10238.

[31] Rosin, C., Halliday, R., Hart, W., and Belew, R. (1997). A comparison of global and local search methods in drug docking. In *Proceedings of the 7th International Conference on Genetic Algorithms* (T. Bäck, ed.), Morgan Kaufmann, San Francisco, pp. 221–228.

[32] Schulze-Kremer, S., and Tiedemann, U. (1994). Parameterizing genetic algorithms for protein folding simulation. In *Proceedings of the 27th Annual Hawaii International Conference on Systems Science*, pp. 345–354.

[33] Shin, J.-M., and Lee, B. K. (2002). A new efficient conformational search method for ab initio protein folding: a window growth evolutionary algorithm. In preparation.

[34] Socci, N. D., Bialek, W., and Onuchic, J. N. (1994). Properties and origins of protein secondary structure. *Phys. Rev. E.*, 49:3440–3443.

[35] Summers, N., Carlson, W., and Karplus, M. (1987). Analysis of side-chain orientations in homologous proteins. *J. Mol. Biol.*, 196:175–198.

[36] Sun, Z., Xia, X., Guo, Q., and Xu, D. (1999). Protein structure prediction in a 210-type lattice model: parameter optimization in the genetic algorithm using orthogonal array. *J. Protein Chem.*, 18:39–46.

[37] Vásquez, M. (1995). An evaluation of discrete and continuum search techniques for conformational analysis of side chains in proteins. *Biopolymers*, 36:53–70.

[38] Wang, Y., Huq, H., de la Cruz, X., and Lee, B. (1997). A new procedure for constructing peptides into a given C_α chain. *Folding and Design*, 3:1–10.

[39] Wilson, C., Gregoret, L., and Agard, D. (1993). Modeling side-chain conformation for homologous proteins using an energy-based rotamer search. *J. Mol. Biol.*, 229:996–1006.

第7章 並列FMGAを用いた効率的なポリペプチド構造予測に向けて

Gary B. Lamont　Air Force Institute of Technology
Laurence D. Merkle　U.S. Air Force Academy

7.1 はじめに

　6章に示したように，タンパク質折りたたみ構造決定問題（protein folding problem: PFP）はアミノ酸配列のみからタンパク質の三次元構造を決定する問題である．この問題に対する一般的で効率的な解法に多くの興味が集まる理由の1つは，そのような知識によってヒトゲノム計画から得られた膨大な量の遺伝情報の理解が容易になるからである．現在，5万以上のタンパク質のアミノ酸配列が知られており，ヒトゲノム計画の成功によってこの数字は着実にかつ劇的に増加することが見込まれる（Lengauer, 1993; U.S. Office of Technology Assessment,1992）．このため，ヒトゲノム計画が完了に近づくにつれ，再びPFPが計算機生化学研究者の間で注目を集めている．

　PFPは，その重要性と計算コストの高さゆえに，米国の生化学におけるNational Grand Challengeとして認定されている（Committee on Physical, Mathematical and Engineering Sciences, 1992）．ヒトゲノム計画や類似のプロジェクトと関連して，自然界に見られるタンパク質の生体内での構造を解明すべく多くのPFPに対する試みが行われた．しかしながら，研究の中には遺伝情報を翻訳すること自体よりもいかに速くタンパク質をデザインするか（逆PFP問題）を重視するものもある．この分野の研究の進展は多くの応用に影響をもたらすだろう（Chan and Dill, 1993; Lengauer, 1993）．例えば，副作用のない，もしくは少ない医薬品，光合成のようなエネルギー変換性や保存性を持つタンパク質，生物・化学触媒，オングストローム単位の情報ストレージ，光学的もしくは化学的に有害な放射線の遮断を補助するタンパク質などの実現に寄与すると考えられる（Pachter et al., 1993）．

　本章ではタンパク質という用語は自然に生成されるアミノ酸の重合体（自然の生化学プロセスによって変化したものも含む）を指すものとする．そしてポリペプチドという用語はアミノ酸重合体全体を指す際に用いる．多くのタンパク質の三次元構造は

X線結晶解析法と核磁気共鳴分光法（NMR）によって実験的に決定されている．しかしながらこれらの手法はタンパク質の分離もしくは合成が必要であるため，上に挙げたような例で用いるには適さない（Chan and Dill, 1993; Lengauer, 1993）．さらにX線による結晶構造解析技術では，結晶化の過程でタンパク質が自然とは違う立体配座をとる可能性がある．

　自然に存在するタンパク質の生体内における構造の決定か，ポリペプチドの任意の環境での構造決定のどちらを目指すにせよ，課題や利用するテクニックの多くは共通している．この章では生体内での構造決定を目的とした研究について言及し，さらにポリペプチドの任意の環境における立体構造決定問題を中心に見ていく．加えて，このタスクで用いる特定の進化論的計算アルゴリズム（evolutionary algorithm: EA）にも焦点を当てていく．8章では（アルゴリズム全体として）標準的な EA が用いられ，特化した変異や交叉の遺伝操作を用いた手法が説明されているが，本章で述べる手法はこれとは対照的である．この章では探索空間の制約（具体的には，Ramachandran プロットによって示唆される二面角の制約）と事前の二次構造解析を利用することで効率の向上を目指す．本章に示す結果は高性能かつ並列な計算資源において実行されたものである．

　以下では，まず Fast Messy GA を 7.2 節において解説する．これは洗練された EA で，遺伝的アルゴリズムの理論における積み木の概念を重視した手法である．7.3 節は実験に用いるタンパク質や，コード化した二面角に加えるべき制約などのさまざまな要素を解説する．7.4 節では二次構造解析の使用による性能向上に関する実験結果を示し，7.5 節では集団の初期化手法によるさらなる向上について説明する．7.6 節では結論と今後の研究について述べる．

7.2　Fast Messy Genetic Algorithms

　進化論的計算アルゴリズム，特に GA（genetic algorithm）の挙動は積み木仮説（building block hypothesis: BBH）に集約される（Holland, 1975; Goldberg, 1989; Forrest and Mitchell, 1993）．この仮説は，平均以上の性能を持つ解の一部が組み合わさることで，平均以上の性能を示すより大きな部品となり，さらにそれがまた組み合わさってもっと大きくなっていく，という過程が繰り返されると主張する．これは GA 関連の文献では最も活発な議論の対象となっているトピックで，messy GA（以下 mGA）の実装のもととなっている．積み木仮説の可否は別にしても，mGA は特定の最適化問題において効果的・効率的な手法であることが示されている．

固定されたコード化において積み木を構成する部品が明示的に隣接していなければ，交叉によって積み木が破壊されてしまうという問題が最も単純な GA にはある．この障害は，競合するスキーマ（値の決まっている位置に異なる値を持つスキーマ）が局所的な最適解となっている場合より顕著に現れる．

局所的に最適な積み木の期待数がグローバルに最適な積み木の期待数より大きいときに GA は「騙される」．mGA はこのような問題に対して，染色体における位置（遺伝子座）を値（対立遺伝子）とともにコード化することで対処する．これにより正しい積み木を探索し，積み木を構成する遺伝子をより強く連結させることが可能になる (Goldberg et al., 1989). mGA のコード化手法では集団内に記述過剰，記述不足の染色体が生じる．記述不足は対立遺伝子がすべての遺伝子座に関して定義されておらず，局所的に最適な競合テンプレートを用いた補完によって評価可能になる．逆に，記述過剰は 1 つの遺伝子座に複数の対立遺伝子を持つ．このとき，染色体は左から右の順で読み込まれ，遺伝子座には最初に読まれた値が設定される．mGA の目標はより優秀な積み木を生成し，組み合わせることである (Goldberg et al., 1989, 1990, 1991).

7.2.1 mGA の遺伝操作

mGA の遺伝操作は基本的な GA のものを若干拡張している．いくつかの mGA の実装では (Goldberg et al., 1989, 1990, 1991; Merkle, 1992)，ランク選択やルーレット選択ではなくトーナメント選択 (2 章参照) がその望ましい特性から用いられた (Goldberg et al., 1991, 1992; Eshelman and Schaffer, 1991). トーナメント選択オペレータでは，トーナメントで競う前に個体が共通な遺伝子座を多く持つようにしきい値が設定される (Goldberg et al., 1990). mGA で用いる可変長の染色体に対しては交叉の代わりに cut と splice のオペレータが用いられる．その名のとおり，cut は 1 つの染色体を 2 つに分割し，splice は 2 つの断片を連結してより長い染色体を生成する．変異オペレータとしては遺伝子の値と位置を変更できるものが提案されているが，実装されてはいない (Goldberg et al., 1989).

mGA は標準的な EA と異なる初期化方法を用いる．mGA の主要な手順は創世フェーズと並置フェーズから構成される．部分列挙初期化 (partially enumerated initialization: PEI) により長さ k のすべての積み木を 1 つずつ生成する．このため，mGA の初期集団は一般に非常に大きくなる (Goldberg et al., 1989). 創世フェーズにおける基本的な目的は 2 つある．1 つは集団内の平均以上の適合度を持つ積み木の数を増やすこと．もう 1 つは，並置フェーズでの処理が効率的・効果的に行われるように集団の数を減らすことである．トーナメント選択は創世フェーズにおける唯一の遺伝操作で，1

回の操作で集団数は半減する．また，このフェーズでは染色体を余分に評価することはない．並置フェーズは基本的な GA の手順に類似している（Goldberg et al., 1989）．cut と splice を含めた多くの遺伝操作が行われ，新しく生成された染色体の適合度を評価し，トーナメント選択により選択された適合度の高い解が次世代のもととなる．

mGA で設定する主なパラメータは，初期集団数，cut と splice 操作を実行する確率，そして集団数の削減方法である．初期集団の大きさは染色体の長さと積み木の長さから決定される．染色体の長さはコード化方法によって簡単に定まるが，積み木の長さは対象問題に依存し，見積もることが難しい場合もある．創世フェーズの最終的な集団数も積み木の長さから決定される．創世フェーズを経た集団は，組み換えることで準最適解が生成可能な最適な積み木を構成すると考えられる．そのため splice の確率は 1.0 で一定とする（Goldberg et al., 1991）．cut の確率は染色体の長さに比例し，長い染色体ほど cut が起こりやすく設定されている．典型的な集団数の削減方法では数世代の増殖の後，集団数を半減させる（Goldberg et al., 1989）．

mGA の時間計算量は主に PEI によるもので，変数の個数 l に対して $O(l^k)$ となる．アルゴリズムの残りの部分のオーダは $O(l \log l)$ である（Goldberg et al., 1990）．必要なメモリのオーダは基本的な GA を用いても変わらないが，オーダにかかる係数は全体的に大きく，集団の数 n はさらに大きくなる．多くの実問題では，アルゴリズム操作よりも解の評価にかかる計算時間が支配的であるため，解の評価回数は最も重要な性能の評価である．

7.2.2 Fast mGA の遺伝操作

騙し問題で mGA が基本的な GA に対して優位な点は，より強く連結した積み木を生成できることであろう．逆に mGA の問題点は初期化プロセスにおける計算量の増大である（Goldberg et al., 1990）．Fast mGA (fmGA) は mGA を拡張した手法であり，初期化の計算量を減らしてアルゴリズム全体の探索域と時間を軽減するものである（Goldberg et al., 1993）．

mGA における創世フェーズにおける PEI と選択に対して fmGA では確率的完全初期化（probabilistically complete initialization: PCI），および選択と積み木のフィルタリング（building block filtering: BBF）が利用されている．PCI と BBF は並置フェーズまでに適合度の高い積み木を用意するための代替的な手法である（Goldberg et al., 1993）．PCI により生成される初期集団の大きさは mGA における創世フェーズ終了時の集団数と同じである．これらの染色体の長さは典型的には $l-k$[*1] に設定される．次

---

*1 訳注：l は変数の個数，k は積み木の長さ．

に，適合度の高い個体を生成するトーナメント選択とBBFとを交互に行い，染色体を最終的に積み木の長さkになるように徐々に短くしていく．BBFはランダムに染色体から遺伝子を削除する．並置フェーズは前述したmGAと同様である．fmGAのアルゴリズムを擬似コードで図7.1に示す．

mGAが集団数を削減していくのに対し，fmGAはBBFと閾値を用いた遺伝子長の削減を行う．Goldbergは削減スケジュールの式を示しているが（Goldberg et al., 1993），これには別のパラメータが必要であり，その決定方法は与えられていない．以下では前述したmGAのパラメータをそのままfmGAで用いる．

mGAに対するfmGAの大きな利点は計算量の削減である．PCIとBBFの計算量オーダは初期化と創世フェーズを合わせて$O(l \log l)$であり（Goldberg et al., 1993），fmGAはmGAの効率を保ちつつ計算時間を減らしている．計算に要するメモリ（集団の数）は基本的なGAと同様であり，mGAよりも格段に小さい．繰返しになるが，解の評価に要する時間とメモリが全体の操作の中でも支配的である．

```
1 PCIを実行：すべての個体の適合度を評価する
2 for i =1 to 創世フェーズの最大世代数
        トーナメント選択の実行
        if（BBFの実行が予定される場合）then
            BBFの実行
            集団メンバーの適合度を評価する
        end if
    end for
3 for i =1 to 並置フェーズの最大世代数
        cut と splice を実行
        他の操作を実行（現在実装されていない）
        集団メンバーの適合度を評価する
        トーナメント選択の実行
    end for
```

図7.1 擬似コード

7.3 実験手法

この節では実験の設定を説明する．具体的にはテスト用のタンパク質や計算環境，および用いられたアルゴリズムについて詳述する．

7.3.1 テストに用いたタンパク質

この研究で用いられたタンパク質はペンタペプチドの1つ，メチオニン-エンケファリン（図7.2）とポリアラニン$_{14}$である．メチオニン-エンケファリンは比較的小さく簡単な構造のタンパク質で Tyr-Gly-Gly-Phe-Met の5つのアミノ酸の配列からなる．このタンパク質を選択した大きな理由は，ユニークでコンパクトな自然の立体配座（既知）を持つことと，他の研究者がエネルギー最小化を用いてその立体構造を予測していることの二点である（Merkle, 1992; Gates, 1994; Gaulke, 1995; Kaiser, 1996; Deerman, 1999）．

2つ目の分子，ポリアラニン$_{14}$は α ヘリックス構造にたたみ込まれるのでよく利用されている．ポリアラニン$_{14}$はメチオニン-エンケファリンよりも大きいポリペプチドで，14個のアミノ酸基からなる（Ala$_1$, Ala$_2$,…, Ala$_{14}$）．図7.2と図7.3はメチオニン-エンケファリンとポリアラニン$_{14}$の一次構造を表したものである．それぞれの二面角が計測される結合が識別できるようにラベル付けされている．

表7.1と表7.2はメチオニン-エンケファリンとポリアラニン$_{14}$のエネルギー最小値に対する「正しい」（一般的に認知されている）二面角の値を示す．これらの結果は QUANTA という分子力学ソフトウェアやその他の多くの研究によって得られた．

その他の分子も考慮された．例としては Crambin（8章参照），P27-4, P27-6, P27-7 (Piccolboni and Mauri, 1997)，その他（Deerman, 1999）などがある．これらはメチオニン-エンケファリンやポリアラニン$_{14}$よりも相当に大きく，また，最小エネルギー構造が定まっていないため，あまり一般には使用されていない．

7.3.2 エネルギーモデル

CHARMm（6章参照）を用いた理由は他の商用ソフトよりもエネルギー関数の寄与項目が多いためである．さらにこのソフトは自然に生じるアミノ酸配列だけでなく一般のマクロ分子でも利用できる．

7.3.3 計算機環境

本章で報告する実験は Aeronautical Systems Center の Major Shared Resource

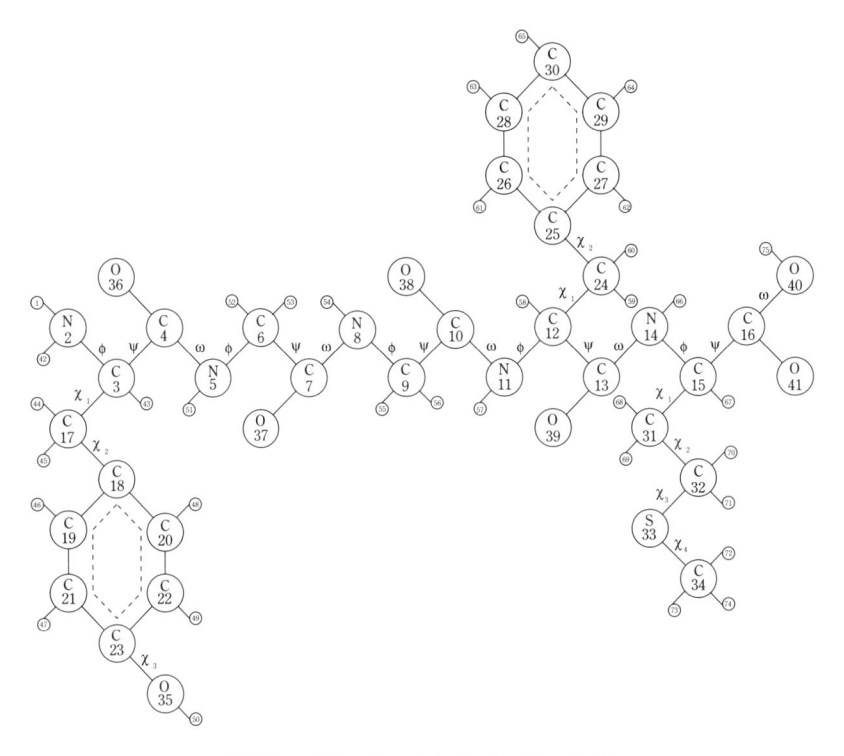

第 7 章 ■ 並列 FMGA を用いた効率的なポリペプチド構造予測に向けて　**143**

図 7.2　メチオニン-エンケファリンの一次構造

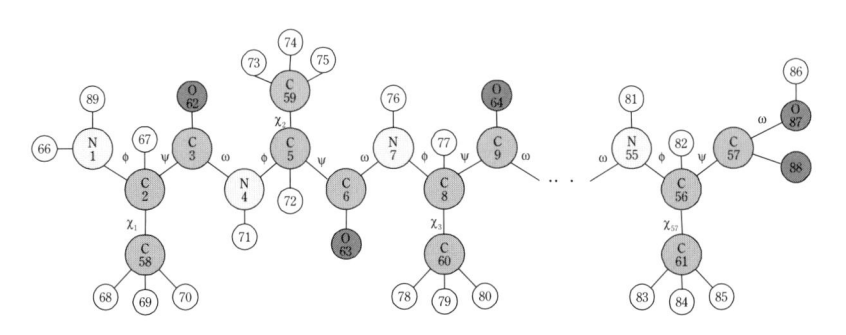

図 7.3　ポリアラニン$_{14}$ の一次構造

Center にある IBM SP2 SP3 と米空軍技術協会（AFIT）の Beowulf クラスタを用いて実行した．後者の計算機群は 100Mbps の高速イーサネットスイッチで接続されている．fmGA が実行されたオペレーティングシステムは Red Hat Linux 6.2 である．

表7.1 メチオニン-エンケファリンの最適解の二面角．—は不明

残基	角度（°）						
	ϕ	φ	ω	χ_1	χ_2	χ_3	χ_4
Tyr	−86	156	−177	−173	79	166	—
Gly	−154	83	169	—	—	—	—
Gly	84	−74	170	—	—	—	—
Phe	−137	19	−174	59	−85	—	—
Met	−164	160	−180	53	175	−180	−59

表7.2 ポリアラニン$_{14}$ の最適解の二面角

残基	角度（°）			
	ϕ	φ	ω	χ
Ala$_1$	65	−30 から −35	180	60, −60, 120
Ala$_2$	65	−30 から −35	180	60, −60, 120
Ala$_3$	65	−30 から −35	180	60, −60, 120
…	…	…	…	…
Ala$_{14}$	65	−30 から −35	180	60, −60, 120

プログラムコードは ANSI C を用いており，並列部分は MPI によって実装されている．このアルゴリズムは異なる並列環境において実行できるように並列化されている (Michaud et al., 2001)．特に並列化は fmGA のすべてのフェーズにおいて実装されている．計算機間の通信は MPI の同期通信によって行われる．

7.3.4 アルゴリズムのパラメータ

二面角の値は d 個の離散値を取れるものし，探索空間は d^N の大きさとする．ただし N を独立な二面角の変数の個数とする．このような実装は 0〜360°の二面角の変数域を 0.351562°単位で量子化する．メチオニン-エンケファリンのような小さなタンパク質は 24 個の独立な二面角を持つので探索空間は $1024^{24} \simeq 1.767 \times 10^{72}$ 個の立体配座を含む．ポリアラニン$_{14}$ はやや大きいタンパク質で $1024^{56} \simeq 3.77 \times 10^{168}$ 個の立体配座が可能である．

7.3.5 ミーム論的計算手法

fmGA と同時にミーム[*2]論的計算手法のアプローチも試みた．ミーム論的計算手法は

[*2] 訳注：Richard Dawkins が「利己的な遺伝子」の中で定義したもの．遺伝情報の単位となる遺伝子に対し，文化の伝達や複製の基本単位をミームと名づけた．

標準的な EA と局所的な探索を組み合わせた汎用的, 複合的な手法である (2 章参照). 本章では局所探索手法として効率的な勾配最小化を一般的な全原子位置エネルギーモデル (Gaulke, 1995; Merkle et al., 1996) と直接組み合わせる. ミーム論的アプローチでは世代交代頻度のパラメータを用意し, それに基づいて個体が局所最適化された解と置き換わるものとした. このアルゴリズムはボールドウィン効果[*3]付進化, ラマルク進化[*4], もしくは確率的ラマルク (置換率 = 0.00, 0.05, 0.10, 1.00) 進化をモデル化している. CHARMm エネルギー関数はこの手法でも用いられている. 前述の手法と同様に集団の各メンバーは固定長バイナリ配列表現 (単位角度当たり 10bit) の二面角の連結で表される. CHARMm モデルでは二次導関数が得られるので, 一次導関数, 極点, 二次導関数を用いる勾配法が考えられる. 計算量の効率性から一次導関数の共役勾配法が多く用いられる. エネルギーモデルの一次導関数は CHARMm モデルから解析的に求められる. 内部座標からの変換に必要なデカルト座標はトンプソンの手法 (Thompson, 1995) によって二面角から計算される.

　GENESIS プログラムの拡張バージョンを SPARC ワークステーション上に実装した. 確率的ラマルク手法でパラメータごとに試行を繰り返した結果, 標準的な GA よりも十分に低いエネルギー値を得ることができた. 以下に実験結果の要約を示す. メチオニン-エンケファリンではエネルギー最低値は -30.05 kcal/mol で, ラマルク手法とトーナメント選択手法の組合せにより得られた. トーナメント選択による淘汰圧力の増大の結果, ボールドウィン手法では, 高エネルギーアトラクタ領域を局所解生成前に放棄してしまい, よい積み木が失われる現象が見られた. ルーレット選択ではボールドウィン, ラマルク, 確率的ラマルク手法で標準的な GA よりも良いエネルギーのアトラクタが得られている. トーナメント選択では定性的に同様な結果が得られるが, すべてのミーム論的アプローチで早熟な収束が起きる. 良い成績が得られたのはポリペプチドのエネルギー関数空間で低エネルギーの局所解が十分規則的に分布しているためであり, その結果, ミーム論的アプローチに都合がよかったのである. ミーム論的計算手法を使う場合, 十分な局所最適解の存在を保証し, 早熟な収束を妨げるくらいに置換頻度は淘汰圧に対して適切でなくてはならない (Merkle, 1996). より大きなタンパク質をミーム論的計算手法で扱うにはさらなるパラメータの探索が必要である. 将来の研究ではタブサーチや焼きなまし法のような他の局所最適化手法を用いることが望ましい.

[*3]　訳注:James Baldwin が発表した学習が進化に与える効果のこと. ラマルク説的現象を学習結果の遺伝による形質獲得によらずに説明したとされる.
[*4]　訳注:Jean-Baptiste Lamarck の生物進化に対する仮説による. 後天的な学習結果が遺伝するような進化.

7.3.6 立体構造制約の考慮

本項では二面角の組合せの探索を特定の領域に限定する工夫について説明する．これはよく知られた Ramachandran プロット[*5]との関連で従来から利用されているものである．通常の Ramachandran プロット (Stryer, 1995 参照) は (ϕ, φ) の値に関して4つの許容領域を持つように見える．しかしながら，簡単な座標変換を施すと実際には全体の空間の中に1つの小さい領域があるだけなのが分かる (図 7.4)．

それでもなお，図 7.4 内には不可能領域が存在する．例えば濃い"泡状領域"を囲

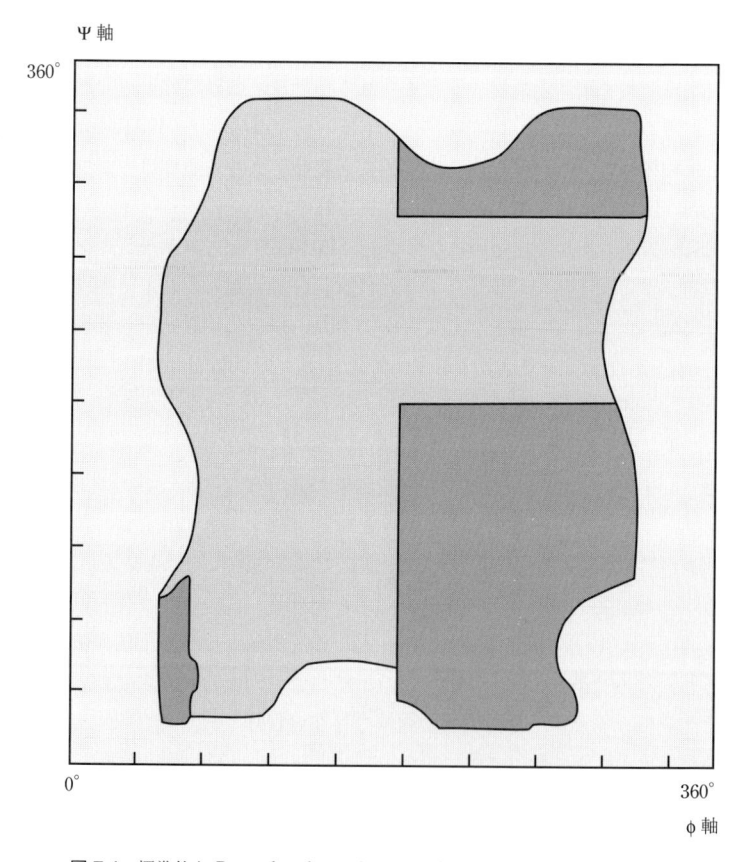

図 7.4 標準的な Ramachandran プロットに簡単な座標変換を施した結果

[*5] 訳注：主鎖の折りたたみの立体角 (ϕ/φ 角) をプロットしたもの．灰色の部分は ϕ/ψ のとる角度がエネルギー的にも安定な領域で，色の濃い部分ほど安定度が高い．白い部分に該当する角度は特別な理由がない限り立体化学上の制約からとることができない．

む白い領域は到達不可能な (ϕ, φ) 角を表す．そこで，可能領域を除かずに不可能領域を狭くする座標の連続アフィン変換が用いられる．この工夫により GA が表現方法によらずに染色体の主鎖を操作することを可能にし，すべての遺伝操作において，操作後の染色体が有効領域に収まる確率を高める．Ramachandran プロットがポリペプチドの主鎖の立体的形状による作用のみに依存し，副鎖については言及しないことに注意すべきである．そのため，従来から提案されている値を主鎖と副鎖の角度の範囲として利用する (Kaiser, 1996)．

このような制約系によって，メチオニン-エンケファリンの二面角のための GA 染色体のコード化が明示的に定まる（表 7.3 参照）(Gates, 1994; Kaiser, 1996)．また，正しい角度配置への変換は目的関数によって実現されている．

多くの制約は以下のように一般化された非線形不等式を用いて表現される (Kaiser, 1996)．

$$0 \leq \cos\left(\theta - \frac{\theta_{\min} + \theta_{\max}}{2}\right) - \cos\left(\frac{\theta_{\min} - \theta_{\max}}{2}\right) \tag{7.1}$$

$$0 \leq \cos\left(30 - \frac{\theta_{\min} + \theta_{\max}}{2}\right) - \cos\left(\frac{\theta_{\min} - \theta_{\max}}{2}\right) \tag{7.2}$$

不等式 (7.1) は主鎖二面角 $\{\phi, \varphi, \omega\}$ に関する制約を定義する．不等式 (7.2) は第 1 副鎖の二面角 χ_1 の制約を定義する．これらはアルゴリズムを開発する上では十分適切な制約である．メチオニン-エンケファリンの緩い初期制約は，残基アラニンとグリシンで観測された ϕ, φ 角度の Ramachandran プロットから得られた (Creighton, 1992)．20 個の天然アミノ酸のうち，プロリンとグリシンだけが特有の $\phi - \varphi$ 分布を持つ．他の残基はアラニンと類似の分布である．この実験で用いられた厳しい制約（表 7.4）では，前述の関係を考慮した上で相同な分子からの知識も用いて推定する．

染色体が適合度関数 charmm__eval() に渡されると，まず表現形式がデコードされ

表 7.3 メチオニン-エンケファリンの二面角に対する緩い制約

二面角	中点	半径	$\theta_{\min}$	$\theta_{\max}$
$\phi_{\text{Nonglycine}}$	-120	90	-210	-30
ϕ_{Glycine}	-180	135	-315	-45
φ	60	150	-90	210
ω	-180	20	-200	-160
$\chi_1 \mid \chi_2 \mid \chi_3$	$-60\mid 60\mid 180$	30	$-75\mid 45\mid -185$	$-45\mid 75\mid -165$

表 7.4 メチオニン-エンケファリンに対する二面角の厳しい制約

二面角	中点	半径
$\phi_{グリシン以外}$	−120	60
$\phi_{グリシン}$	130	70
φ	150	140
ω	180	12.5
$\chi_1\|\chi_2\|\chi_3$	−60|60|180	7.5

表 7.5 メチオニン-エンケファリンの染色体のコード化方法.例えば染色体の 30 から 39 番目のビットは Gly_1 の二面角 ϕ をコード化している.—は角度が存在しないことを表す.

アミノ酸	二面角の染色体中におけるコード化開始ビット						
	ϕ	φ	ω	χ_1	χ_2	χ_3	χ_4
Tyr	0	10	20	130	140	210	
Gly_1	30	40	50	—	—	—	—
Gly_2	60	70	80	—	—	—	—
Phe	90	100	110	150	160	—	—
Met	120	200	230	170	180	190	220

る.コード化は表 7.5 と表 7.6 に示すような方法で分子によって異なる形で行う.

新しい制約下の CHARMm では二面角はデコードされ,どの角度を表しているかによって可能な値の範囲を割り当てられる.全体の手法の改良について説明する前に,上述した二面角の制約を用いた実験結果を示す.表 7.7 は二面角の制約を用いた結果を制約なしの場合と比較している.

7.3.7 二次構造

本項では,アルゴリズムの効率を上げるための二次構造探索の拡張について説明する.一般に,任意の二次構造が存在するかどうかを事前に知ることはできない.そのため,角度に対する制約を追加することですべての既知の二次構造を使えるようにアルゴリズムを拡張した.本研究では制約として α ヘリックスと β シートの二次構造のみを用いた.拡張アルゴリズムでは,新たに並置フェーズの終わりに集団を解析し,個体が α ヘリックスの角度の値を持つかどうかを調べる.一定以上の割合の個体が α ヘリックスの角度を持つ場合,与えられた二次構造に関して局所探索が行われる.さらに,ϕ, φ, ω のうちのどれか 1 つが制約内に収まった場合,再び探索が行われる.すべての角度は制約範囲の中心(最適値)に設定され,解に与える影響が調べられた.筆

表 7.6 ポリアラニンの染色体コード化方法．例えば 30 から 39 番目のビットは Ala_2 の二面角 ϕ をコード化している．― は角度が存在しないことを表す．

アミノ酸	ϕ	φ	ω	χ_1	χ_2	χ_3	χ_4	χ_5	χ_6	χ_7	χ_8	χ_9	χ_{10}	χ_{11}	χ_{12}	χ_{13}	χ_{14}
二面角の染色体中におけるコード化開始ビット
Ala_1	0	10	20	400	―	―	―	―	―	―	―	―	―	―	―	―	―
Ala_2	30	40	50	―	410	―	―	―	―	―	―	―	―	―	―	―	―
Ala_3	60	70	80	―	―	420	―	―	―	―	―	―	―	―	―	―	―
Ala_4	90	100	110	―	―	―	430	―	―	―	―	―	―	―	―	―	―
Ala_5	120	130	140	―	―	―	―	440	―	―	―	―	―	―	―	―	―
Ala_6	150	160	170	―	―	―	―	―	450	―	―	―	―	―	―	―	―
Ala_7	180	190	200	―	―	―	―	―	―	460	―	―	―	―	―	―	―
Ala_8	210	220	230	―	―	―	―	―	―	―	470	―	―	―	―	―	―
Ala_9	240	250	260	―	―	―	―	―	―	―	―	480	―	―	―	―	―
Ala_{10}	270	280	290	―	―	―	―	―	―	―	―	―	490	―	―	―	―
Ala_{11}	300	310	320	―	―	―	―	―	―	―	―	―	―	500	―	―	―
Ala_{12}	330	340	350	―	―	―	―	―	―	―	―	―	―	―	510	―	―
Ala_{13}	360	370	380	―	―	―	―	―	―	―	―	―	―	―	―	520	―
Ala_{14}	390	530	550	―	―	―	―	―	―	―	―	―	―	―	―	―	540

表 7.7 メチオニン-エンケファリンの折りたたみ実験．Ramachandran 制約を fmGA コード化手法に用いた場合と制約を用いない場合について比較．それぞれのケースで最良の適合度（単位は最小エネルギー構造における kcal/mol）が示されている．

実験条件	最大値	最小値	平均値	標準偏差	中央値
制約あり	-22.721	-28.075	-26.167	1.606	-26.114
制約なし	-21.261	-26.089	-23.822	1.463	-23.392

者らの論文（Michaud et al., 2001）ではさらに詳しい説明と実験結果を報告している．

二次構造の閾値は 2 つの目的で用いられる．第 1 は α ヘリックス $(\varphi, \varphi, \omega)$ の二面角の範囲を確定する方法を用意するため，第 2 は集団の十分な割合が二次構造らしきものを有するかどうかを決定するためである．パラメータを大きくすると探索範囲は広くなる．逆にパラメータを小さくすると集中的な探索になる．

7.4 二次構造計算を用いたタンパク質構造予測

タンパク質の三次元構造予測問題の第一段階として二次構造予測の有用性が調べられている（LeGrand and Merz, 1993）．特定のアミノ酸配列の二次構造の決定において

最大75%の精度が実現された (Russel and Ponting, 1998; Stigers et al., 1999; Jones, 2000; Mout and Melamud, 2000). fmGAを使ったタンパク質構造予測 (Merkle1992; Michaud, 2001) は有望な結果を示していることから，fmGAをより大きなタンパク質に応用した場合にも期待がもたれる．以下ではポリアラニンペプチドモデルの解明について説明する．前述の実験で用いたメチオニン-エンケファリンが5残基と24の独立変数から構成されるのに対し，ポリアラニンペプチドは14残基と56の独立変数から構成される．それぞれの二面角は10ビットのバイナリ配列で表されるため，探索空間の大きさはメチオニン-エンケファリンの24^{1024}から56^{1024}に増大した．大きなタンパク質を扱えるようにfmGAを調整するため，二次構造情報を用いて探索空間を狭める．

fmGAの拡張として局所的な二次構造の探索を併用する．ポリアラニンはαヘリックス二次構造を持つ．そのため，アルゴリズムにおける拡張はαヘリックス二次構造に限定したが，どのような二次構造にも拡張可能である．以下ではfmGAに対する拡張 (二次構造解析 (secondary structure analysis: SSA)，スイープ操作 (sweep operator: SO)，主鎖残基スイープ操作 (backbone residue sweep operator: BRSO)) を説明する．

まず，SSAでは局所探索による拡張を実装する．すなわちfmGAの3つのフェーズを終えた後に各個体の主鎖二面角を解析し，指定された制約範囲内に収まる二面角を持つ個体数を記録する．これらの制約は理想的な二次構造が収まる角度範囲とする．アルゴリズムがタンパク質の二次構造を部分的に予測できた場合，競合テンプレート[*6]に関して最適な立体配座を求めるための局所的な探索が実行される．その結果，競合テンプレートは暫定的な最適解を含むように変更される．テンプレートは集団と最終的な解に直接的な影響を持つ．

アルゴリズムが二次構造の予測に成功したかどうかは，ある割合の集団内の残基の角度が定められた制約の範囲内にあるかどうかによって決定する．成功していれば，立体配座を最適化するための局所的な探索が行われる．

続いて，SOは左から右の順で競合テンプレートを走査し，それぞれの角度の値を既知の二次構造の対応する角度と比較する．テンプレートの値が二次構造と異なる場合テンプレートの値は修正される．この結果テンプレートの適合度が向上したかどうかを評価する．向上していた場合には変更は維持され，向上しなかった場合はもとの値を復元して次の角度の値に移る．SOはテンプレートの値が向上しなくなるまで繰り返し走査を行う．

[*6] 訳注：mGAの染色体に記述不足が生じた場合，対立遺伝子が定義されていない遺伝子座に関して，局所的に最適な競合テンプレートを用いて補完することで評価可能にする．

SOに続いてBRSOを適用する．BRSOはnグループの主鎖残基の角度ψ, φ, ωのうち$n-1$個を解析する．BRSOはそれぞれのグループのテンプレートの角度を解析中の二次構造の角度と比較する．グループ内で3つのうち少なくとも1つの角度の割合が入力パラメータより高ければ，認められた二次構造を反映するように残りの2つの角度を変更する．変更した染色体は再評価され，適合度が向上した場合のみ変更が維持される．テンプレートの角度の全グループに関して適合度が向上しなくなるまでBRSOの走査を行う．

二次構造解析による変更はテンプレートの適合度が向上した場合のみに維持される．続いてすべての積み木のサイズが網羅されるまでアルゴリズムを実行する．本研究では主鎖の角度の最適化が成績に大きく影響するため，これらの角度のみに注目する．

すべての実験はワークステーションクラスタで並列実行した．7台のインテルPentium III計算機が用いられ，その内訳は5台の933MHz計算機と2台の1GHz計算機であった．すべての実験に関して10試行の統計をとった．集団数はすべての計算機の合計である．すべての試行と集団で，以下のfmGAパラメータを使用した．cut確率0.02，splice確率1.00，創世フェーズ世代数200，並置フェーズ200，全世代数400．BBFを実行する世代と積み木の長さ，削減スケジュールは適宜決定した．実験はメチオニン-エンケファリンとポリアラニンペプチドモデルを用いて行われた．

最初の実験の結果を表7.8に示す．これらの実験は，ポリアラニンペプチドモデルにおいて制約パラメータの変更が全体的な効率にどのような影響を及ぼすかを決定するために行った．このためシングルプロセッサを用いて，異なる閾値の割合で一定の集団数30を用いて10回試行した．それぞれの試行では二面角と制約は一定とした．表7.8から最良値に関してはSSAで割合を15～90%に設定すると最も良い結果をもたらすことが分かる．制約が極めて小さい場合と大きい場合の結果が良くないのは，そのような条件では二次構造に正確な値を持った個体がいるか，または大半の個体が近い値を持っていなければならないためである．

続く二番目の実験の結果は表7.9に示している．拡張したfmGAでSSAを用いるとより低いエネルギー値を効率的に達成することが見て取れる．SSAにより拡張したfmGAをポリアラニンペプチドに適用した結果は，適合度の標準偏差，中心，最良，平均の値がSSAを用いない場合より向上したことを示す．メチオニン-エンケファリンへの適用ではSSAの有無による差異は有意ではなかった．これはメチオニン-エンケファリンがαヘリックス二次構造を持たないため予想どおりであった．また，SSAの使用による計算オーバーヘッドは非常に小さいので，すべての実験でSSAによって増加した評価回数はSSAなしの場合の0.1%に満たなかった．

表 7.8 ポリアラニン構造推定における SSA 操作の効果を異なる制約範囲に関して比較したもの．結果は最良個体のエネルギー値 (kcal/mol) で示されている．

SSA 二次構造制約（%）	最大適合度	適合度中央値	最良適合度	平均適合度	標準偏差
0	−100.160	−125.449	−136.433	−123.573	10.881
5	−110.490	−130.933	−133.811	−125.449	9.635
10	−101.837	−128.188	−138.137	−123.588	13.425
15	−110.286	−130.105	−140.560	−129.495	8.943
20	−104.369	−134.745	−143.786	−131.767	11.054
25	−120.941	−132.295	−139.384	−131.469	6.233
30	−116.572	−136.028	−130.455	−132.374	8.725
35	−107.275	−135.722	−145.900	−133.244	10.406
40	−106.880	−131.993	−137.386	−128.940	9.262
45	−98.273	−133.537	−145.450	−131.819	13.072
50	−104.501	−132.501	−143.801	−130.846	10.594
60	−123.386	−137.333	−145.439	−136.655	6.564
70	−122.441	−133.848	−141.089	−133.201	5.813
80	−109.138	−136.016	−145.695	−133.499	10.880
90	−125.925	−137.140	−145.923	−136.323	6.777
100	−93.407	−127.440	−131.671	−122.969	12.089

以上の結果から，二次構造情報を用いることで fmGA の効率を向上させることが可能であることが分かった．また，SSA はポリアラニンに関するすべての実験でもとのアルゴリズムと比較してエネルギー値を向上させた．

7.5 事前知識を用いた初期化

集団の初期化の際に以下のような事前知識を用いて生成した個体を挿入する．(1) いくつかの二次構造を持つ個体（α ヘリックス，β シート），(2) 局所最適化した個体，(3) (1) と (2) の混合．以下ではこれらの初期化による影響を解析する．

初期集団において，ある割合の個体が上記のオプションに基づいて生成される．オプションにはアルファ（上記 (1) のオプションで α ヘリックス構造を持たせる），ベータ（上記 (1) のオプションで β シート構造を持たせる），スイープ（上記 (2) のオプション），コンボ（上記 (3) のオプション）がある．制約範囲の中心に用いられる α ヘリックスと β シートの二面角の値（ϕ, φ, ω）は標準的な値からランダムに選択され

表 7.9 fmGA を用いたポリアラニンとメチオニン-エンケファリンの構造推定において SSA を用いた場合と用いない場合の結果

手法	集団数	最大適合度	適合度中央値	最良適合度	平均適合度	標準偏差
fmGA (SSA なし)	100	−22.189	−26.133	−29.598	−25.976	2.045
メチオニン-エンケファリン	200	−22.721	−26.144	−28.075	−26.167	1.606
	400	−26.608	−27.582	−30.315	−27.865	1.240
	800	−23.979	−27.061	−30.141	−26.899	1.991
fmGA (SSA あり)	100	−23.860	−25.181	−29.615	−25.675	1.579
メチオニン-エンケファリン	200	−23.356	−26.355	−29.389	−26.347	1.739
	400	−25.349	−27.122	−30.054	−27.288	1.548
	800	−24.973	−27.304	−30.041	−27.593	1.642
fmGA (SSA なし)	100	−107.970	−125.792	−137.711	−126.745	9.766
ポリアラニン$_{14}$	200	−114.521	−136.491	−140.097	−131.804	8.961
	400	−127.158	−136.440	−143.126	−135.559	5.183
	800	−137.429	−139.203	−150.731	−140.893	4.377
fmGA (SSA あり)	100	−120.727	−131.821	−146.498	−134.587	7.948
ポリアラニン$_{14}$	200	−132.302	−138.315	−148.532	−138.840	4.458
	400	−134.452	−139.478	−149.222	−140.618	4.432
	800	−133.226	−140.827	−152.053	−140.920	4.743

る．4 つの初期化方法（アルファ，ベータ，スイープ，コンボ）各々に対して 4 つのテストセットがある．各々 0%, 5%, 10%, 20%, 30%, 40%, 50% の割合で初期化個体をオプションにより生成する．

表 7.10 と表 7.11 に示した集団初期化オプションと初期化の割合について，統計的有意性を確立するため 10 回の試行を行った．実験に用いたタンパク質分子は各初期化手法の影響の違いを明らかにするような固有の性質を持っている．例えばメチオニン-エンケファリンは二次構造を持たないが，ポリアラニンは完全な α ヘリックスの二次構造を持つ．

表に示すように，スイープとコンボオプションの初期化手法は他よりもよい平均を示すが，その差はあまり明白ではない．初期集団への最適化個体の挿入はしばしば局所最適解への収束に陥った．一方，アルファとベータオプションは fmGA が良い解を

表 7.10 fmGA による メチル-エンケファリンの折りたたみ推定．初期化オプションによる影響の比較

初期化オプション	オプション個体の割合 (%)	最大適合度	適合度中央値	最良適合度	平均適合度	標準偏差
スイープ	0	−20.94	−23.90	−26.35	−23.78	1.52
	5	−20.94	−23.90	−26.35	−23.78	1.52
	10	−24.97	−26.39	−27.69	−26.35	1.52
	20	−26.06	−26.99	−28.78	−27.21	0.76
	30	−26.08	−27.10	−28.60	−27.18	0.91
	40	−26.71	−27.93	−28.93	−27.92	0.64
	50	−27.88	−27.85	−30.01	−27.96	0.90
コンボ	5	−23.75	−25.25	−27.94	−25.47	1.38
	10	−24.60	−26.20	−28.68	−26.50	1.48
	20	−25.16	−26.10	−28.28	−26.44	0.96
	30	−25.76	−26.43	−27.49	−26.46	0.55
	40	−25.10	−26.97	−31.26	−27.17	1.70
	50	−25.92	−27.07	−29.09	−27.29	1.14
α ヘリックス	5	−21.41	−24.34	−27.16	−24.23	1.79
	10	−22.97	−24.67	−27.34	−24.84	1.57
	20	−22.91	−24.52	−26.94	−24.78	1.13
	30	−21.00	−24.37	−28.35	−24.40	1.87
	40	−23.12	−26.08	−29.04	−25.89	1.66
	50	−23.35	−25.48	−29.21	−25.52	1.78
β シート	5	−21.60	−24.24	−27.16	−24.19	1.69
	10	−22.87	−25.29	−27.90	−25.21	1.53
	20	−23.37	−25.21	−29.84	−25.61	1.69
	30	−20.96	−25.67	−29.40	−25.47	2.32
	40	−23.77	−25.46	−26.36	−25.23	0.98
	50	−21.24	−25.81	−27.02	−25.48	1.62

見つける大きな要因となっている．

7.6 おわりに

タンパク質構造予測問題を EA によって解く試みは，所与のタンパク質に対して最適な立体構造を見つけるための信頼性のあるアルゴリズムの開発として結実した．し

表 7.11 さまざまな初期化手法と生成の割合による影響. メチオニン-エンケファリンにおける結果

初期化オプション	オプション個体の割合 (%)	最大適合度	適合度中央値	最良適合度	平均適合度	標準偏差
スイープ	0	−111.99	−127.77	−140.56	−128.78	8.55
	5	−119.75	−130.54	−130.76	−139.25	4.95
	10	−128.76	−135.15	−136.92	−130.76	3.28
	20	−131.77	−133.79	−137.24	−134.83	3.47
	30	−132.49	−133.79	−141.03	−134.83	3.12
	40	−132.77	−134.64	−136.76	−134.59	1.33
	50	−131.58	−135.67	−139.76	−135.94	2.71
コンボ	5	−118.72	−129.21	−136.48	−128.61	5.53
	10	−124.01	−130.91	−142.41	−130.89	5.53
	20	−128.50	−132.15	−139.30	−132.83	3.57
	30	−126.36	−133.14	−137.01	−132.68	3.00
	40	−127.41	−133.12	−139.97	−133.72	4.08
	50	−129.12	−132.20	−144.19	−133.66	4.38
α ヘリックス	5	−118.45	−130.22	−137.34	−129.37	7.05
	10	−116.36	−126.12	−140.59	−127.64	8.64
	20	−116.17	−132.26	−138.57	−129.63	8.50
	30	−116.46	−129.68	−138.95	−129.22	7.98
	40	−121.18	−126.41	−136.07	−127.34	4.93
	50	−117.96	−127.11	−140.08	−127.70	7.81
β シート	5	−118.89	−127.56	−137.34	−128.46	6.25
	10	−119.76	−130.95	−141.00	−131.18	6.02
	20	−114.75	−130.81	−138.57	−128.68	8.62
	30	−120.44	−131.61	−136.67	−131.16	4.44
	40	−107.38	−127.84	−138.02	−125.81	9.95
	50	−108.08	−127.50	−142.72	−126.33	9.30

かしながら，より大きなタンパク質の立体構造を解明するには計算速度の限界と探索空間の高次元から多くの固有な問題が存在する．本書では fmGA が効果的で興味深い計算手法であることを示した．タンパク質の構造を推定する他の手法との併用はより効果的で効率的なアプローチとなり得る．例えば，二次構造やペプチド主鎖の情報をさまざまなアルゴリズムの要素に取り込むことは結果の向上につながる．さらに，一般に EA と局所最適化を組み合わせると最良解における目覚ましい適合度の向上をも

たらす．これはラマルク手法において顕著である．タンパク質立体構造問題において高速な計算機環境はより効率的な探索を可能にするだろう．加えて，エネルギー最小化を用いる類似の EA はタンパク質塩基配列解析やタンパク質ドッキング問題にも応用可能である．

進化的計算手法には多くのアイデアや拡張が追加されているが，課題はまだ多く存在する．大きかろうと小さかろうとタンパク質の立体構造推定は計算コストの大きい問題であるが，信頼性の高い推定手法が求められている．特に難しいのはエネルギー関数分布において多数の局所解が存在する点である．以下はタンパク質立体構造の同定のために効果的な手法を開発する上での研究指針である．

- 計算をインタラクティブに導く手法を導入する (Nielson et al., 1997)．これはパターン認識の技能を持つ生物学者に計算アルゴリズムと対話させ，進化過程の解を局所解から遠ざけ，有望な探索空間に導くようにするものである．
- より良いエネルギー値が見つからなくなるまで EA の実行を継続するように終了条件を変更する．その後下位集団をランダムに初期化し，既存の集団に追加して探索を継続する．
- EA にバイナリビットの代わりに実数値を導入する (Kaiser, 1996)．これには二面角内での積み木の破壊を防ぐ効果が期待される．探索を促進するため実数値 EA と制約格子モデルを統合することは考慮に値する．
- 大きなタンパク質の立体構造推定において EA を問題空間の情報と組み合わせて応用する．例えば一次構造 (アミノ酸配列) 決定は Lawrence Livermore National Laboratory の CASP プロジェクトによって継続的に行われており，研究者は計算した三次元構造を評価のため投稿するように依頼されている．
- 導出した，あるいは認められたエネルギー関数 (例:CHARMm, AMBER) のコンポーネントをモデルの配列内の全原子間の相互作用に基づいて 2 つ以上のグループに分ける．これができると，EA を多目的最適化に，すなわち異なるエネルギー関数の集合を比較できるように修正できる．多目的適合度関数の導入により二次構造の検出などの追加タスクの処理が可能なように EA を拡張できる．
- 異なる競合テンプレートを導入し，fmGA において複数のテンプレートを利用可能にする．競合テンプレートの生成は最適二次構造の二面角に基づく方法，panmetic 法[*7]，その他の方法が考えられる．
- 推定するタンパク質の大きさごとに EA の最適なパラメータを決定する．本研

[*7] 訳注：筆者が他の文献で提案している手法．多数の競合テンプレートを合わせて適合度のさらに高いテンプレートを生成する．

究で用いた設定は経験値である．fmGA においては積み木の大きさなどが重要
である．ES や EP 手法では変異操作のパラメータ，集団サイズ，進化戦略の選
択（(μ, λ) か，$(\mu + \lambda)$ か）などが重要である．

- 選択したエネルギー関数を変更して ω と二面角 χ の値を一定とし，染色体を主
鎖のみによって評価できるようにする．側鎖の原子が他の原子に近づきすぎる
と適合度が劇的に上昇し，EA は局所最適解を脱出できなくなるおそれがある．
- EA のプログラムを改変し，任意のタンパク質に関して残基の数のみに応じて
Ramachandran 制約を扱えるように実装する．
- タンパク質鎖（ホモロジー）に基づいて二次構造の存在と位置を事前に解析する
アルゴリズムを導入する．既知の折りたたみ構造に基づいて二次構造を決定す
るパターン認識アルゴリズムを追加する（Russell and Ponting, 1998; Stigers et
al., 1999; Jones, 2000; Moult and Melamud, 2000）．現在二次構造をアプリオリ
に推定する手法は 75 ％の精度を実現している．事前解析アルゴリズムから得ら
れた二次構造に基づいて競合テンプレートやオプションによる初期化によって
染色体を生成できる．
- エネルギー関数を近似して用いる可能性を探る．具体的には，まずエネルギー
関数の一部を用いて粗い初期探索を行う．探索の進行とともにエネルギー関数
を補完していく．しかしながら，解の適合度が閾値を超えた場合，有望でない領
域の探索を強制しかねない．近似を有効に利用するにはこの問題を考慮する必
要がある．
- 並列化，すなわち島モデルの集団分布を試みる．複雑なエネルギー関数モデル
も並列化によってその効率化が図れる．各アプローチはより大きなタンパク質
を進化的計算手法で扱う際の助けとなるだろう．

参考文献

[1] Chan, H. S., and Dill, K. A. (1993). The protein folding problem. *Physics Today*, 46(2):24 – 32.

[2] Committee on Physical, Mathematical and Engineering Sciences. (1992). *Grand Challenges 1993: High Performance Computing and Communications*. Office of Science and Technology Policy, Washington, D.C.

[3] Creighton, T. E. (ed.) (1992). *Protein Folding*. W. H. Freeman and Company, New York.

[4] Deerman, K. D. (1999). Protein structure prediction using parallel linkage inves-

tigating genetic algorithms. Master's Thesis, U.S. Air Force Institute of Technology, Dayton, Ohio.

[5] Eshelman, L. J., and Schaffer, D. (1991). Preventing premature convergence in genetic algorithms by preventing incest. In *Proceedings of the 4th International Conference on Genetic Algorithms*, Morgan Kaufmann, San Mateo, Calif., pp. 115 – 122.

[6] Forrest, S., and Mitchell, M. (1993). Relative building-block fitness and the building block hypothesis. In *Foundations of Genetic Algorithms* 2 (L. D. Whitley, ed.), Morgan Kaufmann, San Mateo, Calif., pp. 109 – 126.

[7] Gates, G. H. (1994). Predicting protein structure using parallel genetic algorithms. AFIT/GCS/ENG/94D-03. Master's Thesis, U.S. Air Force Institute of Technology, Dayton, Ohio.

[8] Gaulke, R. L. (1995). The application of hybridized genetic algorithms to the protein folding problem. AFIT/GCS/ENG/95D-03. Master's Thesis, U.S. Air Force Institute of Technology, Dayton, Ohio.

[9] Goldberg, D. E. (1989). *Genetic Algorithms in Search, Optimization and Machine Learning*. Addison-Wesley, Reading, Mass.

[10] Goldberg, D. E., Korb, B., and Deb, K. (1989). Messy genetic algorithms. Motivation, analysis, and first results. *Complex Systems*, 3:493 – 530.

[11] —— (1990). Messy genetic algorithms revisited. Motivation, studies in mixed size and scale. *Complex Systems*, 4:415 – 444.

[12] Goldberg, D. E., Deb, K., and Korb, B. (1991). Don't worry, be messy. In *Proceedings of the 4th International Conference on Genetic Algorithms* (R. Belew and L. Booker, eds.), Morgan Kaufmann, San Mateo, Calif., pp. 24 – 30.

[13] Goldberg, D. E., Deb, K., and Clark, J. H. (1992). Genetic algorithms, noise, and the sizing of populations. *Complex Systems*, 6:333 – 362.

[14] Goldberg, D. E., Deb, K., Kargupta, H., and Harik, G. (1993). Rapid, accurate optimization of difficult problems using fast messy genetic algorithms. In *Proceedings of the Fifth International Conference on Genetic Algorithms*, Morgan Kaufmann, San Mateo, Calif., pp. 56 – 64.

[15] Holland, J. H. (1975). *Adaptation in Natural and Artificial Systems*. University of Michigan Press, Ann Arbor.

[16] Jones, D. T. (2000). Protein structure prediction in the postgenomic era. *Curr.*

Op. Struct. Biol., 10:371 – 379.
[17] Kaiser, C. E. (1996). Refined genetic algorithms for polypeptide structure prediction. AFIT/GCE/ENG/96D-13. Master's Thesis, U.S. Air Force Institute of Technology, Dayton, Ohio.
[18] LeGrand, S. M., and Merz, K. M. (1993). The application of the genetic algorithm to the minimization of potential energy functions. *J. Global Optim.*, 3:49 – 66.
[19] Lengauer, T. (1993). Algorithmic research problems in molecular bioinformatics. In *Proceedings of the Second Israel Symposium on Theory of Computing Systems, ISTCS 1993*, Natanya, Israel, June 7.9, IEEE Computer Society, Los Alamitos, Calif., pp. 177 – 192.
[20] Merkle, L. D. (1992). Generalization and parallelization of messy genetic algorithms and communication in parallel genetic algorithms. AFIT/GCE/ENG/92D-08. Master's The-sis, U.S. Air Force Institute of Technology, Dayton, Ohio.
[21] Merkle, L. D., Gaulke, L. R., Gates G. H., Lamont, G. B., and Pachter, R. (1996). Hybrid genetic algorithms for polypeptide energy minimization. In *Applied Computing 1996: Proceedings of the 1996 Symposium on Applied Computing*, ACM, New York, pp. 305 – 311.
[22] Michaud, S. R., Zydallis, J. B., Strong, D. M., and Lamont, G. B. (2001). Load balancing search algorithms on a heterogeneous cluster of PCs. In *Tenth SIAM Conference on Parallel Processing for Scientific Computing.PP01*, Portsmouth, Virginia, March 12 – 14.
[23] Moult, J., and Melamud, E. (2000). From fold to function, *Curr. Op. Struct. Biol.*, 10:384 – 389.
[24] Nielson, G., Hagen, H., and Muller, H. (1997). *Scientific Visualization: Overviews, Methodologies and Techniques*, IEEE, Los Alamitos, Calif.
[25] Pachter, R., Patnaik, S. S., Crane, R. L., and Adams, W. W. (1993). New smart materials: molecular simulation of nonlinear optical chromophore-containing polypeptides and liquid crystalline siloxanes. *SPIE Proc.*, 1916:2 – 13.
[26] Piccolboni, A., and Mauri, G. (1997). Application of evolutionary algorithms to protein folding prediction. In *Artificial Evolution: Third European Conference, AE97* (J.-K. Hao, E. Lutton, E. Ronald, M. Schoenauer, and D. Snyers, eds.), Springer-Verlag, Berlin, pp. 123 – 136.
[27] Russell, R. B., and Ponting, C. P. (1998). Protein fold irregularities that hinder

sequence analysis. *Curr. Op. Struct. Biol.*, 8:364 – 371.
[28] Stigers, K. D., Soth, M. J., and Nowick, J. S. (1999). Designed molecules that fold to mimic protein secondary structures. *Curr. Op. Chem. Biol.*, 3:714 – 723.
[29] Stryer, L. (1995). *Biochemistry*. Fourth edition. W. H. Freeman, New York.
[30] Thompson, R. K. (1995). Fitness landscapes investigated. Master's Thesis, University of Montana, Missoula.
[31] U.S. Office of Technology Assessment. (1998). Mapping our genes—the genome projects. How big? How fast? Technical Report OTA-BA-373, U.S. Government Printing Office, Washington, D.C.

第8章 問題固有のオペレータを用いた進化論的計算によるタンパク質立体構造決定問題

Steffen Schulze-Kremer　RZPD Deutsches Ressourcenzentrum
für Genomforschung GmbH

8.1 はじめに

本章では，ECのタンパク質立体構造推定問題（Schultz and Schirmer, 1979; Lesk, 1991; Branden and Tooze, 1991; Schulze-Kremer, 1992）への適用について述べる．まずそれを目的とした問題固有のオペレータとさまざまな適合度関数の例を紹介する．遺伝的アルゴリズム（GA）は構造的制約に適合するようにして最適な配列を推定するのに使われてきた（Dandekar and Argos, 1992）．例えば，AMBER力場中のCrambinタンパク質の折りたたみ（Le Grand and Merz, 1993），実験的統計ポテンシャル中のMellitinタンパク質の折りたたみ（Sun, 1994），二次構造推定による小さなタンパク質の主鎖の折りたたみ（Danderkar and Argos, 1994）である．タンパク質折りたたみ問題にECを適用した他の例については6章，7章で述べる．本章の初めでは，GAによって作られる個体でタンパク質立体配座を表現し，適合度関数は単純な力場計算としている．続いて，表現形式，適合度関数，変形オペレータについて述べる．(1) ab initio予測の実行，(2) Crambinタンパク質側鎖配置，という2つの実験結果によってこの手法の有効性を示す．この結果から，表現方法，変形オペレータ，適合度の評価の選び方が，解の質に大きく影響することも示す．

8.1.1 表現形式

EAを適用するにはふさわしい表現形式を選ばなければならない．ここではハイブリッド手法を用いる．これは（通例のGAとしての）ビット配列ではなく数値配列を扱うGAを構成することを意味する．実数値表現は，2章で述べた進化論的プログラミング（evolutionary programming: EP）や進化戦略（evolution strategies: ES）の

ような他の EA 手法でよく見かける方法である．ハイブリッド表現は簡単に実装でき，専門的なオペレータの使用を容易にする場合もある．しかし，ハイブリッド手法では，

1. 浮動小数点表現に有効な数学的性質もあるが，厳密に言えば GA の数学的基礎はバイナリ表現にしかあてはまらない．
2. バイナリ表現はたいてい実行が速い．
3. 付加的なコーディング/デコーディングのプロセスは数値をビット配列へマップする必要がある．

という 3 つの潜在的な欠点がある．

本章では，力場をもとにした単一の最適な立体配座を見つけることよりも，EA を用いて実際に近い立体配座を生成することに重点を置く．これには EC が適切な手段である．タンパク質のハイブリッド表現では，直交座標，ねじれ角，回転異性体，その他簡略化した残基のモデルが用いられる．

直交座標表現を用いるとき，タンパク質中のすべての原子は三次元座標で扱われる．この表現はタンパク質の三次元構造との相互的な変換が簡単であるという利点を持つ．しかしこのような表現を用いると，変形オペレータ（突然変異や交叉）はしばしば有効でないタンパク質の立体配座を作ってしまう．例えば，タンパク質中の原子同士が離れすぎたり衝突したりするのである．そのためこれらの有効でない個体を取り除くフィルタが必要となる．このようなフィルタは非常に多くの CPU 時間を消費するため，進化論的手法の探索過程を大きく遅らせる．したがってここではデカルト直交座標表現を検討しない．

ねじれ角表現を用いると，標準的な結合幾何が一定であるという仮説のもとでねじれ角の組によってタンパク質は表現される．EA を実行するとき，結合距離と結合角は一定に保たれる．実際には結合距離と結合角は原子の周囲にある程度依存するので，この仮定は実環境を簡略化したものである．しかしねじれ角はどんな自然の立体配座も表現できるほどの自由度を持っており，予測した立体配座と既知のタンパク質構造の二乗平均平方根 (root mean square: RMS 値) を非常に小さくできる．

ねじれ角表現は，角 φ/ψ の小さな変化が構造全体の大きな変化を引き起こすため大変興味深い．これは実行開始時の集団に多様性を持たせるのに有用である．図 8.1 にねじれ角 $\varphi, \psi, \omega, \chi_1, \chi_2$ の定義を示す．

本章では，ねじれ角表現について焦点を当てる．われわれは突然変異オペレータを定めるために，Brookhaven タンパク質データバンク (protein data bank: PDB) (Bernstein et al., 1997) にある 129 のタンパク質のねじれ角を統計的に分析した．これにより，この代表的な 129 のタンパク質のねじれ角を 10° ごとの区間に分類した．

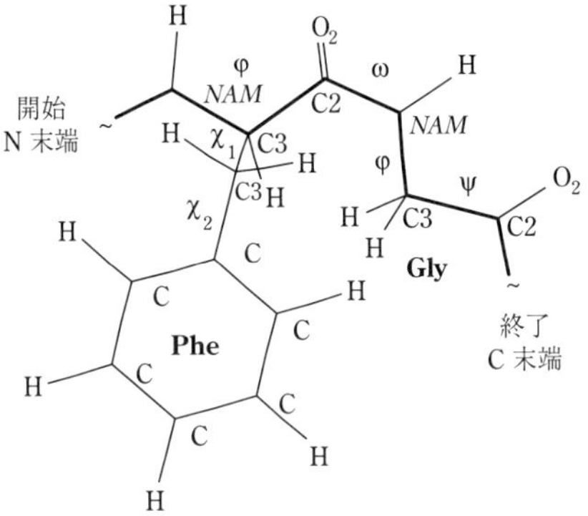

第 8 章 ■ 問題固有のオペレータを用いた進化論的計算によるタンパク質立体構造決定問題　　163

図 8.1　仮想タンパク質の小断片．フェニルアラニン（Phe）とグリシン（Gly）というアミノ酸からなる 2 つの基本構造をワイヤフレームモデルで表現している．原子は化学記号（H, O_2, C）で表す．太線の結合は主鎖を表す．ねじれ角（$\varphi, \psi, \omega, \chi_1, \chi_2$）の記号を回転可能な結合のそばに示す．

このうち最も高頻度の 10 区間を用いて突然変異オペレータのねじれ角置換を定めた．初期化過程では，個体を完全に広がった構造（すべてのねじれ角が 180°）で生成するか，各ねじれ角の最も生じやすい 10 個の区間からランダムに生成する．C_i と N_{i+1} 原子間のペプチド結合の剛性から，ねじれ角 ω には 180° の固定値を用いる．ねじれ角 ω の統計的な分析によれば，プロリンを除いてたいていの場合，180° を平均値として偏差は最大で 5° となり，偏差が 15° となることは比較的まれである．

　この例では，変形オペレータはねじれ角表現に適用される．しかし適合度関数はデカルト座標で表現されたタンパク質構造を必要とする．この変換のため，結合角は分子モデリングソフトウェア Alchemy（Vinter et al., 1987）から，結合距離は CHARMm プログラム（Brooks et al., 1983）から得られた．水素原子を明示的に表した完全なタンパク質表現，または（原子の小集団を"巨大原子"として表す）拡張原子表現を計算することができる．固定の下部構造の数はタンパク質中の残基の数と一致する．われわれのタンパク質表現では，各構造は，残基の種類を表す 3 文字コード（three-letter identifier）と $\varphi, \psi, \omega, \chi_1, \chi_2, \chi_3, \chi_4, \chi_5, \chi_6, \chi_7$ のねじれ角を表す 10 個の浮動小数点を含む．7 以下の側鎖ねじれ角をもつ残基では，不要な値については規定値で埋められている．二重結合特性により主鎖の二面角 ω は回転しないため，180° の固定値が用いられる．

8.1.2 適合度関数

最小化すべき適合度関数として,単純な立体ポテンシャルエネルギー関数を用いる.ポテンシャルエネルギー関数の最適値を見つけることは非常に難しい.なぜなら平均的な大きさのタンパク質では自由度が大きくなりすぎるためである.一般的な分子動力学により,n 原子分子は $3n$ の回転自由度と $3n-6$ の振動自由度を持つ.100 個の残基を持つ中程度の大きさのタンパク質では,

$$6 \times (100\,\text{残基} \times 1\,\text{残基当たり約}\,20\,\text{原子}) - 6 = 11{,}994\,\text{自由度} \tag{8.1}$$

となる.このように多くの変数をもつ方程式系は解析的に処理しにくいが,注目されるタンパク質の多くは 100 より多くの残基を持つ.実験により発見的に最適解を得るのはたいていの場合望み薄である (Ngo and Marks, 1992).タンパク質の立体配座の制約なしで一次構造のみを与えると,中程度の大きさのタンパク質の立体配座は

$$(1\,\text{残基当たり}\,5\,\text{ねじれ角} \times 1\,\text{ねじれ角当たりおおよそ}\,5\,\text{の値をとる})^{100} = 25^{100} \tag{8.2}$$

近くの数となる.つまり最悪の場合,最適解を得るには 25^{100} すべての立体配座を評価する必要がある.これは明らかに現在のスーパーコンピュータの性能を超えている.6 章や他の文献で見られるように,多項式時間で解が得られないような探索空間で,実用的な解の探索に EA が用いられる (Lucasius and Kateman, 1989; Davis, 1991; Tuffery et al., 1991).

8.1.3 立体配座エネルギー

CHARMm プログラムは,タンパク質構造の立体ポテンシャルエネルギー関数を与える.このエネルギー関数は GA 手法を使用するための適合度関数として取り入れられている.解 E_{tot} のタンパク質全エネルギーは,E_{bond} (結合距離ポテンシャル),E_{phi} (結合角ポテンシャル),E_{tor} (ねじれ角ポテンシャル),E_{impr} (不正ねじれ角ポテンシャル),E_{vdW} (van der Waals エネルギー),E_{el} (静電ポテンシャル),E_H (水素結合),そして溶媒との相互作用を表す E_{cr} と E_{cphi} を足し合わせた,

$$E = E_{bond} + E_{phi} + E_{tor} + E_{impr} + E_{vdW} + E_{el} + E_H + E_{cr} + E_{cphi} \tag{8.3}$$

となる.ここで結合距離と結合角は一定であるとする.したがって $E_{bond}, E_{phi}, E_{impr}$ は,同一タンパク質であれば異性体であっても一定である.E_H を含むと E_{vdW} と E_{el} から水素結合の影響を取り除く必要があるためこの項は省略する.ただし CHARMm

の version 21 では E_H も用いられていた．本章で述べる例では，折りたたみは真空中で結合基と溶媒がない状態（すなわち E_{cr} と E_{cphi} は一定）でシミュレートされる．確かにこれは実環境を非常に単純化したものではあるが，ここでは最初のアプローチとして有用であろう．したがってポテンシャルエネルギー関数は，

$$E = E_{tor} + E_{vdW} + E_{el} \tag{8.4}$$

と簡略化することができる．EA を用いた事前の予備実験によると，E_{tor}, E_{vdW}, E_{el} の3つではタンパク質を密な折りたたみ状態にするのに不十分であった．この問題を的確に解決するにはエントロピーを考慮に入れる必要がある．タンパク質と溶媒の相互作用をもとに，折りたたまれた状態と折りたたまれていない状態のエントロピーの違いを計算することができる．残念ながら現在のところこれらの相互作用の正確なモデルを機械的に計算することはできない．したがって代わりに擬似エントロピー項 E_{pe} を，タンパク質を折りたたみ状態にするためのものとして導入する．折りたたまれたタンパク質を多数分析した結果，残基の数（長さ）とその自然な立体配座の推定直径との関係が実験的に以下のように示された．

$$\text{推測直径}/m = 8 \times \sqrt[3]{\text{長さ}/m} \tag{8.5}$$

立体配座の仮エントロピー表現 E_{pe} はそれ自体の直径と相関がある．直径はその立体配座中の C_α 原子間のいちばん長い距離により定まる．実際の直径と推定直径の差が 15Å よりも小さいときは，その差の指数関数がポテンシャルエネルギーに加えられる．差が 15Å よりも大きいときは，指数オーバフローを避けるため固定値（10^{10}kcal/mol）が加算される．進化の間，解個体で表現された実際のタンパク質構造の直径が推定直径よりも小さい場合，E_{pe} に 0 を入れる．最終的に広がった立体配座は球形の立体配座よりも大きいエネルギー値（それゆえ低い適合度）を持つ．

$$E_{pe} = 4^{(\text{実際の直径}-\text{推定直径})}[\text{kcal/mol}] \tag{8.6}$$

ときたま，2つの原子が非常に近接している場合に E_{vdW} は極めて大きくなる．この場合 E_{vdW} は最大 10^{10}kcal/mol となり，E_{el}, E_{tor} は計算できない．上で定義した（低いエネルギー値はより良い構造を表す）ポテンシャルエネルギー関数 E と，4つの項 $E_{tor}, E_{vdW}, E_{el}, E_{pe}$ に重み付けしたエネルギーの両方で進化的探索を行った．その結果はすべての場合で同様であった．特に後で述べる静電相互作用の支配的な影響を小さくしても結果は同じであった．

8.1.4 変形オペレータ

次の世代へ変化した子孫を残すために EA ではいずれも変形オペレータを適用している．現在の研究では，個体はねじれ角の組として表現されたタンパク質の立体配座である．突然変異，変容，交叉という3つのオペレータは，これらの個体に変化をもたらすために作られた．オペレータの適用は実行中に決まり，以下で概略を説明する多数のパラメータにより制御される．

突然変異

突然変異オペレータがねじれ角に作用すると，注目している残基で最も生じやすい 10 個の値から1つをランダムに選びこのねじれ角を置き換える．この変化はタンパク質中の他のねじれ角とは独立に決まる．0 から 1 のランダムな値が生成され，このときこの値が突然変異パラメータよりも大きい場合，突然変異が適用される．突然変異パラメータを実行中に動的に変更することもできる．突然変異オペレータに利用する最も生じやすい 10 個の値は，PDB からの 129 のタンパク質の統計分析からとられたものである．

変 容

変容オペレータは，$1°, 5°, 10°$ オペレータの3つから構成される．タンパク質内のねじれ角に突然変異オペレータが適用された後，独立して2つの決定が行われる．1つ目は変容オペレータを適用するか，2つ目は3つのうちどれを選択するかということである．変容オペレータはねじれ角を，$1°, 5°, 10°$（常に独立，1/3 の確率）増減させる．ねじれ角が $[-180°, 180°]$ の範囲を超えないよう注意する．これはねじれ角が 1 回転となる有効な範囲である．このオペレータが適用される確率は変容パラメータによって制御され，実行中に動的に変更することができる．同様に3つのオペレータを選ぶ確率を制御するパラメータも存在する．あるいは，3つの離散的な増減の代わりに，$-10°$ から $10°$ の一様分布による増減を使うことができる．

交 叉

交叉オペレータは二点交叉と一様交叉の2つの要素からなる．交叉は，突然変異オペレータと変容オペレータとは独立に，2個体に適用される．はじめに，親世代の（突然変異や変容によって変更が行われている可能性もある）個体を，ランダムに選んでペアにする．各ペアに対して，交叉オペレータを適用するかどうかを独立に決定する．この確率は，実行中に動的に変更可能な交叉パラメータによって制御される．この決

第 8 章 ■ 問題固有のオペレータを用いた進化論的計算によるタンパク質立体構造決定問題　　**167**

定が"偽"であった場合，2つの個体にこれ以上の変更は行われず，子の集団に追加される．決定が"真"であったときは，二点交叉と一様交叉の選択が行われる．この選択もまた実行中に変更可能な2つのパラメータによって制御される．二点交叉は1つの個体からランダムに2つの残基を選択する．そして2つの残基の間の断片が対となる個体と交換される．一方，一様交叉では各残基ごとにそのねじれ角が交換されるかの決定がなされる．そしてその確率は，遺伝的多様性を増加させるために常に50%としている．

パラメータ化

　先に述べたように，どんな EA でも実行時の振舞いを制御するいくつかのパラメータが存在する．8.4節の実験で用いられるパラメータの値を表8.1に示す．主鎖のねじれ角 ω は 180°固定，進化の集団数は 10 個体，進化の過程は 1000 世代後に終了する．ねじれ角が突然変異オペレータによって変化される確率は実行開始時で 80%，実行終了時で 20% である．進化の過程中，この確率は世代数に対して線形に減少する．変容オペレータが適用される確率は，開始時の 20% から終了時の 70% まで増加する．変容オペレータの 10°要素は実行開始時に高い確率（60%）であるのに対し，1°要素は実行終了時に高い確率（80%）である．同様に，交叉が行われる確率は 70% から 10% に減少する．実行開始時では主に一様交叉が適用され（90%），実行終了時では主に二点交叉が適用される（90%）．このパラメータ設定では個体数を少なく世代数を多く実行する．これは計算時間を少なく抑え，交叉を最大限に利用するためである．探索が広い範囲にわたるよう，実行開始時に高確率な突然変異と一様交叉が集団に多様性を持たせるよう働く．進化の選択手順から生き残った立体配座を微調整するため，実行終了時に変容オペレータの 1°要素が優勢となるようにする．

選　択

　2章で述べたように，次の世代のための親として働く個体を選択する方法が数多く存在する．世代間の移行は，全体選択，エリート選択，steady state 選択，またこれだけに限らないさまざまな選択のメカニズムを経て行われる．全体選択では，新しく作られた子のみを次世代に移し，前の世代の親をすべて捨てる．そのため，低い適合度（高い価値）を持つ親自体を失う可能性もある．エリート選択では，すべての親と子が適合度によって順序づけられる．集団の大きさ（親＋子）が $2n$ であるとき，最も適合した n の個体が次の世代への親として選択される．このモデルをここでは用いている．steady state 選択では，適合度をもとに集団から2個体選び，突然変異と交叉によ

表 8.1 実行時パラメータ

パラメータ	値
ω 角 180° 一定	あり
初期世代の初期化	ランダム
個体数	10
世代数	1000
突然変異（開始）	80%
突然変異（終了）	20%
変容（開始）	20%
変容（終了）	70%
変容（開始 10°）	60%
変容（終了 10°）	0%
変容（開始 5°）	30%
変容（終了 5°）	20%
変容（開始 1°）	10%
変容（終了 1°）	80%
交叉（開始）	70%
交叉（終了）	10%
交叉（開始 一様交叉）	90%
交叉（終了 一様交叉）	10%
交叉（開始 二点交叉）	10%
交叉（終了 二点交叉）	90%

り変化させ，そして親の代わりに置き換える．

8.1.5　ab initio 予測

前項に述べた GA のプロトタイプを実行した．GA の ab initio 予測性能を試すため，Crambin 配列を用いた．Crambin は *Crambe abyssinica* キャベツからとった植物の種子のタンパク質である．Crambin の構造は Hendrickson と Teeter により 1.5 Å の分解能で決定されている（図 8.2，図 8.3）(Hendrickson and Teeter, 1981)．Crambin は強い両親媒性の性質を持ち，これによりその立体配座を計算するのが特に難しい．しかし，高い分解能で決定されていてしかも比較的小さい（46 残基）ため，予測のための最初の候補として Crambin を選んだ．本章を通して構造はステレオ投影により図示する．読者は左右 2 つを重ねる交差法により図を見ることで，タンパク質構造の三次元像が理解できるだろう．

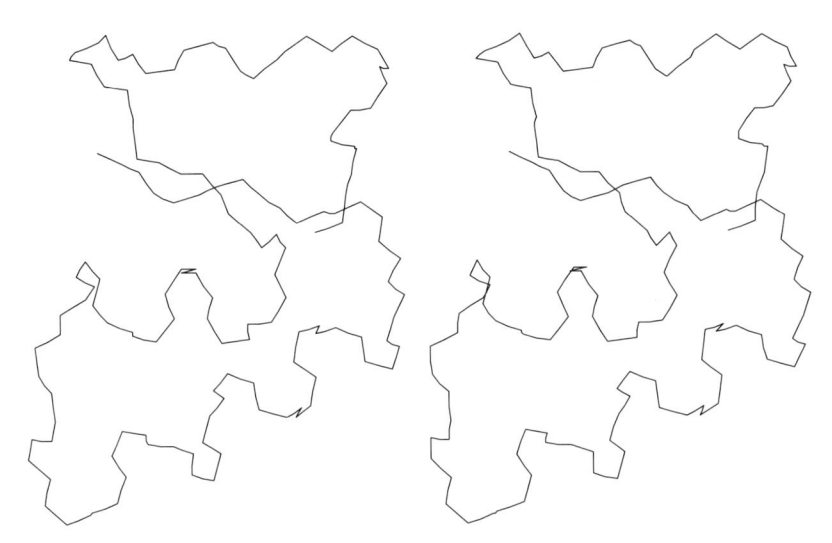

第 8 章 ▉ 問題固有のオペレータを用いた進化論的計算によるタンパク質立体構造決定問題　　**169**

図 8.2　側鎖なしの Crambin のステレオ投影図

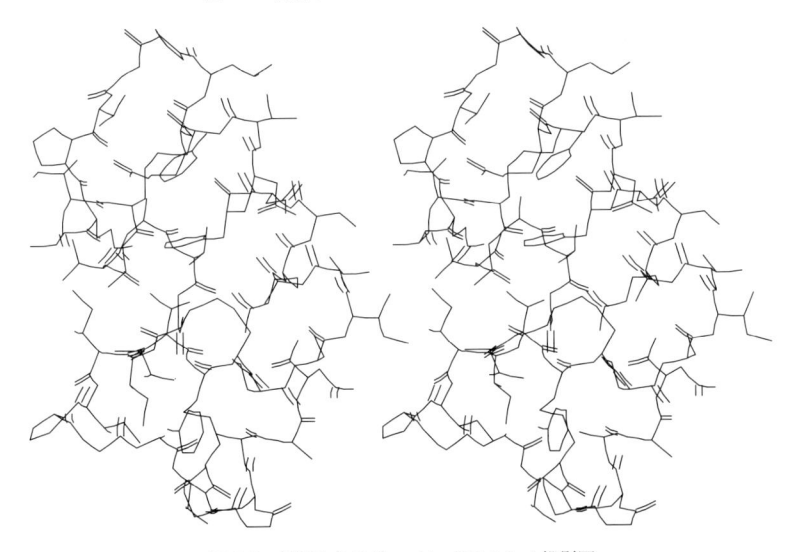

図 8.3　側鎖ありの Crambin のステレオ投影図

　図 8.4 は進化の最終世代で得られた 10 個体のうちの 2 個体を示す．10 個体のうち自然な Crambin の立体配座と類似した構造は見られなかった．これは構造を重ね合わせることで確かめられる．表 8.2 は 10 個体すべてと自然の構造との RMS 値を表したものである．すべての場合で 9Å 以上の校差があり，意味のある構造の類似を示さない．

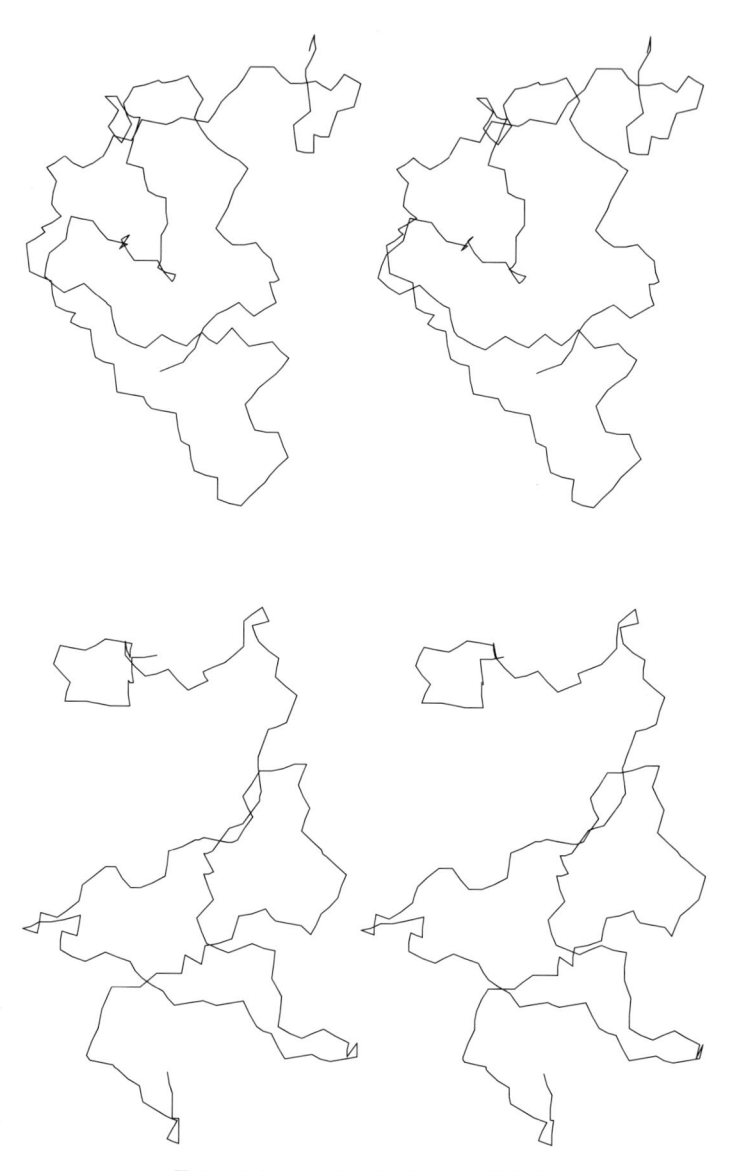

170 第 III 部 ■ タンパク質の立体構造の決定

図 8.4　GA によって生成した 2 つの立体配座

表 8.2 自然の Crambin との RMS 値

個体	RMS 値	個体	RMS 値
P1	10.1 Å	P6	10.3 Å
P2	9.74 Å	P7	9.45 Å
P3	9.15 Å	P8	10.2 Å
P4	10.1 Å	P9	9.37 Å
P5	9.95 Å	P10	8.84 Å

表 8.3 最終世代のエネルギー．vdW は van der Waals, el は静電エネルギー，tor はねじれ角，pe はポテンシャルエネルギー，total は全エネルギーを表す．

個体	E_{vdW}	E_{el}	E_{tor}	E_{pe}	E_{total}
P1	−14.9	−2434.5	74.1	75.2	−2336.5
P2	−2.9	−2431.6	76.3	77.4	−2320.8
P3	78.5	−2447.4	79.6	80.7	−2316.1
P4	−11.1	−2409.7	81.8	82.9	−2313.7
P5	83.0	−2440.6	84.1	85.2	−2308.5
P6	−12.3	−2403.8	86.1	87.2	−2303.7
P7	88.3	−2470.8	89.4	90.5	−2297.6
P8	−12.2	−2401.0	91.6	92.7	−2293.7
P9	93.7	−2404.5	94.8	95.9	−2289.1
P1	96.0	−2462.8	97.1	98.2	−2287.5
Crambin	−12.8	11.4	60.9	1.7	61.2

　GA は Crambin に近い構造を生成しなかったが，適度な主鎖構造を生成した（すなわち結び目や不適切に突き出た部分は存在しなかった）．この結果だけを見ると，立体配座探索における GA の失敗を示している．実験の正確な分析のためには最終世代のエネルギーを考察する必要がある（表 8.3）．最終世代のすべての個体は同じ力場中での自然な Crambin よりも小さなエネルギーであった．これは，GA は最適化を行ったが，その適合度関数が立体配座の"自然らしさ"を示すのに適切でなかったからと考えられる．各個体における，ファンデルワールス（van der Waals）エネルギー（E_{vdW}），静電エネルギー（E_{el}），ねじれ角エネルギー（E_{tor}），偽エントロピーエネルギー（E_{pe}），すべての合計（E_{total}）を表に示す．比較として同じ力場での自然の Crambin の値を載せた．

　GA によって生成されたすべての個体の静電エネルギーは，明らかに自然の Crambin のそれより極めて高い．この理由として，

- 静電相互作用は他の適合度要素よりも安定化エネルギーの量に大きく寄与する.
- Crambin は中和していない 6 つの部分的に帯電している残基を持つ.
- この場合,GA は静電エネルギーの項を最適化することで,最も低い全エネルギーを持つ個体を獲得する.

の 3 つが挙げられる.

10 個体の最終世代は構造の異なる 2 つの組に分けられる.1 つ目は P1, P2, P4, P5, P6, P8, P9 であり,2 つ目は P3, P7, P10 である.同一組内では約 2 Å の RMS 値を持ち,他の組とは約 9 Å の差がある.

集団数が小さいこと,GA によって生成された個体における全エネルギーの大きな増加,最終世代で非常に近いエネルギーを持ちながら本質的に異なる立体配座の組の存在などを考慮すると,GA の探索性能は比較的よいといえる.問題は,自然に近い立体配座へと正確に GA を導くより良い適合度関数を見つけることである.現在,自然な立体配座を決定する唯一の基準として自由エネルギーがあるが,この手法の難しさは明らかである.不十分な適合度関数に対処する 1 つの方法として,発見的な判断基準を多値ベクトル適合度関数中の力場要素と結び付けることが考えられる.この拡張に取りかかる前に,まず現在の手法の性能を側鎖配置問題で検証してみよう.

8.1.6 側鎖配置

結晶学は一次構造と主鎖の立体配座が既知であるとき,しばしばタンパク質の側鎖位置の問題に直面する.現在のところ,機械的操作により自動的に側鎖を配置する高精度の実用的手法はない.側鎖配置問題は ab initio による三次構造推定に比べてやさしそうに見えるが,分析処理が非常に複雑である.

本章で先に述べたように GA 手法は側鎖配置に用いることができる.ねじれ角 φ, ψ, ω は与えられた主鎖に対して一定に保たれなければならない.図 8.5 は立体像中の空間的な重なりを示したものである.Crambin と GA によって生成された一致する断片を 5 残基ごとに示した.1 文字コードでの Crambin のアミノ酸配列は TTCCP SIVAR SNFNV CRLPG TPEAI CATYT GCIII PGATC PGDYA N (文字コードについては表 1.2 参照) である.見て分かるように予測された角度はほとんどの場合で自然な立体配座に非常に近い.この実験における全体的な RMS 値は 1.86 Å である.これは焼きなまし法 (Lee and Subbiah, 1991; 1.65 Å) や発見的手法 (Tuffery et al., 1991; 1.48 Å) の結果に匹敵する.

これらの実行では,適合度関数の力場も GA の実行時パラメータも最適化せずに行ったことに注意してもらいたい.より精密で調整された実験を行うことでさらに良い結

果が期待できる．

8.2　タンパク質立体配座の多目的最適化

ここでは，EA をタンパク質折りたたみ問題へ適用するための，付加的な適合度基準を紹介する．これは自然なタンパク質の立体配座に関するより多くの情報を用いて，自然な立体配座に近い方向へ導くように，GA の適合度関数を改善するものである．タンパク質の立体配座が持ついくつかの性質が付加的な適合度の要素として用いられる．一方で遺伝的オペレータに組み込まれるものもある（例えば，7 章に述べた Ramachandran プロットによる制約）．そのように拡張された適合度関数を用いるため，同じ基準では比較できない分量（エネルギー，優先ねじれ角，二次構造の性質，極の分布や疎水性

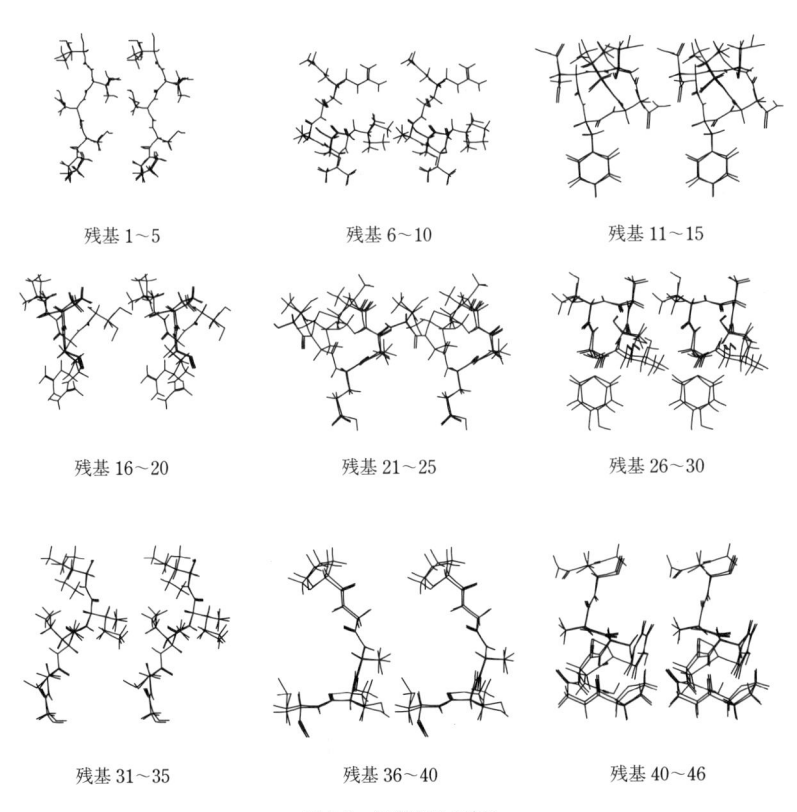

残基 1〜5　　　　残基 6〜10　　　　残基 11〜15

残基 16〜20　　　残基 21〜25　　　残基 26〜30

残基 31〜35　　　残基 36〜40　　　残基 40〜46

図 8.5　側鎖配置の結果

残基)を結び付ける必要がある.これは全適合度に寄与する適合度要素をどのように結び付けるかという問題である.単純に異なる要素を足し合わせても,個々の立体配座にとってどれだけそれらが重要かを考慮していない.そのため大きな値を持った要素が適合度関数に対し支配的になってしまう.この難点を処理するため各要素に重みを導入することもある.しかしそれらの重みの値をどうやって決定するかという別の問題が出てくる.適合度要素に適した重みに関する一般的な理論はない.異なる値の組合せを試し,既知の立体配座を持つテストタンパク質を用い,GAでの振舞いにより評価することが唯一の解決策である.しかしながら,少数の適合度要素であっても試す組合せは多数存在する.しかも各組合せは評価に対して独立したテスト実行を必要とする.さらに,van der Waals エネルギー関数のような適合度要素は大きな計算時間を必要とする.この状況を扱うために2つの手段を用いる.

- 異なる適合度要素を単一の数値で表した適合度に算術的に加算するのではなく,ベクトルとして結合する.これにより,適合度要素が評価の過程全体を通して独立して保持され,常に確実に利用できる.
- 1世代の個体すべてを評価するため,並列処理を用いる.20から60個体の集団では,小さなシングルプロセッサーのワークステーションに比べて,約20倍の速度向上が見られた.

2種類の適合度関数を評価し,それらをタンパク質折りたたみ問題に適用した.1つ目は,既知である立体配座と新たに生成された個体とのRMS値を見積もる,スカラの適合度関数である.この幾何学的な尺度は進化的探索を直接望ましい解へ導くだろう.しかしこの手法は既知の立体配座を持つタンパク質にのみ有効である.RMS値は以下のように計算される[*1].

$$\mathrm{RMS} = \sqrt{\sum_{i}^{N}(|\overline{u}_i - \overline{v}_i|)^2} \tag{8.7}$$

ここで i は比較する2つの構造において(この場合,現在の集団における個体の立体配座 (u_i) と既知である実際のテストタンパク質の構造 (v_i)),N 個の対応する全原子をとるインデックスである.一致する原子のベクトル u_i とベクトル v_i との距離の二乗を合計し平方根をとる.この結果は,個体中の各原子が実際の位置とどれだけ平均的に離れているかの指標となる.RMS値が0Åから3Åのとき強い類似性を示し,4Åから6Åのときには類似性は弱い.6Åよりも大きい値のときは,立体配座におい

[*1] 訳注:根号内で N による除算を行っていないため,通常のRMS値の定義(15.3.1項参照)とは異なることに注意されたい.

て主鎖の折りたたみパターンでさえ類似していない可能性がある．

2つ目の適合度関数は，いくつかの適合度要素をベクトルにしたものである．この適合度関数は以下の要素を含む．

$$適合度 = \begin{pmatrix} \text{RMS} \\ \text{E}_{\text{tor}} \\ \text{E}_{\text{vdW}} \\ \text{E}_{\text{el}} \\ \text{E}_{\text{pe}} \\ \text{polar} \\ \text{hydro} \\ \text{scatter} \\ \text{solvent} \\ \text{Crippen} \\ \text{clash} \end{pmatrix}$$

RMS 値は前の段落で述べたものである．これはタンパク質立体配座が既知であるときのみ計算することが可能である．多値ベクトル適合度関数において，この指標はどれだけ GA が既知構造に近づいたかを知るために，各個体ごとに計算される．しかし RMS 値の指標は子を選択する過程には用いられない．選択は残りの8つの適合度要素と Pareto 選択アルゴリズム[*2]に基づいて行われる．以下これを簡単に説明する．

E_{tor} は，CHARMm 力場（version 21）の力場データに基づいた立体配座のねじれ角エネルギーである．

$$\text{E}_{\text{tor}} = |k_\phi| - k_\phi \cos(n\phi) \tag{8.8}$$

k, n は原子の種類に依存する力場の定数であり，ϕ はねじれ角を表す．

E_{vdW} はファンデルワールス（van der Waals）エネルギー（Lennard-Jones ポテンシャルとも呼ぶ）である．

$$\text{E}_{\text{vdW}} = \sum_{i \neq j} \left(\frac{A_{ij}}{r_{ij}^{12}} - \frac{B_{ij}}{r_{ij}^6} \right) \tag{8.9}$$

ただし，A, B は原子の種類に依存する力場の定数であり，r は1分子中の2つの原子間距離である．2つの原子の i, j は同値をとらず，各ペアは一度だけ計算する．

[*2] 訳注：すべての評価関数に対してそれと同程度あるいはそれ以上に好ましい発生事象が他に存在しないという，Pareto 最適の概念を選択に用いるアルゴリズム．

E_{el} は，部分電荷 q_i, q_j を持つ 2 つの原子 i, j の静電エネルギーを表し，r_{ij} はそれらの原子間距離を表す．

$$E_{el} = \sum_{i \neq j} \left(\frac{q_i q_j}{4\pi\varepsilon_0 r_{ij}} \right) \tag{8.10}$$

E_{pe} は密な折りたたみパターンを促進する指標である．タンパク質の直径はいくつかの手法で推定できる．ペナルティエネルギー項は以下のように計算される（式 (8.6) を参照）．

$$E_{pe} = 4^{(実際の直径 - 推定直径)} \tag{8.11}$$

polar はタンパク質の中心ではなく表面に位置する極性残基の偏りを示す．すべての適合度寄与を最小化するため，加算する前に -1 の因数を必要とする．タンパク質の中心から極性残基までの距離が長いほどよい構造であり，極性の値がより小さな（絶対値が大きい）負数となる．残基 i が k 個の極性残基の 1 つであり（例えば，Arg, Lys, Asn, Asp, Glu, Gln などのアミノ酸），タンパク質が長さ N 残基，重心が s であるとき，polar 適合度寄与は以下のように計算される．

$$\mathrm{polar} = \frac{-\sum_{i}^{k} |\overline{v}_i - s|}{k} \tag{8.12}$$

同様に，hydro はタンパク質疎水性残基（例えば，Ala, Val, Ile, Leu, Phe, Pro, Trp）の傾向を表す指標であり，scatter はアミノ酸の種類によらず，すべての C_α 原子の距離を加え合わせるようにして密な折りたたみへと導く．

$$\mathrm{hydro} = \frac{-\sum_{i}^{k} |\overline{v}_i - s|}{k}, \quad \mathrm{scatter} = \frac{-\sum_{i}^{N} |\overline{v}_i - s|}{N} \tag{8.13}$$

solvent は，立体配座の溶媒露出表面積（$Å^2$ の単位）である．これは表面三角メッシュ分割法（surface triangulation method）により計算される．Crippen は，Maiorov と Crippen (1992) により明らかになった実験的統計的ポテンシャルである．これは一定の距離内での相互作用を行う原子の対すべてを合計したものである．clash は，衝突する回数（互いの距離が 3.8 Å 以内まで近づいた 2 原子）を数えたものである．この適合度要素は，距離の短いところで van der Waals エネルギーの影響を概算するのに用いられる．その結果正確な計算に必要な計算コストが非常に削減できる．

$$\text{clash} = \sum_{i=1}^{N} \sum_{j=i+1}^{N} \text{overlap}(i,j)$$

$$\text{ただし overlap}(i,j) = \begin{cases} 0 & \text{dist}(i,j) \geq 3.8\,\text{Å のとき} \\ 1 & \text{dist}(i,j) < 3.8\,\text{Å のとき} \end{cases} \tag{8.14}$$

8.3 問題固有の変形オペレータ

局所ねじれオペレータを局所立体配座に適用する．これは連続した3アミノ酸残基のための，Go と Scheraga (1970) の高分子の閉環アルゴリズム（ring closure algorithm）を用いることで行う．局所ねじれオペレータにより得られた新たな折りたたみを図8.6に示す．このアルゴリズムは，はじめ RING.FOR プログラム（Quantum Chemical Exchange Program, プログラム番号 QCMP 046, http://gcpe.chem.indiana.edu/ で入手可能）で用いられた．これは，ユーザが指定した結合距離と結合角によって隔たりを埋めるよう6つの近接した二面角に作用する．ポリペプチドにこのアルゴリズムを適用するには，C言語に書き換えることと，強固なねじれ角 ω を計算するようにプログラムを改良する必要があった．

閉環アルゴリズムの基本的な目的は，以下の等式を満たす ϕ_1 の値を見つけることである．

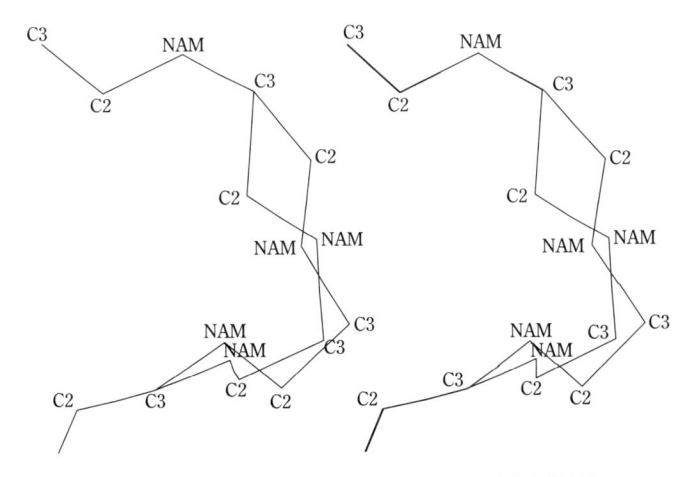

図 8.6　局所ねじれオペレータによって変化した主鎖立体配座

$$g(\phi_1) = \boldsymbol{u}^+ \boldsymbol{T}_\alpha \boldsymbol{R}_{\phi_1} \boldsymbol{T}_\beta \boldsymbol{R}_{\psi_1+\pi} \boldsymbol{T}_\alpha \boldsymbol{R}_{\phi_2} \boldsymbol{T}_\beta \boldsymbol{R}_{\psi_2+\pi} \boldsymbol{T}_\alpha \boldsymbol{e}_1 - \cos(\beta) = 0 \qquad (8.15)$$

ここで $\boldsymbol{u}^+$（転置してある）と $\boldsymbol{e}_1$ はベクトルであり，$\boldsymbol{T}$ と $\boldsymbol{R}$ は局所立体配座変化の制約を定めた移動行列と回転行列である．角 β はペプチド結合の厳密な構造を，角 ϕ_1 は変更されるべき配列中で一番目の主鎖のねじれ角を表す．ϕ_1 に適した値を探索するには数値計算を繰り返すことが必要である．したがって探索には多くの時間が費やされる．そのため，局所ねじれオペレータを 98 個の i860 プロセッサを搭載した Intel Paragon コンピュータに載せ，すべての個体を並列に計算できるようにした．適合度として自然な立体配座との RMS 値を用いてテスト実行を行ったところ，局所ねじれオペレータによって予測精度が大きく向上し全計算時間も著しく減少した．

8.3.1　正しい主鎖立体配座

前節で述べた突然変異オペレータは，最も生じやすい 10 個の 10° 間隔の左端を常に用いていたため，かなり粗いものであった．主鎖ねじれ角 ϕ, ψ に有効な値を選択するように改善するため，以下のような最近隣法 (Lu and Fu, 1978) によるクラスタ分析を 66 種のタンパク質の主鎖ねじれ角に用いた．

1. 各アミノ酸に対してすべての $\phi - \psi$ ペアをクラスタが 21 個になるまでクラスタリングする．
2. ペアが 10 個未満のクラスタすべてをまとめ，各クラスタの中央を突然変異オペレータが用いる $\phi - \psi$ ペアの組に加える．
3. 上で選ばれた少なくとも 10 ペアあるクラスタからの $\phi - \psi$ ペアのみにクラスタリングの手続きを繰り返す．そして，クラスタが 21 個になるまでクラスタリングを再び実行する．最終的に得られるクラスタの中央が個体のねじれ角を置き換えるときに，突然変異が使用する $\phi - \psi$ ペアとなる．

このアルゴリズムはまずいくつかの実例により小さなクラスタを定める．次に，より良い分解能で密になった領域をクラスタリングする．図 8.7 はアルギニンというアミノ酸における 34 クラスタの中心を示す．10 以下のペアによる最初の試行における 14 の小さなクラスタ（四角で表す）と，2 回目の試行による残りの 20 の大きなクラスタ（三角）が存在する．

8.3.2　二次構造

望ましい主鎖ねじれ角を正しく選択することのほかに，探索空間を小さくするためにタンパク質二次構造予測が用いられる．この場合 2 つの問題点が生じる．

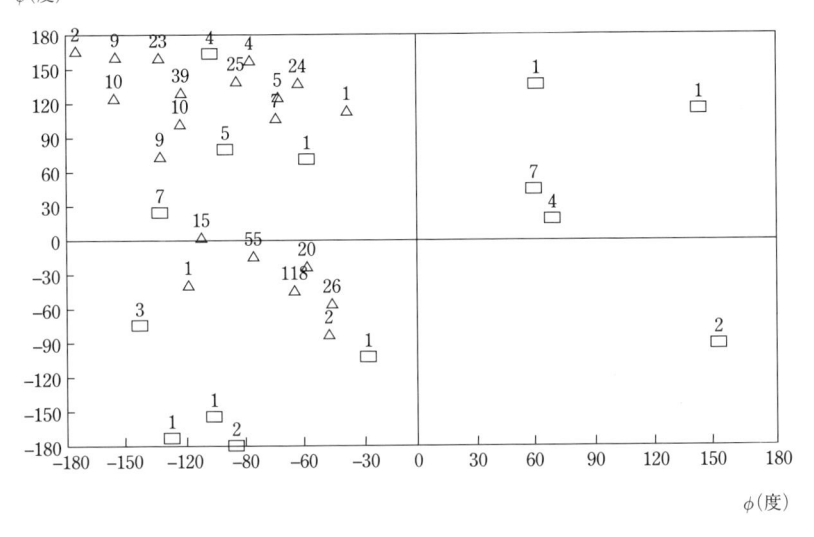

第 8 章 ■ 問題固有のオペレータを用いた進化論的計算によるタンパク質立体構造決定問題   **179**

図 8.7 アルギニンの 34 の $\phi-\psi$ クラスタ．四角は小さなクラスタの中心を，三角は大きなクラスタの中心を示す．

表 8.4 二次構造における主鎖ねじれ角の境界線

二次構造	ϕ_l	ϕ_u	ψ_l	ψ_u	ϕ_{exact}	ψ_{exact}
α ヘリックス（狭間隔）	$-57°$	$-62°$	$-41°$	$-47°$	$-57°$	$-47°$
α ヘリックス（広間隔）	$-30°$	$-120°$	$10°$	$-90°$	—	—
β ストランド（狭間隔）	$-119°$	$-139°$	$135°$	$113°$	$-130°$	$125°$
β ストランド（広間隔）	$-50°$	$-180°$	$180°$	$80°$	—	—

1. どの二次構造予測アルゴリズムを用いるか．
2. 予測する二次構造のどのねじれ角を用いるか．

1 つ目の問題点に対しては，PHD 人工ニューラルネットワーク（Rost and Sander, 1993）と情報理論（Garnier et al., 1978; Cármenes et al., 1989）を用いた統計的手法という，2 つの異なる手法を組み合わせて予測の整合性をとることで処理する．2 つ目の問題点には 2 つの代替案がある．一方の選択肢は，理想的な α ヘリックスと β ストランドのねじれ角を用いることである．他方は，理想的な立体配座を含む区間に，予測する二次構造のねじれ角を制約することである．対応するねじれ角を表 8.4 に示す．ϕ_l, ψ_l と ϕ_u, ψ_u は二次構造中の主鎖ねじれ角の下限値と上限値である．ϕ_{exact}, ψ_{exact}

は理想的な標準配置における値である．βストランドでは，値は順行鎖と逆行鎖の平均である．

8.4　GA の実行性能

　前述の GA を用いた，最終世代の最良個体を図 8.8 に示す．個体数は 30 で，局所ねじれオペレータを使用し，唯一の適合度要素として RMS 値を用いた．自然な Crambin（点線）と 1.08 Å の RMS 値を持つ最良の立体配座（実線）は，局所ねじれ，突然変異，変容，交叉オペレータと適合度関数として RMS 値を用いて 10,000 世代後に得られた．
　この解は X 線や核磁気共鳴の構造推定実験による最高の解像度の範囲で考えると適切なものである．同じパラメータを用いた別の実行では，0.89 Å の RMS 値を持つ個体が生成された．これは GA がタンパク質立体構造決定問題に適していることを示す．正しい適合度関数を与えると，GA はねじれ角をうまく探索する．RMS 値適合度関数を用いた GA をテストするため，他にトリプシンインヒビター（Brookhaven PDB code 5PTI；最終的な RMS 値は 1.48 Å；図 8.9）と RNAse T1（Brookhaven PDB code 2RNT；最終的な RMS 値は 2.32 Å；図 8.10）の 2 つのタンパク質を用いて実験した．
　RMS 値適合度関数を用いた実行により得られた構造は自然な立体配座に完全に一致することが以下の 3 つの観察から分かる．

1. ねじれ角の組から三次元座標へ再構成するため標準的な結合幾何を使用した場合，自然な立体配座は理論上得られる理想的な結合距離および結合角の制約を厳密に守らない．したがって構造の変更を引き起こす可能性があり，常に 0 より大きな RMS 値となる．
2. 理論上，たとえ目的とする構造の詳細が分かっていても，突然変異，変容，交叉オペレータは，正確なものを生成することはできない．これはオペレータが作用する表現形式のためである．現在の個体が求めるタンパク質と常に構造的に類似しているとき，突然変異または変容だけを適用すると，よく一致していた断片をしばしば壊してしまい，その結果立体配座の質を下げる．これは，結合の 1 つの配置がよくなったとしても C 末端方向の他の結合が向きを変え，RMS 値が増加してしまうためである．
3. 局所ねじれオペレータのみが，変化点の周りの有用なタンパク質立体配座の断片を壊すことなしに，適合度を改善することができる．しかし，局所ねじれオペレータの適用は数学的に制約を受ける．適合度の悪い立体配座から始めるとき，局所最適の改善は必ずしも 1 回の試行で見つかるとは限らない．局所立体配座

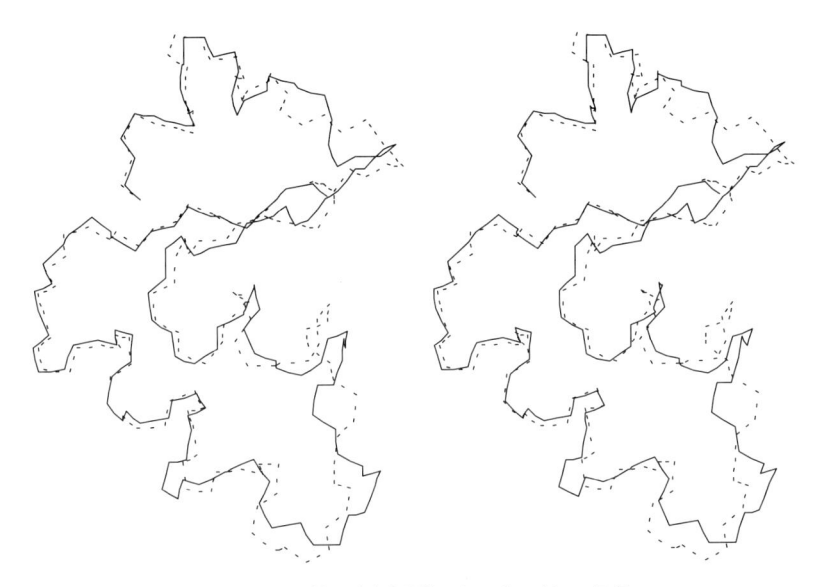

図 8.8　RMS 値の適合度関数による Crambin の予測

図 8.9　RMS 値の適合度関数によるトリプシンインヒビターの予測

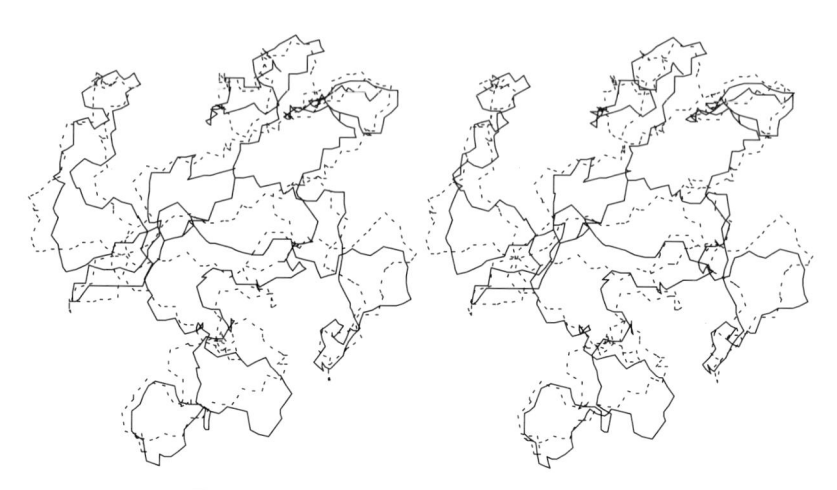

図 8.10　RMS 値の適合度関数による RNAse T1 の予測

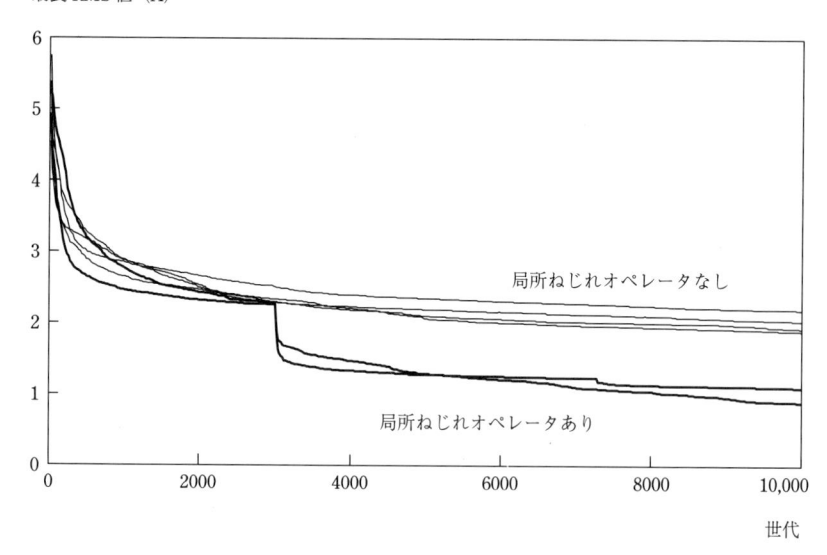

図 8.11　局所ねじれオペレータの性能比較

を改善することが幾何学的に不可能なときもある.

これゆえ，世代を重ねることでの RMS 値の適合度の改善はますます難しくなり，RMS 値が 0 Å から 2 Å のところで探索が停滞してしまう．RMS 値を適合度関数とし

た6つの実験の推移を図8.11に示した．最良なRMS値を持つ個体を各世代ごとにプロットした．局所ねじれオペレータを用いたもの（下側にある2本の太線）では，3,000世代後に急に解の微調整を始める．ここではルーレットアルゴリズムを使用した生殖を行っている．局所ねじれオペレータを用いない4実行では集団数が54個体なのに対し，局所ねじれオペレータを用いる2実行では集団数がわずか30個体であった．

　RMS値の適合度関数を用いた実験結果は，タンパク質立体構造決定問題にEAを用いるとき，適合度関数の選択が極めて重要であることを示している．これはタンパク質工学における進行中の研究対象である．計算の複雑さのいくつかの局面については前節で議論した．さらにこの問題を詳しく調べるため，GAと多値ベクトル適合度関数を用いた別の実験を行った．

　適合度要素 polar, E_{pe}, E_{tor}, E_{el}, hydro, Crippen, solvent を用いた実行の結果を図8.12に示す．この最良個体では自然な Crambin 立体配座との RMS 値は 6.27 Å であった．この場合 RMS 値は用いられておらず，残りの適合度要素が使われている．進化全体を通して，適合度要素の一部（E_{pe}, hydro, Crippen, solvent）の重みは期待どおり RMS 値とともに減少した．しかし他の適合度要素（polar, E_{tor}, E_{el}）によって，本

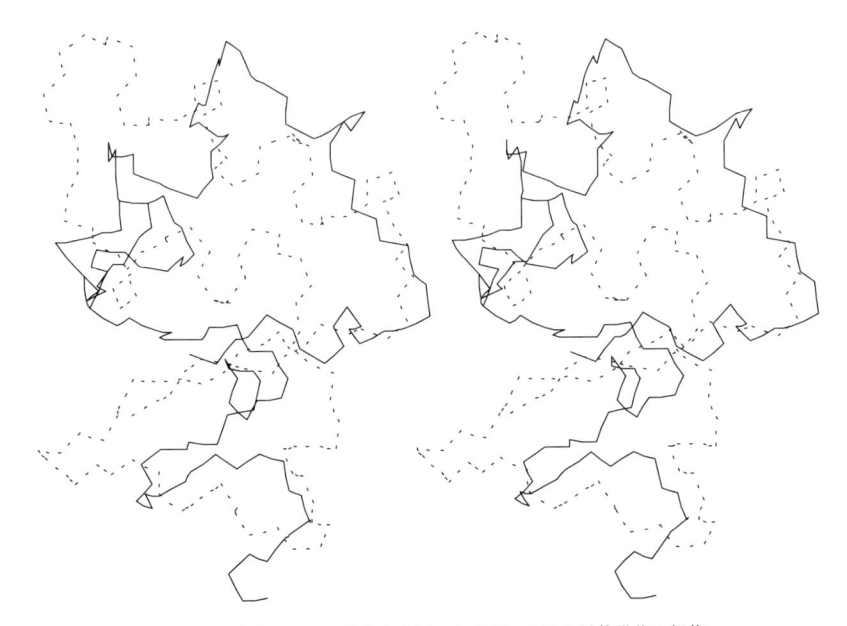

図8.12　多値ベクトル適合度を用いた実行における最終世代の個体

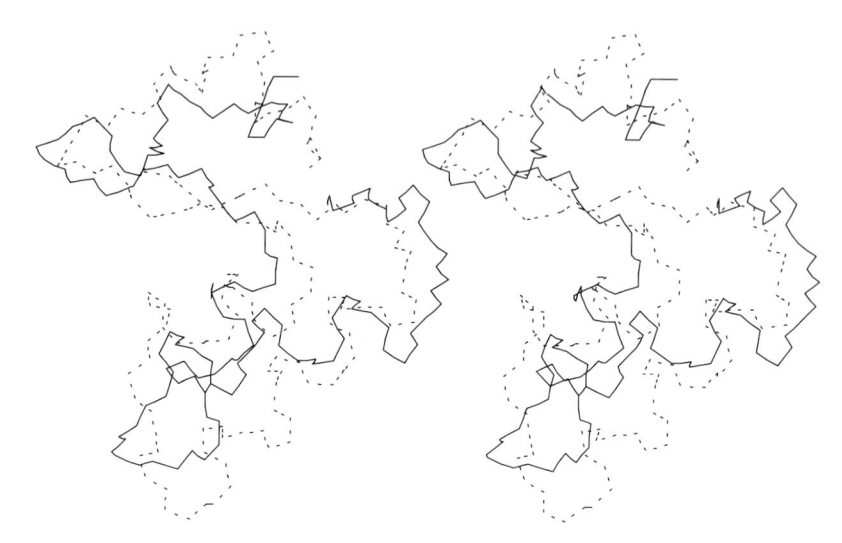

図 8.13　二次構造の制約を用いた crambin の折りたたみ

来の Crambin とは類似していない立体配座を GA は見出してしまった．このことは，これらの各項を重み付けして加えると，Crambin の "自然らしさ" の指標としてふさわしくないことを示す．概して約 6 Å よりも良い RMS 値は同様の実行では見つからなかった．

　適合度要素 Crippen,clash, hydro, scatter により別の立体配座が生成された．さらに，表 8.4 に示す上限と下限の間に主鎖の角度を制限することで，Crambin の二次構造に関する制約を課した．ねじれ角 ω は 180° に制限した．二次構造の制約を一般的に用いるには高い精度の二次構造予測のアルゴリズムが必要であるが，残念ながら現在まだそのようなアルゴリズムは存在しない．前述の適合度要素を用いた GA によって生成された主鎖を図 8.13 に示す．この解は本来の Crambin と 4.36 Å の RMS 値を持つ．

　同じ適合度要素を用いた探索をトリプシンインヒビター（図 8.14）に対して実行した．本来のトリプシンインヒビターとの RMS 値は 6.65 Å であった．トリプシンインヒビターの二次構造が立体配座を厳密に制約しないため，図 8.13 に示す Crambin の結果よりも悪い．つまりより多くの自由度が存在し，それゆえより大きな探索空間であったことを意味する．

図 8.14 トリプシンインヒビターの主鎖折りたたみ

8.5 おわりに

EA のタンパク質立体構造決定問題への有効性,さらには他のバイオインフォマティクスの問題にも有効である可能性について,本章で提示した結果から以下の結論を述べる.

まず,GA はタンパク質の二次元と三次元表現における効果的な探索手段であることを証明した.二次元タンパク質モデルでは,GA は結果の質と必要とする計算時間の両方でモンテカルロ (Monte Carlo) 探索よりも優れていた (Unger and Moult, 1993).単純な力場を適合度関数とし,少ない個体数を用いた三次元タンパク質モデルでは,GA は似ていないトポロジーの個体 (すなわちタンパク質立体配座) を生成したが,その適合度は非常に良いものだった.

次に,適切な適合度関数を与えると (テストとして,以前に決定している立体配座

とのRMS値を用いた），GAの適用でRMS値がごくわずかの目的解を見つけ出した．最後に，GAを用いるための主要な課題は適切な適合度関数の開発にある．対象が自然なタンパク質の立体配座（の一部）であるとき1を返し，そうでないとき0を返す指標が1つ以上あるならば，GA手法は十分に正確な ab initio 予測を行うと期待できる．しかし付加的な制約なしには，自然に近い立体配座とそうでない立体配座とを確かな精度で区別する，数理モデル，実験力場，半実験力場，および分析力場は存在しない．したがってGAは"自然らしさ"とは違った意味での準最適な立体配座を作り出す．適切な適合度関数を見極めるという問題は，EAをタンパク質立体構造決定問題や本書に述べられるさまざまな課題に適用するための共通課題である．

参考文献

[1] Bernstein, F. C., Koetzle, T. F., Williams, G.J.B., Meyer, E. F., Jr., Brice, M. D., Rodgers, J. R., Kennard, O., Shimanouchi, T., and Tasumi, M. (1997). The protein data bank: a computer-based archival file for macromolecular structures. *J. Mol. Biol.*, 112:535–542.

[2] Branden, C., and Tooze, J. (1991). *Introduction to Protein Structure*. Garland, New York.

[3] Brooks, B. R., Bruccoleri, R. E., Olafson, B. D., States, D. J., Swaminathan, S., and Karplus, M. (1983). CHARMm: a program for macromolecular energy minimization and dynamics calculations. *J. Comp. Chem.*, 4:187–217.

[4] Cármenes, R. S., Freije, J. P., Molina, M. M., and Martín, J. M. (1989). PREDICT7, a program for protein structure prediction. *Biochem. Biophys. Res. Comm.*, 159:687–693.

[5] Dandekar, T., and Argos, P. (1992.) Potential of genetic algorithms in protein folding and protein engineering simulations. *Protein Eng.*, 7:637–645.

[6] ——(1994). Folding the main chain of small proteins with the genetic algorithm. *J. Mol. Biol.*, 236:844–861.

[7] Davis, L. (1991). *Handbook of Genetic Algorithms*. Van Nostrand Reinhold, New York.

[8] Garnier, J., Osguthorpe, D. J., and Robson, B. (1978). Analysis of the accuracy and implications of simple methods for predicting the secondary structure of globular proteins. *J. Mol. Biol.*, 120:97–120.

[9] Go, N., and Scheraga, H. A. (1970). Ring closure and local conformational defor-

mations of chain molecules. *Macromolecules*, 3:178 – 187.
[10] Hendrickson, W. A., and Teeter, M. M. (1981). Structure of the hydrophobic protein crambin determined directly from the anomalous scattering of sulphur. *Nature*, 290:107.
[11] Le Grand, S. M., and Merz, K. M. (1993). The application of the genetic algorithm to the minimization of potential energy functions. *J. Global Opt.*, 3:49 – 66.
[12] Lee, C., and Subbiah, S. (1991). Prediction of protein side chain conformation by packing optimization. *J. Mol. Biol.*, 217:373 – 388.
[13] Lesk, A. M. (1991). *Protein Architecture—A Practical Approach*. IRL Press, Oxford.
[14] Lu, S. Y., and Fu, K. S. (1978). A sentence-to-sentence clustering procedure for pattern analysis. *IEEE Trans. Sys., Man Cybern.*, 8:381 – 389.
[15] Lucasius, C. B., and Kateman, G. (1989). Application of genetic algorithms to chemometrics. In *Proceedings of the 3rd International Conference on Genetic Algorithms*, Morgan Kaufmann, San Mateo, Calif., pp. 170 – 176.
[16] Maiorov, N. M., and Crippen, G. M. (1992). Contact potential that recognizes the correct folding of globular proteins. *J. Mol. Biol.*, 227:876 – 888.
[17] Ngo, J. T., and Marks, J. (1992). Computational complexity of a problem in molecular-structure prediction. *Prot. Eng.*, 5:313 – 321.
[18] Rost, B., and Sander, C. (1993). Prediction of protein secondary structure at better than 70% accuracy. *J. Mol. Biol.*, 232:584 – 599.
[19] Schulz, G. E., and Schirmer, R. H. (1979). *Principles of Protein Structure*. Springer-Verlag, Berlin.
[20] Schulze-Kremer, S. (1992). Genetic algorithms for protein tertiary structure prediction. In *Parallel Problem Solving from Nature II* (R. Männer, B. Manderick, eds.), North-Holland, Amsterdam, pp. 391 – 400.
[21] Sun, S. (1994). Reduced representation model of protein structure prediction: statistical potential and genetic algorithms. *Protein Sci.*, 5:762 – 785.
[22] Tuffery, P., Etchebest, C., Hazout, S., and Lavery, R. (1991). A new approach to the rapid determination of protein side chain conformations. *J. Biomol. Struct. Dyn.*, 8:1267 – 1289.
[23] Unger, R., and Moult, J. (1993). Genetic algorithms for protein folding simulations. *J Mol. Biol.*, 231:75 – 81.

[24] Vinter, J. G., Davis, A., and Saunders, M. R. (1987). Strategic approaches to drug design. An integrated software framework for molecular modeling. *J. Comp.-Aided Mol. Des.*, 1:31 – 51.

第IV部 機械学習と人工知能

第9章 進化論的ニューラルネットワークを用いたDNA塩基配列における
コード領域の識別
Gary B. Fogel, Kumar Chellapilla and David B. Fogel

第10章 進化論的計算手法を用いたマイクロアレイデータのクラスタリング
Emanuel Falkenauer and Arnaud Marchand

第11章 進化論的計算手法と配列データのフラクタル可視化
Dan Ashlock and Jim Golden

第12章 進化論的計算を用いた代謝経路および遺伝子制御系の推定
北川純次 Junji Kitagawa, 伊庭斉志 Hitoshi Iba

第13章 生物システム特徴付けのための進化論的計算による支援
Bogdan Filipič and Janez Štrancar

第9章 進化論的ニューラルネットワークを用いたDNA塩基配列におけるコード領域の識別

Gary B. Fogel
Kumar Chellapilla
David B. Fogel　Natural Selection, Inc.

9.1 はじめに

　さまざまなゲノム計画によって，解読されるよりも速い速度で新しいDNA塩基配列情報が大量に得られている．DNA塩基配列には通常，コード領域（エクソン）と非コード領域（イントロンと遺伝子内のスペーサDNA）があり（図9.1），分子生物学者にとってこれらの領域にはそれぞれ異なる価値がある．例えばコード領域によってRNAやタンパク質が合成されることが知られており，これらの領域を識別することは生体内の制御・調節機能の分野で有用かもしれない．遺伝子中では，エクソンがタンパク質合成のためのコード物質として定義されるのに対し，イントロンはエクソンを隔てている以外特に意味のないものとされている．これらの重要性により，DNA解読においてエクソンの可能性がある部分（すなわち遺伝子）を識別することが主な焦点となっている．

　これまでの研究において，DNA塩基配列をコード領域か非コード領域か（遺伝子か遺伝子でないか）に分類する2つのアプローチが探究されてきた．1つ目のアプローチは，エクソンを識別するために規則や判定基準を適用するものである．指定された判断基準を満たさない配列が除去される．このアプローチはGeneID (Guigó et al., 1992) やGeneModeler (Fields and Soderlund, 1990) のようなアルゴリズムで用いられている．2つ目のアプローチでは，重み付き統計値を計算して合成スコアを決定するために人工ニューラルネットワーク (artificial neural network: ANN) や隠れマルコフモデル (hidden Markov model: HMM) が用いられており，エクソンの識別が行われる．この手法はGRAIL (Uberbacher and Mural, 1991)，GRAIL2 (Uberbacher et al.,

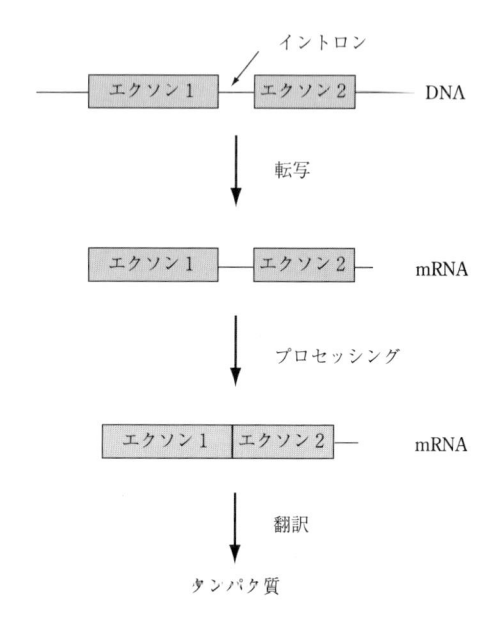

図 9.1 真核生物の DNA 塩基配列には，コード領域（エクソン）と非コード領域（イントロンと遺伝子内のスペーサ DNA）とがある．イントロンは普通，タンパク質に翻訳される前に mRNA からスプライスされる．エクソンを識別することで，ゲノム中のタンパク質コード領域にかかわる RNA のプロセスをより良く理解できるようになる．

1996)，そして GeneParser（Snyder and Stormo, 1995）のようなアルゴリズムで用いられている．一般にこれらのアプローチは，エクソンの最終判断を行う前に，評価値に対して閾値を適用する．

もしエクソン識別に関するすべての規則が既知であるのなら，ルールベース手法は最も有用である．しかし，正しくない規則や未知部分の残る規則を用いると，コード領域と非コード領域を誤って識別してしまう可能性がある．エクソン識別の規則を解明する技術は重要な発展をとげているが，全生物のエクソンとその境界に関する規則はいまだ未解明である．規則を作る際に不十分な知識しか用いることができないため，規則のみをもとにするアルゴリズムでは間違った識別をしやすい．これは，遺伝子識別のためにはルールベースではなく機械学習によるアプローチがより有益なことを示唆している．本章では，規則をもとにしない手法である ANN を発展させるために，進化論的計算（evolutionary computation: EC）を用いる．その目的はコード領域と非コード領域とを区別することである．これがうまくいけば，いまだ解析されていない

DNA 塩基配列の中で分子生物学者にとって重要な領域がどこであるかの判断を支えるプラットフォームが提供されるだろう．本章ではまず ANN を紹介し，次にパターン認識のために ANN を拡張する手法を明らかにする．そして本手法を遺伝子検出に適用した例を示す．

9.1.1 パターン認識としてのニューラルネットワーク

ANN（または単にニューラルネットワーク）は生物が持つ神経モデルをもとにしたアルゴリズムであり，入力に対して出力を行う刺激反応の機能を持つ．このモデルは一連の事象から入出力パターンを学ぶのに用いられている．例えば，マンモグラム（乳房 X 線写真）の画像という入力情報に対し，その悪性の可能性について出力する．

ANN は，固定または可変の重み（ウェイト）によって結合された非線形処理要素からなる並列処理構造である．ANN は非常に多用途で用いることができ，任意の刺激反応に対して複雑な決定領域を生成するように構成できる．つまり，入出力のマッピングが 1 対多の出力を持たない限り，十分な複雑性が与えられればそれぞれの入力に合う出力をする ANN が存在する．したがって，ANN は優れた検出器であり分類器である．従来のパターン認識アルゴリズムでは環境の根底に何らかの統計値を考慮した仮定が必要であったが，ANN はノンパラメトリックなのでより幅広い問題を効果的に扱うことができ（Lippmann, 1987），バイオインフォマティクスの分野でパターン認識問題を扱う際にも広く応用されている．文献（Reczko and Suhai, 1994）はこうした応用例の解説を行っている．

多層パーセプトロン（またはフィードフォワードネットワーク）は，訓練のための模範的パターンがあるような教師付き学習で使われる最も一般的な構造である．それぞれのノードでは重み付き入力の合計値 N を計算し，閾値を引き，ロジスティック（シグモイド）関数を用いて結果を出力する．単純パーセプトロン（1 つの入力ノードからなるフィードフォワードネットワーク）は超平面によって分離された決定領域を形成する．入力データクラスが線形分離可能ならば，重みとバイアス項を調節することで超平面をクラスの境界に置くことができる．入力データが線形分離不可能な場合（分布が重なっているものも含む），ネットワークで計算された出力と実際に求める出力との平均二乗誤差（mean square error: MSE）を最小化するために最小二乗平均法（least mean square: LMS）が用いられる．単純パーセプトロンでは超平面境界しか生成することができないが，隠れ層のあるパーセプトロンによっていかなる関数をも近似することができる（Hornik et al., 1989）．つまり，一般的なパターン認識問題に適用できる有用性がある．

ネットワークの構造（ネットワークの種類，各層のノード数，ノード間の結合など）と入力パターンの訓練セットが与えられれば，重み変数によって入力パターンに対するネットワークの出力が決定され，ネットワークの出力と求める出力との誤差によって n 個のパラメータ（重み）を持つ n 次元超平面の応答曲面が定義される．多層フィードフォワードパーセプトロンが最も一般的に用いられる構造である．重みに対する誤差応答曲面上での傾斜探索を実装したバックプロパゲーションアルゴリズム（計算値と目標値との二乗誤差和を最小化する）によって，ネットワークの訓練が行われる．

ANN において一般的に用いられているバックプロパゲーションであるが，その用途はかなり限定されたものである．数学的に扱いやすく収束性に優れているものの，その収束性は局所的な最適解にのみ適用できる．たとえ与えられたパターン認識問題を解くのにネットワークトポロジーが十分複雑だったとしても，バックプロパゲーションでは満足な重みを得られないかもしれない．このような場合いくつかの選択肢が考えられる．(1) 準最適な成績を許容する．(2) もう一度同じ手順を行ってみる．(3) 模範例に雑音を加えるような，臨時的な措置を取る．(4) 新しいデータを用意し再試行を行う．(5) ノードや結合の数を増やし，ネットワークに自由度を加える．十分なノードや層が利用できるなら，最後の選択肢（ネットワークに自由度を加える）だけが，訓練データで満足のいく成績を保証される．しかしこのことはネットワークの設計者にとって問題である．なぜなら，十分な自由度が与えられれば，どんな関数も，測定可能領域をその対応する領域に写像できるからである．不幸にも，このようにオーバーフィットした関数は，独立して得られるテストデータによる検定ではとても悪い成績となる．このような問題は，回帰分析，統計的モデルの構築，そしてシステム同定においてよく見られる．

データへの適合の度合と必要とする自由度との適切なトレード・オフを評価するには情報量基準（例えば赤池の情報量基準（Akaike's information criterion: AIC），最小記述長原理，予測二乗誤差）が必要である．バックプロパゲーションによる手法では，ネットワークが節約の法則を必ずしも満たさない．これは訓練手順の性質が不完全だからである．バックプロパゲーションによる局所収束性を回避するには，大域的な最適値への収束性を有する擬似進化などの確率論的手法が必要になる．

9.1.2 進化論的計算とニューラルネットワーク

進化論的計算によって ANN を最適化することで，適切なネットワークパラメータをより効率的に見つけられるだけでなく，同時にネットワークのトポロジーも調整できる．ネットワークトポロジーとそれに関連するパラメータ (重み) に突然変異を行

うことによって，非常にロバストなデザインを高速に探索することができる．その結果，トポロジーを事前に選びその制約下で最適の重みを探索する手間が省けるようになる．この手順は，数学ゲームにおいて ANN を進化させた例 (Fogel, 2000 a,b) や，ファジーメンバシップ関数に基づいてクラスタを進化させた研究 (Fogel and Simpson, 1993) に記載されている．ANN の進化についての非常に分かりやすい概要が，文献 (Yao, 1999) にある．システム同定におけるモデル構築と似たような方法で，進化論的ネットワークを設計するのに情報量基準を用いることができる (Fogel, 1991a)．学習アルゴリズムの一部としてユーザが積極的に関与しなければならない従来の ANN パラダイムと違い，進化論的 ANN は予期せぬ入力に対してもユーザがほとんど関与することなく自分で適応することができ，自己設計プロセスはほぼ自動である．結果として得られたシステムは記号的人工知能による従来のアプローチに比べてよりロバストで，機械学習として有能である．

EC を ANN の訓練に用いればより良い成績が得られることが従来の研究で示されている (Fogel et al., 1997; Landavazo et al., 2002)．Porto らはアクティブソナーの応答を分類する固定されたネットワークトポロジーの訓練を行う方法として，バックプロパゲーション，焼きなまし法，EC を比較した (Porto et al., 1995)．焼きなましや進化のような確率的探索手法は一貫してバックプロパゲーションよりも成績が良く，適切に構成された並列計算機上では実行もより速かった．候補ネットワークの訓練を十分に行った後で，最も成績が良いネットワークを実行することができる．一方，実行中に新しく得られたデータをもとにした反復改良を行うために，進化プロセスを続行することもできる．それには現時点のネットワーク集団を新しく得られた各データに適応するための初期解として用いるので，より効率的である．なぜなら，ダイナミックプログラミングのような従来の探索アルゴリズムとは対照的に，新しいデータに対して探索過程を再試行する必要がないからである．

擬似進化による ANN 設計は次のように行う．

1. ANN の特定のクラスを選択する．入力ノード数は解析される入力データ量に相当する．出力ノード数は関係するクラス数 (対象とする分類タイプの数) によって決定される．
2. 訓練のための模範データを選択する．
3. ネットワークの集団をランダムに選択する．ネットワークは，隠れ層の数，隠れ層のノード数，フィードフォワードや他の設計におけるノード間の重み付き結合，そして各ノードに関連するバイアス項によって表現される．利用できる計算機アーキテクチャやメモリに基づいて，ネットワークサイズに合った初期境

界を選択しなければならない．

4. 各"親"ネットワークを，模範データと利得関数を用いて評価する．典型的には目標値と全出力ノードの総和である実際値との平均二乗誤差（MSE）を目的関数として用いる．この手法は訓練のためのバックプロパゲーション・アルゴリズムを簡単化できるので，よく用いられている．しかし，ECではバックプロパゲーションの計算によらないので，任意の利得関数をプロセスに組み込むことができ，さまざまな正解分類，誤分類の演算上の価値を反映することができる．AIC（Fogel, 1991b）や最小記述長原理（Fogel and Simpson, 1993）のような情報量基準は，分類誤差と必要な自由度に基づいて解を評価する上での数学的な根拠となる．

5. "子"ANN構造は，このような親ネットワークにランダムに突然変異を起こすことによって生成する．同時に，層数，ノード数とそれに関連するパラメータ（多層パーセプトロンの重みとバイアス，ラジアル・ベース関数ネットワークの重み，バイアス，平均，標準偏差）も変化させる．どのような組合せで変化を起こすかは，確率分布関数を用いて選択する．確率分布はオペレータが前もって選択しておくか，ネットワークとともに確率分布を進化させることもできる（Fogel, 2000a）．

6. 親と同様に子ネットワークを評価する．

7. こうして得られたネットワークを相対的に評価するために，トーナメント選択（または他の選択方式，2章参照）を用いる．ネットワークをランダムにペアにして，より成績の良い方を"勝ち"とする．あらかじめ設定した数だけこれを繰り返し，最も勝利数が多いネットワークを次世代の親として選択する．この方式では，より成績の良いものが比較的高い確率で選択され，逆に成績の悪いものが選択される確率は低くなる．こうすることで，局所解に陥ることを防ぐ．

8. 5に戻り，プロセスを繰り返す．

本章では，コード領域と非コード領域を識別するANNを進化させるためのアプローチに焦点を当てる．コンピュータを使った遺伝子識別は，DNA塩基配列を入力として，配列中にある遺伝子パターンの位置や構造を記述する特徴を出力する（Fickett and Tung, 1992）．よく知られたGRAILソフトウェアのような遺伝子識別の従来手法では，固定ウィンドウの中で計算された大量のコード指標を結合するためにANNを用いていた（Uberbacher et al., 1996）．遺伝子識別にANNを用いる利点は次のとおりである．

1. DNAに関する異なる種類の入力情報を結合できる．
2. さまざまな入力が偏りのない方法で統合される．

3. 入力データの冗長性と部分独立性により，システムは入力誤差に対してロバストになり得る (Uberbacher and Mural, 1991).

まだ解読されていない DNA 塩基配列中の機能要素を識別するために，(GRAIL と同様に) 固定された ANN 構造の重みを改善する手法として進化論的計算を用いた．本手法と GRAIL を比較することで，バイオインフォマティクスにおけるパターン認識問題を解く上で ANN を発展させる際の EC の有用性が示される．

9.2 進化論的ニューラルネットワークによる遺伝子識別

Fickett と Tung は，ほとんどの遺伝子識別アルゴリズムのコア部分において 1 つ以上のコード化関数 (配列の "コードらしさ" を測るために配列中の任意のウィンドウに対して数やベクトルを計算する関数) があることに注目した (Fickett and Tung, 1992). これらの例として，コドン使用や塩基組成ベクトルがある．エクソン識別の手法には，コード化関数とそれにより求まるベクトルについてコード領域か非コード領域かを決定することが含まれる．

もとの GRAIL アルゴリズム では，99 個のヌクレオチド配列の固定ウィンドウ中で計算された大量のコード指標を結合するためにニューラルネットワークが用いられている．コード指標を用いることで，99 個のヌクレオチドからなるウィンドウの中心にある塩基がコード領域か非コード領域かを決定しやすくなる．コード指標を 0 から 1 の間にスケールしてニューラルネットワークの入力ベクトルとし，バックプロパゲーションによってコード領域か非コード領域かに対応した出力を学習する．進化論的ニューラルネットワークと GRAIL のような従来手法を比較するために，GRAIL システムのコード指標を文献 (Fickett, 1982) にあるような初期入力値に要約する．これらの指標の概略を以下に示す．

9.2.1 コード指標

フレームバイアス行列

いかなる組合せのコード配列に対しても，コドン (3 塩基の並び) 中にある 4 種類のヌクレオチドの分布はランダムでないことが知られている．フレームの統計量を正確に構成するために，既知であるヒト DNA のコード領域 (285,000 ヌクレオチド) と非コード領域 (330,000 ヌクレオチド) とを GenBank (付録参照) より用意した．もとの GRAIL アルゴリズム の訓練に用いられた全配列は残念ながら用意できなかった

表 9.1 現在の 99 個のヌクレオチドからなるウィンドウのフレームバイアス行列と，既知のコード・非コード DNA に対するフレームバイアス行列との類似度を表す特徴

フレーム	ヌクレオチド			
	A	C	G	T
コード領域のフレームバイアス行列				
0	0.258256	0.250621	0.326119	0.165004
1	0.311315	0.244224	0.185859	0.258603
2	0.156046	0.345744	0.311815	0.186395
非コード領域のフレームバイアス行列				
0	0.282193	0.226359	0.223896	0.267552
1	0.282025	0.224608	0.222171	0.271195
2	0.280251	0.224954	0.224083	0.270713

ので，訓練と初期テストに用いるコード配列と非コード配列のデータベースを独自に開発した．このデータベースは GRAIL で用いられたものと統計学的に近くなるようにした．フレームバイアス行列の特徴は，現在の 99 個のヌクレオチドからなるウィンドウのフレームバイアス行列と既知のコード，非コード DNA に対するフレームバイアス行列間の類似度をうまく再現している (表 9.1)．各行列要素の値は以下のようにして計算される．はじめに，3 分割フレーム $(0, 1, 2)$[*1]それぞれの中の異なる 4 種類のヌクレオチド (A, C, G, T) の頻度を決定し，99 ヌクレオチドウィンドウ用のフレームバイアス行列を得る．次に，候補フレームバイアス行列中の各行と，既知コードと非コードに対するフレームバイアス行列の列との相関係数を計算する．相関係数の最大値と最小値の差によってフレームバイアス行列の特徴が得られる．

Fickett

4 種類のヌクレオチドそれぞれの 3 周期性はコード DNA の周期的な特性と比較することによって調査され，全体的なヌクレオチド組成もコード DNA，非コード DNA の組成と比較された．この特徴の計算方法の詳しい記述は文献 (Fickett, 1982) を参照されたい．

コード 6 文字語

この特徴は，DNA のコードセグメント，非コードセグメントの中に指定した長さ n (n 文字) のヌクレオチド"語"がどれくらいの頻度で出現するかに基づく．コード

[*1] 訳注：フレーム (読み枠) については 1.3.1 項を参照．

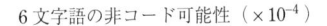

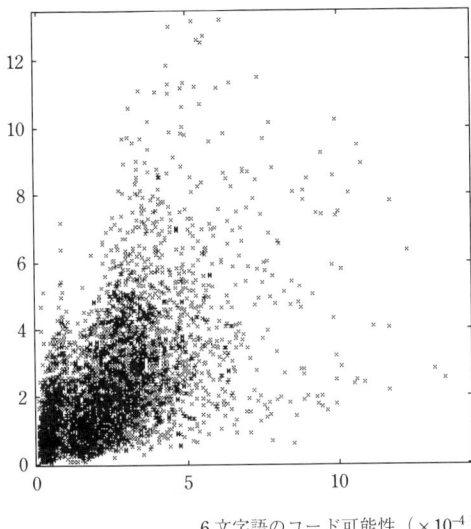

第 9 章 ■ 進化論的ニューラルネットワークを用いた DNA 塩基配列におけるコード領域の識別　　**199**

図 9.2　GenBank にある 500,000 ヌクレオチドから計算したヒト DNA のコード，非コード領域における 6 文字語の出現確率．各 6 文字語について，x 軸にはコード DNA 中での 6 文字語の出現確率，y 軸には非コード DNA 中での 6 文字語の出現確率をプロットした散布図である．ほとんどの点は広く分布しており，直線 $y = x$ から離れている．このことは，コードか非コードかを決定するのに使える情報が 6 文字語コードの確率中にあることを示している．

領域ではある 6 文字語がより出現しやすく，これに対し非コード領域ではそれ以外のものが出現しやすい．この 6 文字語の出現頻度の統計は GenBank におけるヒト DNA 配列から得られた（図 9.2）．ひとたび統計が得られれば，6 文字語組成によってウィンドウがコード・非コード領域のどちらにあるのかを決定できる．この統計は，ヒト DNA 中の 250,000 のコードヌクレオチドと 250,000 の非コードヌクレオチドによる (Fickett,1982)．

フレーム中の 6 文字語

ウィンドウ中の 6 文字語頻度は，ウィンドウがコード領域と非コード領域のどちらにあるのかだけでなく，ウィンドウのフレームによっても変わる．ウィンドウがコード領域にあるとき，3 フレーム中にある 6 文字語の相対的な頻度によって対象とするエクソンのコードフレームに関する貴重な情報を得ることができる．この情報によって，ウィンドウの現在のフレームを決定することができる．

フレームの最大6文字語

この入力特徴は全3フレームでの6文字語に関する相対的な頻度の最大値を表す．

6文字語共通性

6文字語共通性は，ヒトDNAのコード，非コード領域両方の出現頻度に基づいている．ヒトDNAに頻繁に出現する6文字語は高い語共通性を示し，逆に出現頻度が低ければ語共通性も低い．DNAがランダムな一様分布であると仮定すると，ある6文字語が出現する確率は$N_{\mathrm{randomDNA}} = 1/4096$となる[*2]．与えられた99ヌクレオチドウィンドウに対する6文字語共通性は，そのウィンドウにある全6文字語に対する語共通性の総和で与えられる．

6文字語反復性

この特徴はコードDNAに対するフレーム中の6文字語（前述）に似ており，繰り返し続くヒトDNAの10,000以上のヌクレオチドで計算される（Staden, 1990）．この特徴を計算するために，例えばGC繰返しやAlu配列のような既知の繰返しDNA要素をGenBankから集めた．6文字語反復性は繰返し可能性と同義である．

9.2.2 分類と後処理

進化論的ANNを用いた分類プロセスは次のとおりである．99個のヌクレオチドのウィンドウを用いて読み取るDNAの配列を固定し，ウィンドウの中心にあるヌクレオチドをコードか非コードかに分類するためにANNを用いる．進化によってGRAILと同等以上の成績のANNを発見できるかを調べるために，GRAILで用いられた固定のニューラルネットワーク（9個の入力特徴，14個の隠れノード，1個の出力ノード，構造は固定）を採用した．本研究では，ANNの結合の重みのみを進化させるので，両手法を比較することは妥当である．しかし，9入力，14隠れノード，1出力というトポロジーが最適であるという保障はない．トポロジーも進化させることは可能であるが，本章の目的のために固定として扱った．配列の各位置においての出力を，-1（非コード）から$+1$（コード）に正規化する．設定した-0.5（$+0.5$）という閾値を出力ベクトルが超えたとき，非コード（コード）に分類される．出力ベクトルに現れるスパイク（鋭い山）を除去するために，次のような規則を適用する．配列全体において，中心のヌクレオチドの左右に隣接するヌクレオチドの値を調べ，3値の最小値になるように中央の値をリセットする．コード領域であると出力された連続するヌクレオチ

[*2] 訳注：4種類の塩基を6つ並べる組合せは$4^6 = 4,096$通り．

ドを"推定エクソン"とする．各推定エクソンに対する開始と終了ヌクレオチドを記録する．スプライスドナーとスプライスアクセプター部位[*3]におけるヌクレオチド出現頻度に基づいた統計量を用いて，各推定エクソンに"イントロンフィルタ"を適用する．各推定エクソンに対して，開始位置と終了位置両方の左右に 50 ヌクレオチドのウィンドウを設定する．このウィンドウ中で，イントロンとエクソンの境界でのヌクレオチド出現頻度に従って最尤推定を用いて配列をマッチさせる．つまり，50 ヌクレオチド中でドナー，アクセプター部位に関する既知の統計量に最も合致するような位置に，推定エクソンの開始位置や終了位置を移動する．

　Deutsch と Long は，GenBank にある真核生物の遺伝子におけるエクソンとイントロン構造の分布を調査した (Deutsch and Long, 1999)．ヒト DNA では，平均エクソン長は 51 ± 59 ヌクレオチドだった．エクソンの大部分は長さが 15 ヌクレオチド以上で，中には 1,600 ヌクレオチドというものもあった．進化論的 ANN によって予測された小さいエクソンの出現頻度は GenBank のデータで予想される以上に多く，これによって最初はかなり多くの偽陽性 (false positive) があった．追加の後処理として，15 ヌクレオチド以下のエクソンを結果から排除した．このようなエクソンはヒト DNA ではまれだからである (Deutsch and Long, 1999)．後処理の最終過程として，重複するコード領域を 1 つにまとめた．遺伝子識別の全手順のフローチャートを図 9.3 に示す．

　訓練データとしてコード，非コード合わせて 20,000 ヌクレオチドを用いて，100 個体の集団数で 10,000 世代の進化を行った．実行は Pentium II 400-MHz コンピュータの 4 ノードクラスタで 48 時間かかった．これにより得られた最良個体は，10,000 ヌクレオチドの配列に対する結果を出力するのに 1 秒もかからなかった．ANN のトポロジーに対する有効な重みが得られるように進化を行うには，適切な適合度関数を用いることが鍵であった．このためにいろいろな適合度関数を試してみた．詳細は後の節で述べる．与えられた適合度関数を用いて，各世代で集団中の 100 個のニューラルネットワークを評価した．次世代の親となる個体を決定するためにトーナメント選択を用いた．集団中の各個体は，ランダムに選ばれた 10 個体 (ANN) からなる"トーナメント"に参加する．各トーナメントにおいて目的関数スコアを比較し，高いスコアを持つ個体を"勝ち"とする．勝ち数順に集団を並べ換え，成績が悪い方の半分を集団から除去する．残った 50 個体は親として使われ，与えられた ANN トポロジーの重みをランダムに変更するという突然変異を適用して次世代を生成する．

[*3] 訳注：遺伝子内で行われるスプライシングの開始位置がスプライスドナー，終了位置がスプライスアクセプターである．

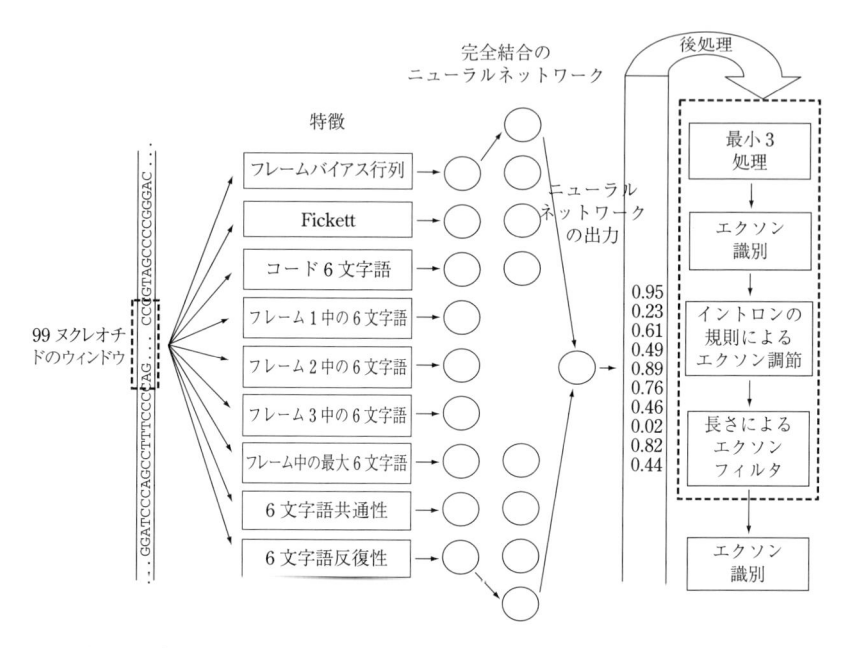

図 9.3 遺伝子識別過程全体のフローチャート．中央のヌクレオチドがコードか非コードかを予測するために，99 ヌクレオチドのウィンドウを用いて調べる．入力特徴がニューラル・ネットワークに与えられ，-1（非コード）から $+1$（コード）の値を出力する．コード領域（エクソン）境界識別のために，特徴の後処理が行われる．

9.2.3 訓練データでの成績

　まず，分類と進化に用いるのに適切な適合度関数について注目した．GRAIL や GRAIL2 のような遺伝子識別アルゴリズムでは普通 MSE が用いられる．一連の実験を行い，単独の MSE は適切な適合度関数なのか，MSE に分類割合を加えたものがより良い結果となるかを検証した．-0.5 を非コードの，$+0.5$ をコードの閾値としたときに，正解が分かっている訓練データを正しく分類できた割合として，分類割合を定義する．MSE 単独で訓練を行った場合，分類割合は成績が向上する兆しもなく単に振動するだけだったが，MSE は進化の過程で単調減少となった．そこで，個体が同点の場合に限り MSE と併せて分類割合も目的関数として用いたところ，分類割合は増加し続けた（図 9.4）．

　次に，適合度関数の良さを検証するために，コードと非コードの DNA の大量データ（それぞれ 25,000 ヌクレオチド）を GenBank から用意し，訓練データとして用いた．各世代での最良個体（ANN）における分類割合を図 9.4 に示す．4 回の独立した

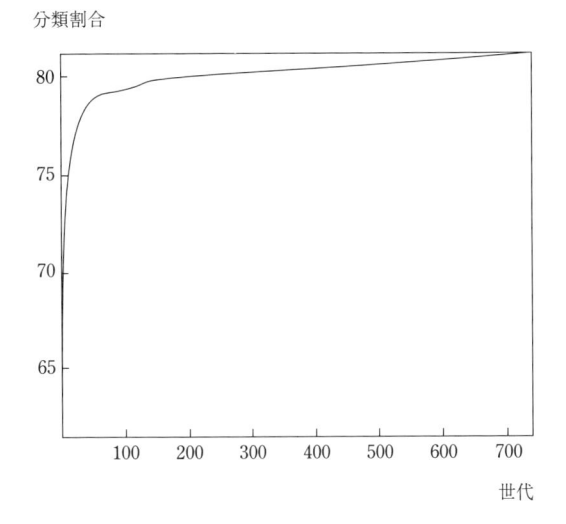

図 9.4 最良進化 ANN によって正しく分類された訓練データの割合を世代数に対して図示したもの．訓練は集団数 50 とトーナメントサイズ 10 による進化論的プログラミングを用いて行われた．最小化する目的関数は正しく分類された訓練データの割合である．

試行から得られた最良の ANN 構造は，訓練データの 87% を正しく分類した．この最良進化 ANN の成績と他の遺伝子識別アルゴリズムをテスト配列で比較した．

9.2.4 テストデータでの成績

Synder と Stormo はいくつかの遺伝子識別アルゴリズムについてその長所と短所を調べている (Synder and Stormo, 1997)．彼らは性能を調べるために，コードであると出力されたヌクレオチドの数と正しく識別されたエクソンの数に注目し，感度 (sensitivity: Sn)，特異度 (specificity: Sp)，相関係数 (correlation coefficient: CC) という 3 つの指標[*4]を用いた (Brunak et al., 1991; Snyder and Stormo, 1997)．これらの測定基準は，コードであると出力されたヌクレオチドが既知のエクソンと一致したり重複したりする指標としてだけでなく，現在の研究にも採用されている．エクソンの完全一致は，アルゴリズムが境界位置（開始，終了コドンやエクソン，イントロンの境界）も含めて既知のエクソン位置を完璧に出力した場合として定義される．

DNA 塩基配列を文献 (Snyder and Stormo, 1997) にあるような 2 つのテストセットに編集する．本章のようなアルゴリズムの拡張や進化論的 ANN 構造の訓練データ

[*4] 訳注：感度，特異度については 4 章参照．

表9.2 テストセットIにおけるヒト配列．遺伝子座名とアクセッション番号はGenBankにある識別子を参照

遺伝子座名	アクセッション番号	遺伝子長 (bp)	コード長 (bp)	G+C (%)
高 G+C				
HUMALPHA	J03252	4556	1559	62.116
HUMAPRT	Y00486	3016	543	65.782
HUMCYP2DG	M33189	5503	1503	61.566
HUMGAPDHG	J04038	5378	1008	60.785
HUMPNMTA	J03280	4174	849	61.811
HUMRASH	J00277	6453	570	68.185
HUMTRPY1B	M33494	2609	828	65.811
中 G+C				
HUMEMBPA	M34462	3608	669	51.414
HUMFOS	K00650	6210	1143	51.369
HUMIBP3	M35878	10884	876	48.833
HUMLD78A	D90144	3176	279	47.009
HUMMETIA	K01383	2941	186	52.737
HUMP45C17	M19489	8549	1527	50.684
HUMPAIA	J03764	17509	1209	50.214
HUMPDHBET	D90086	8872	1080	45.525
HUMPOMC	K02406	8658	804	51.444
HUMPP14B	M34046	8076	543	54.842
HUMPRCA	M11228	11725	1386	56.913
HUMSAA	J03474	3460	369	49.653
HUMTBB5	X00734	8874	1335	56.198
HUMTCRAC	X02883	5089	426	50.147
HUMTHB	M17262	20801	1869	50.589
HUMTKRA	M15205	13500	705	53.274
低 G+C				
HUMBBAAZ	M36640	2149	444	40.624
HUMHNRNPA	X12671	5368	963	43.256
HUMPRPH1	M13057	4946	501	42.398
HUMREGB	J05412	4251	501	42.249

表 9.3 テストセット II におけるヒト配列

遺伝子座名	アクセッション番号	遺伝子長 (bp)	コード長 (bp)	G+C (%)
高 G+C				
HUMAZCDI	M96326	5002	756	60.756
HUMMKXX	M94250	3308	432	65.478
HUMTRPY1B	M33494	2609	828	65.811
中 G+C				
HUMAGAL	M59199	13662	1125	53.045
HUMAPEXN	D13370	3730	957	48.418
HUMCACY	J02763	3671	273	57.123
HUMCHYMB	M69137	3279	744	51.113
HUMCOLA	M95529	3401	333	53.661
HUMCOX5B	M59250	2593	390	49.826
HUMCRPGA	M11725	2480	675	48.145
HUMGOS24B	M92844	3135	981	60.223
HUMHAP	M92444	3046	957	48.194
HUMHEPGFB	M74179	6100	2136	59.852
HUMHLL4G	M57678	4428	408	56.843
HUMHPARSI	M10935	11551	1221	46.152
HUM1309	M57506	3709	291	48.665
HUMKAL2	M18157	6139	786	56.524
HUMMHCP42	M12792	5141	1485	58.880
HUMNUCLEO	M60858	10942	2124	45.403
HUMPEM	M61170	4243	1428	58.944
HUMPP14B	M34046	8076	543	54.842
HUMPROT1B	M60331	1306	156	51.991
HUMPROT2	M60332	1861	309	57.174
HUMRPS14	M13934	5985	456	48.805
HUMSHBGA	M31651	6087	1209	53.754
HUMTNFBA	M55913	2140	618	57.477
HUMTNFX	M26331	3103	702	53.529
HUMTNP2SS	L03378	1782	417	48.316
HUMTRHYAL	L09190	9551	5697	50.717
低 G+C				
HUMGFP40H	M30135	4379	435	41.676
HUMHIAPPA	M26650	7160	270	33.268
HUMIL8A	M28130	5191	300	33.288
HUMMGPA	M55270	7734	312	39.436
HUMPALD	M11844	7616	444	41.360

にも用いられていないヒト遺伝子から全テスト配列を用意する．使用した遺伝子配列についての情報は表 9.2 と表 9.3 を参照されたい．GenBank にあるヒト遺伝子の分布に対するグアニンとシトシンの割合（G+C%）によってテストデータ中の遺伝子座を分類する．ヒト遺伝子の 1 標準偏差以内にある遺伝子座は "中 G+C%" とし，平均から 1 標準偏差より上下のものをそれぞれ "高"，"低" とする．さらに，配列を 2 つのテストセットに分ける．テストセット I は GRAIL と GeneID のテストで用いられた配列を含み，テストセット II は完全なタンパク質コード領域と少なくとも 2 つのエクソンを含む．これらの配列は，擬似遺伝子，多重コード配列領域，推定コード配列領域，選択的スプライシング型以外のものである．進化論的 ANN と，GRAIL と同様な文献 (Synder and Stormo, 1997) で述べられたアルゴリズムとを比較するために，この 2 つのテストセットを用いた．GenBank のエクソンに関する注釈は間違いないものと仮定する．(GenBank の各データの）注釈を確証する実験的証拠が得られているので，この仮定は妥当なものである．GLAIL の解析はインターネットによって遂行した．テスト配列を，"Grail 1" オプションを使って Oak Rigde National Laboratory（オークリッジ国立研究所）GRAIL Web サーバに提出した．潜在的エクソン（フレーム，方向，

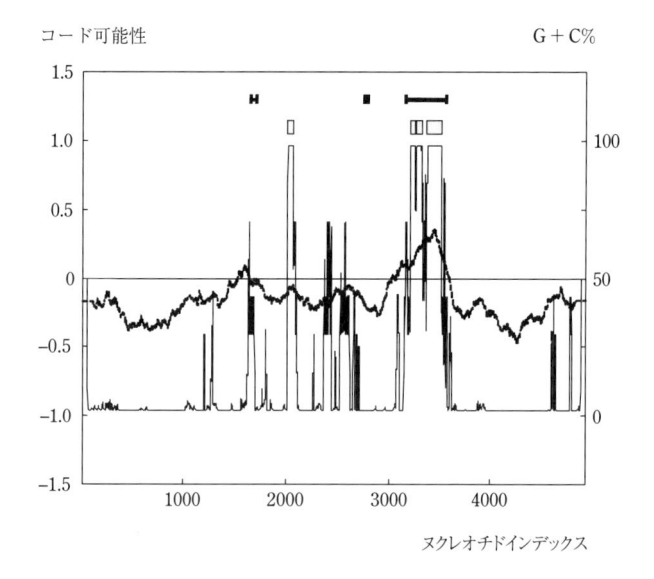

図 9.5　ヒト・テスト配列 HUMPRPH1 に対する進化論的 ANN の出力結果の検証．既知のコード領域（図上部の黒いバー）が解析のために用いられた．ANN からの出力は -1（非コード）から $+1$（コード）まで変化する．後処理を施した予測結果をブロックで示す．参考のため，配列中の G+C% を黒の太線で示す．

質，出力された読み取り枠，出力されたエクソンの情報を含む）を，テストセット I，II それぞれの配列において抜粋し，保存した．出力は 1 つのテキストファイルに保存され，それに続く解析に用いられた．

次にテストセット I と II からのテスト配列を，最良進化 ANN を用いて解析した．代表的な 2 つの配列に対する出力ベクトルを図 9.5 と図 9.6 に示す．これらの配列のそれぞれにおいて，ヌクレオチドをコードか非コードかに分類する．このコード可能性は −1（非コード）から +1（コード）に及ぶ．コードと出力された配列の領域はそれぞれの図において矩形で示す．比較のために，図の上部には GenBank の記録にある実際のコード領域もバーで示してある．

利用可能なソフトウェア（GRAIL）の性能を，最良進化 ANN との比較のために評価した（表 9.4）．テストセット I と II における最良進化 ANN と GRAIL のヌクレオチドレベルでの成績の比較を表 9.5 に示す．最良進化 ANN では GRAIL よりも陽性が 3.4 倍多く，真陽性（true positive）も 1.4 倍，偽陽性は 26 倍多かった．また，陰性は 0.77 倍と少なく，結果として真陰性（true negative）は 0.79 倍，偽陰性（false negative）は 0.54 倍少なかった．

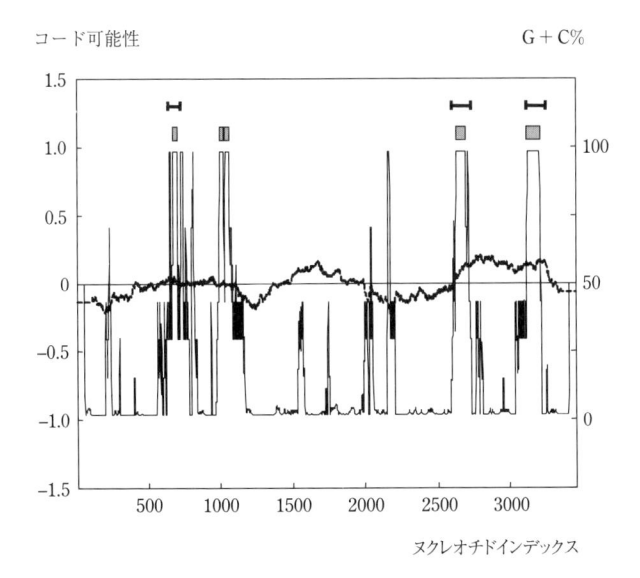

図 9.6　ヒト・テスト配列 HUMSAA に対する進化論的 ANN の出力結果の検証．既知のコード領域（図上部の黒いバー）が解析のために用いられた．ANN からの出力は −1（非コード）から +1（コード）まで変化する．後処理を施した予測結果をブロックで示す．参考のため，配列中の G+C% を黒の太線で示す．

表 9.4 テストセット I と II における，進化論的 ANN と GRAIL の成績．エクソン正解とは，開始コドンとイントロン，終了コドンの位置を正しく予測したことを示す．エクソン重複とは，正しいエクソンに重なる予測をしたことを示す．

プログラム	テストセット I		テストセット II	
	GRAIL	進化論的 ANN	GRAIL	進化論的 ANN
合計				
相関係数	0.65	0.46	0.52	0.45
感度	0.56	0.74	0.38	0.64
特異度	0.85	0.38	0.88	0.42
エクソン正解	0.00	0.00	0.00	0.00
エクソン重複	0.70	0.83	0.50	0.67
高 G+C				
相関係数	0.62	0.41	0.64	0.41
感度	0.51	0.92	0.53	0.97
特異度	0.81	0.35	0.87	0.35
エクソン正解	0.00	0.00	0.00	0.00
エクソン重複	0.93	1.00	0.63	0.92
中 G+C				
相関係数	0.61	0.47	0.55	0.48
感度	0.50	0.75	0.40	0.67
特異度	0.85	0.35	0.94	0.43
エクソン正解	0.00	0.00	0.00	0.00
エクソン重複	0.65	0.84	0.53	0.71
低 G+C				
相関係数	0.76	0.49	0.32	0.34
感度	0.73	0.39	0.20	0.29
特異度	0.89	0.58	0.52	0.44
エクソン正解	0.00	0.00	0.00	0.00
エクソン重複	0.52	0.48	0.24	0.29

9.3 おわりに

バイオインフォマティクスにおける最近の計算技術の進歩によって，DNA 塩基配列に基づいてコード領域識別を行う手法が確立されてきた．本研究では，コード領域識別のために進化論的 ANN を用いることに注目した．進化論的 ANN と他の遺伝子識別アルゴリズムを比較すると，感度については，テストセット I での低 G+C% を除く

第 9 章 進化論的ニューラルネットワークを用いた DNA 塩基配列におけるコード領域の識別

表 9.5 テストセット I と II における GRAIL と進化論的 ANN のヌクレオチドレベルでの統計的成績．進化論的 ANN は GRAIL よりも常に多くの真陽性と少ない偽陰性を出力している．

		テストセット I								テストセット II					
	AP	AN	PP	PN	TP	TN	FP	FN	AP	AN	PP	PN	TP	TN	FP	FN
合計																
進化論的 ANN	857	6259	2114	5002	677	4823	1436	180	935	4430	1538	3826	661	3553	878	274
GRAIL	857	6259	593	6522	517	6182	77	340	935	4430	472	4892	446	4404	26	488
高 G+C																
進化論的 ANN	986	3482	2899	1569	925	1509	1974	60	672	2830	1993	1509	655	1492	1339	17
GRAIL	986	3482	783	3685	704	3403	79	282	672	2830	423	3079	357	2764	66	315
中 G+C																
進化論的 ANN	864	8033	2147	6750	683	6569	1464	181	1077	4301	1733	3644	767	3334	967	310
GRAIL	864	8033	572	8325	495	7957	77	369	1077	4301	551	4826	527	4276	24	550
低 G+C																
進化論的 ANN	602	3576	569	3583	220	3200	376	383	352	6064	251	6165	113	5926	138	239
GRAIL	602	3576	353	3825	281	3504	72	321	352	6064	91	6325	79	6052	12	273

すべての G+C% において得られた進化論的 ANN は GRAIL よりも良い成績を示し，2 倍の感度を示す場合もあった．特異度と相関係数については GRAIL よりも良い成績を出せなかった．これは偽陽性に起因すると考えられる．エクソンの重複については，テストセット I と II において平均して進化論的 ANN の方が GRAIL よりも良かった．配列が高 G+C% に偏っているときは，進化論的 ANN は GRAIL よりも成績が良かった．低 G+C% 配列で成績を向上させるためには，おそらく G+C% バイアスを取り除くための入力特徴を加えればよいであろう．完全に正しいエクソンの出力（開始コドンとイントロン境界や終了コドンの完璧な出力）は，テストした配列において 1 つもなされておらず，進化論的 ANN と GRAIL の両者ともに不十分であった．これは，特徴記述子の数が少ないことと，偽陽性の数が多いことが原因であると考えられる．

進化論的 ANN で用いた訓練セットは，同数のコード，非コードヌクレオチドからなる．実際はヒト DNA の 2% 程度がコード領域であり，残りは非コード領域であると推定されている（Burset and Guigó, 1996）．訓練セットとしてコードと非コードが同じ割合のデータを用いたことで，進化論的 ANN がコードデータに対して人為的に敏感になり，非コードデータを分類できなくなったのかもしれない．結果として進化論的 ANN は，真陽性の結果に見られるようにコードヌクレオチドの大部分を正しく分類し，偽陽性に見られるように非コードヌクレオチドを間違ってコードと分類した．このアプローチでは完全にコード領域を見失う確率が低いが，コード領域を控えめに推定する結果となった．つまりこの方法では，（後処理規則による解析のような）後の解析に至る前に正しいコード領域が除去されてしまう確率が低くなる．発見プロセスにおいて正しいコード領域を見失ってしまうと，後で使う解析手段の予測性能を大幅に限定することになる．テストセット中の非コードに対するコードの比率を修正することでおそらく偽陽性の数が減少すると考えられる．

偽陰性と偽陽性は，文献ではこれまで同程度の価値として扱われてきたが，上述のパターン認識プロセスにおいては明らかに価値の違うものである．偽陽性に対して偽陰性の比率が高いアルゴリズムでは特異度に比べて感度は低くなり，正しいコード領域を間違えて非コードとしてしまう．これによって，間違えて非コードとしてしまったエクソンはその後の解析から完全に除外されてしまうことになる．このようなアルゴリズムがエクソンと出力したときは高い確率で正しい分類である．一方，偽陰性に対して偽陽性の比率が高いアルゴリズムでは特異度に比べて感度は高くなり，本当は非コードである領域を間違えてコードとしてしまう一方で，真のエクソンをすべて見分ける可能性も高い．後者の場合の方が前者よりも有利である．なぜなら，後処理や検証の際に正しいエクソンをすべて含んでいる可能性が高いからである．理想的には，

アルゴリズムからの出力には偽陽性や偽陰性がなく，真陽性と真陰性の正しい結果のみを出力するのがよい．しかし，最先端の遺伝子識別アルゴリズムですら感度や特異度が 60% 以上ならば有用であると考えられている．本研究では，進化論的 ANN によってできるだけ多くのエクソンを正しく重複させることができた．特異度は感度ほど重要ではなかった．

本章では，DNA 塩基配列情報をコードや非コードに分類するために ANN を進化させる手法について述べた．標準的な遺伝子識別アルゴリズムに比べて本手法の有用性が実証された．さらに，進化論的ニューラルネットワークの予測精度を向上させる手法を検討した．つまり，隠れノードの数やネットワークのトポロジー全体も進化させることが可能であり，これらは今後の重要な課題である．ANN の進化は生物科学のパターン認識問題に幅広く適用できる．それぞれの問題において適した適合度関数が必要であるが，本章で述べたものと同様のアプローチを使うことができる．

謝辞

本研究は National Institutes of Health Grant 1 R43 HG02004-1 より資金を得た．筆者の援助をしてくれた Peter Angeline, Lawrence Fogel, Dana Landacazo, そして Bill Porto に感謝する．

参考文献

[1] Brunak, S., Engelbrecht, J., and Knudsen, S. (1991). Prediction of human messenger RNA donor and acceptor sites from the DNA sequence. *J. Mol. Biol.*, 220:49–65.

[2] Burset, M., and Guigó, R. (1996). Evaluation of gene structure prediction programs. *Genomics*, 34:353–367.

[3] Deutsch, M., and Long, M. (1999). Intron-exon structures of eukaryotic model organisms. *Nucl. Acids Res.*, 27:3219–3228.

[4] Fickett, J. W. (1982). Recognition of protein coding regions in DNA sequences. *Nucl. Acids Res.*, 10:5303–5318.

[5] Fickett, J. W., and Tung, C.-S. (1992). Assessment of protein coding measures. *Nucl. Acids Res.*, 20:6441–6450.

[6] Fields, C. A., and Soderlund, C. A. (1990). A practical tool for automating DNA sequence analysis. *CABIOS*, 6:263–270.

[7] Fogel, D. B. (1991a). *System Identification through Simulated Evolution: A Ma-*

chine Learning Approach to Modeling. Ginn Press, Needham, Mass.
[8] —— (1991b). An information criterion for optimal neural network selection. *IEEE Trans. Neural Networks*, 2:490 – 497.
[9] —— (2000a). *Evolutionary Computation: Toward a New Philosophy of Machine Intelligence*. Second edition. IEEE Press, Piscataway, N.J.
[10] —— (2000b). Evolving a checkers player without relying on human expertise. *Intelligence*, 11:20 – 27.
[11] Fogel, D. B., and Simpson, P. K. (1993). Experiments with evolving fuzzy clusters. In *Proceedings of the Second Annual Conference on Evolutionary Programming* (D. B. Fogel and W. Atmar, eds.), Evolutionary Programming Society, La Jolla, Calif., pp. 90 – 97.
[12] Fogel, D. B., Wasson, E. C., Boughton, E. M., and Porto, V. W. (1997). A step toward computer-assisted mammography using evolutionary programming and neural networks. *Cancer Lett.*, 119:93 – 97.
[13] Guigó, R., Knudsen, S., Drake, N., and Smith, T. F. (1992). Prediction of gene structure. *J. Mol. Biol.*, 226:141 – 157.
[14] Hornik, K., Stinchcombe, M., and White, H. (1989). Multilayer feedforward networks are universal approximators. *Neural Networks*, 2:359 – 366.
[15] Landavazo, D. G., Fogel, G. B., and Fogel, D. B. (2002). Quantitative structure-activity relationships by evolved neural networks for the inhibition of dihydrofolate reductase by pyrimidines. *BioSystems*, 65:36 – 47.
[16] Lippmann, R. P. (1987). An introduction to computing with neural nets. *IEEE ASSP Magazine*, 4:4 – 22.
[17] Porto, V. W., Fogel, D. B., and Fogel, L. J. (1995). Alternative neural network training methods. *IEEE Expert*, 10:16 – 22.
[18] Reczko, M., and Suhai, S. (1994). Applications of artificial neural networks in genome research. In *Computational Methods in Genome Research* (S. Suhai, ed.), Plenum Press, New York.
[19] Snyder, E. E., and Stormo, G. D. (1995). Identification of protein coding regions in genomic DNA. *J. Mol. Biol.*, 248:1 – 8.
[20] —— (1997). Identifying genes in genomic DNA sequences. In *DNA and Protein Sequence Analysis: A Practical Approach* (M. J. Bishop and C. J. Rawlings, eds.), Oxford University Press, Oxford, pp. 209 – 224.

[21] Staden, R. (1990). Finding protein-coding regions in genomic sequences. *Meth. Enzymol.*, 183:163 – 180.
[22] Uberbacher, E. C., and Mural, R. J. (1991). Locating protein-coding regions in human DNA sequences by a multiple sensor-neural network approach. *Proc. Natl. Acad. Sci. USA*, 88:11261 – 11265.
[23] Uberbacher, E. C., Xu, Y., and Mural, R. J. (1996). Discovering and understanding genes in human DNA sequences using GRAIL. *Meth. Enzymol.*, 266:259 – 280.
[24] Yao, X. (1999). Evolving artificial neural networks. *Proc. IEEE*, 87:1423 – 1447.

第10章 進化論的計算手法を用いたマイクロアレイデータのクラスタリング

Emanuel Falkenauer
Arnaud Marchand　Optimal Design

10.1 はじめに

　ゲノム科学では豊富な配列データを作り，ヒトゲノムのほか，ショウジョウバエやシロイヌナズナといった他のゲノムのほぼ完全な配列が利用できるようになった．そして，それらの配列中の遺伝子の生物学的機能を確認することが次の課題として設定された．実際にこの知識が得られれば，研究者は疾患とゲノムとの対応関係を決定し，新しい薬物治療への道を開くことが可能であろう．ここでの大きな問題点として，いまだ有機体の中で起こる現象について十分に詳細が分かっていないこと，そしておそらく多くの現象は発見すらされていないことがある．遺伝子と現象間の複雑な対応関係を同定し，そして遺伝子間相互作用の経路を決定することは，ポストゲノムでの大きな課題となっている．

　これらの難問に挑戦するためのアプローチとして，同時に発現する遺伝子グループ（言い換えると，ある環境下で同様の振舞いをする遺伝子グループ）を発見することが挙げられる．このアプローチは，同様の振舞いをする遺伝子はおそらくある現象下で協調して活動する，またはよく似た機能を示すことを理論的背景とする．そのようなグループの確定は，現象の確認，過去に知られていなかった現象の発見，未知の機能の遺伝子への割当てに役立つだろう．また遺伝子発現データを数グループにクラスタリングすると，管理不可能であったデータ量を減らし，生物学者がより容易に扱える形にできるといった追加のメリットも生まれる．

　このアプローチにおいて，各遺伝子（あるいは読み枠）は，発現プロファイル（すなわち，発現量の一連の値）として表される．遺伝子プロファイルは，さまざまな状況下の遺伝子発現量の観測データと一致することもある．また，ある事象後の遺伝子

発現量の時系列プロファイルのこともある．発現プロファイルをまとめる目的は，同様の振舞いをする遺伝子（同時に発現するもの）を決定することである．このために，プロファイル間の類似度を定義する必要が出てくる．ユークリッド距離，相関度，およびピアソン係数[*1]といった方法が考えられる．この中でもピアソン係数が時系列プロファイルのために広く使われる，というのはピアソン係数は2つのプロファイル間の計測の絶対値ではなく，形の類似度を調べるからである．

世界中の科学者が遺伝子発現データを解析するための計算手法の実現を試みており，類似度の記述に関する研究が現在活発に行われている．初期の（そして今でも続けられている）取組みでは，簡単なクラスタリング技術を適用している（Eisen et al., 1998; Michaels et al., 1998; Ben-Dor et al., 1999; Herwig et al., 1999; Miller et al., 1999; Getz et al., 2000）．現在では，これよりも進んだ統計的手法の利用（Ewing et al., 1999; Wittes and Friedman, 1999），機械学習や人工知能（Toronen et al., 1999; Brown et al., 2000; Woolf and Wang, 2000）の観点からこの技術の適用範囲を引き出す方向に向かっている．以下では一般的でうまくいく"クラスタリング"手法に焦点を当てよう．その中でも進化論的計算に基づくアプローチについて説明する．

10.2　k-平均法

最も一般的なクラスタリング手法として，k-平均法（Hartigan and Wong, 1979）が挙げられる．遺伝子の同時発現グループを決定する際に k-平均法を利用しない遺伝子発現クラスタリングソフトウェアはほとんどない．ユーザがグループ数を与えると，k-平均法によって以下の条件を満たす遺伝子グループを見つけ出す．グループ内のすべてのプロファイルは，他のグループの重心（プロファイルの平均値）よりも自分のグループの重心に近い．k-平均法から得られた解は最もよく似た振舞いを示す遺伝子をまとめてグループ化していることが，直感的に分かるだろう．

数学的な説明をすると，k-平均法では全分散の最小値が得られるものをクラスタとして出力する．つまり，データ点とそれらの重心との間の距離の二乗和を最小化する方法といえる．全分散が最小かどうかの判断から，最もコンパクトなクラスタ，つまり解の品質に対して直感的な基準が得られる．しかしこの基準によると，k-平均法は狭い範囲の問題に対しては最適な手法であって，絶対的なものではないことを付言しておく．

[*1]　訳注：ピアソンの積率相関係数．$\gamma = X$ と Y の共分散/(X の標準偏差 × Y の標準偏差）で求まる．この値が $+1$ に近いほど正の相関，-1 に近いほど負の相関を持つ．

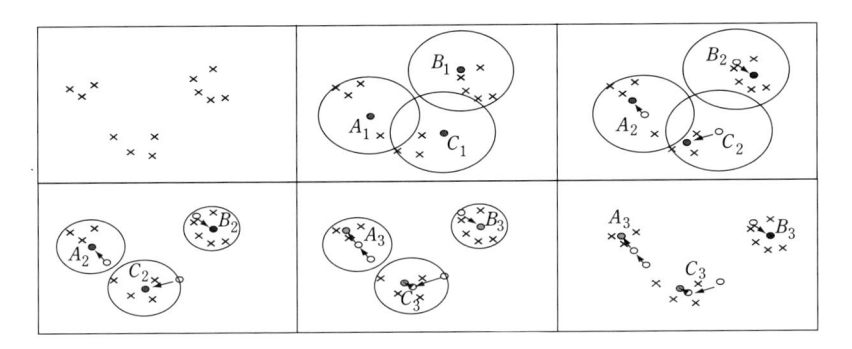

図 10.1 *k*-平均法での成功例．左から右に，そして上から下に並べている．

10.2.1 アルゴリズムの結果

初期グループと求めるグループ数を入力すると，グループ内に個体が（通常手当たり次第に）配属される．そして初期グループの重心位置が得られる．k-平均法では，最も近い重心を持つグループにプロファイルを割り当てるといった操作を繰り返す．その操作のたびに重心の位置が変化する．12 のデータをこのプロセスによって 3 グループに分ける簡単な例を，図 10.1 に示す．安定した配置が得られる，つまりこれ以上グループへのプロファイルの割当てが変化しないようになると，アルゴリズムは終了する．多くの場合は，上のプロセスをほんの数回繰り返すだけで安定した解が得られる．このため，k-平均法はとても高速なアルゴリズムとなる．

10.2.2 アルゴリズムの注意点

図 10.1 で得られた解は，分散が小さくなる（各グループの中のプロファイルがそれぞれ近い）ように 3 つのグループに分けられたという点で，少なくとも直観的には正しいものである．しかし，安定した配置が得られると k-平均法はすぐに終了する点には注意すべきである．初期の重心配置によっては，全く異なる解が得られてしまうかもしれない．実際，図 10.1 における 12 のプロファイルに対して k-平均法 では少なくとも 7 個の解を出力する（図 10.2 参照）．図での円の半径が標準偏差と比例する．これらは，さまざまな初期重心配置に対してアルゴリズムを適用した結果得られたものである．7 つの解のうち最後のものに特に注目したい．直観的には 1 つのグループとなっている C 内の要素が，3 つの異なるグループ上に分かれてしまっている．ここから明らかなように，k-平均法ではさまざまな解が得られることになる．図 10.1 のように，あるものは直観的に正しそうな配置となる．それに対し 図 10.2 の最後のような配置も得られる．

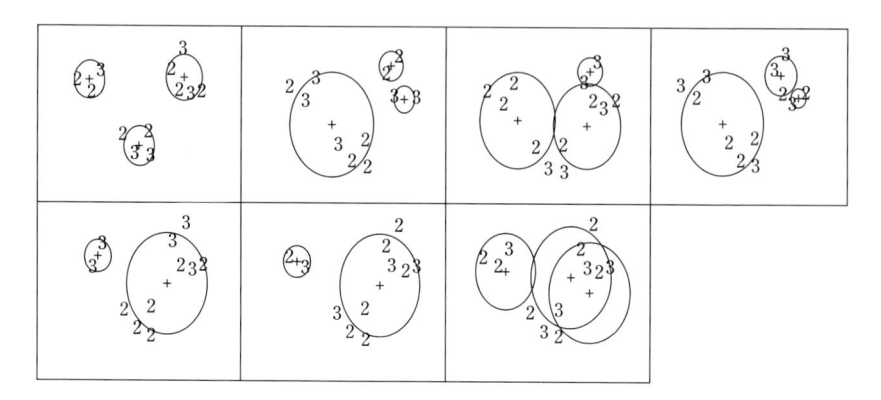

図 10.2　図 10.1 のデータから得られる，k-平均法での 7 つのクラスタ配置

　初期の重心配置が k-平均法の結果に影響することは周知の問題となっている．局所解に陥りにくくするため，最も良い初期配置を得る方法がいくつか提案されている．これは k 平均法を終えた際に高品質の解を得ることを目的とする．しかしながらこのような方法は，正解クラスタの中心の近くに初期の重心が配置されたときにのみ成功する．当然ながらクラスタは前もって分かってはおらず，その位置を事前に決定することは困難である．

　1 回の適用が十分に早く，適度な時間内に何度も操作を繰り返すことができると仮定した場合，先ほどの問題点に対しては，数個の異なった初期重心配置に対し k-平均法を適用し，この中で最も良いクラスタリング結果（最も全体の分散が小さくなるもの）を保持するのが解決策となる．このときのさまざまな初期配置はランダムに設定される．

　k-平均法がそれなりに少数の解候補を得るためのロバストな手法であるとすれば，許容できる程度に短い計算時間で最も良いクラスタリング結果を得られるだろう．この手続きが実用的かどうかを確かめるため，図 10.3 のようなデータセットを考えてみよう．このデータセットは検査をすると簡単に分けられる．それでも図 10.1 のデータセットよりは，実世界で典型的に扱われる発現プロファイルに近いサイズである．図から簡単に確認できるように，この例は 21 個のガウス分布を並べて生成している．そこで，これらのデータに対して 21 のクラスタに分けるよう k-平均法を適用し，どれだけ異なる解が得られるかを調べた．

　k-平均法での異なる解の個数を決定するためには，原則としてすべての可能な初期重心配置に対してアルゴリズムを適用しなければならない．しかしながら，初期配

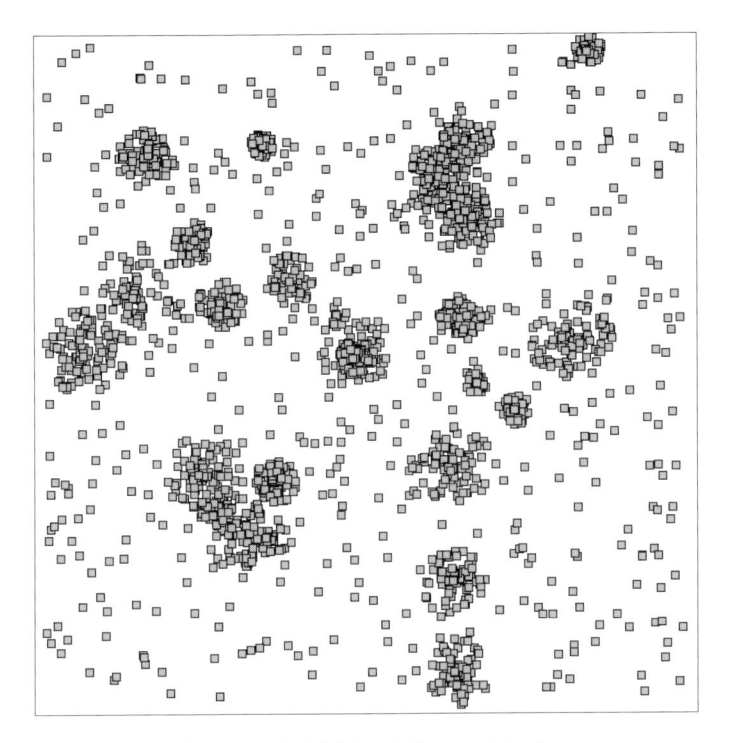

図 10.3　より現実的な二次元のデータセット

置可能の個数は無数にある．そこで，各重心がデータ点の 1 つに初期配置されるよう制限した．残念ながらこのような制限をつけたとしても，考慮すべき初期配置は多すぎる．つまり，2,500 個の中から 21 個を選択するすべてのパターンを考えると，$(2500 - 21)^{21}/21! \simeq 10^{51}$ 通りよりも多くなるからだ．そのため，ランダムに選んだデータ点 10,000 通りを重心の初期位置として考えることとした．この実験の結果は驚くべきものだった．k-平均法では，10,000 の初期配置から，9,874 もの異なる解が生成されてしまった．当然ながらこれらの結果をここに出すことはできない．もし詳細が知りたいならば，10.4 節の最後にある URL にアクセスしてほしい．

　この実験から，k-平均法は決して頑強な技術ではないことが分かる．現在利用可能なソフトウェアパッケージで，数千回もの処理を行うものはほとんどないことを考えると，最近のソフトウェアであっても k-平均法を使って得られた解はあまり高品質ではないといえよう．

10.3 ArrayMiner ソフトウェア

k-平均法の一般性は，クラスタリングの品質を測定するための基準として分散の小ささが広く使われているという事実からも分かる．そして，筆者が開発しているソフトウェア "ArrayMiner" の現在のリリース版もこの基準に沿っている．つまり，ある個数のクラスタについて全分散が最小となる解を調べる．しかし，他のほとんどの手法とは異なり，ArrayMiner の解の探索は k-平均法には依存しない．その代わりにグループ遺伝的アルゴリズム（グループ GA）(Falkenauer, 1998) の手法に基づいている．

10.3.1 グループ遺伝的アルゴリズム

遺伝的アルゴリズム（GA）(Holland, 1975) は，進化のプロセスから考え出された最適化手法である．一般的な説明と，GA と他の進化論的計算手法（EA）の密接な関係については 2 章を参照されたい．グループ遺伝的アルゴリズム（GGA）を示すための背景として，この手法を簡単に説明しよう．最適化問題に対する新しい解を作成する際に，継承の過程において解の高品質な部分をできるだけ残すことによって GA の探索は進められる．高い確率で高品質の新しい完全解を作り出すために，部分解を結合する．つまり，ランダムに作り出された解の初期グループから始め，グループ内で最も良い解を結合することでグループを改良する．こうして徐々に解の品質上昇をもたらす．

GGA はグループ構造を扱うような問題（以下グループ問題）のため GA を大幅に修正したもので，Falkenauer によって提案された (Falkenauer, 1998)．要素セットのメンバーのよいグループ（パーティション，クラスタリングとも呼ばれる）を見つけ，ばらばらな部分集合に分けるのが目的となる．

グループ問題では，目的関数はグループの集合から定義される．要素を部分集合に分類する方法に対して目的関数の値が与えられる．明らかに，全体のグループ化の価値に影響を与えるのは，グループの構成である．GA をグループ問題に適用する試みは，これまではあまり効果的ではなかった．というのは，従来 GA で使われているコード化や，交叉や突然変異といった操作は個々の要素指向であって，グループ指向ではなかったからである．すなわち，グループ問題に対する標準的な GA では，個々の要素に独立して操作を行っていた．このアプローチに対する問題点は，個々の要素がグループ問題において意味をほとんど持たないことである．というのは，解の品質を決めるのは相対的なグループ化であって，個々の要素だけからは決められない．個々の

第 10 章 ■ 進化論的計算手法を用いたマイクロアレイデータのクラスタリング　***221***

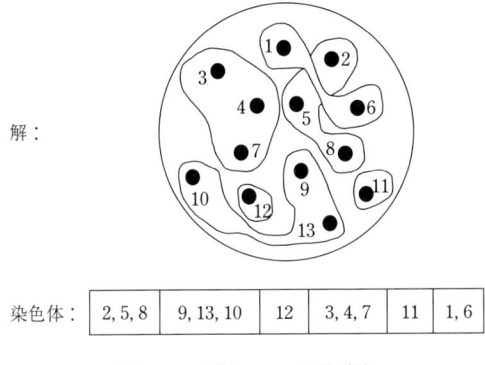

解：

| 染色体： | 2, 5, 8 | 9, 13, 10 | 12 | 3, 4, 7 | 11 | 1, 6 |

図 10.4　GGA のコード化手法

要素を扱う標準的な GA で操作を行うと，統計的にはほとんど良い結果を得られなかった．詳細は文献（Falkenauer, 1998）での議論を参照されたい．

　グループ問題に GA を適用するため，要素よりもグループの方を重要な情報として扱うこととしよう．GGA は，染色体内の遺伝子にグループ情報を記述する．この点が従来の GA とは異なる．GGA のコード化を図 10.4 に示す．これは 13 の要素を 6 グループに分類するグループ問題の解を示している．GGA の染色体に 6 つの遺伝子があり，それぞれが解のグループを表している．

　グループを GGA の遺伝子として表すと，グループという関連情報を GA によって操作する「最小単位」として扱うことができる．特にその情報は交叉によって次の世代に引き継がれる．その結果グループ問題を解く際により有効な情報が扱えるので，GA の性能の劇的な改善に成功している．古典的な遺伝的オペレータが使えないことは，GGA の特殊な染色体構造に関する小さな欠点となっている．GGA にて用いられる操作（交叉・突然変異・反転）について詳しくは，同じく文献（Falkenauer, 1998）を参照されたい．

　GGA は遺伝によって要素のグループを改良していく点が特徴的である．当然ながら GGA のグループが発現プロファイルのクラスタと一致するため，発現プロファイルデータに対して高品質のクラスタを見つける効果的な技術といえよう．実際，良いクラスタリングが得られると，必然的に少なくともいくらかのクラスタはデータの構造によく適合している．すなわち，分散が小さく，他のデータ点からよく分離しているクラスタが得られる．交叉などの遺伝操作をクラスタに対して進めていくと，分散の小さな解をもたらし，その結果データのクラスタから算出される全体の適合度が向上する．

10.3.2 ArrayMiner での GGA の使用

ここまで見てきたように，品質を求める指標（クラスタの全分散を最小にする）を使い，最良のクラスタ解を探索するために良い最適化手法（GGA）を用いているという点において，ArrayMiner は他の多くの発現プロファイルのクラスタリングソフトウェアとは異なっている．現在ほとんどのソフトウェアは，問題に対する良い解を得るために，ヒューリスティクスによる一度限りの手続き（k-平均法や他の手法）を用いている．もしもヒューリスティクスが失敗し平凡な解しか得られなかったとしても，ユーザはその解を使わなければならない．こうした事態が頻繁に起こることは，得られたクラスタの品質に関する指標（例えばクラスタの全分散などの具体的な値）を報告している入手可能なソフトウェアは現在 1 つもないことからも分かるだろう．

10.3.3 なぜそれが問題となるか

ArrayMiner における洗練された最適化アルゴリズムの利用は，解析ツールとしての有用性に非常に重要である．確かに，全分散の値を最小にするようなクラスタを見つけることは極めて難しい問題（NP 困難）である（Garey and Johnson, 1979）．つまり，高速で 1 回限りのヒューリスティクスではうまくいかないであろう．その結果，高確率で局所解が得られてしまう．実際，先ほど示したように，k-平均法では期待はずれの結果が得られがちである．

クラスタリングソフトウェアを使う生物学者にとって，クラスタリングの質はとても重要である．というのは，生物学者は同様の振舞いをする遺伝子群としてクラスタを判断するからである．観測された発現プロファイルの基礎となるような現象はいまだ発見されていない．そのため，クラスタ内の遺伝子は似た振舞いを示しクラスタの外の遺伝子とは異なる理由についての仮説を吟味するのを，提案されたクラスタ候補は生物学者に促すこととなるだろう．

得られたクラスタの品質が，図 10.2 の最後に示したように低いものだったと仮定しよう．このような解を考察しようとすると，間違ったクラスタに起因する偽の関連性のための仮説に対して，生物学者は面倒な検査（できることならこれにより拒否したい）をすることになってしまう．そして，このクラスタでは遺伝子は同様の振舞いを示さない．クラスタリングのアルゴリズムが良くないために，単に誤った形で得られただけである．さらに，ひどい解が出るということは，より良い解があるはずなのに得られなかったことをも意味する．つまり，図 10.1 のはじめの部分に示したような，有益な関連性の調査の可能性を生物学者は失ってしまう．こうなると，生物学者は重要な生物学的現象を見落とし，研究にとっても大きな妨げとなってしまうかもしれない．

10.3.4　ArrayMiner の性能： 解の品質と速度

　実際に生物学者が利用するためには，クラスタリングアルゴリズムで得られた解は高品質である必要がある．これこそが，ArrayMiner が最適化を行うアルゴリズムを活用している理由である．しかし，実用性のためにはそれなりの速度で動くアルゴリズムでなければならない．ここまでに論じてきたグループ問題のような難問に対し，1つの挑戦はそれなりの時間で高品質の解を得るアルゴリズムの設計である．

　この点で，ArrayMiner は GGA をうまく取り込んでいる．これを示すため，図 10.3 のデータを再び考えてみよう．Intel PentiumIII 800 MHz で 10,000 回の k-平均法を行うと，約 35 分かかった．そして，この k-平均法による 10,000 個の解のうち，最良解は一度しか得られなかった．ここから k-平均アルゴリズムは非常に不安定であることが分かる．ArrayMiner の GGA は，平均してわずか 4 分でこの解を発見した．これについては後ほど詳しく示す．

　生物学者がクラスタリングツールから得られる遺伝子クラスタに対して何らかの信頼性を得たいなら，そのツールは高品質の解を常に提供するようなものでなければならない．さもなければ，得られた解は無数の解候補のうちからランダムに取ってきたものだとみなされてしまう．こうなってしまうと，導かれた解の広範な検査をする価値が本当にあるのかを生物学者に疑われても仕方ないであろう．

　これまで見てきたように，この点から基本的な k-平均法は全く良くない．図 10.3 のような単純な問題においてすら，10,000 回中 1 回しか最良解を見つけられなかった．言い換えると，この単純な例でも正しい解のために，誤った解を求めることに約 1 万倍もの時間を費やしてしまったのである．実データに関してはこの性能は更に下がってしまう．表 10.1 を見てみよう．YCELL と同じ規模のデータセットを使って実験を行ったところ，10,000 回の k-平均法では毎回異なった解を示し，いずれも最適解ではなかった．

　一方 ArrayMiner でも，図 10.3 のデータに対して 20 回の試行を行った．初期グループは毎回異なるようにした．ArrayMiner はすべての場合に k-平均法を 10,000 回行ってようやく得た最良解と同じものを生成した．さまざまな初期条件の試行において，同一の最良なクラスタを見つけ出した（全分散値が単に等しいというだけでなく，同一のクラスタ構造を持っている）ということは，それがおそらくは真の最適解であることを示唆する．そして，ArrayMiner は妥当な計算時間でこの最良解を見つけ出せた（表 10.1 の RND2500 の行）．

　図 10.3 の二次元での例はかなり単純なものであった．実際の遺伝子発現データに対して ArrayMiner を適用すると，k-平均法よりも優れていることが再確認できる．2 つ

表 10.1 ArrayMiner の性能を 4 つのテスト問題において k-平均法と比較した。10kTime は 10,000 回の k-平均法の試行でかかった時間，10kNbrSols は 10,000 回の k-平均法の試行で見つかった解の個数の合計値，そして 10kBest は k-平均法の試行から得られた最良解の全分散値を示す．TimeTo10k は ArrayMiner の 20 回の試行に対し，k-平均法の 10,000 回の試行での最良解以上の解を発見するのにかかった平均時間を示す．Best は ArrayMiner での最良解の全分散値，そして TimeToBest は最良解を見つけるためにかかった ArrayMiner の 20 回の試行についての平均時間を示す．時間はすべて分単位となっている．

データセット	10,000 回の k-平均法			ArrayMiner		
	10kTime	10kNbrSols	10kBest	TimeTo10k	Best	TimeToBest
RND2500	35	9,874	2,751,149	4	2,751,149	4
YDSHIFT	39	9,650	21.4911	2	21.4875	8
RAT	1.5	9,982	1.8527	0.04	1.8343	0.09
YCELL	14	10,000	32.3130	6	32.2871	17

のアルゴリズムを比較する追加実験として，次のデータセットを 10 のグループにまとめる問題を行った．詳細を表 10.1 に示す．

- RAT：ラットの神経系の発達を示す LNP /NINDS /NIH セットで，112 のプロファイル（9 点計測）．Sillicon Genetics の GeneSpring ソフトウェアのデモバージョンに入っている．
- YCELL：酵母菌の細胞周期に関する"すべての読み枠の中の ACGCGT"セットで，507 のプロファイル（16 点計測）．同様に GeneSpring のデモバージョンに入っている．
- YDSHIFT：酵母菌の代謝遷移を示す，1446 のプロファイル（7 点計測）．

表 10.1 から以下のことが分かる．すべてのケースで，k-平均法は 10,000 の初期配置から 9,500 以上の異なる解を出力した．にもかかわらず，簡単な RND2500 問題を除いては，最適解を見つけ出すことはなかった．ArrayMiner は k-平均法と等しい，またはより良い解を極めて高速に見つけ出した．ArrayMiner がそれぞれのデータセットで見つけた最良解は 20 回の試行ですべて同じだったことは，とりわけ注目に値する．これはおそらく真の最適解であろう．ArrayMiner はこのように，すべての場合においてほぼ確実に最良なクラスタリングを見つけ出した．そして計算時間も許容範囲内であった．

10.4 おわりに

分散を最小にするクラスタへの遺伝子発現データのグループ化は，1回の高速なヒューリスティクスでは十分な性能が得られないような難しい問題である．本章ではこの問題を扱う際に最もよく使われる k-平均法を紹介した．これは品質の低い解を出力する可能性のある，あまり当てにならない方法であった．そのため，生物学者が k-平均法を用いる際には，同時に発現しないような遺伝子のグループが誤って得られてしまうことと，重要な同時発現遺伝子群が得られないことを甘受しなければならなかった．これらの問題点を改善するために，ArrayMiner ソフトウェアを紹介した．これは最良なクラスタを探すために洗練された最適化技術を用いていた．実験的結果から，ArrayMiner では非常に高い確率で優れた解が得られ，実行時間も十分短いことが分かった．

ArrayMiner は，Silicon Genetics によって，GeneSpring ソフトウェア (http://www.sigenetics.com/) にシームレスなインタフェースを提供する．これは GeneSpring の追加プラグインとして利用できる．ArrayMiner に関してより詳しい情報は，http://www.optimaldesign.com/ から入手できる．

参考文献

[1] Ben-Dor, A., Shamir, R., and Yakhini, Z. (1999). Clustering gene expression patterns. *J. Comput. Biol.*, 6(3–4):281–297.

[2] Brown, M.P.S., Grundy, W. N., Lin, D., Cristianini, N., Sugnet, C. W., Furey, T. S., Ares, M., and Haussler, D. (2000). Knowledge-based analysis of microarray gene expression data using support vector machines. *Proc. Natl. Acad. Sci. USA*, 97(1):262–267.

[3] Eisen, M. B., Spellman, P. T., Brown, P. O., and Botstein, D. (1998). Cluster analysis and display of genome-wide expression patterns. *Proc. Natl. Acad. Sci. USA*, 95(25):14863–14868.

[4] Ewing, R. M., Kahla, A. B., Poirot, O., Lopez, F., Audic, S., and Claverie, J. M. (1999). Large-scale statistical analyses of rice ESTs reveal correlated patterns of gene expression. *Genome Res.*, 9(10):950–959.

[5] Falkenauer, E. (1998). *Genetic Algorithms and Grouping Problems*. John Wiley, Chichester, U.K.

[6] Garey M. R., and Johnson, D. S. (1979). *Computers and Intractability — A Guide to the Theory of NP-Completeness*. Freeman, New York.

[7] Getz, G., Levine, E., and Domany, E. (2000). Coupled two-way clustering analysis of gene microarray data. *Proc. Natl. Acad. Sci. USA*, 97(22):12079 – 12084.

[8] Hartigan, J. A., and Wong, M. A. (1979). A k-means clustering algorithm. *Appl. Stat.*, 28:100 – 108.

[9] Herwig, R., Poustka, A. J., Muller, C., Bull, C., Lehrach, H., and O' Brien, J. (1999). Large-scale clustering of cDNA fingerprinting data. *Genome Res.*, 9(11):1093 – 1105.

[10] Holland, J. (1975). *Adaptation in Natural and Artificial Systems*. University of Michigan Press, Ann Arbor.

[11] Michaels, G. S., Carr, D. B., Askenazi, M., Fuhrman, S., Wen, X., and Somogyi, R. (1998). Cluster analysis and data visualization of large-scale gene expression data. In *Proceedings of the Pacific Symposium on Biocomputing*, January 4 – 9, Maui, Hawaii, pp. 42 – 53.

[12] Miller, R. T., Christoffels, A. G., Gopalakrishnan, C., Burke, J., Ptitsyn, A. A., Broveak, T. R., and Hide, W. A. (1999). A comprehensive approach to clustering of expressed human gene sequence: the sequence tag alignment and consensus knowledge base. *Genome Res.*, 9(11):1143 – 1155.

[13] Toronen, P., Kohlehmainen, M., Wong, G., and Castren, E. (1999). Analysis of gene-expression data using self-organizing maps. *FEBS Lett.*, 451(2):142 – 146.

[14] Wittes, J., and Friedman, H. P. (1999). Searching for evidence of altered gene expression: a comment on statistical analysis of microarray data. *J. Natl. Cancer Inst.*, 91(5):453 – 459.

[15] Woolf, P. J., and Wang, Y. (2000). A fuzzy logic approach to analyzing gene expression data. *Physiological Genomics*, 3:9 – 15.

第11章 進化論的計算手法と配列データのフラクタル可視化

Dan Ashlock　Iowa State University
Jim Golden　CuraGen Corporation

11.1　はじめに

　第IV部の多くの章では，生物学的なデータが持つ相似性や相違性のようなパターンがとても複雑であることを述べている．計算の観点から見ると，この複雑性によって，配列情報のみから構成要素（例えばイントロンでなくエクソン，構造タンパク質でなく膜貫通タンパク質）を予測することは非常に困難となる．しかし，計算的には識別することが難しい（または不可能な）微妙なパターンを視覚的に調べて明らかにできることはよく知られている．本章では，配列データの可視化のための一手法について検討する．ここで論じる手法は，その複雑性と視覚的美しさでよく知られているフラクタルをもとにする．生成されたフラクタルは入力された配列データをある範囲内で異なる範疇に（興味深く）分類できる．本章ではフラクタルの範囲を最適化するために進化論的計算手法を用いる．フラクタルは形と色で描かれた1枚の絵で多くの情報を伝達するのに適しているので，本手法には大きな利点がある．

　本章では，まずDNAなどの配列データをフラクタルアルゴリズムを用いて可視化する標準的な手法について述べる．そして，新しい進化論的フラクタルを獲得するために，2つの異なる方法によってこの手法を一般化する．新しい手法はどちらも反復関数系（iterated function systems: IFS）の形式をとり，ランダム駆動やデータ駆動の縮小写像の集合からなる（詳しくは後述する）．1つ目の手法は，どの縮小写像を次に適用するかを選択するために入力の配列データを用いる，インデックスIFSである．2つ目はカオスオートマトンと呼ばれ，単純で柔軟な計算機科学の概念である有限状態機械によって入力配列データを扱い，有限状態機械の各状態と縮小写像とを関連づける．微生物ゲノムから得た異なるDNAを視覚的に識別する能力によって，この2つの進化論的フラクタルを検証した．見た目が美しく，配列についての情報を表示する

ようなフラクタルを生成するためには，適切な適合度関数を設計することが重要な問題となる．ここで用いたテスト問題については，インデックス IFS よりもカオスオートマトンの方が優れていた．最後に，フラクタルの染色体や適合度関数における改良の可能性や，その他有用な応用のために解決すべき問題について論じる．

DNA がフラクタルの性質を持っている根拠がいくつかある．例えば，ゲノムにおける転移因子の働きは，フラクタル生成に用いられているアルゴリズムに似ている．本章では DNA のフラクタル性については述べない．代わりに，DNA を可視化するためにランダム化したフラクタルを用いる．基本的な考え方は単純なものである．フラクタルを生成するアルゴリズムの乱数入力を DNA 塩基に置き換える．結果として生成されたフラクタルは，可視化された DNA である．非乱数である DNA のフラクタル性によって，DNA から生成されたフラクタルは乱数列から生成されたものとは異なって見える．われわれの目標は，これらの差異を意味あるものにすることである．

異なる情報源（例えば乱数や，異なる獲得源からの DNA）を用いるとき，意味ある差異を示すフラクタルを見つけるためには，フラクタル生成アルゴリズムの空間において，適切な候補解を効率的に探索する必要がある．このような探索は，進化論的計算が得意とするものである．DNA 駆動のフラクタルを生成する 3 つの手法を示す．1 つ目は，よく知られた"カオスゲーム"の変形で，進化論的計算を必要としない．これは，進化論的フラクタル生成アルゴリズムの出発点となる．2 つ目の手法は，IFS の進化論的形式である (Barnsley, 1993)．3 つ目の手法も進化論的で，DNA の広範囲効果を反映するような構造を生成する有限状態オートマトンと IFS の手法とを融合する．進化論的であることに加えて，3 つ目の手法は DNA の広範囲効果を反映できる新しいフラクタル生成アルゴリズムである．

11.2 カオスゲーム

カオスゲームの最も単純な形式は，平面上で同一直線上にない 3 つの固定点を選ぶことから始まる．動点をこの 3 点の中の 1 つで初期化し，次のようなランダムな処理を繰り返す．3 つの点のうち 1 つをランダムに選び，動点を現在の位置から選んだ点に向けて半分だけ動かす．動点が到達することのできる点の集合をシェルピンスキーの三角形（Serpinski triangle）と呼ぶ（図 11.1）．

3 つではなく 4 つの固定点を用いるとどうなるだろうか．これらの点が，1 辺の長さが 1 である正方形の頂点であるとしよう．すると，正方形の各次元に従って，動点は次のような座標を持つすべての点に到達することができる．

図 11.1　シェルピンスキーの三角形

$$\sum_{k=1}^{\infty} \frac{x_k}{2^k}, \, x_k \in \{0,1\} \tag{11.1}$$

この形で書ける数は，区間内の 2 進有理数と呼ばれる．2 進有理数は区間内（この場合正方形の各辺）で密集した部分集合を形成する．分かりやすくいえば，すべての固定点から任意の距離に動点が到達できるので，正方形は埋めつくされる．しかし正方形を埋めつくすためには，どの固定点に向けて移動を行うかという選択がほぼランダムでなければならない．もし選択がランダムでないならば，正方形が埋めつくされることはない．非ランダム性によって残った空白は，一様にランダムな情報からの偏差を可視化したものになっている．4 つの固定点によるカオスゲームの例を図 11.2 に示す．HIV ゲノムによって生成されたフラクタルは，ゲノムにおけるメチル化部位の欠乏を，右上部分の四分区間の大きな空白と残りの部分の影によって表している．この

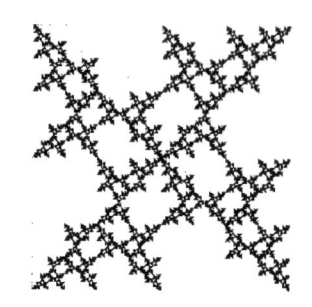

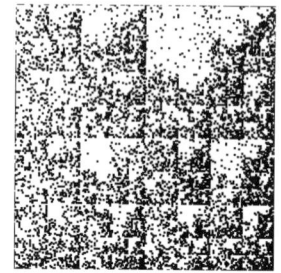

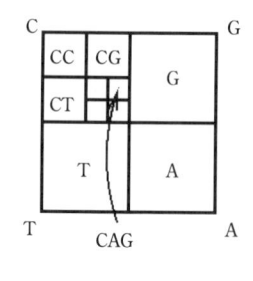

図 11.2 有界なランダムデータと HIV-1 ゲノムの例による 4 点カオスゲームの実行結果．右図は DNA 頭文字がどの正方形の部分と関連しているを示している．動点は黒でプロットしている．有界なランダムデータによって動点は現在の頂点か時計回りに 2 つの頂点に向かって等確率で移動する．HIV-1 ゲノムとしては GenBank アクセッション番号 NC_001802 を用いた．

空白部分は，HIV の DNA においてメチル化部位に対応する 3 文字配列が欠乏している結果である．

4 点カオスゲームによって，DNA の中で失われているある種の配列を見ることができる．この配列の DNA 塩基数が $\log_2(L)$ 以下のとき，一般に小さな模様となる．ただし L は正方形の 1 辺の長さ（ピクセル）である．このような場合，数ピクセルにしか影響を及ぼさないため，DNA 塩基の長さが $\log_2(L)$ に近いような模様を見ることは困難となる．この模様を理解する鍵となるのは，"選んだ点に向かって半分動く"という更新規則である．この更新によって，動点が現在コード化している特徴を半分に分割し，新しい特徴を加えている．ここで用いているのは，動点位置と固定点との（重みなし）平均であり，各点の重みが 2 分の 1 である加重平均と考えることができる．この 2 分の 1 という重みは，調節可能なパラメータである．もとの場合と，固定点や動点に対して ±10% の重み変化を付けた場合のランダムフラクタルを図 11.3 に示す．

一般に，与えられた DNA 配列における情報が少ないほど，それから得られる標準的な 4 点カオスゲームのフラクタルがまばらになる．もし DNA 文字列で作り得る 6 文字語（4^6 通り）のほとんどが DNA 中に現れなければ，$2^6 \times 2^6$ の 4 点カオスゲームの大部分は空白となる．平均の重みを調節することで，画像のまばらな度合を選ぶことができる．しかしながらそれをすると，カオスゲーム内のピクセルと DNA における模様との一意な対応を失うことになる．

カオスゲームでまばらとなるもう 1 つの原因は短いデータである．図 11.4 に示す HIV によるカオスゲームでは，情報を持つ全データが黒点のプロットとして表現されるように，HIV ゲノムによる処理を単純に 2 回繰り返した．長時間カオスゲームを実

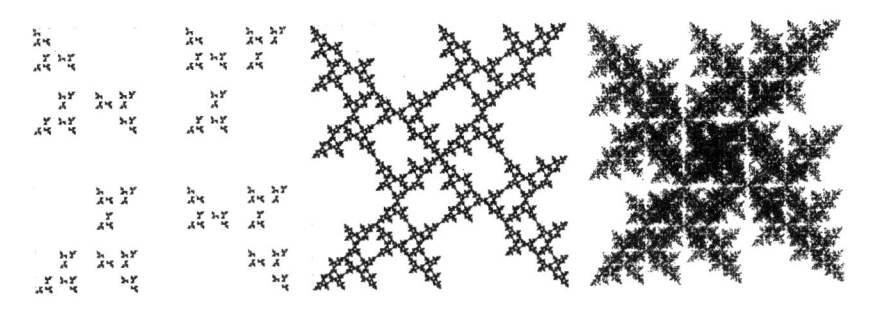

図 11.3 3 種類の重み付き平均に対する 4 点カオスゲームの実行結果．動点は現在の頂点か時計回りに 2 つの頂点に向かって等確率で移動する．左から右の順に，固定点に対して 60%，等しい，動点に対して 60% の重みを用いている．

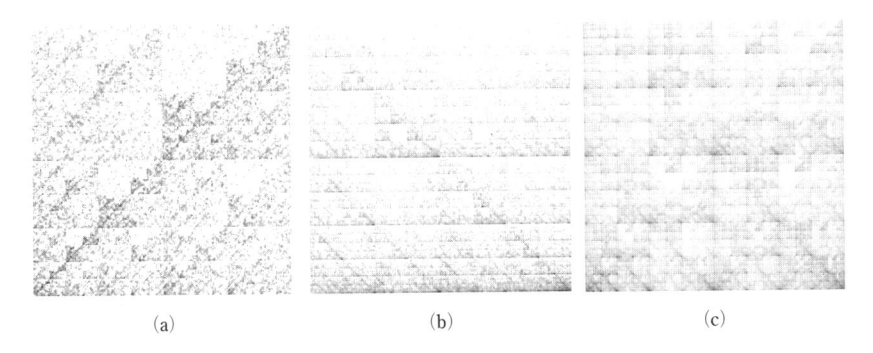

(a) (b) (c)

図 11.4 (a) HIV-1 (NC_001802)，(b) メタン細菌 (*Methanococcus jannaschii*) の小さな染色体外要素 (C_001733.1)，(c) ピロリ菌 (*Helicobacter pylori*) 株 J99 の完全ゲノム (AE001439) である．ウィンドウサイズ 6 でマルコフモデルを構築するために各生物の DNA を用いた．モデルから人工的に生成されるデータを用いて各ピクセルがプロットされた回数を数え，256 レベルのグレースケール（白：0，黒：最大）によって表示した．

行して，模様の共通性を測定するためにピクセルにプロットされた回数を数えるのは役に立つ．この追加的な情報はグレースケールとして表示できる．しかしもしこの手法を行うなら，事象の正確な標本化のために十分なデータが必要となる．正確な標本化を保証するために，DNA のマルコフモデルを用いてデータを滑らかにして標本を拡張することが考えられる．実質的には，これは短い語の従属（マルコフ）分布をデータから計算し，人工的なデータを生成するためにマルコフ過程を用いるという再標本化手法である．4 点カオスゲームによって示された情報はこの短い語の有無だけであるので，DNA のマルコフモデルを用いることでより高いコントラストの画像を得ることができる．

マルコフモデルを構築するするために，ウィンドウサイズを n に固定する．長さ n の隣接する各部分列について（最後の部分列は除く），特定のウィンドウの次に各4塩基が出現する頻度を集計する．各 n 文字パターンに対して次にくる塩基についての確率分布となるように，この集計結果を正規化する．マルコフモデルを用いて人工データを生成するために現在の語を保存しておく．現在の語の次にくる塩基をマルコフモデルによって生成し，現在の語の一番古い（最初の）文字を消去して新しく生成した文字を語に付け加える．この方法で人工データ（生成された文字列）を生成する．このためにまず標準的な塩基（例えば全部 A）を用いて現在の語を初期化し，モデルに従って数千塩基からなる人工データを生成する．以上の手続きには，マルコフモデルが計算されたもとのデータに現れる語の集合に，マルコフ過程を加えるという効果がある．マルコフモデルにおいてこの過程はバーンイン（burn-in）と呼ばれる．次節で述べるフラクタルアルゴリズムにも，同様なバーンインが必要である．バーンインを行うために n 文字パターンの次にくる塩基の分布（一様分布ではない）を定義する．

人工データを作る過程でのウィンドウサイズにおける効果を表 11.1 に示す．規則的で周期的なデータから始めて，サイズが 2 と 3 のウィンドウを用いてマルコフ過程を生成した．サイズ 3 のウィンドウでは，入力データが位相偏移したデータを再現した．サイズ 2 のウィンドウでは，塩基登場の順番は大体合っているがもとデータでの長さが再現できていない．以上から，マルコフ過程を用いて付加データを合成する場合，比較的高いデータの再現性を実現するためにサイズ 6 のウィンドウを用いた．マルコフ連鎖における確率を表 11.2 に示す．CC と TT に注目すると，GG と AA のパターンとわずかに確率が異なっている．これは，もとのデータが CCC から始まって TTT で終わることによって生じるエッジ効果である．

マルコフ連鎖手法を用いて，比較的まばらな配列データからでもかなり再現性の高い 4 点カオスゲームを生成できる．3 種類の DNA によるグレースケールの 4 点カオスゲームを図 11.3 に示す．比較のため 1 つは図 11.2 の HIV 配列を用いた

グレースケールのカオスゲームによって，ここで用いた 3 種類の配列をはっきりと識別することができる．図 11.2 にある HIV と比較すると，小さな DNA 部分語の分布についての情報を白黒の場合よりも多く持っていることが分かる．しかし白黒手法の欠点の多くがグレースケールの図にも残っている．特徴はたかだか数固定長の語に依存し，図における大きさは語長に逆指数関数的（対数関数的）に依存する．適切な語分布を用いたマルコフ連鎖の統合によってある程度拡大した大きな図を作ることができるが，そのためには十分な大きさのウィンドウによるマルコフ連鎖が必要となる．この手法は指数関数的な計算量によってすぐに破綻してしまう．

表11.1 入力配列と，ウィンドウサイズ2と3によるマルコフモデルから生成した類似配列

情報源	配列
入力	CCCGGGAAATTTCCCGGGAAATTTCCCGGGAAATTT
サイズ2	GGAATTCCGGAATTTTTCCCCGGAATTTTTTTTTC
サイズ3	AATTTCCCGGGAAATTTCCCGGGAAATTTCCCGGGA

表11.2 表11.1から作成したウィンドウサイズ2のマルコフの連鎖の表．入力データに存在しないパターンは次文字に対して一様分布とした．

存在の有無	語	条件付確率			
		P (C)	P (G)	P (A)	P (T)
1	CC	0.4	0.6	0	0
1	GC	0	1	0	0
0	AC	0.25	0.25	0.25	0.25
0	TC	0.25	0.25	0.25	0.25
0	CG	0.25	0.25	0.25	0.25
1	GG	0	0.5	0.5	0
1	AG	0	0	1	0
0	TG	0.25	0.25	0.25	0.25
0	CA	0.25	0.25	0.25	0.25
0	GA	0.25	0.25	0.25	0.25
1	AA	0	0	0.5	0.5
1	TA	0	0	0	1
1	CT	1	0	0	0
0	GT	0.25	0.25	0.25	0.25
0	AT	0.25	0.25	0.25	0.25
1	TT	0.4	0	0	0.6

　たとえ図11.3の表示がそれぞれ違うとしても，その差が何を意味するのかを説明するにはかなりの訓練が必要である．さらにこれらの差は，DNAのsmall-worldな統計量[*1]を可視化するには不可欠である．このような要約は，ほとんどの問題において統計ソフトに入力するだけで効率的に得ることができる．上述の欠点を改善するために，興味深い特定の配列特徴を強調できる進化論的フラクタルを導入する．これによって，small-worldな統計量を表示する必要がなくなる．

　カオスゲームの可視化が役に立たないことを示すために一般化を行うわけではない．

[*1] 訳注：DNA部分後の出現頻度はべき乗法則に従うというもの．

訓練すれば4点カオスゲームから配列の情報を得ることができ，すばやく視覚的にホモロジー検査を行えるだろう．カオスゲームは，反復的な長い配列中の小さな特異挿入物をはっきりと示すことができる．またより豊かな特徴集合で構築できる，2次元以上で4点以上を用いるカオスゲームのような手法については以下では扱わない．

11.3 IFS

　カオスゲームはIFSの特殊な形式である（Barnsley, 1993）．IFSにおいては，距離空間から自分自身への写像を多数選択する．ここでの距離空間とは標準的なユークリッド距離を持つ実数平面$\Re^2$である．カオスゲームの固定点と全く同様に，これらの写像はある動点分布によってランダムに求められる．距離空間における動点の軌道をIFSのアトラクタ（attractor）と呼ぶ．図を補足するための色のような詳細を除いた軌道がフラクタルである．Barnsleyは，IFSについての定理を多数明らかにした（Barnsley, 1993）．有界な軌道（有限フラクタル）を得たい場合，平面からそれ自身へのどんな関数でも使えるわけではない．任意の2点に対して，写像をとった後の距離が小さくなるとき，距離空間から自分自身への関数を縮小写像（contraction map）と呼ぶ．形式的には，

$$d(p,q) \geq d(f(p), f(q)),\ \forall p, q \in \Re^2 \tag{11.2}$$

となるとき，$f: \Re^2 \to \Re^2$は縮小写像となる．証明された定理によると，縮小写像によるIFSは動点に対して有界な軌道を持ち，ゆえに有限フラクタルアトラクタを持つ．

　相似性は縮小写像となることが保証されている写像類を形成する．これは平面の剛体回転を行う写像であり，固定量によって平面を置き換え，固定倍率によって平面を縮小する．新しい点$(x_{\text{new}}, y_{\text{new}})$は，回転角$t$，変位$(\Delta x, \Delta y)$，倍率$0 < s < 1$を持つ相似性によって，古い点$(x, y)$から次式で変換される．

$$x_{\text{new}} = s \cdot (x \cdot \cos(t) - y \cdot \sin(t) + \Delta x) \tag{11.3}$$

$$y_{\text{new}} = s \cdot (x \cdot \sin(t) + y \cdot \cos(t) + \Delta x) \tag{11.4}$$

2点の距離が常に小さくなる相似にするために，回転と変位が等尺であることに注意されたい．これらは2点間の距離を変化させない．したがって，すべての変化は2点間の距離を減少させる倍率に起因する．

　前述のような手法を動点に適用したことによる相似性の集合が，平面の有界フラクタル部分集合となることが分かっている．このような相似に基づくIFSの例を口絵1

に示す．データと固定の相似集合を選ぶと，このような可視化を得ることができる．何回相似を用いるか，どの相似を用いるか，どうやってデータ項目と相似を関連づけるかといった選択の過程によって，さまざまなデータ駆動型のフラクタル生成アルゴリズムを得る．ただし，良いアルゴリズムと可視化を選出するための手段が必要である．

11.3.1 進化論的フラクタル

われわれの目標は，配列データの可視表現を与えるような，4点カオスゲームを一般化したデータ駆動型のフラクタルである．DNA，タンパク質，およびコドンのデータを用いてフラクタル表現がうまく機能することが望まれる．これらの配列は互いに由来したものではあるが，それぞれが異なった量の情報を含み，細胞内の生物的活動の異なった局面において現れる．生の DNA データには多くの情報があり，最低でも何らかの解釈ができる．DNA データをコドン・トリプレットに分離する（これにはイントロンとコドンとを区別する必要がある）ことで，より多くの解釈を行うことができる．与えられたアミノ酸をコード化するための DNA トリプレットを，例えば温度安定性の違いによって（G と C の塩基が多いほど融点が高い）選ぶことができる．したがってコドンデータには，コドンがアミノ酸に翻訳されるときに失われてしまう情報がある．アミノ酸配列には，細胞内でのタンパク質の役割に関する情報が含まれている．混乱させるようなコドン使用情報を用いなくとも，この配列によってタンパク質の折りたたみや機能が特定される．この情報階層が与えられれば，64 ($= 4^3$) 通りの DNA トリプレットにデータを分けることによって，縮小写像を配列データに結び付けることができる．

進化論的フラクタルのために用いたデータ構造（染色体）は 2 つの部分からなる．相似のリストと，そのリストに対する DNA トリプレットのインデックスである．これによって，好ましい 3 種類の入力データ（DNA，DNA トリプレット，アミノ酸）を用いたフラクタル生成アルゴリズムを使うことができる．アミノ酸の場合，インデックス関数によってデータを解釈する方法を修正しなければならないが，DNA トリプレットからアミノ酸と終止コドンへの多対 1 写像を適用することで，簡単に再編することができる．データ構造を表 11.3 に，この構造の進化例を表 11.4 に示す．各相似は式 (11.3) にあるような 4 つの実数値パラメータによって定義されている．インデックス表は，出現したトリプレットにどの相似を適用するかを特定するような 64 の整数（64 通りの DNA トリプレット）からなる配列である．

DNA からフラクタルを導く最初の実験では，DNA をウィンドウサイズ 6 のマルコフ過程でモデル化し，DNA トリプレットを生成した．このトリプレットは，動点に適

表 11.3 DNA 駆動型の進化論的フラクタルの染色体として働くデータ構造. $n = 8$ の相似と, xyz の DNA トリプレットに対して $0 \leq N_{xyz} \leq 7$ を用いた.

名前	構成要素
1 番目の相似	$t_1(\Delta x_1, \Delta y_1)s_1$
2 番目の相似	$t_2(\Delta x_2, \Delta y_2)s_2$
...	...
最後の相似	$t_n(\Delta x_n, \Delta y_n)s_n$
トリプレットのインデックス表	$N_{CCC}, N_{CCG}, \cdots N_{TTT}$

表 11.4 進化論的アルゴリズムの実行で最良適合度を得た DNA 駆動型の進化論的フラクタル

相似	回転(ラジアン)	変位	縮小
1	1.15931	(0.89346, 0.802276)	0.166377
2	5.3227	(0.491951, 0.453776)	0.596091
3	5.73348	(0.985895, 0.123306)	0.33284
4	1.2409	(0.961873, 0.63981)	0.375387
5	5.91113	(0.41471, 0.15982)	0.571791
6	0.538828	(0.660229, 0.137627)	0.452674
7	5.87837	(0.993039, 0.345593)	0.330442
8	5.09863	(0.987267, 0.338542)	0.408452

インデックス 27547724125521512264221221672254775547111661526127517426215556666

用する相似を選択するためにフラクタル染色体のインデックスに用いられる.こうすることで,最大フラクタル(一様にランダムなデータで生成したとき見えるもの)の形状選択と,どの DNA コドン・トリプレットを各相似に関連づけるかという選択を進化させることができる.これは任意の縮小写像が一意の固定点を持つという定理による.各フラクタル染色体における 8 相似の固定点は,カオスゲームにおける正方形の 4 頂点と同じ役割を果たす.

表 11.3 にある染色体に進化論的アルゴリズムを適用する場合,変異オペレータ(交叉や突然変異)を定めなければならない.8 相似の表には 1 点交叉として,64 インデックスの表には 2 点交叉として働くような 2 染色体変異オペレータ(交叉オペレータ)を 1 つ定める.突然変異オペレータについては 2 つ用意する.1 つ目は相似突然変異と呼ばれ,一様にランダムに選んだ相似を修正する.つまり相似を定義する 4 つのパラメータのうち 1 つをランダムに選び,そのパラメータに区間 $[-0.1, 0.1]$ の一様乱数を加える.倍率パラメータ (s) については,1 以上の s は $2-s$ に,0 以下の s は $-s$ に置き換えることで境界値に関して対称にして,適用後の値を区間 $[0, 1]$ に保つ.

2つ目はインデックス突然変異と呼ばれ，DNAトリプレットに関連するインデックスを一様にランダムに選び置き換える．

11.3.2 進化論的アルゴリズムの設計

フラクタル染色体のデータ構造を設計した後，適合度関数を決定するという最も困難な課題が残っている．動点をプロットしたとき，異なる種類のデータについてはフラクタルが"異なるように"見えてほしい．以下では，2種類のデータ（図 11.2 に示した HIV-1 ゲノムとメタン細菌（*Methanococcus jannaschii*）の小さな染色体外要素）のマルコフモデルを識別するようにした．この比較的簡単なタスクについて，2種類のデータで実行を行ったときの動点の平均的位置を追跡し，それらの距離を適合度関数とした．フラクタルが特定のデータによって実行されているときは，動点の平均位置を (μ, μ) と表記する．このとき，両方のデータを交互に与えて 200 から 500 の長さの一様分布だけ実行すると，進化論的フラクタルの適合度関数は次のように求められる．

$$\sqrt{(\mu_x^{HIV1} - \mu_x^{MJ})^2 + (\mu_y^{HIV1} - \mu_y^{MJ})^2} \qquad (11.5)$$

シミュレーションの一連の流れを説明しよう．ランダムデータに従うような 1000 回の繰返しを動点の初期バーンイン期間とする．フラクタル画像を正規化できるように，動点の平均位置と，この期間における平均位置からの最大距離とを推定する．"完全なランダムデータ"とは，8つの相似のそれぞれを一様にランダムに選択するという意味である．これに続いて，マルコフモデル化された DNA データの約 200,000 回の反復で生成した相似に従って，動点が動かされた．各種のデータは 200 から 500 の塩基の連続で用いられている．この実行長は一様にランダムに選択される．動点が1種類のデータ実行を終え，反復が 200,000 回以上なされているとき，適合度評価を終了する．

フラクタル個体は，相似パラメータ（$0 \le t \le 2\pi, -1 \le \Delta x, \Delta y \le 1$，$s$ は区間 $[0, 1]$ 内の2つの一様分布ランダム変数の平均）によって初期化される．s に平均値を用いるのは，縮小パラメータの初期値を適切にするためである．ここで用いている進化論的アルゴリズムは steady state 方式である（Syswerda, 1991）．この方法では，各交配において集団から 4 個体を一様にランダムに選択する．最も適合度の良い 2 個体を交叉させ，生成された新しい個体を最も適合度の悪い 2 個体と置き換える．Ashlock と Golden は，個体数，交配数，突然変異頻度の有用な設定を探すために，数多くの予備実験を行った（Ashlock and Golden, 2000）．この実験では，比較的低い突然変異率のとき適合度が増加し，新しい個体の1つは相似突然変異に，他方はインデックス

突然変異に影響を受けた．シミュレーションでは 10,000 回の交配を行ったが，これは適合度が頭打ちとなる中間点を十分に超えていた．ここでは 30 回の独立したシミュレーションを行っている．

11.3.3　IFS の結果

　シミュレーションで獲得したフラクタルは，2 種類のデータを識別するにはほとんど問題がなかった．各シミュレーションにおいて，最も適合度のよい個体から 2 つの画像を作った．1 つ目は，HIV-1 からのデータを緑でプロットし，メタン細菌からのデータを赤でプロットしたフラクタルである．2 つ目は，用いられた 8 つの相似に対して 8 つの基本 RGB 色（黒，赤，緑，青，シアン：青緑，マゼンタ：赤紫，黄，白）を割り当てて生成したものである．相似が呼ばれたとき，動点に用いられている現在の色をシフトし，8 ビットの最下位ビットを破棄し，そしてその相似に関連づけられている色を 3 色チャネルの上位ビットにシフトする．4 つのシミュレーションに対するこの 2 種類のプロット例を口絵 2 に示す．相似を追跡した画像を見てみると，シミュレーション 0 と 24 が，最もデータを識別する相似を使ったフラクタルを生成しているのに対し，シミュレーション 20 と 27 は 3 つの相似（つまり 20 については白，青，黒，27 については赤，マゼンタ，白）に頼っている．これは適合度地形に複数の局所解があることを示す．

　適合度関数によって赤と緑の平均を識別するフラクタルが得られたことは，直感的に合理的である．先に挙げた例に見られるように，典型的な結果では互いに入り組んだ赤と緑の領域があった．平均の赤と緑の位置は，獲得した最良個体のフラクタルではランダムな初期集団とは全く違っていた．それにもかかわらず，生物学データを明確な領域にはっきりと区別することができなかった．その理由は 2 種類の DNA のマルコフモデルには大量の相似が含まれるからである．さらに IFS フラクタルの自己相似性によって，フラクタルの一部分は全体の複写となっている．このため，フラクタルの異なる部分には異なる相似，つまり異なるデータ種類が関連づけられてしまうが，これはほぼすべてのフラクタルアルゴリズムが赤と緑の点を混合することを意味している．次節では別の適合度関数での実験について説明する．さらに記憶の形式を持つことができるようにフラクタル染色体を修正する．これによって，異なるデータ種類の反応による自己相似相互作用を軽減し，DNA データの可視化において広範囲の相互作用を発見する見込みも出てくる．

11.4 カオスオートマトン:記憶の追加

本節では,カオスオートマトンと呼ばれる IFS フラクタルの新しいコーディング方法を導入する.カオスオートマトンは内部状態の情報を保持し,生成過程と異なる事象を視覚的に関連づけることができる点で,標準的な IFS と異なる.この内部記憶によって,カオスオートマトンで生成されたフラクタルは自己相似を部分的に取り除くことができる.多種の入力データで実行する場合,どのデータを処理しているのかを"記憶し",異なるデータに対して異なる種類の形状をプロットすることもできる.例えば,目印で分割された 2 つのおおよそ似た配列を考えよう.このとき,有限状態遷移がその目印を認識し,2 つのデータには異なる縮小写像を用いることで,カオスオートマトンに基づいて異なるフラクタルを生成する.すでに示した標準的な IFS フラクタルと比較すると,データ駆動型フラクタルの表現を変更する必要があることが分かる.データ項目の作用がなくなって各関数に関連づけられた空間が縮小するときにデータ項目が"忘れられる"という問題を,進化論的フラクタルに状態情報を組み込むことで解決しようとした.DNA データで実行するために進化論的計算によって進化させたカオスオートマトンの例を表 11.5 に示す.

ここで形式的な定義を与えよう.S を状態の集合,C を $\Re^2$ から自分自身への縮小写像の集合,A を入力文字,$t: S \times A \to A \times C$ を状態と入力から次の状態と縮小写像への写像である遷移関数,$i \in S$ を初期状態とする.このとき,カオスオートマ

表 11.5 2 種類の DNA を視覚的に分類するように進化したカオスオートマトン.状態 6 から始めて,文字 C, G, A, T からの入力によって状態遷移を行う.オートマトンが各状態にきたとき,回転 (R),変位 (D),縮小 (S) で定義された相似を適用する.

	遷移				相似		
状態	C	G	A	T	回転	変位	縮小
0	2	5	6	0	1.518	(0.768, 0.937)	0.523
1	5	7	1	2	6.018	(0.822, 1.459)	0.873
2	2	1	2	2	0.004	(0.759, 0.880)	0.989
3	4	4	4	7	4.149	(0.693, 0.903)	0.880
4	3	3	3	3	1.399	(0.693, 0.724)	0.758
5	2	5	7	1	6.104	(0.951, 0.077)	0.852
6	1	0	2	1	2.195	(0.703, 0.864)	0.572
7	1	4	5	2	1.278	(0.249, 1.447)	0.715

初期状態 =6

状態を初期状態 i にセットする
(x, y) を $(0, 0)$ にセットする
入力がなくなるまで以下を繰り返す：
　現在の相似を (x, y) に適用する
　(x, y) を使用する
　遷移規則によって状態を更新する

図 11.5　カオスオートマトンによるフラクタル生成の基本アルゴリズム．(x, y) の使用とは，バーンイン中は値を無視，生成しているフラクタルの中心と半径を (x, y) を用いて推定，正規化されたフラクタルに点をプロットする，という行動からなる．

トンは 5 つのパラメータの組 (S, C, A, t, i) と表される．カオスオートマトンによってデータ列からフラクタルを生成するために，図 11.5 に示すアルゴリズムを用いる．有限状態機械に詳しい読者は，遷移ではなく状態を縮小写像に関連づける（やや恣意的な）選択をしていることに気づくだろう．ここでは Mealy 型カオスオートマトンではなく Moore 型カオスオートマトンを用いている[*2]．

11.4.1　データ構造と変異オペレータ

　進化論的アルゴリズムによってデータ種類を視覚的に分類するカオスオートマトンを進化させるには，適切なデータ構造と変異オペレータを設計しなくてはならない．ここで用いたデータ構造は，ノードのベクトルと初期状態を指定する整数である．これらのノードは，カオスオートマトンの 1 状態を定義する情報を保持している．これは，C, G, A, T の各入力に対する次状態を定義する 4 つの整数と，オートマトンがその状態へ遷移したとき適用する相似からなる．相似は前述したフラクタル染色体と同じように定義される．

　次に，変異オペレータについて説明する．ここでは 2 点交叉オペレータを用い，ノードのベクトルを線形染色体のように扱う．各ノードは交叉オペレータによって分割されることはない．この交叉は個体を分割できないという点で本質的には古典的な 2 点交叉である．初期状態を特定する整数は染色体の最初のノードに付随しており，交叉ではノードとともに動く．突然変異オペレータによって変化するのは次の 3 種類である．基本的な突然変異オペレータがこの 3 種類に対して定義される．一方，決まった確率でこれらの基本的な突然変異を呼び出すようなマスター突然変異オペレータも定義される．1 つ目の基本突然変異は，新しい初期状態を一様にランダムに選ぶことで

[*2]　訳注：Mealy 型は状態遷移に対して出力が決まり，Moore 型は遷移先の状態に対して出力が決まる．Mealy 型と Moore 型は相互に変換が可能であり，表現能力に差はない．

初期状態に作用する．2つ目の基本突然変異は，次状態への遷移に作用し新しい次状態を一様にランダムに選ぶ．3つ目の基本突然変異は相似突然変異である．この相似突然変異は，フラクタル染色体に最後に適用したものと同じである．マスター突然変異は，初期状態に10%，遷移に50%，相似に40%の割合で作用する．この割合は最適化されたものではなく，適当に選んだものである．

11.4.2 進化と適合度

　前述のフラクタルアルゴリズムのように，生成したフラクタルデータを視覚的に分類する性質を持つようなカオスオートマトンを見つけるために進化論的アルゴリズムを用いる．カオスオートマトンによる実験において，いくつかの適合度関数を試した．2つ以上のデータを分類することだけが目標なら，分類する頻度を評価するだけで十分であり，単純な方法であっても問題を解くことができるだろう．一方，視覚的にデータを分類するにはより高度な適合度関数が必要である．前述のフラクタル染色体を用いると，カオスオートマトンは，各種データにおける動点の平均位置間の正規化分類を最大にすることで2種類のデータを分類するように進化した．この染色体とカオスオートマトンの両方に対して，進化論的アルゴリズムは比較的高い適合度をすばやく獲得した．この染色体の結果は口絵2に示されている．この適合度関数をカオスオートマトンに用いると，獲得されたフラクタルはしばしば2点からなり，各点が1つのデータに対応していた．これはデータをほぼ完全に分類するが，視覚的には最小の手がかりしか与えない．この実験は，新しい適合度関数を試すきっかけになっただけでなく，相似の縮小倍率に対する制約をより小さくすべきことを明らかにした．動点を近傍に移動させるために，カオスオートマトンはゼロに近い縮小倍率を相似に用いる．素晴らしいことに，カオスオートマトンの有限状態記憶は実際にはこのことを行っている．つまり，インデックス表だけを用いたフラクタル染色体では獲得できない点の縮小が，オートマトンの異なる部分への状態遷移によって行えるようになる．

　適合度関数について説明するために，前述した簡単な表記を拡張する．データ駆動のカオスオートマトンからフラクタルを生成するために用いられたカオスゲームの動点は，座標がランダムな変数組としてみなせる．ここで (X, Y) はカオスゲームの動点位置を与えるランダムな変数組を表すものとする．数種類のデータ $\{d_1, d_2, \ldots, d_n\}$ を分類する場合，(X, Y) で表された点は，$d_1, d_2, \ldots, d_n$ のデータによってカオスオートマトンが実行されたときの動点位置 $\{(X_{d_1}, Y_{d_1}), (X_{d_2}, Y_{d_2}), \ldots, (X_{d_n}, Y_{d_n})\}$ に分割される．以下では任意の乱数 R について，R の平均と分散をそれぞれ $\mu(R)$, $\sigma^2(R)$ とする．

前述したフラクタルと全く同様に，カオスオートマトンでもバーンインを行う．バーンインの前に動点が $\Re^2$ の原点となるように初期化する．バーンインの初期段階では，進化させるカオスオートマトンを $\{C, G, A, T\}$ から一様にランダムに選んだデータによって 1,000 回実行する．こうすることで，一様なランダムデータに対するカオスオートマトンのアトラクタに動点を含ませるか，もしくは近づけることができる．バーンインの第 2 段階では，カオスオートマトンをさらに 1,000 回実行し，(X, Y) の標本値を 1,000 個生成する．適合度と生成された画像両方を正規化するのに後で用いるため $\mu(X)$ と $\mu(Y)$ の値を保存する．バーンインの第 3 段階では，カオスオートマトンをさらに 1,000 回実行する．(X, Y) の標本 1,000 個によって，$(\mu(X), \mu(Y))$ から動点位置までの最大ユークリッド距離 $R_{\max}$ を計算する．$R_{\max}$ をカオスオートマトンに関するフラクタルの半径と呼ぶ．多数の適合度関数を評価した結果，最良なのは次のようなものであった．

$$F_2 = \tan^{-1}(\sigma(X_{d_1})\sigma(Y_{d_1})\sigma(X_{d_2})\sigma(Y_{d_2}))F_1 \tag{11.6}$$

ここで，$F_1 = \sqrt{(\mu_{x_1} - \mu_{x_2})^2 + (\mu_{y_1} - \mu_{y_2})^2}$ は変数名以外は式 (11.5) と同じ適合度関数である．この関数は平均点のユークリッド距離を単に計算している．新しい関数は，動点が 2 つのデータクラスを分類することを数値的に必要とし，各データ種のプロット点が散乱すると有限の報酬を与える．この有限の報酬によってフラクタルがけば立ったものとなる．報酬が有限でない場合，フラクタルは非常に大きな半径となり，異なるデータによる明らかな特徴が目立たなくなる．

11.4.3 進化論的アルゴリズム

カオスオートマトンを進化させるために用いた進化論的アルゴリズムは，前述のフラクタル染色体に対するアルゴリズムを若干修正している．前のようにバーンインと適合度評価を行い，同様に steady state モデルを用いた．さらに，3 つの異なる種類のデータを用いるようにアルゴリズムを拡張した．適合度評価の際に 3 種類のデータを繰り返し与え，式 (11.6) の適合度関数を次のように一般化した．全部で 6 つ（3 種類のデータに対して各 2 つ）の分散の積を引数にもつ逆正接関数（$\tan^{-1}$）と，3 種類のデータそれぞれの平均位置間のユークリッド距離の和との積である[*3]．

[*3] 訳注：$F_2' = \tan^{-1}(\sigma(X_{d_1})\sigma(Y_{d_1})\sigma(X_{d_2})\sigma(Y_{d_2})\sigma(X_{d_3})\sigma(Y_{d_3}))F_1'$,
$F_1' = \sqrt{(\mu_{x_1} - \mu_{x_2})^2 + (\mu_{y_1} - \mu_{y_2})^2} + \sqrt{(\mu_{x_2} - \mu_{x_3})^2 + (\mu_{y_2} - \mu_{y_3})^2} + \sqrt{(\mu_{x_3} - \mu_{x_1})^2 + (\mu_{y_3} - \mu_{y_1})^2}$

11.4.4 実験計画

AshlockとGoldenによるシミュレーションでは，いくつかの適合度関数の振舞いと，異なる分布の乱数から得たデータでのカオスオートマトンのデータ構造の相互作用とを特徴づけた（Ashlock and Golden, 2001）．これをもとに適合度関数として式 (11.6) を選択した．カオスオートマトンがインデックス IFS よりも低次の自己相似性をもたらすことを見るには，口絵 3 を参照してほしい．

すべてのシミュレーションにおいて，8状態カオスオートマトンを120個体，20,000交配で進化させ，最終世代での最良カオスオートマトンを保存した．カオスオートマトンを適当な一様分布乱数で実行させて集団を初期化した．データ種類と適合度関数を変えて各種のシミュレーションを50回行った．文献（Ashlock and Golden, 2001）で報告されているように，初期のシミュレーションによって2つの潜在的な欠点が明らかになっている．1つ目は，動点の位置がフラクタルの半径 $R_{\max}$ で正規化されているので，半径を減少させることで増加する適合度が得られてしまうこと．これによって約 10^{-15} という平均半径となり，よくない結果を示した場合もあった．0.1以下の半径を持つフラクタルには適合度0を与えることで，この欠点は取り除かれた．0.1を採用したのは，一様にランダムな5,000塩基のデータによるカオスオートマトンが生成した1,000標本のほとんどの半径は0.1より小さかったからである．2つ目の欠点は，前にも述べたが視覚的に魅せるフラクタルへの要望に関係している．カオスオートマトンにおける相似の縮小倍率がゼロに近ければ，点はただまばらな塵のように表示される．各データ種類に対するプロットを空間的には分離しているので，このようなまばらな塵でも高い適合度獲得できるのである．多点の塵は，（情報価値がなくても）大きな散乱さえも達成できる．この欠点を改善するために，縮小倍率 s の突然変異においてゼロ以下で（符号の）反転をしていたものを，ある下限で反転するように変更した．ここではこの下限を0.5に設定した．

11.4.5 結　果

カオスオートマトンを，マルコフモデル化された HIV-1 とメタン細菌の2分類，およびピロリ菌（*Helicobacter pylori*）配列とこの2種類の3分類のために進化させた．ウィンドウサイズ6のマルコフモデルを用いた結果，カオスオートマトンの有限状態部分において固有の局所的な特徴を比較的高い確率で保存していた．各々の場合について，50回のシミュレーションを行った．2情報源データの分類に対して進化論的アルゴリズムが獲得したフラクタルの例を口絵4に示す．前述のフラクタル染色体で行った実験と比べてみると良い視覚的分類が得られている（口絵1と比較してほしい）．何

のデータがプロットされているかを追跡する赤緑の点に加えて，前と同じ方法で状態使用を追跡する 8 陰影のプロットを用いた．このプロットによって現れる色模様から，少ない相似ですむような状態遷移表を用いていることが分かる．

　3 種類のデータを分類することは 2 つよりも難しい．3 種類の生物学的データを分類するように進化したフラクタルの例を口絵 5 に示す．青でプロットされたピロリ菌の完全なゲノムから得られた 3 番目のデータは，より長い DNA 塩基配列から求められており，その結果マルコフモデルにおいて空でないウィンドウがより多い．このことから，3 番目のデータクラスを他の 2 つと識別することはより困難となる．シミュレーション 10 と 35 においては分類ができているように見える．シミュレーション 10 においては，状態を追跡した右側の陰影図に見られるようにオートマトンの 2 状態のみが用いられているので，急激な回転が重要になっている．シミュレーション 10 から得られた"フラクタル"にははっきりしたフラクタル性がなく，50 回のシミュレーションの最良個体として現れたのは 13 のらせん状のアトラクタのうちの 1 つであった．このように可視化がフラクタルにならないと，視覚化する部分の形状に関係する情報を利用することができない．そのため，適合度関数をさらに改良することでこの欠点を取り除くのが目標となる．

　シミュレーション 35 は，識別困難なデータ（口絵では青で表現）をフラクタルの別の部分に配置するようなアトラクタの例であり，望ましい結果となっている．赤，緑，青は，フラクタルの比較的独立した部分を占めている．シミュレーション 2 と 23 は，最も典型的な結果（入り組んだ中央領域の主要要素として困難なデータが表示されている）を示しており，識別がより簡単な 2 種類のデータは尾部または独立な端部の領域に位置している．

　分類するように訓練されたフラクタル空間で見られる解の多様性は，適合度地形がかなり粗いことを示している．最良適合度の値はシミュレーションごとに最大で 2 桁異なっている．口絵 5 のシミュレーション 10 に示したアトラクタのような円状の解が高い適合度を得るように，高い適合度と視覚的に有効なフラクタルの間には真の相関はないことが分かった．これは，ここで用いた適合度関数には大いに改善の余地があることを示している．カオスオートマトンは DNA 可視化に用いたカオスゲームからの出発点であり，他の研究者も含めてカオスオートマトンを効果的に用いるようになってほしい．

11.5 まとめ

　ここで述べたようなカオスゲームには，一様なランダム性からの局所的な偏りを説明する可視化能力がある．DNA を可視化する場合，訓練されたユーザでも初心者であっても短い DNA 断片がデータ中にある（ない）のかをすばやく決定することができる．ここで述べた 2 つのフラクタル染色体（進化論的 IFS とカオスオートマトン）は，かなり広い空間を探索し，データ特有のフラクタルアルゴリズムを訓練できるという点でカオスゲームよりも優れている．カオスゲームを解釈するのはより困難である．たとえ 4 点カオスゲームのピクセルが特定の小さな DNA 塩基配列と関連していたとしても，複雑な図形にあるピクセルの意味を決定するには，データ構造の追跡や，既知のデータに対するユーザの慣れが必要である．11.6 節ではこのような可能性について論じる．

　進化論的 IFS とカオスオートマトンの結果を比較すると，後者の方が異なるデータをより効率的に処理している．カオスオートマトンは各データに対してプロットした点をより大まかに分類し，データを形状にも関連づける．この形状分化の性質は，データ特徴を識別して動点に異なる相似操作を行う有限状態構造の結果である．状態遷移は異なるデータを異なる相似に割り当てる．

　しかしながら，単に 3 種類のデータを分類するだけが目標であるなら，必ずしもフラクタルを必要としない．われわれの目標はデータの可視化を行うことであり，単に解析することではない．解析なら多数の他手法（例えばニューラルネットワーク，タグ付き有限状態機械，部分語分布の統計的機械学習）によってより効率的に行うことができる．ここで述べたフラクタル可視化が意味を持つためには，可視化手法を標準として確立し，ユーザ自身がこの標準になれることが必要である．

11.6 おわりに

　ここで述べた研究には拡張できる 2 つの一般的な分野がある．1 つは，補足的な可視化ツールとして本研究をデータ解析ソフトウェアに移行することである．もう 1 つは，進化論的フラクタルアルゴリズムで用いた手法を拡張することである．このためには，適合度関数をさらに調整し新しい特徴を組み込むためにデータ構造を拡張する必要がある．以下では考え得る適合度関数について簡単に論じ，データ構造の拡張可能性について述べる．

11.6.1 応　　用

　IFSとカオスオートマトンに対する4点カオスゲームの利点の1つは，用いた配列データに関して，生成されたフラクタルのピクセルと充塡領域が持つ意味が固定であり説明可能なことである．進化論的フラクタルがより複雑な形状を生成したとしても，この形状は特定の配列特徴とは結び付かない．同じねじれによって，（フラクタルの進化に用いた訓練データにも依存するが）ある場合においては読取り枠中のDNAを指定することができ，また別の場合にはトランスポゾンに末端反復配列（LTR）があることを特定できるかもしれない．実用化のためには分類の集合を選び，効率的に分類するようにフラクタルを進化させなければならない．この固定フラクタルはグラフィックスの注釈として配列表示や解析ソフトウェアに組み込むことができる．ユーザが配列を表示するときに，フラクタルデータが構築されていく．特定のフラクタル可視化を用いれば，フラクタルの進化に用いたクラス変数の値だけでなく，部分的，または中間的なクラス要素をユーザが見ることができるだろう．この可視化能力はクラス変数を表示するのに必須であり，配列データによって描かれた付加的な情報が表示される．また注目すべき点は，ここで述べた進化論的フラクタル染色体はC++や他の言語モジュールにコンパイルできることであり，実行速度が極めて速い．

　本章で示したフラクタル可視化は，どのデータクラスがアルゴリズムを駆動しているかという知識によって構築されている．赤緑および赤緑青のプロットによって，ここで示したようなデータの空間分類を表示することができる．可視化アルゴリズムをソフトウェアツールに組み込む場合，オートマトンを実行するのに用いるデータは前もって分からない．空間分類はそれ自体が視覚的にデータクラスを分類しており，異なるデータ源に対して単に異なる色を割り当てることができる．プロットされた点の位置（訓練するデータクラス以外のデータはないと仮定する）やカオスオートマトンの状態から，データクラスを推測することもできよう．後者の場合，追加してデータクラス（一様にランダムなデータ）を訓練することができ，内部状態によって分類することに報酬を与えるような適合度関数を書くことができる．これは「上記のどれでもない」ランダムな分類を含んでおり，視覚化を通じてデータクラス（とプロットする色）を推定することができる．

　ここではDNA塩基とトリプレットによる可視化について述べたが，ほとんどの離散的（または離散化された）データも扱うことができる．アミノ酸残基はその適した候補である．RNA二次構造を可視化するためには入力変数として曲率を用いればよい．タンパク質結晶構造の場合には三次元空間での主鎖方向がおもしろい駆動変数となるだろう．フラクタル実行に用いることができるデータ源は多数あり，これに挑戦

することで得られるフラクタルがよりいっそう価値あるものとなろう．

11.6.2 適合度

本章では 2 つの適合度関数について述べた．1 つ目は式 (11.5) であり，2 つのデータクラスに対する動点の平均位置間のユークリッド距離を計算する．2 つ目は式 (11.6) であり，各データクラスに対する動点座標の分散の逆正接を，前の適合度関数に乗ずるものである．分散は膨らんだフラクタルに報酬を与え，逆正接は膨らみすぎないように抑制する．Ashlock らは逆正接なしの適合度関数を試し (Ashlock and Golden, 2001)，ほぼすべてのフラクタルが口絵 5 のシミュレーション 10 に代表されるような円形の広がりを持つことを確認した．別の適合度戦略も検証されている．この適合度地形は 2 つの丘を持ち，その 1 つの丘にプロットされた全点の高さの和を適合度とする．そしてデータクラスによってどちらの丘を使用するかが決定される．この適合度戦略によって丘の頂上に点があるような 2 点フラクタルが生成された．

有界な散乱に報酬を与えることで丘に基づく適合度を修正したり，丘の傾斜や位置を変えることができる．このような丘に基づく関数を試すのは，フラクタルの出現を制御するためである．各データクラスについて前もって指定した異なる領域にプロットすることで報酬を与えるなら，進化の気まぐれによってではなくある程度フラクタルの出現を制御できるようになる．羽や葉のような形状は多くの場合残るが，一定の意味を持つ断片はフラクタルの空間的な配置に保持することが可能となる．

11.6.3 フラクタル染色体

カオスオートマトンでは，DNA トリプレットに基づくインデックス表と有限状態遷移表がデータと相似を関連づける仕組みである．有限集合から有限集合へのすべての変換をこれで試すことができる．したがって，良いフラクタルを生成するような変換を探すことが鍵となる．遺伝的プログラミング (Koza, 1992, 1994) をこのような変換として用いることができる．相似に関連している解析木の集まりに配列データ・ウィンドウからの入力を与える．そして最大の出力をする解析木の相似が動点に適用される．この考えは Peter Angeline の MIPS nets (Angeline, 1998) に影響を受けており，解析木は互いの出力も利用することができる．われわれが行った実装は Angeline のアイデアをもとにしている．この改良によってシステムは状態情報を保持できるようになった．

入力を説明（要約）する状態に解析木を加えることで有限状態機械を改良した GP-オートマトン (Ashlock, 1997, 2000) は，カオスオートマトンの一般化として利用でき

る.この場合,解析木を用いることで動的なウィンドウや標本パターンにおける数塩基から引き出された情報によって有限状態遷移表を導出することができるかもしれない.このような標本パターンを GP-オートマトン染色体の一部としたり,データに合うように前もって選んだりできる.これによって,全データセットにわたって比較的ランダム性が低いようなウィンドウ中の塩基パターンを見つけられるであろう.この種の計算を実行する手法は,文献（Ashlock and Davidson, 1999）で述べられている.

11.6.4 より一般的な縮小写像

相似は縮小写像の簡単で広範囲の族である.より一般的で進化論的な縮小写像族を用いればさらに良い結果が得られるかもしれない.最近の結果では,有界なフラクタルを得るには必ずしも厳密な縮小写像は必要ないことが示されている.実際は縮小倍率の対数が負であればよい.これを念頭にに置いて,平均して縮小するような写像や,縮小写像に有利に働く遺伝的プログラミングの変異操作と終端記号を設計することができる.後者の場合,有限でないフラクタルをすべて除去するような適合度関数を用いる必要もあるだろう.これは難しくなく,過大半径による致死かペナルティの乗算のどちらかを利用すればよい.

参考文献

[1] Angeline, P. (1998). Evolving predictors for chaotic time series. *Proc. SPIE*, 3390: 170–180.

[2] Ashlock, D. (1997). GP-automata for dividing the dollar. In *Genetic Programming 1997: Proceedings of the Second Annual Conference on Genetic Programming* (J. R. Koza, K. Deb, M. Dorigo, D. B. Fogel, M. Garzon, H. Iba, and R. L. Riolo, eds.), Morgan Kaufmann, San Francisco, Calif., pp. 18–26.

[3] —— (2000) Data crawlers for optical character recognition. In *Proceedings of the 2000 Congress on Evolutionary Computation*, IEEE Neural Networks Council, Piscataway, N.J., pp. 706–713.

[4] Ashlock, D., and Davidson, J. (1999). Texture synthesis with tandem genetic algorithms using nonparametric partially ordered Markov models. In *Proceedings of the 1999 Congress on Evolutionary Computation*, IEEE Neural Networks Council, Piscataway, N.J., pp. 1157–1163.

[5] Ashlock, D., and Golden, J. B. (2000). Iterated function system fractals for the detection and display of DNA reading frames. In *Proceedings of the 2000 Congress*

on Evolutionary Computation, IEEE Neural Networks Council, Piscataway, N.J., pp. 1160 – 1167.

[6] —— (2001). Chaos automata: iterated function systems with memory. Submitted to *Physica D*.

[7] Barnsley, M. F. (1993). *Fractals Everywhere*. Academic Press, Cambridge, Mass.

[8] Koza, J. R. (1992). *Genetic Programming*. MIT Press, Cambridge, Mass.

[9] —— (1994). *Genetic Programming II*. MIT Press, Cambridge, Mass.

[10] Syswerda, G. (1991). A study of reproduction in generational and steady state genetic algorithms. In *Foundations of Genetic Algorithms I* (G. Rawlines, ed.), Morgan Kaufmann, San Francisco, Calif., pp. 94 – 101.

第12章 進化論的計算を用いた代謝経路および遺伝子制御系の推定

北川純次　**Junji Kitagawa**
伊庭斉志　**Hitoshi Iba**　University of Tokyo

12.1 はじめに

　本章では，進化論的アルゴリズム（evolutionary algorithm: EA）を用いて代謝系ネットワークを観測されたデータから推定する方法を示す．代謝系ネットワークとは，生命活動を制御している複雑な化学反応のネットワークであり，このネットワークの動的な振舞いをより深く理解できれば，生体内の代謝過程の解明につながるだけでなく，それを効率的に操作するなどさまざまな応用が期待できる．ここで，観測されるデータとは，さまざまな化学物質の時系列データである．本手法では，いくつかの制約条件を設けることによって構築した代謝系ネットワークのモデルに基づき，観測された時系列データに最も適合するようなモデル構造をEAを用いて推定する．本手法の全体的な流れは，マイクロアレーデータなどの観測データから，遺伝子間制御ネットワークを推定するための手法とも共通している．未知の遺伝子間制御ネットワークを同定することは，遺伝子の制御関係を明らかにし，各々の遺伝子の機能を知るための手がかりとなる．

　代謝系ネットワークを推定するためのモデル化として，本手法ではペトリネットの拡張表現である機能ペトリネットを用いる．ペトリネット理論は複雑な事象をモデル化するための枠組みとして計算機科学の分野で研究されてきたモデルである．特に機能ペトリネットとは，化学反応や生体内のプロセスを定量的に記述するために提案されたペトリネットの拡張表現である．ペトリネット理論の枠組みは，化学物質の濃度を微分方程式で記述する既存のモデル化方法に比べて，いくつかの利点を有している．以下では，機能ペトリネットモデルに基づいたEAを，観測された時系列データに適用する．実際には，細胞膜の構成成分である脂質の形成に重要な役割を果たすリン脂質代謝ネットワークの構造と速度論的パラメータを推定する手法について説明する．

12.1.1 生体内ネットワークの推定問題の重要性

ヒトゲノム計画により生み出された大量の生体反応に関するデータによって，生体内物質間の相互作用を詳細に議論することが可能になりつつある．相互作用のメカニズムの理解へ向けて，このような生体内ネットワークを解析する方法論を構築することは，ポストゲノム時代における非常に重要な課題である．

代謝系ネットワークは生命活動を制御する複雑なネットワークであり，すべての生命体はこのネットワークを利用して自らの体の構築と維持に必要なエネルギーと物質を生産している．代謝系ネットワークの動的な振舞いをより深く理解することができれば，抗体や薬などの有用な化学物質を効率的に生産するために細胞を自由に操作することが可能となる．代謝系ネットワークをモデル化しシミュレートすることは，このような応用へ向けた解析を行う上で非常に重要な手段となるであろう．

12.1.2 生体内ネットワークのペトリネットによる記述

代謝系ネットワークの既存の数学モデルは微分方程式に基づいたものが多い．しかしながらこのアプローチでは，モデル化のための速度論的パラメータが多数必要であり，特に代謝系の詳細なメカニズムは未知であるために困難に直面している．一方，ペトリネットは離散事象システムに基づいたモデル化手法であり，12.2節で見るように，適切な定義の体系と動作の並列性，そして視覚的に理解しやすい記述方法を持っている．その結果，生体内ネットワークはペトリネットによって自然に記述することが可能である．さらにその豊富な理論的背景によって数学的な解析も容易である．

ペトリネットが化学反応系などの生体内プロセスを離散事象システムとして記述可能なことはすでに実証されている（Reddy et al., 1996），また，拡張したペトリネットの枠組みによって化学反応系のネットワークの動的な振舞いもシミュレートできる（Hofestadt and Thelen, 1998; Goss and Peccoud, 1999）．松野らは，ペトリネットの拡張であるハイブリッドペトリネットを用いて遺伝子制御ネットワークのモデル化を行い，λファージの動作をシミュレートすることに成功している（Matsuno et al., 2000）．さらに，ペトリネットはグラフィカルな記述能力を有しているため，代謝系に関するデータベースにおける知識表現の手段としても提案されている（Kuffner et al., 2000）．

これまでに代謝系をモデル化しシミュレートするいくつかの方法が提案されている．しかしながら，既知の代謝ネットワークの経路構造や速度論的なパラメータに基づいて行われたものが大部分であり，未知のパラメータについては試行錯誤の末に決定していた．文献（Mendes and Kell, 1998）の手法は進化論的計算とシミューレーテッドアニーリングとを用いてパラメータを効率的に最適化することに成功したが，トポロジー

第 12 章 ■ 進化論的計算を用いた代謝経路および遺伝子制御系の推定

までは最適化していなかった．本章では，ペトリネットモデルに基づいて，観測された濃度時系列のみから自動的にもとの代謝系ネットワークを推定する手法について説明する．ネットワーク構造に関する知識や速度論的な効果をあらかじめ想定することはしない．ペトリネットはプレースとして生体内の物質を，ノードに含まれるトークンによって物質の濃度を表現することができる．プレースの間のリンクは代謝経路におけるリンクに対応しており，各物質の濃度を変数とする関数によって酵素反応過程の動的な振舞いを記述できる．以下では，EAを適切に設計することにより，観測された濃度時系列をもとに代謝系ネットワークのトポロジーとパラメータの両方の推定が可能であることを示す．検証実験では，フィードバックループや枝分かれといった代謝系の典型的な構造を多数含んでいるリン脂質代謝ネットワークに対して提案手法を適用する．

本章では，代謝系ネットワークが機能ペトリネットによって自然に表現できることを示し，観測データに対して適切なペトリネットを探索するためのEAに基づいた手法を提案する．また，提案手法が大きな規模の生体内ネットワークに対しても適用可能であることを実証する．12.2 節では，生化学反応のモデルに関する数学的な基礎，ペトリネットの詳細，および生化学パスウェイのモデル化について説明する．次に 12.3 節で進化論的アルゴリズムに基づく逆問題（観測データからのパスウェイ推定）の解法について述べ，12.4 節でそれらの実験結果を示す．12.5 節では，進化論的計算を用いる同様のアプローチとして，遺伝子制御ネットワークの推定についての関連研究を解説する．12.6 節はこれらをふまえた結論である．

12.2　反応速度，ペトリネットおよび機能ペトリネット

　代謝系ネットワークの基本構成要素は物質間の生化学反応であり，最も一般的な反応は酵素によって媒介される酵素反応である．酵素反応では酵素そのものは変化しないが，反応生成物の効率的な生成のために不可欠な役割を果たしている．このような酵素反応は次のようにモデル化することができる．初期段階では，酵素（E）が基質（S）と結合して酵素–基質（ES）複合体を形成する．続いてこの ES 複合体は，k_2 の割合で起こる E と S に解離する過程と，k_3 の割合で起こる反応生成物 P を形成する過程の 2 つの道筋をとる．

$$S + E \underset{k_2}{\overset{k_1}{\rightleftharpoons}} ES \xrightarrow{k_3} E + P \tag{12.1}$$

たいていの酵素反応過程は次のようなミハエリス–メンテン（Michaelis-Menten）の反応式によってモデル化できる．

$$V = \frac{d[\text{P}]}{dt} = -\frac{d[\text{S}]}{dt} = \frac{k_3[\text{E}][\text{S}]}{K_m + [\text{S}]} \qquad (12.2)$$

ここで [S] は反応初期における基質の濃度，[E] は酵素の濃度，[P] は反応生成物の濃度である．K_m は反応を特徴づける定数（Michaelis 定数と呼ばれる）である．最大反応速度 $V_{\max} = k_3[\text{E}]$ は酵素が基質によって飽和したときに達成される．

一方，基質の濃度が K_m の値よりも十分に低い場合には，この反応は次の擬似一次反応式で表現される．

$$V = k[\text{E}][\text{S}] \qquad (12.3)$$

ここで k は新たに定義される速度定数で，$k = k_3/K_m$ として与えられる．

12.2.1 ペトリネット

ペトリネットはさまざまなシステムを記述するために用いられる数学モデルである（Murata, 1989）．ペトリネットの基本構成はプレースとトランジションからなり，それらはアークによって結ばれている．プレースはトークンを含むことができ，それぞれのトランジションへの入力アークと出力アークは重みによってラベル付けされている．あるトランジションへのすべての入力プレースがアークの重みに等しいかそれ以上の数のトークンを含んでいれば，そのトランジションは発火可能である．その結果，各入力プレースからトークンを奪いそれを出力プレースに加えることで発火する．このとき取り去られるトークンと加えられるトークン数はアークの重みによって指定されている．ペトリネットの数学的定義は次のようになる．ペトリネット P_{net} は $P_{\text{net}} = (P, T, F, W, M_0)$ で表される．ここで P は有限個のプレースの集合，T は有限個のトランジションの集合，$F \subseteq (P \times T) \cup (T \times P)$ はアークの集合である．W は各々のアークに与えられている重みの値であり，M_0 がトークンの初期状態を表している．

前述したように，ペトリネットを代謝経路のモデル化に用いる手法は Reddy らによって最初に提案された（Reddy et al., 1996）．近年では，ペトリネット理論の拡張表現を遺伝子制御ネットワークのモデル化に用いる方法（Matsuno et al., 2000）や，確率ペトリネットを用いて生体内の確率過程をモデル化するなど，さまざまな応用が議論されている（Goss and Peccoud, 1999）．次項では代謝系ネットワークのモデル化のためのペトリネットモデルの拡張表現について述べる．

12.2.2 機能ペトリネット

機能ペトリネットは生体内の制御ネットワークの定量的な記述を可能とする枠組みであり，アークの重みをプレース内のトークンを変数とした関数で記述できる（Matsuda et al., 2000）．機能ペトリネットでは，通常のペトリネットの定義 $P_{\text{net}} = (P, T, F, W, M_0)$ の W が，プレース内のトークンを変数とした関数 V_f となる．また，各トランジションに対して遅延時間と呼ばれる変数を割り当てることで酵素反応式（12.3）をモデル化できる．ここでは，各プレースは代謝物質，トランジションは生化学反応に対応している．各トランジションは，酵素を意味する固有のプレースと双方向アークで結ばれている．ただし，各プレースに含まれるトークンの値はその代謝物質の濃度を表現している．図 12.1 は，2 つの基質と 1 つの生成物から構成される酵素反応を表す機能ペトリネットである．図では，2 つの基質 S1 と S2 が酵素 E を通じて反応し反応生成物 P を生成する．黒い四角は 0.1 秒の遅延時間のあるトランジションを表しており，各プレース（丸）には代謝物の濃度に対応した数のトークンが与えられている．トランジションに結合するアークの重みは，トークン数を変数とする関数（酵素反応の速度を表す）によって定義される．

12.3　逆問題：観測データからの経路推定

代謝系や遺伝子制御系のような生物システムの同定は，その動的振舞いを理解し産業

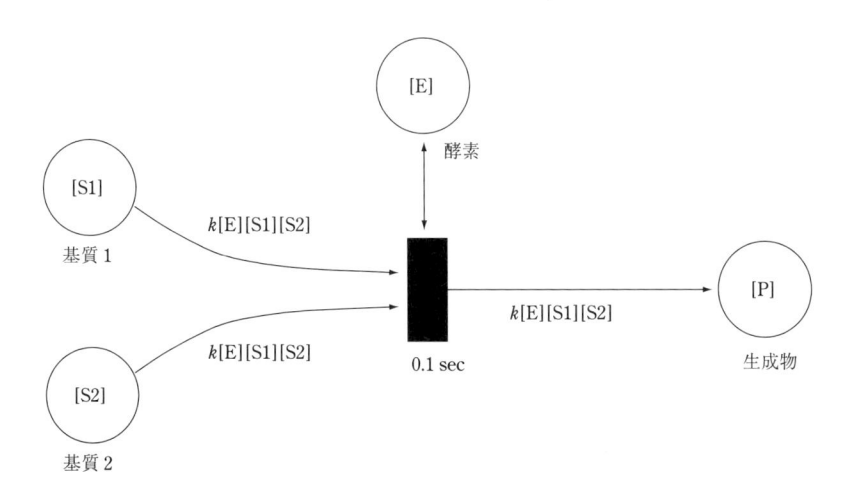

図 12.1　2 つの基質と 1 つの生成物からなる酵素反応のペトリネットモデル

的な応用につなげるために非常に重要である．しかしながら，それはまたモデル化に伴う複雑さと不完全な生物知識のために非常に困難である．この章では，観測濃度データから代謝経路を推定する問題への進化論的計算（evolutionary computation: EC）の適用方法について説明する．EC の一般的な説明については 2 章を参照していただきたい．観測データからの複雑な生体内ネットワークの推定に対する EC の適用は成功を収めており，特に遺伝子制御ネットワークへの応用において期待されている（Sakamoto and Iba, 2000; Ando and Iba, 2001）．

12.3.1 コーディング方法

代謝系ネットワークをモデル化した機能ペトリネットを，EA による遺伝子操作が適用できる形態にコード化する．われわれのコード化手法では，図 12.1 の代謝系ネットワークは $(S1, 1, k)(S2, 2, k)(P, 3)$ という配列の形で表される．この配列は 3 つの代謝物質を含み，2 つの基質が反応係数 k で酵素反応をして反応生成物を生成することを表現している．一般に，配列は 2 種類の要素（S 要素が基質，P 要素が生成物）から構成されている．多くの代謝物質が関与する酵素反応が生じる可能性は比較的低いと考えられるため，1 つの酵素反応に関与する最大の基質 S および生成物 P の数は 2 つまでとする．すべての要素は代謝物質に対応する番号を含んでいる．S 要素は反応速度に関する変数（0.1 刻みで 0.1 から 1.9 までの値をとる）も含んでいる．S の単位は 1 つの基質反応では $10^6 \mathrm{M}^{-1}\mathrm{msec}^{-1}$，2 つの基質反応では $10^2 \mathrm{M}^{-2}\mathrm{msec}^{-1}$ である．この配列は左端から翻訳され，S と P のペアが出現するごとに酵素反応に割り当てられる．図 12.2 にはより複雑な代謝系ネットワークをコード化した配列表現の例を示した．

12.3.2 適合度関数

前述したように EA における解の候補は配列にコード化された個体である．各個体の評価は，対応する代謝系ネットワークモデルに基づいて計算された濃度時系列と，目的の濃度時系列データの差を比較することで行われる．EA によって最小化されるべき適合度の関数は次のように定義される．

$$適合度 = \sum_{i=1}^{n}\sum_{t=1}^{T} \frac{|X_{i,\mathrm{target}}(t) - X_i(t)|}{nT} + 0.2L \tag{12.4}$$

ここで，n は全代謝物の数であり，T は考慮している時間ステップ数である．$X_{i,\mathrm{target}}(t)$ と $X_i(t)$ は，それぞれ代謝物 X_i の時間 t における目的の濃度値と推定中のモデルか

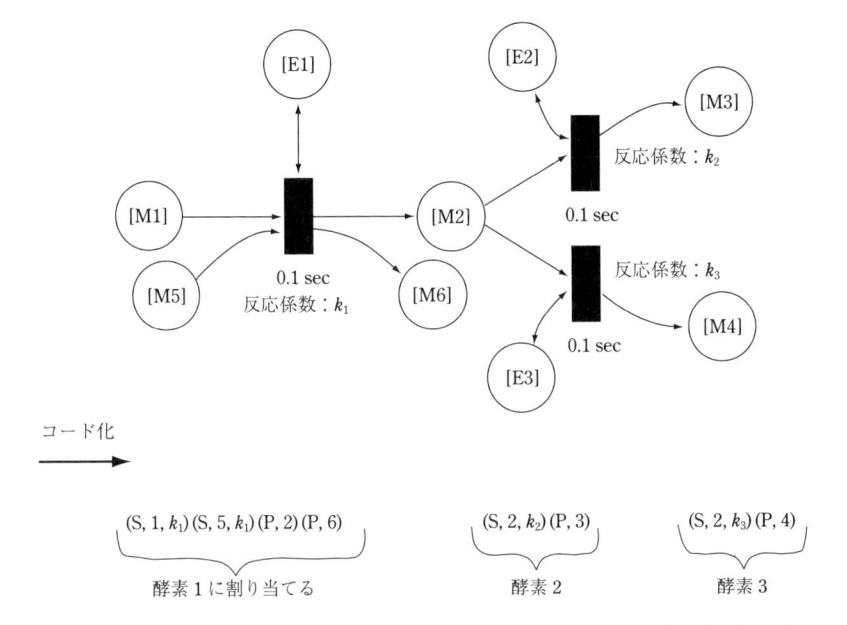

第 12 章 ■ 進化論的計算を用いた代謝経路および遺伝子制御系の推定　**257**

図 12.2 小規模な代謝系ネットワークのペトリネットモデルとそのコード化の概要．可変長配列を左から右に読み，最初の要素の集合を酵素 1 の反応に，次の集合を酵素 2 の反応に割り当てる．酵素 1 に対応する要素集合には生成物として 2 番の代謝物質が含まれているので，左側の部分グラフは代謝物質 M2 を経由して右側の部分グラフへと接続する．なお各基質や生成物はグラフ中で M と記述されている．

ら計算された濃度値を表す．さらに，よりシンプルなモデルの方が解として優れているものと想定し，配列の長さ L を変数として含む項を適合度関数に付加することで，過度に複雑な解に対してペナルティを課している．

12.4　ネットワーク構造の進化：実験結果

本節では，上述の手法を代謝系ネットワークに対して適用し，ネットワークの構造と速度論的パラメータの推定を行った結果を示す．

12.4.1　単純な代謝系ネットワーク

図 12.3 は仮想的に作成した代謝系ネットワークを表している．このネットワークは図 12.4 に示した機能ペトリネットによってモデル化できる．ここでの目的はネットワークの構造とパラメータの両方を推定することである．つまり，図 12.4 から観測さ

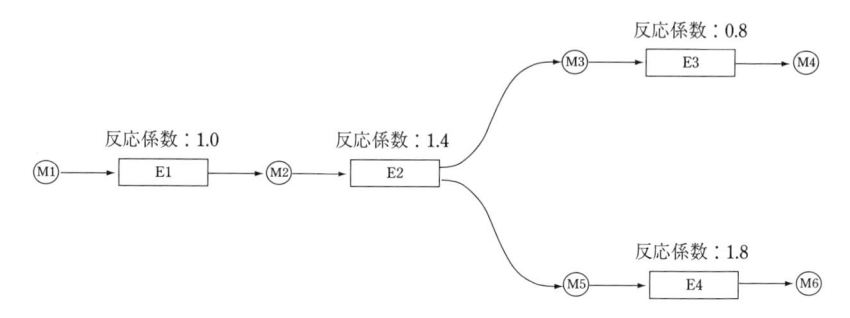

図 12.3 単純ではあるが重要性の高い仮想的な生化学ネットワーク．図中の反応係数の単位は $M^{-2}msec^{-1}$ である．

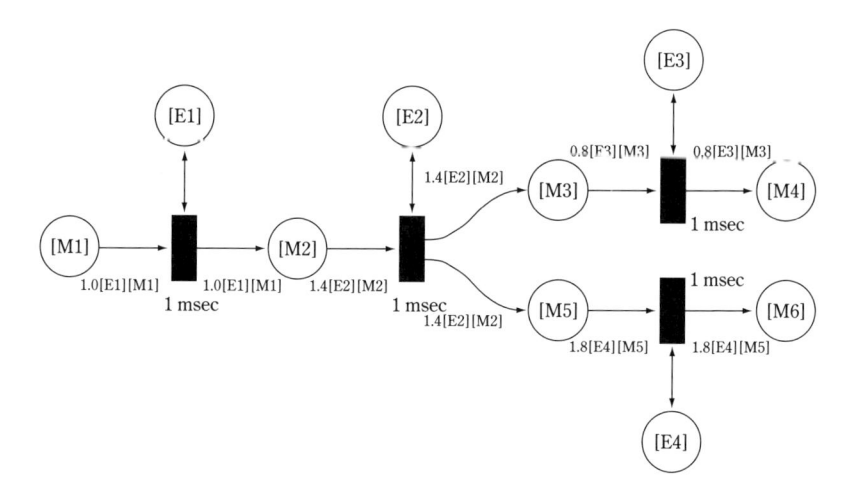

図 12.4 図 12.3 に示したネットワークに対応する機能ペトリネット表現

れた時系列データを用いて進化させることによって図 12.3 に示した目標モデルにより近い個体を得ることである．

　目的のモデルを用いて 6 つの代謝物質の観測時系列データを算出した．EA の実験パラメータは，個体サイズを 5,000，世代数を 300 とした．各世代において，交叉と突然変異の操作を施すことで生成された個体によって全個体が置き換えられる．

　異なる初期世代を用いて EA を 10 回以上繰り返して実行した．その結果，すべての実行において図 12.4 に示したネットワークと一致する解を得ることができた．図 12.5 には推定されたモデルから算出される時系列を示した．その時系列は目的の観測時系列データと完全に一致している．

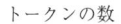

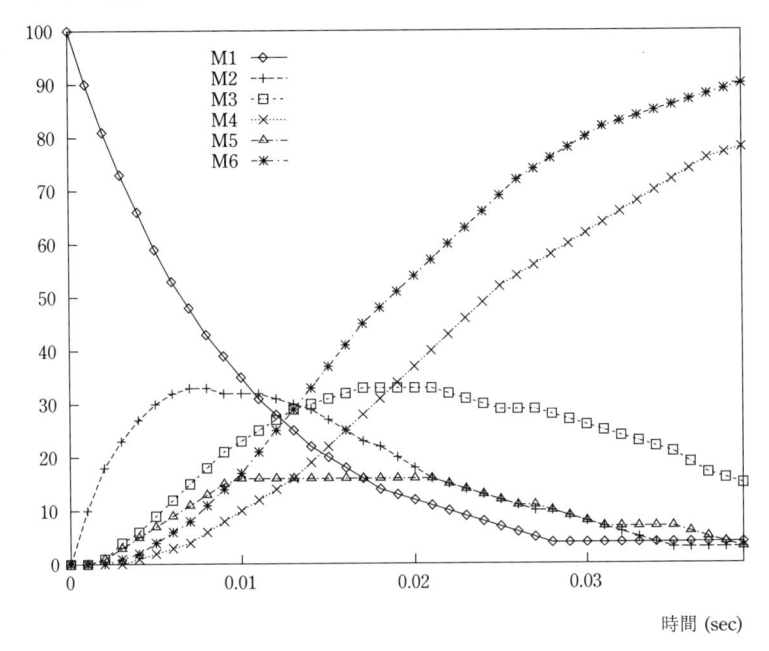

図12.5 図12.4に示したペトリネットに含まれる各代謝物質の濃度時系列データ．EAで進化させたペトリネットから計算される濃度データと完全に一致する．

12.4.2 ランダムに生成した代謝系ネットワーク

代謝系ネットワークに含まれる代謝物質の数が増えたときの推定能力を評価するために，ランダムに作成した代謝系ネットワークから得られる観測濃度時系列データを用いて実験を行った．代謝系ネットワークに含まれる代謝物質の数 M，酵素の数 E を変化させたときの結果を表12.1にまとめた．各実験は異なる初期世代を用いて5回ずつ行い，それらの平均値が示されている．獲得されたネットワークと目的のネットワークとの構造的な近さは，M の値や E の M に対する割合が大きくなるに従って減少している．

12.4.3 リン脂質代謝ネットワークの推定

以下では，実際の生体内の代謝経路であるリン脂質代謝ネットワークを観測濃度時系列データから推定した実験の結果を示す．図12.6に示したリン脂質代謝ネットワークは，細胞膜の形成に重要な役割を果たしており，グリセロールからジアシルグリセ

表 12.1 ランダムに作成した目標ネットワークを推定する実験の結果．ネットワークに含まれる代謝物質の総数 M とそのうちの酵素の割合 E/M が増えるにつれて推定の性能が悪化していることが分かる．

M	E	単位時間ステップ当たりの誤差（%）	推定された構造ともとの構造の類似度（%）
5	3	0.0	100.0
6	3	0.624	96.2
7	3	0.0	100.0
7	4	4.87	62.0
8	4	2.4	79.8
9	4	8.16	63.0

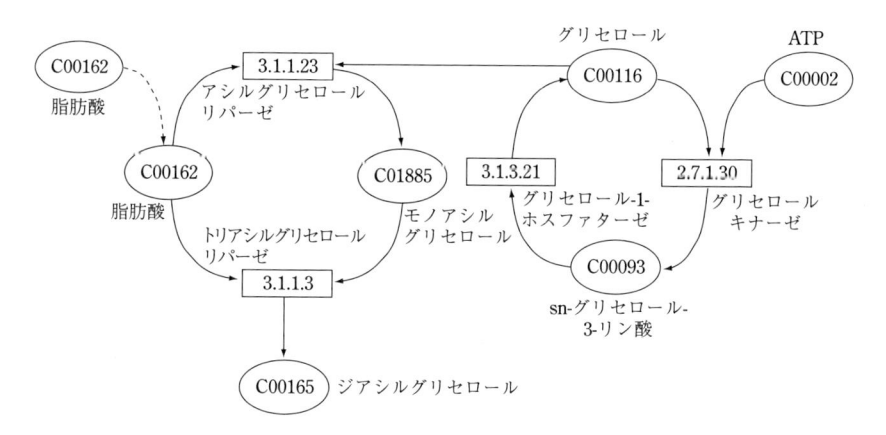

図 12.6 生体内の膜の形成と脂肪の合成に重要な役割を果たすリン脂質代謝ネットワーク

ロールを生成し，最終的に脂質を生成するプロセスとなっている（Campbell, 1994）．

すべての酵素の濃度を 1mM とし，脂肪酸は細胞外部から自然拡散によって常に供給されているとする．ATP（図 12.6 中の C00002）とグリセロール（図 12.6 中の C00116）の初期濃度は 0.1mM である．図 12.7 に示した濃度時系列データを E-CELL シミュレータ（Tomita et al., 1999）を利用して算出し，観測データとした．EA の実験パラメータとしては前節と同じものを利用した．以下では進化の過程における最良個体モデルの変遷を示す．

図 12.8 は 40 世代目に獲得された最良個体の機能ペトリネットである．この個体の適合度は 44.5 であった．このネットワークはジアシルグリセロールを用いておらず，ATP が誤って生成物として使われている．これはおそらく，酵素の1つであるトリアシルグリセロールリパーゼがシミュレーションの時間内ではほとんど利用されないた

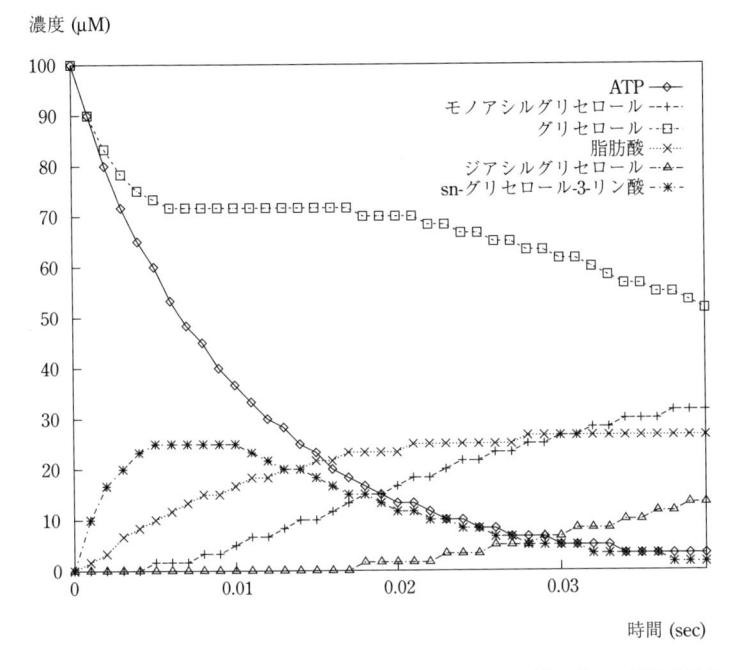

第 12 章 ■ 進化論的計算を用いた代謝経路および遺伝子制御系の推定　***261***

図 12.7　E-CELL シミュレータ（Tomita et al., 1999）を用いて計算したリン脂質代謝ネットワーク（図 12.6）の濃度時系列データ

めに，この酵素の周辺のネットワーク構造の推定が困難であったためと思われる．一方，図 12.9 は 120 世代目の最良個体を示している．このときの適合度は 2.74 であり，リン脂質代謝ネットワークと同じトポロジーを獲得している．図 12.10 に示した個体が最終的に獲得されたものであり，このときの適合度は 2.03 であった．この個体は正しいリン脂質代謝ネットワークと全く同じトポロジーであるだけでなく，速度論的パラメータもかなり最適化されている．この個体から計算される濃度時系列（図 12.7）は観測データとして用いた時系列と非常によく一致している．

12.5　進化的計算手法による生体内ネットワークの推定に関する関連研究

　本節では観測されたデータから生体内ネットワークを推定する問題への進化的計算手法の応用可能性について議論する．いくつかの研究では進化的計算手法によって生体内ネットワークを正しく推定できることが示されている．以下ではわれわれの研究室で行われている研究例を紹介する．

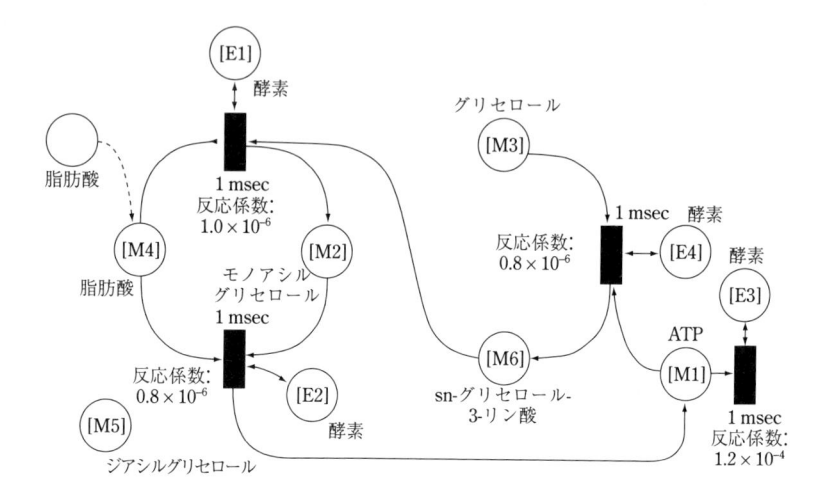

図 12.8 観測データ（図 12.7）から EA を用いてリン脂質代謝ネットワークの推定を試みた結果，第 40 世代で獲得された最良個体．ATP が基質 M2 と M4 に対する生成物となっており誤っている．さらにグラフのいくつかのトポロジーが間違っている．

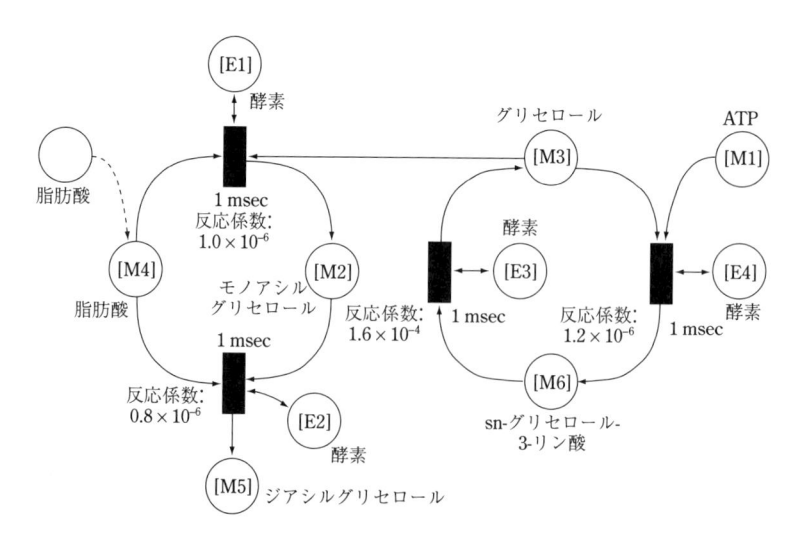

図 12.9 EA を用いてリン脂質代謝ネットワークの推定を試みた結果，第 120 世代で獲得された最良個体．このネットワークのトポロジーは目標と完全に一致する．

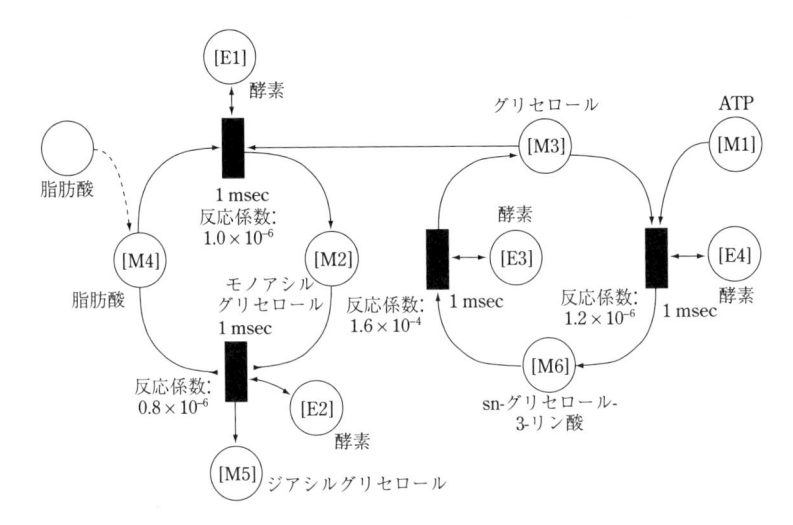

第 12 章 ■ 進化論的計算を用いた代謝経路および遺伝子制御系の推定　***263***

図 12.10　EA を用いてリン脂質代謝ネットワークの推定を試みた結果，最終的に得られた最良個体（第 300 世代）．このネットワークのトポロジーは目標と完全に一致しており（図 12.11），さらにこれから計算される濃度時系列は観測されたもの（図 12.7）と合致する．

12.5.1　遺伝的プログラミングを用いたネットワーク推定

坂本らは，微分方程式によってモデル化した生体内ネットワークを遺伝的プログラミング（genetic programming: GP）を用いて推定する手法を提案している（Sakamoto and Iba, 2000）．GP については 2 章を参照していただきたい．彼らの手法では，ネットワークの動的な振舞いをモデル化するために次のような微分方程式を用いる．

$$\frac{dX_i}{dt} = f_i(X_1, X_2, \ldots, X_n) \quad (i = 1, 2, \ldots, n) \tag{12.5}$$

ここで X_i は状態変数であり，n はネットワークに含まれる要素の数である．GP は各微分方程式の右辺を推定する．例えば以下のような 2 つの連立微分方程式は，図 12.12 に示したような GP の木構造として表現することができる．

$$\begin{cases} \dot{X}_1 = & 0.3X_1X_2 + X_2 \\ \dot{X}_2 = & 0.5X_1X_2 \end{cases} \tag{12.6}$$

さらに，GP を最小二乗法（least mean square: LMS）と組み合わせることによって，

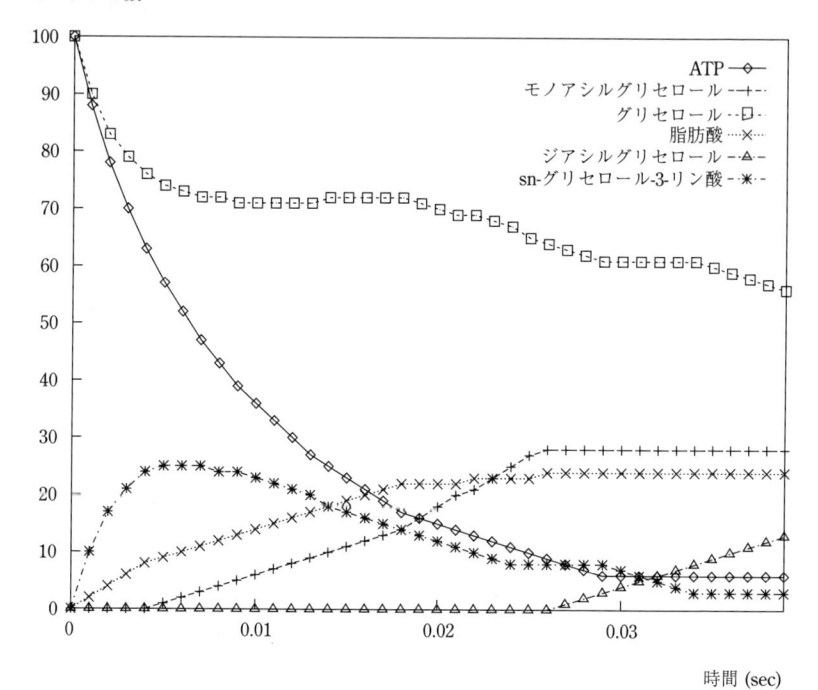

図 12.11 EA によって推定されたリン脂質代謝ネットワークから計算された時系列．これは図 12.10 に示したネットワークから計算されたものであり，目標である観測データに非常によく一致している（図 12.7）．

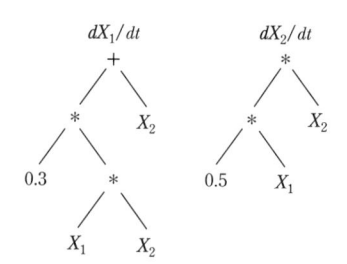

図 12.12 式（12.5）の微分方程式に対応する 2 つの関数木．この構造が EA によって操作され獲得される．

第 12 章 ■ 進化論的計算を用いた代謝経路および遺伝子制御系の推定

より効率の良いネットワーク探索を実現している（Sakamoto and Iba, 2000）．彼らの研究は，遺伝子制御ネットワークの推定問題を対象としていたが，以下では代謝系ネットワークの推定に適用した結果を紹介する．すなわち，前述した配列の形にコード化した EA 手法の代わりに，微分方程式の右辺を木構造の形にコード化して代謝系ネットワークを推定することがここでの問題である．どちらの手法においても対象となるシステムは時系列データによって特徴づけられている．推定結果の適合度は，EA で推定されたモデル構造の時系列データと，目的の時系列データを比較することによって評価される．彼らの手法では，代謝系ネットワークのモデルとしてペトリネットではなく連立微分方程式が用いられている点が異なっている．

目的とする代謝系ネットワークを図 12.13 に示す．この代謝系ネットワークはリン脂質代謝ネットワークの一部であり，2 つの代謝物質と ATP から構成されている．EA の実験パラメータは，個体サイズを 3,000，世代数を 1,000 とした．各世代において，80％ の個体を交叉によって，10％ の個体を突然変異によって生成する．さらに，50 世代ごとに最小二乗法を適用することによって 2％ の個体を生成する．

図 12.14 に，目的の代謝系ネットワークと彼らの手法によって推定された個体の両者から計算される時系列データを示す．ここでは代謝系ネットワークから算出される時系列データを E-CELL シミュレータを用いて計算し，これを観測されるデータとする．また，推定された時系列データは得られた連立微分方程式を計算して求める．

目的の代謝系ネットワークに最も適合するものとして推定された微分方程式は以下

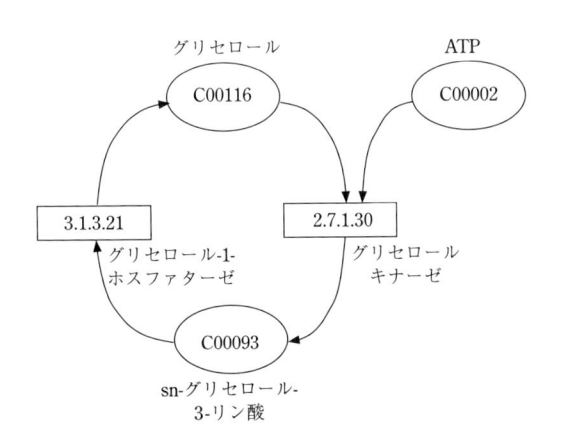

図 12.13 微分方程式に基づいた時系列モデルを GP で推定する実験に用いた小規模な代謝系ネットワーク．これはリン脂質代謝ネットワークの一部分となっている．

濃度 (μM)

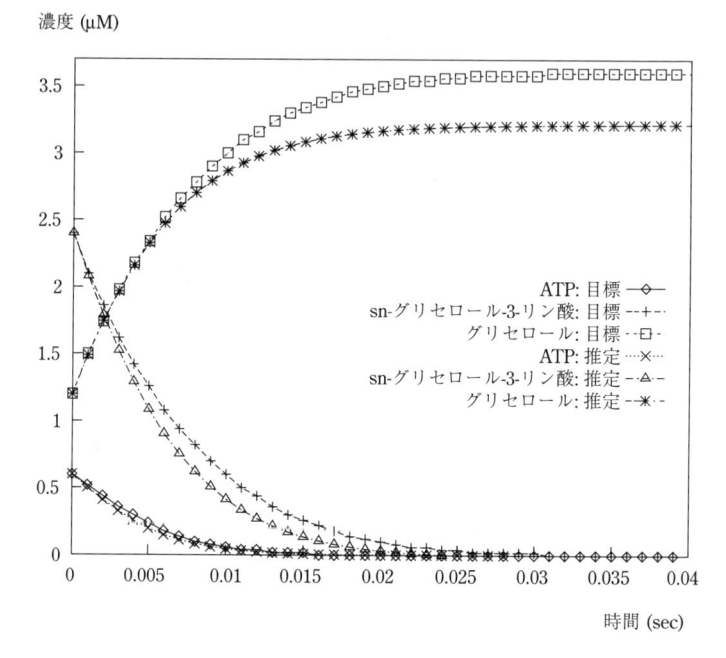

図 12.14 目標となる濃度時系列と推定によって得られた濃度時系列．図 12.13 のネットワークを表す微分方程式系を GP によって推定する．

のとおりである．

$$\begin{cases} \dot{X}_1 = 0.5000 X_2 X_3 - 11.7000 X_1 X_3 - 1.1000 X_2 \\ \dot{X}_2 = -3.3301 X_2 X_3 + 3.5800 X_1 X_3 + 2.2393 X_1 - 11.6648 X_2 \\ \qquad -0.3301 X_3 + 0.5600 \\ \dot{X}_3 = 0.2000 X_3 X_3 + 1.3000 X_2 X_3 - 4.0000 X_1 X_3 - 2.3000 X_1 \\ \qquad +13.1000 X_2 + 1.1560 X_3 - 1.2246 \end{cases} \quad (12.7)$$

ここで，X_1 は ATP，X_2 は sn-グリセロール-3-リン酸，X_3 はグリセロールの濃度をそれぞれ表す．

それぞれの数式における各項は代謝系ネットワークに存在する酵素反応を示唆しており，推定された係数はその反応係数に対応する．係数が大きいものほど正しく生体内の酵素反応の存在を推定できていると考えられる．ペトリネットを用いた方法と比較すると，この手法では関数の木構造を構成する要素に制約がなく，微分方程式の次

数に対する制限もないために探索対象となるネットワーク構造の空間が非常に広い．一方で，ペトリネットに基づいた手法では酵素反応のモデルとして擬似一次方程式を用いており，1つの酵素反応に関与する代謝物質の数も基質と反応生成物の各々について最大2つまでに制限している．GPに基づいた手法は制約条件が少なく柔軟で大きな探索空間を探索可能である．その一方で，目的とするモデル構造の探索が困難であるという一面も持つ．この種の問題は進化的計算手法や他の探索手法にも共通するジレンマである．

12.5.2 遺伝子制御ネットワークの推定

遺伝子制御ネットワークも重要な生体内ネットワークの1つである．DNAマイクロアレイの技術の発展に伴って遺伝子の動的な発現状況を時系列で観測することが可能になりつつある．坂本らは，前述の手法を用いることで，観測された遺伝子発現データからの遺伝子制御ネットワークの効率的な推定が可能であることを示した (Sakamoto and Iba, 2000)．安藤らは遺伝的アルゴリズム (genetic algorithm: GA) に基づいた手法でも遺伝子制御ネットワークにおける遺伝子間の相互作用を推定できることを示した (Ando and Iba, 2001)．

図12.15には，仮想的に構築した単純な遺伝子制御ネットワークと，それに対応する重み行列を示した．重み行列によって表現された遺伝子制御ネットワークは，行列中の列を鎖状につなぎ合わせることで形成される線形リストに変換され，これがGAの個体（解候補）となる．

用いられた擬似線形モデルでは，各々の遺伝子の発現レベルは完全な抑制状態か発現状態のどちらかをとり，遺伝子間の相互作用は高度の活性作用を表す（+1）から高度の抑制作用を表す（−1）までの連続量となる．重み行列の適合度は次のように計算

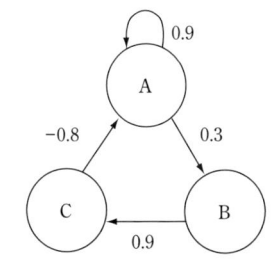

	A	B	C
A	0.9	0.3	0.0
B	0.0	0.0	0.9
C	−0.8	0.0	0.0

図12.15 小規模な遺伝子制御ネットワークと対応する重み行列．i行j列の要素は遺伝子jに対する遺伝子iの影響を表している．例えば遺伝子Bは遺伝子Cに対して0.9の影響を及ぼす．

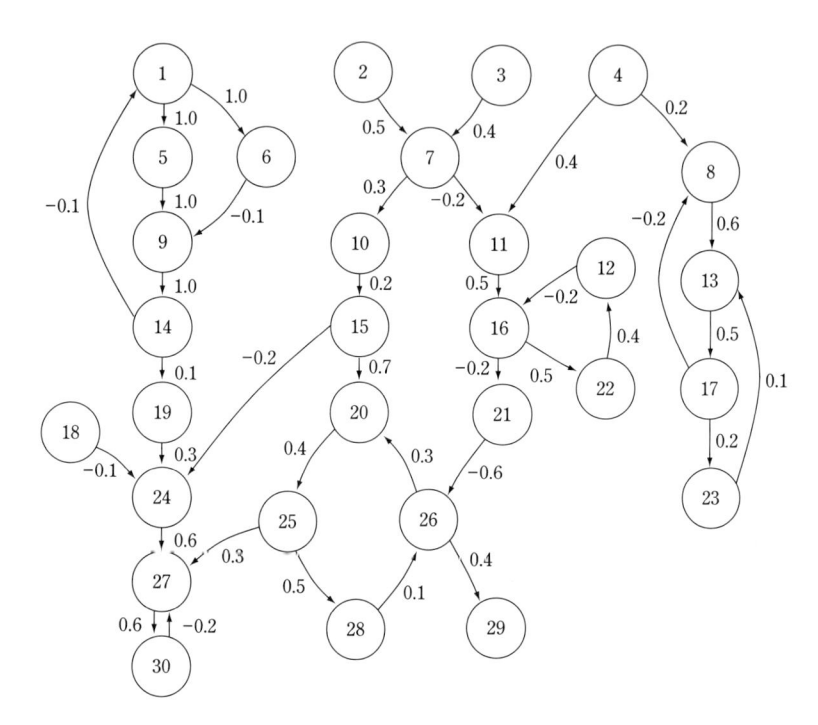

図 12.16 目標として用いた遺伝子制御ネットワーク．骨組み構造を得るための摂動データによる解析手法を EA による重み行列の最適化手法と組み合わせて推定する．各ノードは遺伝子を表す．アークは発現を促進したり抑制したりする遺伝子間の相互作用の方向を示す．

される．まず擬似線形モデル（Ando and Iba, 2001）を用いてその行列に基づく発現時系列データを算出する．次にそのデータを目的の発現時系列データと比較して適合度を求める．彼らの手法によって，10 以下の遺伝子から構成されるランダムに生成された遺伝子制御ネットワークに対して，正しいモデル構造が推定された．

さらに，より大規模のネットワークを推定する試みとして摂動データを導入した．遺伝子制御ネットワークの摂動とは，人為的に特定の遺伝子の発現を抑制したり，過剰発現させることである．摂動を加える前後での発現時系列データを比較することで，摂動された遺伝子の機能や影響を推定できる．遺伝子制御ネットワークの推定問題では，そのような摂動を繰り返し加えることによって遺伝子制御ネットワークの骨組みを作成することができ，大規模な遺伝子制御ネットワークの推定を容易にする．実験によって遺伝子 B の発現レベルが遺伝子 A への摂動によって影響を受けることが明らかになれば，遺伝子 A と B の間の制御関係を類推することができる．そのため，続い

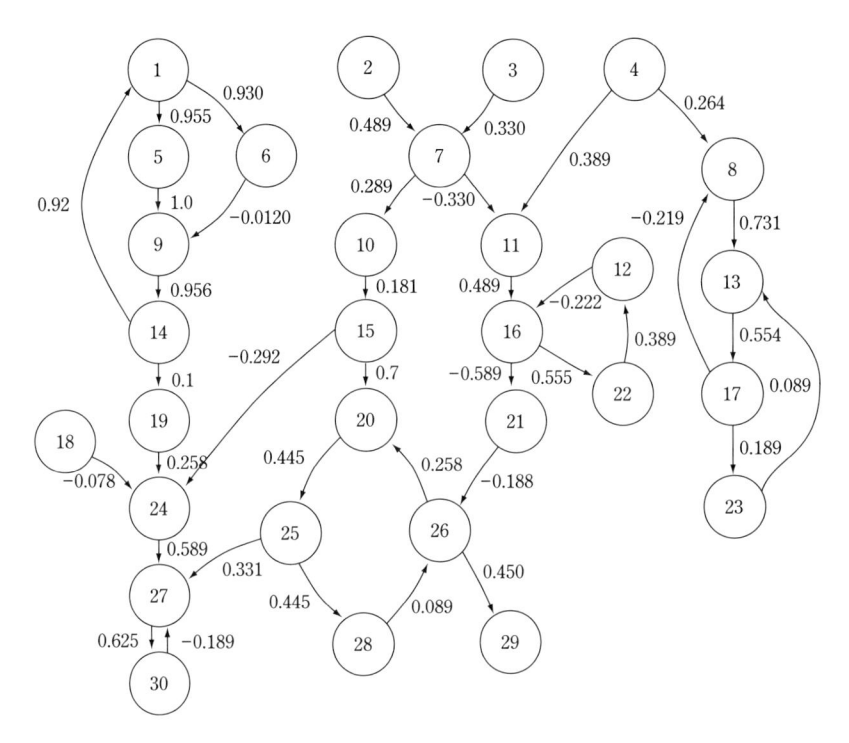

図 12.17 推定された遺伝子制御ネットワーク．図 12.16 のネットワークに対して摂動データによる解析とそれに続く EA による重み行列の最適化を適用した．

て行うネットワーク構造の探索においては，その部分の制御関係を固定化してもよいだろう．ただし，技術的には遺伝子に摂動を加えることにさまざまな限界があり，すべての遺伝子に対して摂動を加えることはできない．遺伝子を完全に不活化することも不可能であり，人為的に操作することには未知の影響も存在するだろう．しかし，この手法を適用することで得られるネットワークの骨組み構造は GA の探索に役立つと思われる．

図 12.16 に示した仮想的な遺伝子制御ネットワークに対して摂動データを用いることでネットワークの骨組み構造を構築した．その後，GA を用いて，骨組みのネットワークにおけるパラメータを最適化することで図 12.17 に示すようなモデル構造の推定に成功した．安藤らは，摂動データを利用した解析と，EA による重み行列の最適化を組み合わせることで，数十個の遺伝子からなる遺伝子制御ネットワークをかなりの精度で推定できたと報告している．

12.5.3 生体内ネットワークの対話的推定システム

進化的計算手法を生体内ネットワークの推定問題に適用する際には，さらなる推定のために必要となる実験を生物学者に対して提案できるような，対話的な推定システムの構築が非常に重要となる．三村らは，微分方程式に基づいた遺伝子制御ネットワークの対話的推定のためのシミュレータを構築している（Mimura and Iba, 2002）．大規模な遺伝子制御ネットワークでは，1回の探索試行でそのネットワーク構造を推定することは非常に難しい．彼らのシステムでは，利用者が各遺伝子に関する観測データを次々に与え，それを用いてGAによるネットワーク構造の推定を行い結果を出力するという対話的なプロセスを繰り返すことで，大規模な遺伝子制御ネットワークの効率的推定を実現している．

12.6 おわりに

代謝系ネットワークを推定するために提案した手法の有効性をいくつかの実験によって示した．特に，リン脂質代謝経路を比較的少ないサンプル数の時系列データから正確に推定できたことは注目に値する．代謝系ネットワークの推定手法としては，他の手法もいくつか知られている．その1つはGPを利用したKozaらによるものである（Koza et al., 2000）．彼らは代謝系ネットワークを関数木としてコード化するための洗練された方法を提案し，ネットワーク構造をGPによって直接的に進化させることに成功した．コード化された関数木の適合度は，代謝系ネットワークを対応するアナログ電気回路に変換することで評価している．このアナログ電気回路を標準的な回路シミュレータを用いてシミュレートすることによって適合度を算出する．

それに比べてわれわれの手法はかなり単純化されている．前述のように，可変長の染色体配列はペトリネットにおける各酵素反応に直接対応した要素の組から構成される．そのため，それがコードする機能ペトリネットを用いて動的な振舞いを直接計算できる．本手法の際立った特徴はその簡潔性とグラフ表現の分かりやすさである．ペトリネットは速度論的な効果を自然に表現できるだけでなく（Hofestadt and Thelen, 1998），ゲノムの機能情報や注釈などをモデルに容易に組み込める．ペトリネットの有効性は定量的なモデル化と定性的なモデル化を同時に行える点にあるのだろう．微分方程式を用いた手法は濃度の値として連続値や負の値を許容するのに対し，ペトリネットにおけるトークン数は離散的な正の値のみをとる．このような制約は代謝物質の量を表現する点では自然なものである．さらに，離散値のみという制約は探索空間の単純化に役立っており，これによってノイズをある程度含んだ観測データに対して

も性能を発揮できると期待される．

本章では，機能ペトリネットによってモデル化した代謝系ネットワークを推定する問題に対して進化的計算手法を適用した．そして，観測データから正しいモデル構造を見つけるための有効性をいくつかの実験によって示した．さらに複雑で大規模なネットワークの推定へ向け，グラフ理論的な解析手法を本手法と組み合わせることを今後の課題として検討している．

謝辞

大変興味深い関連研究を紹介していただいた坂本栄里奈，三村篤志，安藤晋の各氏に感謝する．

参考文献

[1] Ando, S., and H. Iba (2001). The matrix modeling of gene regulatory networks —reverse engineering by genetic algorithms. In *Proceedings of the 2001 Atlantic Symposium on Computational Biology and Genome Information Systems and Technology*, March 15 – 17, Durham, N.C.

[2] Campbell, M. K. (1994). *Biochemistry*. Third edition. Harcourt College Publishers, New York.

[3] Fersht, A. (1985). *Enzyme Structure and Mechanism*. W. H. Freeman, New York.

[4] Goss, P. J.E., and Peccoud, J. (1999). Analysis of the stabilizing effect of Rom on the genetic network controlling ColE1 plasmid replication. In *Pacific Symposium on Biocomputing '99* (R. B. Altman, K. Lauderdale, A. K. Dunker, L. Hunter, and T. E. Klein, eds.), World Scientific, River Edge, N.J., pp. 65 – 76.

[5] Hofestadt, R., and Thelen, S. (1998). Quantitative modeling of biochemical networks. *In Silico Biol.*, 1:39 – 53.

[6] Koza, J. R., Mydlowec, W., Lanza, G., Yu, J., and Keane, M. A. (2000). Reverse engineering and automatic synthesis of metabolic pathways from observed data using genetic programming, Stanford Medical Informatics Technical Report SMI-2000 – 0851.

[7] Kuffner, R., Zimmer, R., and Lengauer, T. (2000). Pathway analysis in metabolic databases via differential metabolic display (DMD). *Bioinformatics*, 16:825 – 836.

[8] Matsuno, H., Doi, A., Nagasaki, M., and Miyano, S. (2000). Hybrid Petri net representation of gene regulatory network. In *Pacific Symposium on Biocomputing*

2000 (R. B. Altman, A. K. Dunker, L. Hunter, K. Lauderdale, and T. E. Klein, eds.), World Scientific, River Edge, N.J., pp. 338 – 349.

[9] Mendes, P., and Kell, D. B. (1998). Non-linear optimization of biochemical pathways: applications to metabolic engineering and parameter estimation. *Bioinformatics*, 14:869 – 883.

[10] Mimura, A., and Iba, H. (2002). Inference of a gene regulatory network by means of interactive evolutionary computing. In *Proceedings of the Sixth Joint Conference on Infor-mation Sciences, Computational Biology, and Genome Informatics* (CBGI 2002), March, Durham, N.C., pp. 1243 – 1248.

[11] Murata, T. (1989). Petri nets: properties, analysis and applications. *Proc. IEEE*, 77:541 – 580.

[12] Reddy, V. N., Liebman, M. N., and Mavrovouniotis, M. L. (1996). Qualitative analysis of biochemical reaction systems. *Comput. Biol. Med.*, 26:9 – 24.

[13] Sakamoto, E., and Iba H. (2000). Inferring a system of differential equations for a gene regulatory network by using genetic programming. In *Proceedings of the IEEE Congress on Evolutionary Computation*, IEEE Service Center, Piscataway, N.J.

[14] Tomita, M., Hashimoto, K., Takahashi, K., Shimizu, T., Matsuzaki, Y., Miyoshi, F., Saito, K., Tanida, S., Yugi, K., Venter, J. C., and Hutchison, C. (1999). E-CELL: software environment for whole cell simulation. *Bioinformatics*, 15:72 – 84.

第13章 生物システム特徴付けのための進化論的計算による支援

Bogdan Filipič
Janez Štrancar Jožef Stefan Institute

13.1 はじめに

　進化論的計算は生物システムのスペクトルを説明し分析するのに重要な方法である．15章ではこの一般的な話題を，特徴選択（すなわち，得られたスペクトルの重要な特徴を特定すること）に焦点を当てて論じる．本章では，電子常磁性共鳴（electron paramagnetic resonance: EPR）という技術と，EPRを用いて生物システムを特徴づけることを目的にした進化論的計算法の利用について述べる．EPR分光法は，生物的活動物質や異常な状況によって起こる組織変化の非破壊検査法である．スペクトルの特徴解析は過去においては手動で行われていたが，現在では数値的なシミュレーションによってサポートされている．検査対象の重要な情報を明らかにするモデルパラメータを見つけるために，われわれは進化論的アルゴリズム（evolutionary algorithm: EA）を用いている．これによって，通常の（集団探索でない）最適化手法の欠点を解消できる．本研究では，このアルゴリズムを決定論的な最適化技術と組み合わせ，細胞膜の特徴付けのためのEPRスペクトル（人工的なものと現実のもの）に適用した．その結果質の高いモデルパラメータが得られたのと同時に，分光学者が最適化に要していた時間を短縮できた．

　進化論的計算（2章とその参考文献を参照）は，計算機を用いて問題を解く際に，自然の進化の原理を用いる計算手法である．進化論的計算に基づいたアルゴリズムは，問題に特化した伝統的な手法や他の確率論的なアルゴリズムに比べて多くの利点を持つ．このアルゴリズムは用いられる解候補の適合度以外に探索空間の性質についての情報を必要としない．解候補の集団を操作することによって，複雑な問題の解を得ることができる．開発コストは安くすみ，他の探索アルゴリズムの要素を組み入れて簡単に拡張できる．これらの特徴によって進化論的アルゴリズムは頑強性を有し，数々の設計

や最適化問題に適用できる (Biethahn and Nissen, 1995; Dasgupta and Michalewicz, 1997). 以上が本章の最適化問題にこの技術を適用した理由である.

本章では，背景プロセスの数値モデルを解の候補のシミュレーションと評価に用いることが可能な，高次元の実世界問題の最適化を扱う．自動的な進化論的最適化手法の構築は，良い結果を生み出すだけでなく，探索時間を減らすこともある．EPR 分光法で得られたスペクトルの特徴を表すパラメータを調整するのがここでの課題である．EPR は電子磁性共鳴 (electron magnetic resonance: EMR) や電子スピン共鳴 (electron spin resonance: ESR) とも呼ばれ，常磁性分子や外部磁場中のイオンがマイクロ波を吸収する物理過程である．この現象は EPR 分光法で調べられる．EPR 分光法は生物システムを調べるのに適した非破壊的な探索法である．

EPR スペクトル解析では，従来人手でスペクトルのピークを調べたり，その関係を解析していた．しかしながら，スペクトルシミュレーションを用いることで，より信頼でき生物学的にも意味のある結果を EPR スペクトルから導くことができる．このためには，シミュレーションが実験で得られた EPR スペクトルに合うようにパラメータを調整しなければならない．この問題を伝統的な最適化技術で解く場合，分光学者はパラメータの良い初期値を与え，一連のアルゴリズムを実行する．これには時間がかかり，ユーザの関与も必要である．一方自動最適化手法があれば，分光学者は実験に集中することができ，生物システムについての深い洞察も得られる．

集団的な進化論的探索手法は EPR 分光法に適した最適化手法の候補である．このアイデアを検証するために，スペクトルシミュレーションモデルと進化論的計算手法を組み合わせ，人工的に生成した EPR スペクトルを用いて予備的な実験を行った (Filipič and Štrancar, 2001). その結果は有望なものであり，分光学者が最適化に費やす時間を削減することができた．ここでは予備的な結果を上回るような最適化アルゴリズムの組合せを示す．まず実験対象とハイブリッドアルゴリズムを説明し，それを細胞膜の特徴付けに用いるような EPR スペクトル（人工的なものと現実のもの）に適用した結果とその評価を紹介する．最後にまとめを述べたあと，今後の課題を検討する．

13.2　EPR 分光法による生物システムの特徴付け

EPR 分光法を用いて複雑な環境にある生物システムを調べることができる．このとき生体に対して必要な唯一の操作は，スピンプローブや安定なラジカルを注入することである．EPR 分光法によって異成分 (heterogeneity) を検出することができる．異成分は複雑系の重要な特徴である．それはいくつかのスペクトル構成要素 (domain,

ドメイン）からなる EPR スペクトルの中で検出される．システム内に存在する異なる特徴を持ったさまざまな構成要素によってこの異成分が生じている．それらは EPR スペクトルの解釈という EPR 実験の最終段階で重要になる．生物物理シミュレーションモデルを用いてスペクトルを解釈するときに，異なるスペクトル要素を分離できると，スピンプローブの異方性や異なるダイナミクスが分かるようになる（Mouritsen and Jørgensen, 1994; Marsh, 1995）．

EPR 分光法は生理学的実験とともに用いることで特徴付けのための強力な技術になる．生理学実験では，例えば活性化分子の濃度あるいは活性・筋肉の収縮・細胞培養の生き残り・還元と代謝（Svetek et al., 1995）・抗酸化作用の面から見た組織の生化学的な反応のようなさまざまな生理学的な量を測ることができる．さらに，EPR に基づいてドメインの重みや膜流動性，極性，濃度などが決定できる．よって，生物学的量と EPR の結果（どちらも同一の外的要因による）を関連づけることで，マクロな反応と，構造とダイナミクスのミクロな変化を結び付けることができ，複雑な生物システムの理解の助けとなる．

そのような数々のデータの関連を解明した多くの報告がなされている．その例は，さまざまな血液の小胞（例えば，赤血球；Žuvić-Butorac et al. 1999 を参照）や，酵素や受容体の活動（Hooper, 1998）と原形質膜の特徴の関連付けである．また他の例では，多様な病気（例えば急性がん）の特徴と原形質膜（あるいは特定の細胞の内部膜）の特徴との関連付けである．

異成分を記述するために求められるシミュレーションモデルでの実験条件には言及しておく方がよいだろう．上述のように，EPR 分光法によって発見される異成分の最も興味深い例は，原形質膜あるいは他の内部膜の側方性のドメイン異質性である．異質性は物理的には短距離の相互作用（構造的なものとファンデルワールス力）と長距離間の相互作用（クーロンやダイポール）の競合から説明される．異成分の生物化学的な説明は，現実の生物システムが多くの異なる分子から作られており（これが異なる方法で相互作用を引き起こす），結果として異なるドメインの集合体か構成物になるというものである．異なるドメインを見分けるために使えるさまざまな特徴がある．例えば，分子動力学や異方性を調べることによってドメインを区別できる．またドメインは主に化学組成においても異なる（コレステロールドメインと呼ぶ）．特定のドメインは，最も安定したドメイン（raft，ラフトと呼ぶ）の試験において化学薬品を用いてシステムから抽出できるかもしれない．しかしながら，異なる化学組成を持つ 2 つのドメインは動力学と安定性でもまた異なるのでこれらの特徴は互いに重複する．

EPR によって研究される複雑な生物システムの異成分を特徴づけるためには，強力

な最適化技術が求められる.なぜなら用いられるシミュレーションモデルは,部分的に相関を持つ多くのパラメータを含んでいるからである.それゆえ要求される正確さなどを満たしながら,実用的な時間で実行できるようなパラメータ最適化手法と組み合わせる必要がある.

13.2.1 EPR スペクトルシミュレーションモデル

本書ではスピン標識付けされた膜の EPR スペクトルを数値的にシミュレートする.ここで用いた生物物理学的モデル(biophysical model)は運動制限・高速運動(motional-restricted fast-motion) 近似に基づいている (Štrancar et al., 2000).このモデルは膜の複数ドメイン構造を仮定し,高速で異方性の分子回転運動を扱っている(Schindler and Seelig, 1973; Van et al., 1974).異なる膜ドメインの中のさまざまな位置での順番,動力学,極性に関する情報がモデルのパラメータである.スペクトル要素の計算は以下で述べる 3 つの段階からなる.なお詳細な記述は文献 (Štrancar et al., 2000) にある.

第 1 段階では力のような共鳴場分布が計算される.この分布は磁気テンソル $\mathbf{A}$ (超微細カップリング) と $\mathbf{g}$ (ゼーマンカップリング) の異方性の平均で決まる.後者は軸対称である.というのは,磁気テンソルの主要軸の 1 つの周りでスピンプローブ分子が高速回転するためである.加えて膜における磁気テンソルの固有値は分子運動のために部分的に平均化される.この分子運動は膜の法線ベクトルに対し垂直方向に制限される.結果として得られる実効値 A^{eff} と g^{eff} は次数パラメータ S で記述される (Griffith and Jost, 1976).これらの実効値は磁場の方向と膜の局所的な法線ベクトル(これはスピンプローブ分子の運動平均の方向とほぼ一致する)との間の角 τ にも依存している.共鳴場依存 $B_r(\Theta)$ は,

$$B_r(\Theta) = \frac{\hbar\omega - MA^{\text{eff}}(\Theta)}{\mu_B g^{\text{eff}}(\Theta)} \tag{13.1}$$

となる.ここで,$\hbar$ は換算プランク定数,ω はマイクロ波周波数,M は核スピンの磁気量子数,μ_B はボーア磁子である.膜法線ベクトルの角度分布 $dP(\Theta)/d\Theta$ は,3 つの超微細スペクトル要素 ($M = -1, 0, 1$) の共鳴場分布の計算を考慮している.

$$\frac{dP_M(B_r)}{dB_r} = \int \frac{dP(\Theta)/d\Theta}{dB_r(\Theta)/d\Theta} \sin(\Theta) d\Theta \tag{13.2}$$

通常この分布の分解能は実験上のスペクトルと同じであり,典型的には掃引幅当たり 1,024 ポイントである.部分的に平均化された磁気テンソルの成分から磁場分布を計算するために,スピンプローブの角度分布の対称性を,2,000 から 5,000 スピンの集合

から近似する．角度分布 $dP(\Theta)/d\Theta$ は，懸濁液のように粒子がランダムな方向を向いている場合は球対称である．一方，繊維では円筒対称であり，細胞凝集体や沈殿の場合には楕円対称になる．

磁気テンソル **A** と **g** はスピンプローブ分子の環境で変化することに注意してほしい（Griffith and Jost, 1976）．近くの電場が電子密度分布に影響を与え，電子密度分布は磁気テンソル成分に影響を与える．正確な相互作用の計算は非常に難しく時間を要するため，2つの線形な極性を持つ補正因子 p_A と p_g を用いた．これらは両テンソルのトレースに作用し，個々の要素の極性を特徴づける．

EPR スペクトルの線型形状の計算の第 2 段階は，高速運動領域の緩和時間 T_2 またはライン幅 $1/T_2$ を得ることである．これらは親油性のスピンプローブのような小さな分子に対して便利である．ローレンツライン幅は，主に相関時間 τ_c で記述される回転の再配向によって決定される（Nordio, 1976）．計算は次の等式を用いて行われる（$M = -1, 0, 1$）．

$$\frac{1}{T_2} = A(\tau_c, A, g) + B(\tau_c, A, g)M + C(\tau_c, A, g)M^2 + W \tag{13.3}$$

ここで，W は非分解の水素原子超微細構造や他の原因による追加的な幅の広がりである．係数 A, B, C は，$10^{-11} < \tau_c < 10^{-8}$nsec の範囲の相関時間において有効な"運動による先鋭化（motional narrowing）"近似から得られる（Nordio, 1976）．

第 3 段階の計算は，共鳴場とスペクトルの中のすべての 3 つの線（$M = -1, 0, 1$ に対応する）のローレンツ吸収線 $I(B - B_r; T_2(M))$ とのたたみ込みである．

$$I(B) + \sum_M \left[\int I(B - B_r; T_2(M)) \frac{dP_M(B_r)}{dB_r} dB_r \right] \tag{13.4}$$

運動制限・高速運動近似モデルを用いた EPR スペクトルシミュレーションは，各スペクトルドメインに対し次のようなパラメータが必要である．

- 次数パラメータ S
- 回転相関時間 τ_c
- ブロードニング定数 W
- 極性補正因子 p_A と p_g
- 重み因子 d

モデルにこれらのパラメータ値を与えると，EPR スペクトルをシミュレートして出力する．実験によるスペクトルとシミュレートによる 3 つのドメインからなるスペクトルを図 13.1 に示す．

信号強度 I（任意の単位）

実験
シミュレーション
スペクトルドメイン

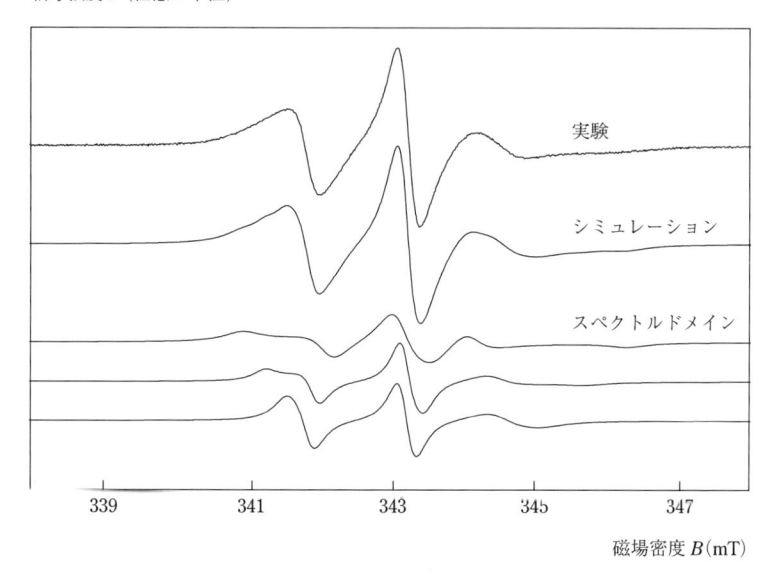

磁場密度 B(mT)

図 13.1　実験で得られた EPR スペクトルと運動制限・高速運動近似モデルでシミュレートされた 3 つのスペクトルドメインからなるスペクトル

13.2.2　スペクトルパラメータの役割

　スペクトルドメインを特徴づける意味で最も重要なパラメータは，次数パラメータ S であり，これは膜法線ベクトルに対する回転分布の異方性を示す．大きな S の値は，コンパクトで，分子軸の方向に整列したドメインを意味する．

　回転相関時間 τ_c は分子構造の変化による回転運動を特徴づける．回転相関時間の大きな値は，衝突が少ないため方向や速度変化のほとんどない回転運動を意味する．

　付加的なブロードニング定数 W は，実在の希薄サンプル中でのスピン間相互作用の影響と，要素の中のスピンプローブの局所濃度と拡散定数についての情報を含んでいる．大きな W の値は拡散定数とスピンプローブの濃度との積が大きいことを示す．

　極性補正因子 p_A と p_g は電子密度分布の変化を反映する．この因子はスピンプローブの局所的な環境の極性や他の電場源によって影響される（例えば，極性分子の集団や電荷二重層）．大きな p_A の値は，窒素原子核と対になっていない電子の強い相互作用，つまり窒素原子核の近くの高電子密度を示している．

　最後に，ドメインの重み（重み因子）d はそのドメイン中に分散しているスピンプローブの総数を表す．もしスピンプローブがドメインの型に対して異なる分布係数を

持っていると，計算されたドメインの比率は測定比率と異なってしまう．特定のドメイン型に対する分布係数が消えるとこのスペクトル要素も消えてしまう結果となり，これは極めて重大なことである．

13.3　スペクトルパラメータの最適化

　スペクトルシミュレーションのモデルパラメータを調整するために，ハイブリッド最適化手法が開発された．その手法の核となる部分は進化論的アルゴリズムであり，ランダムなパラメータ設定から始めて繰返しによって解を改善していく．このアルゴリズムによって処理されるパラメータの集合は実数値ベクトルとして表現される．ベクトルの要素数は，対象とするスペクトルドメインの数による．例えば，3つのスペクトルドメイン（$k=3$）を伴う典型的な細胞膜の特徴付け問題では，$6k-1=17$のパラメータを最適化する必要がある．ドメインの数自体は最適化の対象ではなく，ユーザが与えなければならない．

　パラメータの集合を評価するためにスペクトルシミュレーションを用いる．つまりシミュレートしたスペクトルがEPR実験で記録されたスペクトルに一致した度合を評価する．その品質は，実験点の標準偏差の平方σと，実験のスペクトル点の数Nによって正規化されたχ^2値（すなわち実験スペクトルとシミュレートしたスペクトルの間の差の2乗の和）で測られる．

$$\chi^2 = \frac{1}{N} \sum_{i=1}^{N} \frac{(y_i^{\exp} - y_i^{\sim})^2}{\sigma^2} \tag{13.5}$$

標準偏差σは，シミュレートされたスペクトルの微分が0になるような点（これは，スペクトルの両端においてよく見られる）に対応する実験のスペクトル点から数値的に求める．χ^2の値が小さいほどスペクトルパラメータの値は良い．進化論的アルゴリズムで用いるために，この指標を大きな正の定数から引いて，値が大きいほど良いような適合度関数に変換する．

　進化論的アルゴリズムの世代モデルには，ルーレット選択（Goldberg, 1989）とエリート戦略（決められた数の最良解を次世代の集団にそのまま移す）を使う．解ベクトルは多点交叉と一様な突然変異によって変更される．各スペクトルパラメータについて，可能な解の間隔と（突然変異の）ステップの大きさを物理的な制限とユーザの指定を考慮して事前に決定する．

　パラメータはこれらの制約を満たす値をとらなくてはならない．突然変異オペレー

タは，ベクトルの成分を決まった探索領域内でランダムにいくつかのステップ分だけ増減させる．このため最適化の途中であってもパラメータはユーザが指定した範囲内に収まっている．

FilipičとŠtrancarの数値的予備実験によると，他の最適化技術と組み合わせた進化論的アルゴリズムは単独の進化論的アルゴリズムよりも優れていた（Filipič and Štrancar, 2001）．この研究はハイブリッド手法の効果に焦点を当てている．そこでは進化論的アルゴリズムを，NelderとMeadによって提案されたdownhill-simplex法（Nelder and Mead, 1965）による局所最適化と組み合わせて用いた．downhill-simplex法は決定論的な多次元最適化手法で，進化論的アルゴリズムのように評価関数の値だけを用い（微分は必要としない）解を繰り返し改善する．進化論的アルゴリズムとの組合せには2つの実現方法がある．1つは，進化論的アルゴリズムによって得られた最終的な個体に局所最適化を適用するものである．もう1つは，進化論的アルゴリズムを実行している際中に，確率的に解を選択して局所最適化を適用する．後者はハイブリッド進化論的アルゴリズムと呼ばれ，ハイブリッドオペレータを追加した進化論的アルゴリズムと考えられる．

13.4 実験の評価

パラメータが分かっているような人工的なスペクトルに進化論的最適化手法を適用して評価した．この場合，目標スペクトルによくフィットするようにパラメータを最適化し，その結果を正解のパラメータと比較することができる．テストスペクトルには，実際の実験上のスペクトルに似たノイズを人工的に含ませる．雑音の水準はもとの人工スペクトルの振幅の5%である．3つのテスト例（3つのドメインのスペクトル）が与えられ，17個のパラメータが最適化される．それぞれのテストスペクトルは1,024個のデータ点からなる．

ハイブリッド法の効果を研究するために，4つの最適化手法の成績を比較した．

- 純粋な進化論的アルゴリズム（EA）
- 純粋な進化論的アルゴリズムの最終集団にdownhill-simplex法を適用（EA+LO）
- ハイブリッド進化論的アルゴリズム（HEA）
- ハイブリッド進化論的アルゴリズムの最終集団にdownhill-simplex法を適用（HEA+LO）

進化論的アルゴリズムが次のようなパラメータ設定で実行された．集団の大きさ200，世代数100，交叉確率0.7，交叉点数3，突然変異率0.05，（適用できる場合の）ハイ

表 13.1 最適化の対象となる EPR スペクトルパラメータの探索空間

スペクトルパラメータ	単位	下限	上限	間隔
次数パラメータ S	—	0.02	1.0	0.005
回転相関係数 τ_c	nsec	0.1	3.0	0.05
ブロードニング定数 W	mT	0.01	0.3	0.005
極性補正因子 p_A	—	0.8	1.2	0.001
極性補正因子 p_g	—	0.9998	1.002	0.000002
重み因子 d	—	0.01	0.99	0.005

表 13.2 3 つの人工問題で得られた χ^2 値

最適化手法	問題 A	問題 B	問題 C
人手による探索	3.27	2.19	4.90
EA	2.82±0.87	1.93±0.49	4.48±2.33
EA+LO	2.80±0.49	1.79±0.37	4.40±2.31
HEA	1.52±0.22	0.93±0.06	1.43±0.43
HEA+LO	1.39±0.29	0.92±0.03	1.28±0.46

ブリッドオペレータ確率 0.01 である．実験に用いられたスペクトルパラメータの探索空間を表 13.1 に示す．

各テストに対してアルゴリズムを 10 回実行した．得られた χ^2 の平均と標準偏差は表 13.2 にまとめてある．また人手による局所最適化との比較も掲載した．これはスペクトルシミュレーションにおいて従来用いられてきた最適化アプローチである．この人手によるアプローチは熟練の分光学者が決めた初期値から始める局所最適化 (downhill-simplex) の繰返しからなり，途中結果に応じた人手での修正が必要である．

実験の結果から，局所最適化を行わない純粋な EA では解をよく調整できないことが分かる．EA+LO はほんの少し良い結果を，ハイブリッドアルゴリズムは最も良い結果を示した．しかしながら，進化論的アルゴリズムの変形版は，ランダムな初期集団に基づいて自動的に実行でき，時間のかかる人手による最適化よりも平均的に優れている．

テスト問題 A（表 13.2 に詳細がある）における進化論的アルゴリズムの性能を図 13.2 に示す．すべてのアルゴリズムを同じ世代まで実行した．ただし，ハイブリッドアルゴリズムは局所最適化手順と統合しているため，より多くの適合度評価を行っている．

既知のパラメータの値を用いた人工スペクトルを用いているため，最適化されたパ

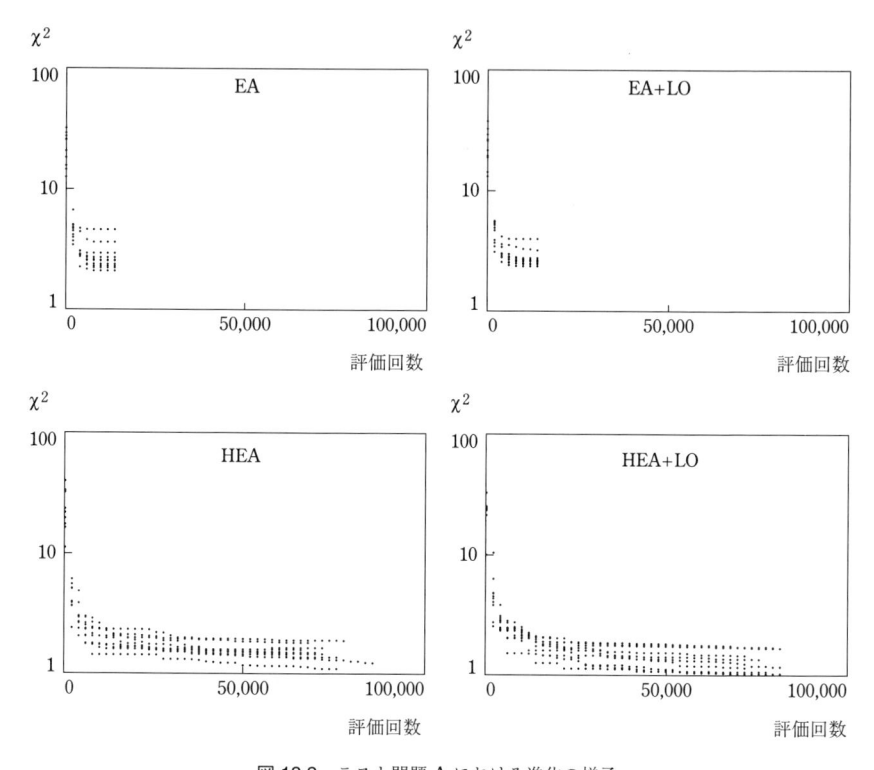

図 13.2 テスト問題 A における進化の様子

ラメータの値を正しい値と比較することができる．最適化アルゴリズムの利点を評価するために各パラメータの差異を次のように定義する．

$$\delta_i = \frac{|p_i^{(E)} - p_i^{(O)}|}{p_i^{\max} - p_i^{\min}} \tag{13.6}$$

ここで，$p_i^{(E)}$ は進化論的最適化で得られた i 番目のパラメータの値，$p_i^{(O)}$ は i 番目のパラメータの正しい値，$p_i^{\max}$ と $p_i^{\min}$ は i 番目のパラメータの有効な上限と下限を表している（表 13.1 を参照）．δ_i はパラメータの定義区間に対する最適化された解と実際の解との相対的な差を示す．HEA+LO についての結果を図 13.3 に示す．

すべての場合において，得られたパラメータの値は目標値に非常に近い．その中でも一番良い解は定義領域の 10% 以下の相対誤差しかなく，テスト問題にとっては良好な結果である．最適化された値が的確でないパラメータが 2 つだけある．テスト問題 C の 3 番目のスペクトル要素のライン幅パラメータ τ_c と W である．実際この要素

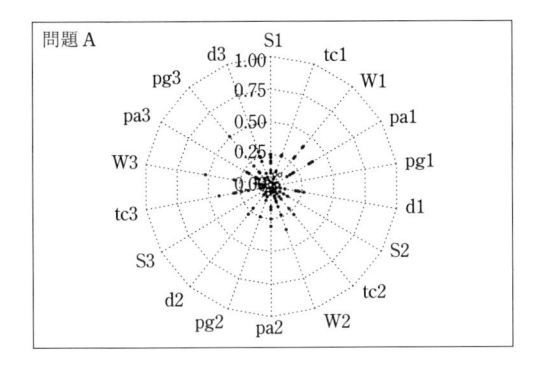

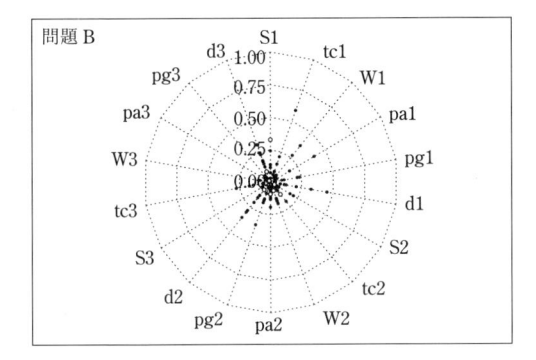

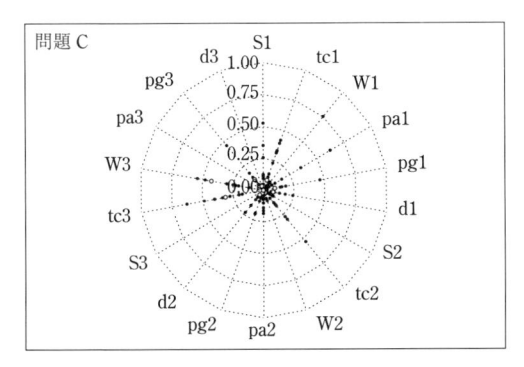

図 13.3 人工問題で HEA+LO によって発見されたスペクトルパラメータの値と正解との相対的な差 δ_i. 白抜きの円は 10 回の実行で見つかった最も良いパラメータ設定に相当する.

表 13.3 実際の細胞膜特徴付け問題に対するスペクトルパラメータの最適化

最適化手法	Lipo(PL)	Lipo(PL+GL)	Lipo(PL+GL)-SUC
人手による探索	8.64	46.90	16.55
HEA+LO 最良値	7.72	32.85	12.08
HEA+LO 平均値	8.36±0.90	40.19±5.76	15.06±2.20

は膜ドメインではなく，ミセルや他のスピンプローブ凝集物のものに対応する．そのような要素があると，スピン間相互作用が支配的となる．結果としてブロードニング定数 W が非常に大きくなり，ライン幅パラメータ τ_c と W はあまり最適化されなくなる．

実際の膜を用いた特徴付けのテストとして，ホスファチジルコリンやモル比 4：1 に混合したホスファチジルコリンとガングリオシドから作ったリポソームを使った．これらは pH 値 7.4 におけるリン酸緩衝溶液 (phosphate buffer solution: PBS) 中で混ぜて作られた．モデル膜はエタノール蒸発した薄膜標本に基づく手法によって MeFASL (10, 3) (spin-labeled methyl ester of palmitic ester) と分類されている．脂質に対する標本の比率は 1：270 より小さい．測定は 35°C における 9.6GHz EPR 分光器のガラス毛細管の中で行った．ここでも 3 つの問題を試した．Lipo (PL+GL)-SUC の問題については，30% のスクロース PBS によってモデル膜を用意した．

人工スペクトルにおける予備実験から得られた結果に基づいて，ハイブリッドアルゴリズム HEA+LO だけを適用し，人手による局所最適化と比較した．この結果は表 13.3 に比較されている．

未知のスペクトルパラメータによる実際のスペクトルの特徴付けをする場合，手動で分光学者により発見された値と，進化論的アルゴリズムを用いて最適化されたパラメータの値を比較できる．シミュレートされたスペクトルの場合（式 (13.6)）と似た相対指標を定義する．

$$\delta_i = \frac{|p_i^{(E)} - p_i^{(H)}|}{p_i^{\max} - p_i^{\min}} \tag{13.7}$$

ここで $p_i^{(H)}$ は人手で行われた局所最適化において発見された i 番目のパラメータである．結果を図 13.4 に示す．

進化論的アルゴリズムによって発見されたパラメータは，分光学者によって手動で見つけられたものと非常に近い．しかしながらいくつかの違いもある．例えばライン幅パラメータやゼーマンカップリングの g テンソルの極性補正因子である．第 1 の問題は，ライン幅パラメータとドメインの重みの間の相関や，ライン幅パラメータ間

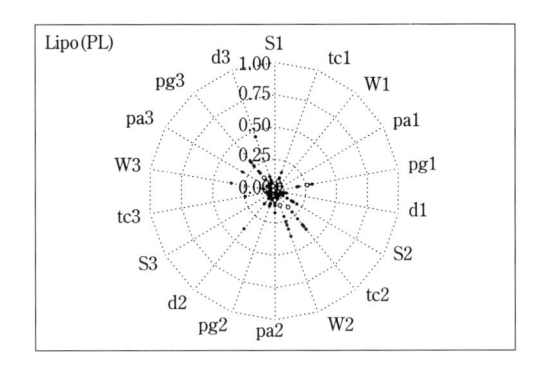

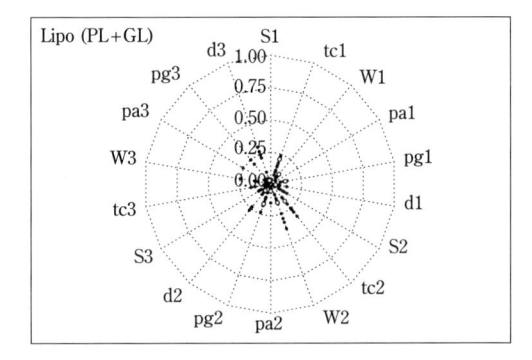

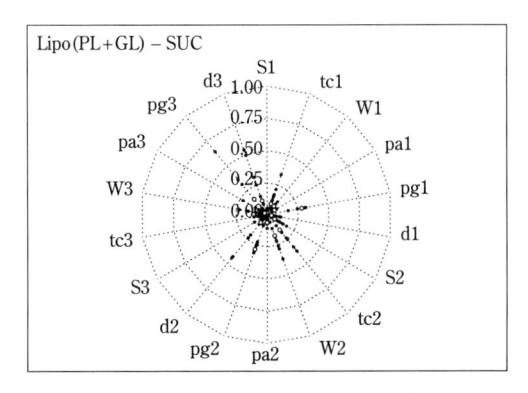

図 13.4 実際の細胞膜特徴付け問題で HEA+LO によって発見されたスペクトルパラメータ値と人手で局所最適化を行った結果との相対的な差 δ_i. 白抜きの円は 10 回の実行で見つかった最も良いパラメータ設定に相当する.

の部分的な相関に関連しているのだろう．第 2 の問題は，他のスペクトルパラメータ同士のさまざまな相関や実験スペクトルの測定に使われた磁場の値との相関から起こる．実験でマイクロ波周波数や同じ極性環境での標準 g 値を調べないならば，磁場の値は 0.01% まで不正確になり得る．p_g 補正因子は磁場に比例しているため，その誤差も 0.01% 程度まで高くなる可能性がある．この値は定義された間隔のかなりの部分 (0.04%) である．

13.5 おわりに

進化論的計算と既存の最適化手法を組み合わせて EPR 分光法のためのパラメータを最適化した．検証実験は人工的なものと現実のもの両方のスペクトルを対象にした．スペクトルは細胞膜の特徴付けに利用されるもので，最適化すべきパラメータは 17 個であった．人工のスペクトルに対しては 4 種類のアルゴリズムを試した．追加的なオペレータとして局所探索を取り入れ，最終世代の個体をさらに最適化するアルゴリズムの成績が最も良かった．さらにこのアルゴリズムを実問題に適用したところ，人手による最適化よりも良い結果が得られた．提案したアルゴリズムは分光パラメータの自動最適化法を提供する．また，他の探索手法と違って分光学者が探索の前に解の候補を準備したり探索中に干渉する必要はなくなる．

進化論的計算を用いた EPR 法のパラメータ最適化の研究はさまざまな方向で続いていくだろう．最も重要なことは，パラメータ間の相関を考慮する遺伝的オペレータの実装や steady state モデルなどの付加的アルゴリズムをテストすることである．体系的な実験を通じて，複雑な問題に対するアルゴリズムのパラメータを適切に決めることができ，進化論的計算の専門家でない人々への助けになるだろう．まだ研究段階にあるものの，最適化手法が EPR 法の実験を効果的にサポートするのがこれらの活動の目標である．

謝辞

本章で紹介した研究は，スロベニア教育・科学・スポーツ省によって支援されている．その出版物は，同省と英国協議会によって支援され，Jožef Stefan Institute, Ljubljana と University of Reading under the Partnerships in Science Program との共同研究の結果である．本章の準備を支援してくれた David Corne と，ハイブリッド進化論的アルゴリズムを用いた EPR スペクトルシミュレーションと最適化ソフトウェアを拡張してくれた Janez Lavrič に感謝する．

参考文献

[1] Bäck, T., Fogel, D. B., and Michalewicz, Z. (eds.) (1997). *Handbook of Evolutionary Computing*. Institute of Physics Publishing, Bristol, U.K., and Oxford University Press, New York.

[2] Biethahn, J., and Nissen, V. (eds.) (1995). *Evolutionary Algorithms in Management Applications*. Springer-Verlag, Berlin.

[3] Budil, D. E., Lee, S., Saxena, S., and Freed, J. H. (1996). Nonlinear least squares analysis of slow-motional EPR spectra in one and two dimensions using a modified Levenberg- Marquardt algorithm. *J. Magn. Reson.*, A120:155 – 189.

[4] Dasgupta, D., and Michalewicz, Z. (eds.) (1997). *Evolutionary Algorithms in Engineering Applications*. Springer-Verlag, Berlin.

[5] Fayer, P. G., Benett, R.L.H., Polnaszek, C. F., Fayer, E. A., and Thomas, D. D. (1990). General method for multiparameter fitting of high-resolution EPR spectra using a simplex algorithm. *J. Magn. Reson.*, 88:111 – 125.

[6] Filipič., B., and Štrancar, J. (2001). Tuning EPR spectral parameters with a genetic algorithm. *Appl. Soft Computing*, 1:83 – 90.

[7] Goldberg, D. E. (1989). *Genetic Algorithms in Search, Optimization and Machine Learning*. Addison-Wesley, Reading, Mass.

[8] Griffith. O. H., and Jost, P. C. (1976). Lipid spin labels in biological membranes. In *Spin Labeling, Theory and Application* (L. J. Berliner, ed.), Academic Press, New York, pp. 453 – 510.

[9] Hooper, N. M. (1998). Membrane biology: do glycolipid microdomains really exist? *Curr. Biol.*, 8:R114 – R116.

[10] Kirkpatrick, S., Gelatt, C. D., Jr., and Vecchi, M. P. (1983). Optimization by simulated annealing. *Science*, 220:671 – 680.

[11] Marsh, D. (1995). Lipid-protein interaction and heterogeneous lipid distribution in membranes. *Mol. Membr. Biol.*, 12:59 – 64.

[12] Mouritsen, O. G., and Jørgensen, K. (1994). Dynamical order and disorder in lipid bilayers. *Chem. Phys. Lipids*, 73:3 – 25.

[13] Nelder, J. A., and Mead, R. (1965). A simplex method for function minimization. *Computer J.*, 7:308 – 313.

[14] Nordio, P. L. (1976). General magnetic resonance theory. In *Spin Labeling, Theory and Application* (L. J. Berliner, ed.), Academic Press, New York, pp. 5 – 51.

[15] Schindler, H., and Seelig, J. (1973). EPR spectra of spin labels in lipid bilayers. *J. Chem. Phys.*, 59:1841–1850.

[16] Štrancar, J., Šentjurc, M., and Schara, M. (2000). Fast and accurate characterization of biological membranes by EPR spectral simulations of nitroxides. *J. Magn. Reson.*, 142:254–265.

[17] Svetek, J., Furtula, V., Nemec, M., Nothnagel, E. A., and Schara, M. (1995). Transport and dynamics dissolved in maize root cortex membranes. *J. Membr. Biol.*, 143:19–28.

[18] Van, S. P., Birelli, G. B., and Griffith, O. H. (1974). Rapid anisotropic motional of spin labels: models for motional averaging of the ESR parameters. *J. Magn. Reson.*, 15:444–459.

[19] Žuvić-Butorac, M., Müller, P., Pomorski, T., Libera, J., Herrmann, A., and Schara, M. (1999). Lipid domains in the exoplasmic and cytoplasmic leaflet of the human erythrocyte membrane: a spin label approach. *Eur. Biopys. J.*, 28:302–311.

第 V 部　特徴抽出

第 14 章　進化論的計算による疾患データからの遺伝子および環境要素間の
　　　　　相互作用の発見
　　　　　Laetitia Jourdan, Clarisse Dhaenens-Flipo and El-Ghazali Talbi

第 15 章　創薬シミュレーションのための遺伝的アルゴリズムに基づく
　　　　　特徴抽出手法
　　　　　Mark J. Embrechts, Muhsin Ozdemir, Larry Lockwood,
　　　　　Curt Breneman, Kristin Bennett, Dirk Devogelaere
　　　　　and Marcel Rijckaert

第 16 章　進化論的計算を用いた分析スペクトルの解釈
　　　　　Jem J. Rowland

第14章 進化論的計算による疾患データからの遺伝子および環境要素間の相互作用の発見

Laetitia Jourdan
Clarisse Dhaenens-Flipo
El-Ghazali Talbi   University of Life

14.1 はじめに

　本章は多因子つまり複数の要因によって起こる（と考えられている）疾患の遺伝的・環境的要因の発見を扱う．そのために，Biological Institute of Lille（フランス）で行われた実験を利用した．その実験によって，さまざまな疾患についての遺伝的・環境的要素に関連したデータが大量に生み出されている．このデータを扱うには高度なデータマイニング手法が必要である．ここでは，そのような手法の1つとして進化論的計算を用いるものを取り上げる．この手法は2段階からなる．第1段階においては，進化論的計算によって膨大なデータから重要な特徴を抽出する．第2段階においては，第1段階で抽出した特徴を持つような患者の集団を k-平均法を用いて特定する．研究対象となる疾患に関連する遺伝的要因と，改良した進化論的計算についての記述を通じて，関連する特徴を抽出する問題とは何かを説明する．最後に，人工的なデータと実際のデータを用いた結果を示す．

　2型糖尿病や肥満・喘息・高血圧・一部のがんなどのありふれた疾患は世界中に多くの患者がいる（推定では2型糖尿病の患者は世界に1億6,000万人）．これらの複雑な疾患には，環境要因（最初に発症した年齢や肥満度指数）や遺伝的要因（遺伝子マーカー）などさまざまな原因がある．例えば，糖尿病の要因を限定するためには，それらの複雑な相互作用を発見しなければならない．つまり症例と強く相関する遺伝子と環境要素の組合せを見つけなければならない．そのような組合せは述語として表現される．例えば，"遺伝子AとBの相互作用は肥満においては非常に重要である"などである．以下では文脈から明らかな場合にはこのような述語を単に"遺伝子AとB"と

略記する．

　遺伝子解析の古典的なテストモデルの多くでは，これまで遺伝的要因だけが扱われていた (Cox et al., 1999)．遺伝的要因を決定したあとで環境的要因の影響をテストするというモデルもあった．これらの研究では，関係する遺伝子数が2より大きいモデルにおける大量データの扱いを意図していないため，複雑な疾患を分析する能力は限られている (Bhat et al., 1999)．

　探索では，患者の一部が共通したパターンを示す要因の組合せを見つけなければならない．理想としては，解を1つのみ出すのではなく，個人の異質性を説明できるように複数の解を与えるべきである．さらに，関連する要因は全体のうち非常に少数であり (5%より少ない)，教師なしのクラスタリング問題となる．われわれのケースでは3,652の遺伝子と2つの環境要素からなる3,654の特徴を扱わなければならないが，生物学者はこのうちのほんのわずかが疾患に関係していると考えている（研究対象の要因を特徴と呼ぶ．これは標準的なデータマイニングの用語であり，その詳細は14.2節で定義する）．

　一般的にいって，データマイニングには以下のような共通する特徴がある（ただしこれがすべてではない）．

- 大量の特徴を考慮しなければならない．（われわれの例では3,654）
- 疾患にとって重要な特徴は非常に少ない．（5%より少ない）
- 利用できるデータは比較的少ない．
- 患者のデータしか使えない．健康な人からの負例を利用しようとしても，まだ発病していないだけで疾患の因子は持っているかもしれない．
- 目標は関連を1つだけ見つけることではなく，遺伝子と環境の関連を複数見つけ，それらの関連に基づいて患者をグループ分けすることである．

このような大量の特徴の教師なしクラスタリング問題に対して，古典的なクラスタリング手法を直接適用することはできない．一般的にいって，クラスタリング手法を必要とするようなバイオインフォマティクスのデータはあまりに大きく複雑なため，古典的な方法は適用できない（10章と13章を参照）．

　大量のデータに対してk-平均法を実行するには莫大な計算時間が必要で，得られる結果も悪く，そこからクラスの特徴を決定できない．そのため，ここではこの問題に対する2段階のアプローチを提案する．進化論的計算手法を用いた特徴抽出段階とクラスタリング段階である．

　最初の段階においては，進化論的計算を用いて最も影響のある特徴やその関連を抽出する．この方法を用いたのは探索すべき特徴の数が多いからである．ある種の進化

第 14 章 ■ 進化論的計算による疾患データからの遺伝子および環境要素間の相互作用の発見　293

オペレータやシェアリング，ランダム移民など進化論的計算においては標準的でない方法も導入した．これらについてはすべて 14.4 節で詳しく扱う．2 番目の段階では，k-平均法を用いて第 1 段階で得られた結果をクラスタリングする．この段階で初めて k-平均法が適用可能になる．なぜなら，第 1 段階によって問題が標準的なクラスタリング手法にとって扱いやすいものになっているからである．

　本章の構成は以下のとおりである．14.2 節では生物学的背景を 14.3 節では数学的背景と特徴抽出問題を解説する．14.4 節では特徴抽出問題に対する進化論的計算の適用について詳述する．14.5 節ではクラスタリングについて説明する．14.6 節では GAW11（Genetic Analysis Workshop）からのデータと実際のデータについて適用した結果を示す．

14.2　生物学的背景・定義

　2 型の糖尿病と肥満の分子生物学的原理を解明するために，Multifactorial Disease Laboratory at the Biological Institute of Lille はさまざまな人種の患者についてたくさんの解析を行っている．これらの疾患の原因となる分子生物学的な仕組みが知られていないため，ゲノム全体をスキャンする戦略は要因を特定するのに役立つ．この戦略はゲノム中の重要な特徴の位置についての仮定を必要としない．本節ではこの問題を扱うために必要な生物学の用語を紹介する．ここで解説するのは 1 章で述べられたこと以外で本問題に関係する話題である．

　まず，染色体上の遺伝子座について説明する．遺伝子座とは特定の遺伝子の染色体上の場所であって，その遺伝子のアドレスのようなものである．遺伝子座は多型である．これは別の個体においてこの特定の遺伝子が異なっているもの（対立遺伝子）があることを意味している．対立遺伝子とは（同じまたは近い種族の）相同染色体間の特定の遺伝子座における変異である．異なる対立遺伝子は特徴の変異を生み出し，それは子孫に受け継がれる．髪の毛の色や血液型などがその例である．個体においては優性な遺伝子が劣性な遺伝子よりもよく現れる．個体はその DNA に 1 つの遺伝子座につき 2 つの対立遺伝子を持ち，それぞれを親の片方から受け継ぐ．

　Biological Institute of Lille で生み出された大量のデータの中から相互作用のパターンを見つけるためには，通常は無害だが発症の原因になり得る遺伝子の相互作用のパターンを発見する技術を開発しなければならない．研究所で行われた生物学的解析の過程は次のとおりである．

　1. 少なくとも 2, 3 人患者がいる家族を募る．

2. 両親と子供の血液サンプルから DNA を抽出する．
3. 23 の染色体から一様にとった 400 の遺伝子座のサンプルを分類する．
4. 遺伝子座ごとに親族内の 2 人の遺伝的類似度を計算する．

4 つのステップが終わると，サンプルした 400 の遺伝子座の共通する対立遺伝子の数によって，親族内の任意の 2 人の遺伝的類似度が分かるようになる．

われわれのケースでは，遺伝子座ごとにいくつかの点をサンプルし，23 の染色体上に分布する 3,652 点を用いて親族内の任意の 2 人の遺伝的類似度を計算した．遺伝的類似度の値と確率的に期待される値とを比較する．例えば，2 人の兄弟は与えられた遺伝子座において共通する対立遺伝子がない確率が 0.25，共通する対立遺伝子が 1 つである確率が 0.5，両方とも共通している確率が 0.25 である．これによってバイナリの行列を作ることができる．行が家族のペアを表し，列が比較した点（遺伝的要因）を表す．要素が 1 ということは，比較した点における近さが期待値よりも大きいことを意味する．

14.3 数学的背景と定義

本節では以降で扱う概念の定義を与える．まず，教師なし分類としても知られるクラスタリングの意味を説明する．これは 10 章と 13 章で扱われたデータマイニングの一種である．クラスタリングの目的は要素の集合をクラスの特徴を与えずに分類することである．10 章では，マイクロアレーで観測されたパターンに基づいて特徴的な遺伝子のグループを同定するのに用いられた．われわれも遺伝子を分類するが，前述の類似度と他の少数の要因に基づいて行う．クラスタリング手法は特徴や属性を用いて行われる．特徴はインスタンスごとに異なる量である．ここでは，3,652 の比較箇所と 2 つの環境要因が特徴である（厳密に言えば，3,654 の要素の値が特徴となる）．

サポートはデータマイニングにおける重要な概念である．サポートは集団内に特定の特徴のセットが現れる回数と，そのセットの中の少なくとも 1 つが現れる回数に関係する．簡単な例として，20 人の集団中で 3 人が青い目で 5 人がブロンドの髪，青い目かつブロンド髪の人が 2 人だった場合，青い目のブロンド髪のサポートは 2/6 である（両方の性質を持っているのが 2 人，少なくとも一方の性質を持っているのが 6 人）．この概念をより精密にしておく．R を特徴の集合，r を R 上のバイナリのデータとする．つまり，r の各行は個体が R の特徴を備えているかどうかを表すバイナリのベクトルである．例えば "1, 0, 0, 1…" という行は，その個体が 1 番目と 4 番目の特徴は備えているが，2 番目と 3 番目の特徴は備えていないことを意味する．X を R の

部分集合とする．行 t の中に X の特徴すべてが現れているならば，X は R の行 t にマッチするといい，$X \subseteq t$ と書く．r の中で X がマッチするもの（つまり X のすべての特徴を満たすような個体）の集合を $\{t \in r | X \subseteq t\}$ と書く．そうすると，X についてのサポートは次のように書ける．

$$\frac{|\{t \in r | X \subseteq t\}|}{|\{t \in r | \exists x_i \in X | \{x_i\} \subseteq t\}|}.$$

この計算はクラスタリングの結果の質を判断するのに用いられる．その判断は統計的な概念に基づく分散基準である．クラスタリングによって c 個のクラスタを生成し，考慮される特徴が n 個になったとする．今，j 番目のクラスタを χ_j で書くことにする（j は 1 から c まで）．m_j を j 番目のクラスタの平均ベクトルとする．つまり，もし m_j の i 番目の要素 m_{ji} が 0.6 だったならば，χ_j に属するすべての個体の i 番目の特徴の平均が 0.6 であることを意味し，χ_j の個体の 60% が特徴 i を持つと考えることができる．すべての平均ベクトルを表すのに $M = (m_1, m_2, \cdots, m_c)$ を用いる．クラスタ中の個体を X_i で表し，クラスタ χ_j の分散行列 F_j を次のように定義する．

$$F_j = \sum_{X_i \in \chi_j} (X_i - m_j)(X_i - m_j)^T$$

c 個のクラスタのクラスタ内分散行列は，

$$P_W = \sum_{j=1}^{c} F_j$$

クラスタ間分散行列は，

$$P_B = \sum_{j=1}^{c} (m_j - M)(m_j - M)^T$$

となる．以上のもとでクラスタリング結果の質を決める基準を定義できる．直観的には，クラスタリングがよければ，クラスタ内の個体の類似度は比較的高く，異なるクラスタに属する個体の類似度は低くなる．

クラスタ内・クラスタ間分散行列はそれぞれこれらの指標を与える．この 2 つの指標を 1 つにまとめるために，

$$\mathrm{Tr}(P_W^{-1} P_B)$$

を用いることもできる．ここで Tr は行列のトレース（対角要素の和）である．

14.4 特徴抽出フェーズ

アルゴリズムの第1段階でははじめに大量の環境・遺伝特徴から少数の特徴を抜き出す．ほんの少しの特徴だけが関係していると考えられるので，これは古典的なデータマイニングとは異なっている．実際，古典的な Yang らの例では，50% ほどの特徴が抽出された (Yang and Honoavar, 1998)．それに対してここで扱う問題では抽出される特徴は 5% より少ないという見積りがなされている．

14.4.1 特徴の部分集合の抽出

遺伝的類似度と環境要因は行列に統合される．先述のように，行列の行は親族のペアを，列は特定の遺伝的要因または環境要因の比較を表す．よってそれぞれの列は特徴に関連する．この行列には遺伝的類似度について欠損データはない．あとで述べる例では行列のサイズは親族のサイズによって 500〜1,000 行，推定関数によって 400〜3,654 列である．列数つまり特徴の数が行数と同程度であるため，この行列はデータマイニングでは珍しいものになっている．

特徴の部分集合を抽出する問題は，冗長で関係ない特徴も含んだ大きな集合から有用な部分集合を同定する問題である (Yang and Honoavar, 1998)．この問題には抽出とクラス分けを同時に行うかどうかで2つのモデルがある．1つ目はフィルタモデルで，これは特徴の部分集合の抽出とクラスタリングの2つのフェーズに分かれている．2つ目は，ラッパーメソッドで，特徴の部分集合の抽出とクラスタリングを同時に行う．これには部分集合空間の探索と，クラスタの質の完全な測定が必要であり，計算量が非常に大きい．それに対して，フィルタメソッドでは特徴抽出フェーズにおいてはより計算コストの小さい別の評価基準を用いることができる（候補となる特徴の部分集合に対してすぐにクラスタリングを行う代わりに，それがどの程度使えるかを示すヒューリスティクスを利用する）．

古典的には，特徴抽出は最適化問題として扱われている．特徴抽出によって分類の効率を最適化することができ，分類器の設計にも役に立つ (Pei et al., 1997a)．最適な特徴抽出は NP 困難であり，厳密な解を求めるのは非常に難しい (Narendra and Fukunaga, 1977)．そのため，大きな問題については，ヒューリスティクスと進化論的計算のようなメタヒューリスティクス（さまざまな問題に適用できる一般的なヒューリスティクス）のみが使える．

したがって，このフェーズでは進化論的計算を用いることにした．実際，このアプローチは他の特徴抽出問題でも役立つことが示されている (Pei et al., 1995, 1997a,b)．

進化論的計算によって特徴抽出に成功した例は本書の他の章でも見ることができる．われわれが用いたのは進化論的計算の中でも（交叉を用いていることから）遺伝的アルゴリズム（GA）と呼ばれるものである（2 章を参照）．ここで扱う特徴抽出問題のために，図 14.1 のような特殊な GA を開発した．以下ではこの問題のために行った修正を中心に説明する．

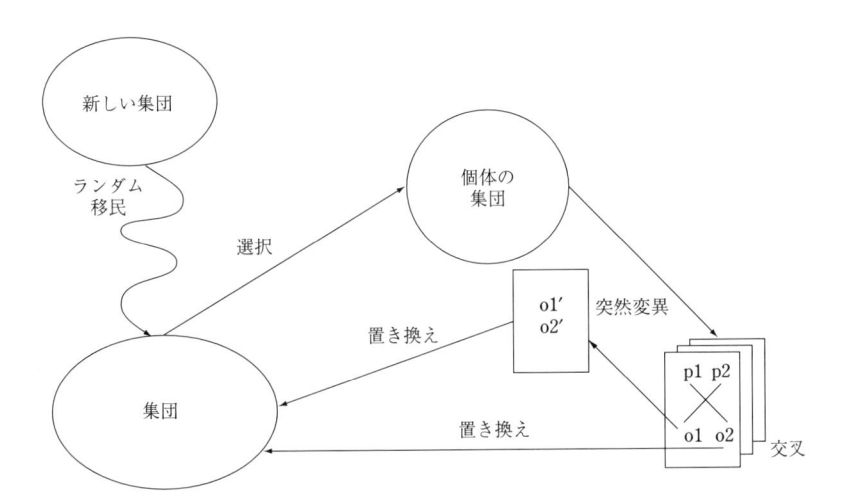

図 14.1 特徴抽出のための特殊な GA の流れ

14.4.2 解候補のコーディングと距離

バイナリ列によって特徴抽出を表現する．ある特徴を抽出するならば 1，しないならば 0 で表す．例えば n 個の特徴のある問題ならば，長さ n の文字列が特徴の抽出方法を指定する．このような単純なコーディングを採用すると，解候補間の距離を考えるのも自然である．進化論的計算においては，解候補間の距離は集団の多様性の指標としてよく用いられているため，探索の方向を与えるのにも使うことができる．最も単純な距離指標はハミング距離つまり解候補間の異なる要素の数である．以下で説明するように，ここでは特徴の部分集合を抽出する問題に都合よくするために別の指標を用いる．

予備的な研究によって，特徴はある相関を形成することが分かっている．同一の染色体上の遺伝子とその周辺は同じような影響を持っている．よって，このような相関を考慮した特徴抽出の距離指標を導入する．この特徴集合間の距離指標は整数のパラ

メータ σ に依存する．つまり，$2\sigma+1$ のウィンドウの中に共通する特徴があれば距離に正の寄与があるようにする．ウィンドウの中であればその位置は問わない．距離を計算するためのアルゴリズムを図 14.2 に示した．

特徴の集合を x, y，x の i 番目の特徴を x_i とする．y の i 番目の特徴を y_i とする．
距離を D を 0 に初期化
各特徴 i に対して以下を繰り返す
  If $y_i = 1$
    For $j =$ max $(i - \sigma,$ 処理中の染色体の先頭$)$ to min $(i + \sigma,$ 処理中の染色体の末尾$)$
    If, for all $j, x_j = 0$ then $D := D + 1$
  Endif
  If $x_i = 1$
    For $j =$ max $(i - \sigma,$ 処理中の染色体の先頭$)$ to min $(i + \sigma,$ 処理中の染色体の末尾$)$
    If, for all $j, y_j = 0$ then $D := D + 1$
  Endif

図 14.2 　2 つの特徴集合の距離を決めるアルゴリズム．特徴が染色体上の位置に関係している場合（通常の場合），近い特徴は染色体上の近い遺伝子座に関係する．しかしながら，異なる染色体上に特徴があるときは，特徴とその影響の間に相関はない．そのため，2 つの for ループ中で染色体の境界を越えたウィンドウは切り捨てている．

14.4.3　適合度関数

特徴抽出段階で用いる適合度関数は，特徴が生み出すクラスタの質を見積もらなければならない．これを効率良く行うためには，前述のサポートを利用すればよい．14.3 節で説明したように，サポートはある特徴の集合をすべて持つようなオブジェクト数と，その部分集合の中の少なくとも 1 つの特徴を持つようなオブジェクト数との比である．ある特徴の集合のサポートがとても小さい場合，原因は 2 つ考えられる．その特徴をすべて持つようなオブジェクトがとても少ない（つまりクラスタリングには使えない）．または，特徴をすべて持つオブジェクトは多くても，少なくとも 1 つの特徴を持つようなオブジェクトの数がそれを圧倒する．後者の場合，特徴すべてを持つことは重要な指標ではなく偶然にすぎない．

適合度関数は 2 つの部分からなる．第 1 の部分は抽出される特徴を少なくするために，小さいサポートをよしとする．生物学者は少ない特徴で関連は構成されると仮定することが多く，もしそのような関連のサポートが小さければ，その特徴は求める特徴集合となるかもしれない．第 2 の部分はより重要で，特徴の数を大きくするようなサポートをより高く評価する．もし関連のサポートがちょうどよいレベルにあるならば，それは少数の特徴で構成されているだろう．その場合に興味深いのは，別の特徴

を追加して完全な関連を求めることである．したがって，適合度関数ではサポートから見てできるだけ多くの特徴を含んだ関連を重要視すべきである．関数は単純化することができるが，2つの部分が明らかになるように記述すると以下のようになる．

$$\left((1-S) \times \frac{\frac{T}{10} - 10 \times SF}{T}\right) + 2 \times \left(S \times \frac{\frac{T}{10} - 10 \times SF}{T}\right).$$

ここで14.3節で説明したようにSは求められるサポート，Tは全特徴数である．SFは評価される部分集合内の特徴で，染色体上で近すぎないものの数である．

14.4.4 進化オペレータ

われわれは以下で述べるようにさまざまな交叉オペレータを試した．交叉率は一般に0.6とし，つまり次世代集団の60%は交叉で作る．最初は標準的な2点交叉（2章を参照）を実装し，Subset Size-Oriented Common Feature Crossover operator（SSOCF）(Emmanouilidis et al., 2000) と比較した．SSOCFは部分集合抽出問題のための特殊なオペレータである．図14.3のように，SSOCFは特徴の有用なブロックを保存するように働き，親と同様な特徴の分布を持つ子を生成する．

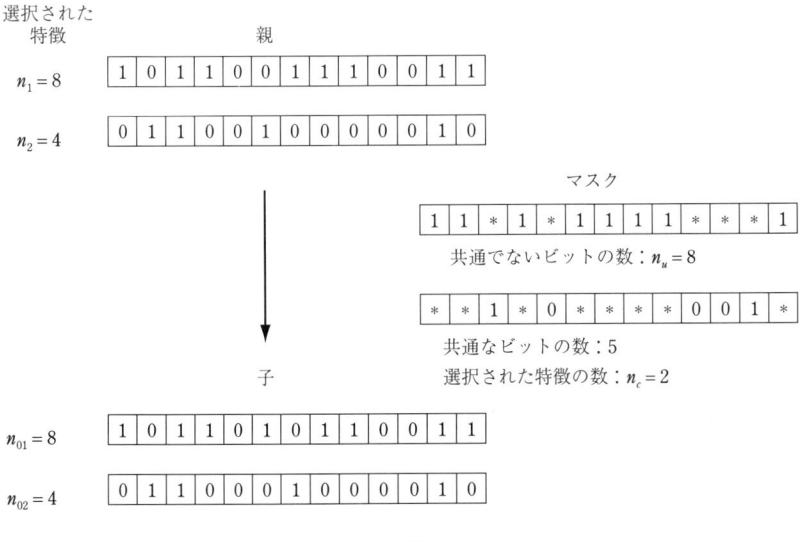

図14.3 SSOCF オペレータ

両親に共通する特徴は子に受け継がれる．共通でない特徴は $(n_i - n_c/n_u)$ の確率で受け継がれる．ここで，n_i は抽出される特徴の数，n_c は共通の特徴の数，n_u は共通でない特徴の数である．SSOCF は標準的な交叉より優れていることが実験的に確かめられている．

新たに作られた個体は 10% の確率で突然変異を起こす．つまり全体の 10% は突然変異する．このとき 2 つの突然変異オペレータを用いる．1 つは反転させるビット数を 1 から 5 の間でランダムに選び，次の確率に従って実際に反転させる．0 は確率 0.5 で 1 に反転させ，1 は必ず 0 に反転させる．このように突然変異オペレータは小さい特徴集合に向かう傾向を生み出す．2 番目の突然変異オペレータは値が 1 のビットと 0 のビットをランダムに選んで交換する．これによって抽出された特徴を抽出されていなかった特徴と交換する．子は集団中の最も悪いものよりも良かった場合に限り採用される．

14.4.5 選　択

選択法は確率的バイナリトーナメントを用いる．親を選択するには，まず集団からランダムに 2 つの個体を選択する．そして，確率 p（p は 0.5 より大）で適合度の高い個体を残す．選択のための適合度はシェアリング法によって減少させる．これは集団を探索空間の未探索の領域にすすめ，早すぎる収束を避けるためによく用いられる技法である．シェアリングと他の方法との比較は Mahfoud によって行われている（Mahfoud, 1995）．シェアリングの目的は探索空間の中で個体が少ない場所を選択する確率を高めることである．この手法は周辺にどの程度他の個体がいるかの指標 "ニッチ・カウント" を測定する．ここで距離指標 D を導入する．探索空間中で個体が密になっている領域では値を減らすように適合度は修正され，選択ではこの新しい適合度が利用される．

n を集団サイズとしたとき，個体 i のシェアリング適合度 $f_{sh}(i)$ を次のように定義する．

$$f_{sh}(i) = \frac{f(i)}{\sum_{k=1}^{n} Sh(D(i,k))},$$

ここで，$Sh(D(i,k)) = \begin{cases} 1 - \dfrac{D(i,k)}{\sigma_{Sh}} & D(i,k) < \sigma_{Sh} \text{ のとき} \\ 0 & \text{その他のとき．} \end{cases}$

以下の実験では $\alpha_{Sh}=1, \sigma_{Sh}=3$ とした．

14.4.6　ランダム移民

さまざまな解を得るために，集団の多様性を維持するための指標を導入する．集団にランダムな移民を注入する．結果として集団が多様になるだけでなく，進化論的計算によって得られる最終的な解の質も良くなることが知られている（Bates Congdon, 1995）．ここで導入するランダム移民は次のように行われる．直前の k 世代の最良個体が同じものであったら，シェアリング適合度が平均よりも小さい個体をすべてランダムに生成した個体で置き換える．これによって GA は新しい領域を探索するようになり，いくつかの実験ではうまくいくことが確かめられている．

14.5　クラスタリングフェーズ

先に述べたように，クラスタリングは共通の性質を持つクラスを決めるために用いられる．クラスタリング手法は意思決定システムなどさまざまな場所で用いられる（例えば臨床的な診断に基づいて医学的な決定を行う場合など）．クラスタリングによって，データベース中の顕著な類似や相違を明らかにし，クラス，グループ，クラスタなどと呼ばれる同じ要素を持つものの集合を生成することができる．一言で言えば，クラスタリングアルゴリズムは均一なオブジェクトのクラスを生成する（Mitchell, 1997）．

よく使われるクラスタリング手法には k-最近隣法や k-平均法（Fukunaga, 1990），density clustering（Lefebure and Venturi, 1998）がある．しかしこれらのほとんどの手法では，データ当たりの特徴が少ない．以下で扱う問題では 3,654 もの特徴を扱う必要があり，標準的なクラスタリング手法ではこのように多くの特徴を扱うのが困難である．そのため，関係のある特徴をあらかじめ抽出する必要がある．クラスタリングに関してはすでにさまざまな研究が行われているが，われわれの関心は主に特徴抽出プロセスにあるため，ここでクラスタリングフェーズについて広く考察することはしない．興味のある読者はクラスタリングについての総括的なチュートリアルである文献（Hinneburg and Keim, 2000）を参照してほしい．

14.5.1　クラスタリングフェーズの目的

手法の第 2 段階は，第 1 段階で抽出された特徴のみを用いた標準的なクラスタリングである．この段階の目的は遺伝的特徴の関連性を持った個体をグループにすることである．第 1 段階で抽出された特徴は，それ単独または他の特徴とともに患者に共有

されることを意味している．クラスタリングによって，これらの特徴の最も重要な関連を決定することが目標である．

同じクラスタに属する2つの個体は同じ遺伝的特質を備えていると考えられる．よって，それらの特質は問題になっている疾患の原因となり得る．つまり，"その疾患はA, B, Cという特徴が合わさることと関係する"というような規則を生み出せるかもしれない．クラスタリングによって生成されるクラスはすべてそのような規則を表す．理想としては，最終結果はこうした規則の論理和になる．例えば"その疾患はA, B, Cという特徴の組み合わせか，D, E, F, Gという特徴の組み合わせか，H, Iという特徴の組み合わせで起こっている"というような規則である．

14.5.2　k-平均法の利用

第1段階において特徴の数を減らしたため，残った特徴のみを用いて古典的なアルゴリズム，k-平均法を使うことができる．k-平均法は本書の別の章でも扱われているが，ここで簡潔にまとめておく．広く使われている一般的な手法の常として，特定の応用においては満足な効率で問題を解決する改良が必要になる．一般的なk-平均法は次のような過程を反復するアルゴリズムである．データを分けるランダムな分類から始める．それによって分けられるクラスタの中心を計算する．適当な距離指標を用いて，各点を自分に一番近い中心のクラスタに再配置する．この過程をあらかじめ決めた回数か，クラスタが変化しなくなるまで繰り返す（Monmarche et al., 1999）．第1段階によって特徴の数は十分小さくなっているため，最初の反復における中心をランダムに選ぶような単純なk-平均法を実装した．

最終的な関連の構成は，得られたクラスタの中心を調べて決める．それぞれのクラスタが関連を表現しているが，クラスタの中心の位置ベクトル（の成分）はそのクラスタにおける個々の特徴の頻度を表している．もしある特徴がクラスタ中で頻繁に現れるならば，それは関連に含まれるとする．特徴fをクラスタCに入れるかどうか

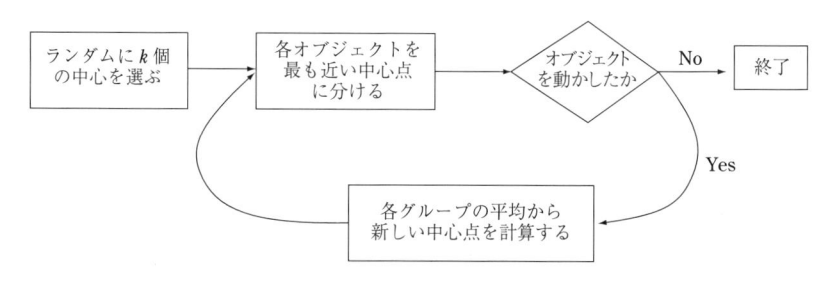

図14.4　k-平均法の実装

曖昧なときは，この特徴の各クラスタ中心での値を求める．また，全クラスタ中心でのこの特徴の最小値も求める．もしクラスタ C の中心における値からその最小値を引いた値が平均よりも大きかったならば，f を C で表現される関連に含むことにする．k-平均法の実装は図 14.4 のとおりである．

14.6 実験結果

ここでは人工的なデータと現実のデータで行った結果を示す．

14.6.1 人工的なデータでの実験

まず 1988 年に Department of Psychiatry, Mt. Sinai Medical Center,（ニューヨーク）の Dr. David Greenberg が主催した GAW11（Genetic Analysis Workshop）で作られた人工的なデータで実験した．このデータは公開されており，データマイニング手法を評価するのに用いられている．人工的とはいえ，このデータは現実の遺伝子のデータによく合うように作られている．疾患に影響する特徴の関連は既知である．正解は関連 (A, B, D) と $(E1, C)$ で A, B, C, D は遺伝的特徴，$E1$ は環境的特徴である．データには症状の軽い患者，重い患者および患者でない人も含まれている．患者でない人が含まれているデータを扱えば現実により近くなるが，ここでは患者のみが含まれているデータで実験した．

データベースは 491 の特徴と 165 組の人からなっている．用いたパラメータのほとんどは進化論的計算の文献に載っている標準的なものであるが，いくつかの設定は予備的な実験結果に基づいて変更した．GA のパラメータは次のとおりである．

- 集団サイズ：200 個体
- 突然変異率（個体に対する突然変異の程度ではなく，新しい集団の中で突然変異によってできるものの割合）：0.1
- 交叉率：0.6
- 距離の計算のためのウィンドウのパラメータ：$\sigma = 7$
- ランダム移民が起こるまでに改善のない世代数：150

表 14.1 に GA の結果を示す．抽出された特徴を列に示した．あるものは偽陽性つまりサポートは良いが疾患とは関係ないものである．

繰り返し実行すると，ある関連は他のものよりも頻繁に出てくるようになった．これを定量化するために，実験を 10 回繰り返した．その結果が表 14.2 である．

はじめのフェーズでは，遺伝子座間のうちのいくつかの作用を発見できた．しかし

表 14.1 GAW11 ワークショップの Mycenae データセットを用いた GA の最初の実行の結果

抽出された特徴	サポート	適合度
遺伝子座 B	37/92	1.486296
遺伝子座 $A+$ 偽陽性	39/100	1.459246
偽陽性	37/97	1.440233
遺伝子座 $D+$ 偽陽性	32/86	1.419457
遺伝子座 $A+$ 遺伝子座 B	32/87	1.409953
偽陽性	33/90	1.407399
遺伝子座 $A+$ 遺伝子座 D	39/108	1.395055
偽陽性	33/92	1.389688
偽陽性 $+$ 遺伝子座 C	35/98	1.386238

表 14.2 Mycenae データセットを用いた 10 回の GA の結果.関連が発見された確率を表している.

関連	$A+B$	$A+D$	$B+D$	$C+E1$
頻度 (%)	100	50	20	10

ながら他のものより発見が困難な相互作用もあった.そこで GA の結果に基づいた k-平均法を行い,結果を検証した.これには 491 の特徴のうち,第 1 段階によって抽出された 11 個を用いた.これは全体のわずか 2.24% であり,これらの特徴のみを k-平均法では用いた.

数を減らした特徴集団での k-平均法の結果を示す前に,k-平均法を 491 個の特徴に直接適用した結果を示す.この実験には 7,500 分かかり,結果は有用に解釈できるものではなかった(どのクラスタも膨大な数の特徴を含んでいた).それに対して,まず特徴抽出を行えば,実行時間は 3 桁小さく 1 分となり,結果も分かりやすく利用可能なものになった.11 個の特徴を用いて,$k=2$ の k-平均法,つまり 2 つのクラスタを仮定して 10 回実験した.

表 14.3 が結果である.10 回の実行のうちそのクラスタが何回現れたかを示している.GA で特徴を抽出してから k-平均法を用いると GAW11 で提示されたデータの解に非常に近いクラスタを生成できる.さらに実験の 40% で厳密な解が見つかっている.

14.6.2 実データを用いた実験

Biological Institute of Lille が糖尿病の研究のために行った実験のデータについてもこの手法を適用した.初期のデータは糖尿病の患者 543 組のものであった.生物学者

第 14 章 ■ 進化論的計算による疾患データからの遺伝子および環境要素間の相互作用の発見

表 14.3 k-平均法によって得られたクラスタ. 10 回の実行で得られたクラスタとその回数を示している.

クラスタ	頻度
(A, B, D)	4
$(E1, C)$	
(A, B)	1
$(E1, D, C)$	
$(E1, A, B, D)$	1
$(E1, C, B)$	
(A, B, D)	1
$(E1, C, D)$	
(A, B)	2
$(E1)$	
(A, B, D)	1
$(E1)$	

は 385 の要素と 2 つの環境要素（糖尿病が発症した年齢と BMI）を調べた．現時点の実験では 1,075 組の患者と 3,652 の比較点，2 つの環境要素からなるより複雑なデータベースを用いている．完全なデータを用いた結果は機密事項であるため，ここで生物学的結果の詳細を示すことはできない．そのためここでは結果の一部を示す．

膨大なデータに対する GA の能力を調べるために，まず特徴抽出フェーズの能力を調べた．特徴数を変えてみると，表 14.4 の結果が得られた．

表 14.4 特徴抽出における GA の性能

	データ内の特徴の数			
	1000	2000	3000	3654
計算時間（分）	60	140	207	255

結果が示すように，GA による特徴抽出にかかる計算時間は特徴数に比例して大きくなる．次に組の数を変えて GA を行った．結果は表 14.5 である．

表 14.5 特徴抽出における GA の性能

	組の数			
	200	400	600	800
計算時間（分）	56	64	74	76

これらの結果から，われわれのアルゴリズムは（膨大な数の特徴を含む）非常に大きなデータセットに適用することができ，妥当な時間内で結果を出せることが分かる．

はじめの 453 組で 387 の特徴からなる実データに対して行った実験の結果を以下に示す．GA を 10 回繰り返した．実験の結果，染色体の異なる 7 つの遺伝子座に対応する 7 つの特徴（ここで公開することはできない）と環境要因 $E1$ からなる関連を発見した．それぞれの関連が発見された確率は表 14.6 のとおりである．発見が簡単な関連もあればそうでないものもあることが分かる（$E1$ と H の関連は実験のうち 10% でしか発見されなかった）．

これらの結果の検証と興味深く完全な関連を提案するために，抽出された 8 つの特徴を用いて k-平均法を実行した．さまざまな k を用いて k-平均法を実行した．クラスタの質という点で結果が最もよかったのは，$k = 3$ のときである．その場合の結果を表 14.7 に示した．

以下では，完全なデータベースを用いた実験の結果について述べる．結果は機密事項ではあるが，2 回の実験の結果は似たものであり（これは手法のロバスト性を示している），生物学者が確かめるべき興味深い関連を提案できるものになっている．重要なのは，この手法で関連を見つけられたことである．この手法は生物学者が染色体上の興味深い場所を見つけ，詳しく研究するためのツールとなるだろう．

表 14.6 特徴抽出における GA の性能

	関連				
	$B+C$	$D+G$	$A+F$	$A+D$	$E1+H$
頻度 (%)	50	100	50	40	10

表 14.7 実際のデータを用いた場合に得られたクラスタ．10 回の実行で得られたクラスタとその回数を示している．

クラスタ	頻度
(A, F, H)	75
(B, C, D)	
$(E1, G)$	
(A, H)	25
(B, C, D)	
$(E1, F, G)$	

14.7 おわりに

データマイニングに使うための最適化手法を提案した.目的は,多因子の疾患における遺伝子の相互作用を生物学者が発見するためのツールを提供することである.これらの相互作用の発見は難しい.また,統計的な手法は単独の遺伝子用のものがほとんどである.本章では,これを遺伝子の相互作用を複数見つけるための特徴抽出問題としてモデル化した.そして,最も関連した特徴の抽出と,抽出された特徴に基づく k-平均法を用いてクラスタリングする2段階からなる手法を提案した.第1段階では改良したGAを用いた.この手法をGAW11で提示されたデータに適用し,他で行われた結果と比較した.現在この手法はBiological Institute of Lilleにおいて,糖尿病と肥満の研究のために集められたデータに使われている.その結果,生物学者が実験で検証できるような,遺伝子間または遺伝子と環境要素の興味深い関連の発見に成功している.

複合疾患は遺伝学者にとってのグランドチャレンジである.これらの疾患はさまざまな病因で分類される.ここで示したようなデータマイニングのアプローチによって,生物学者は遺伝子間および遺伝子と環境要素の間の相互作用を発見することができる.われわれの手法はテストデータ及び実データの両方についてよい結果を出した.この手法の今後の課題としては,評価関数に家族内の遺伝関係を導入することや,クラスタリングフェーズにおいて k-最近隣法のような他の手法を用いることが考えられる.なぜなら k-平均法はロバストではないからである.どちらの拡張も計算時間と結果の質を改良するだろう.

参考文献

[1] Bates Congdon, C. (1995). A comparison of genetic algorithm and other machine learning systems on a complex classification task from common disease research. Ph.D. Thesis, University of Michigan, Ann Arbor.

[2] Bhat, A., Lucek, P., and Ott, J. (1999). Analysis of complex traits using neural networks. *Gen. Epidemiol.*, 17:503–507.

[3] Cox, N. J., Frigge, M., Nicolae, D. L., Concannon, P., Hanis, C. L., Bell, G. I., and Kong, H. (1999). Loci on chromosome 2 (NIDDM1) and 15 interact to increase susceptibility to diabetes in Mexican Americans. *Nature Genet.*, 21:213–215.

[4] Emmanouilidis, C., Hunter, A., and MacIntyre, J. (2000). A multiobjective evolutionary setting for feature selection and a commonality-based crossover operator.

In *Proceedings of the IEEE 2000 Congress on Evolutionary Computation*, IEEE Service Center, Piscataway, N.J., pp. 309 – 316.

[5] Fukunaga, K. (1990). *Introduction to Statistical Pattern Recognition*. Academic Press, San Diego, Calif.

[6] Hinneburg, A., and Keim, D. A. (2000). Tutorial: clustering techniques for large data sets from the past to the future, a tutorial at the conference on Principles and Practice of Knowledge Discovery in Databases 2000, September 13 – 6, Lyon, France. Available from the following Web site: http://hawaii.informatik.uni-halle.de/~hinnebur/ClusterTutorial/

[7] Lefebure, R., and Venturi, G. (1998). *Le Data Mining*. Eyrolles Informatique, Paris.

[8] Mahfoud, S. W. (1995). Niching methods for genetic algorithms. Ph.D. Thesis, University of Illinois, Urbana-Champaign.

[9] Mitchell, T. (1997). *Machine Learning*. McGraw-Hill, New York.

[10] Monmarché N., Slimane, M., and Venturini, G. (1999). AntClass: discovery of clusters in numeric data by an hybridization of an ant colony with the k-means algorithm. Technical Report 213. Ecole d'Ingénieurs en Informatique pour l'Industrie (E3i), Université de Tours, France.

[11] Narendra, P. M., and Fukunaga, K. (1977). A branch and bound algorithm for feature subset selection. *IEEE Trans. Computers*, C-26(9):917 – 922.

[12] Pei, M., Goodman, E. D., Punch, W. F., and Ding, Y. (1995). Genetic algorithms for classification and feature extraction. In *Annual Meeting: Classification Society of North America*, June 1995.

[13] Pei, M., Goodman, E. D., and W. F. Punch (1997a). Feature extraction using genetic algorithms. GARAGe Technical Report, June. Michigan State University, East Lansing.

[14] —— (1997b). Pattern discovery from data using genetic algorithms. In *Proceedings of the First Pacific-Asia Conference on Knowledge Discovery and Data Mining* (H. Liu and H. Motoda, eds.), World Scientific, Singapore.

[15] Yang, J., and Honoavar, V. (1998). Feature subset selection using a genetic algorithm. In *Feature Extraction, Construction and Selection: A Data Mining Perspective* (H. Liu and H. Motoda, eds.), Kluwer Academic, Boston, pp. 117 – 136.

第15章 創薬シミュレーションのための遺伝的アルゴリズムに基づく特徴抽出手法

Mark J. Embrechts
Muhsin Ozdemir
Larry Lockwood
Curt Breneman
Kristin Bennett Rensselaer Polytechnic Institute
Dirk Devogelaere
Marcel Rijckaert Catholic University of Leuven

15.1 はじめに

　分子構造設計およびスクリーニングの研究は，さまざまな産業，特に創薬に関する研究に携わるバイオテクノロジー企業にとって極めて重要である．治療薬に対する耐性を持ったバクテリアやウイルスの出現により，新しい治療薬の開発は重要な課題となっており，その達成にはこれらの分野における進歩が不可欠である．製薬技術は分子の構造と機能(特に生化学反応)の関係を調べモデル化する技術に依存する．従来の製薬現場では計算機の支援は用いられず，医化学者の直観と経験をもとに創薬作業が行われてきた．しかしながら過去十年間で高スループットの創薬手法の重要性は飛躍的に高まった．創薬産業の核は分子の組合せ合成とその分析技術であり，1週間当たり何千もの新薬候補が検証実験に供されている．特定の疾患に対する潜在的な有効性を調べるには非常に多くの分子を検証のふるいにかける必要がある．そこで，対象となる分子のライブラリを探索し絞り込む手法について多くの研究が行われている．この目的の実現には高スループットの仮想的スクリーニング手法が必要である．これを実現するために用いられるのが，構造−作用関係量(QSAR)予測モデルである．QSARは計算機上での仮想的な化学デザインおよびスクリーニングによる新薬の開発に用いられてきた(Hansch et al., 1963; Jurs, 1993; Sternberg et al., 1994; Srinivasen et al.,

1996; Muggleton, 1998; Muggleton et al., 1998; Garg et al., 1999). 最新の QSAR 手法は創薬デザインのための小分子（リガンド）の識別問題を扱っている．

QSAR 分析によって，分子の物理化学的な特性に基づいた生化学反応の予測モデルを求める．その目的は分子の特徴集合に基づいて分子の作用を予測することである．ここでは分子の作用が，測定または計算可能な分子の特徴と関連を持つと仮定する．すなわち，分子の疎水性，静電特性および立体特性などが分子の特徴から導かれるとする．いくつかの特徴は従来から QSAR 分析で利用されている．主要なものは二次元，電気的な構造，三次元，原子等価変換 (TAE)，などに関する特徴である．Breneman らによって開発された TAE 手法は，予測のための大きな特徴集合を低コストで高速に生成することができる (Breneman et al., 1995; Murray et al., 1996;Breneman and Rhem, 1997)．典型的なデータセットは行列によって表される．ここで行は各分子に相当し，その列要素は分子の持つ特徴を表す．多くの研究で共通する問題は分子の数と比較して，特徴の数が非常に多いことである．さらに，一般に特徴集合は非直交で非常に数が多い（1 つのケース当たり 100 から 1,000）．QSAR で使用されるほとんどの手法は，標準的な回帰分析および部分最小二乗法 (Partial Least Square: PLS) に基づく (Wold et al., 1984; Geladi and Kowalski, 1986;Berglund and Wold, 1997)．これらはこのような決定過剰なデータセットを扱うのに適していない．扱うデータが決定過剰である場合には特徴抽出が予測モデルの生成に重要となる．

シミュレーションにおける創薬は多数の特徴（200 から 1,000）を持ち，比較的少数のデータ（典型的に約 50 から 500 の分子）に対する予測モデルに依存する．このように特徴数がサンプル（分子）数を超過する問題では，"次元の呪い"問題の影響を強く受ける．すなわち，データに対し予測モデルには多くの自由パラメータが存在する．"次元の呪い"問題を緩和するには，QSAR モデリングが予測モデルを構築する際に比較的小さな特徴集合を抽出することが望ましい．本章では，関連深い特徴部分集合からの予測モデル構築をデータマイニングの目的とする．

本章では QSAR 問題のための特徴抽出に対する 3 つの進化論的アルゴリズム (EA) を紹介する．これらの手法は，(1) 学習モデルのための遺伝的アルゴリズム (GA) を用いた共通特徴の抽出，(2) GA による重み付き回帰クラスタリング，および (3) 相関行列からの GA を用いた特徴抽出に基づく．GA に基づく QSAR 特徴抽出手法について簡単に説明した後，特徴抽出のための 2 つの新しいアプローチについて詳述する．さらに，感度分析と GA に基づく特徴抽出手法を組み合わせるハイブリッド特徴抽出手法を示す．

また，HIV 関連 QSAR モデルの特徴抽出のための比較ベンチマークについて述べ

る．特徴抽出手法は GA に基づくが，予測モデルはバックプロパゲーション学習によるニューラルネットワーク (Werbos, 1974; Haykin,1999; Principe et al., 2000; Ham and Kostanic, 2001) および PLS を用いる．本章の構成は以下のようになる．15.2 節は特徴抽出に関する詳細を述べる．15.3 節は HIV 問題について記述し，15.4 節から 15.6 節は GA ベースの特徴抽出手法について記述する．また 15.7 節では異なる特徴抽出メカニズムに基づいた予測モデルの結果を比較する．

15.2 特徴抽出問題

QSAR における近年の研究は予測モデルのための特徴抽出に焦点をあてている (Sutter et al., 1995; Xue and Bajorath, 2000; Zhang and Tropsha, 2000)．特徴抽出では利用可能な特徴部分集合の大きさがモデルによって指定されている．QSAR の最適な特徴抽出のためのアプローチとして一般化された焼きなまし法 (Sutter et al., 1995) や進化的計算 (Kubinyi, 1994a,b; Rogers and Hopfinger, 1994) が挙げられる．これらの抽出手法とともに抽出された特徴集合を事象に関連づけるために，多重線形回帰 (MLR)，PLS 回帰およびニューラルネットワーク (Sutter et al., 1995) 等が用いられている．組合せ化学や高スループットな分子スクリーニングによる創薬デザインの技術的進歩によって，非常に大きなデータセットが得られるようになったことも問題の複雑さを増大する要因となっている．これらの現実的な問題に対処するために，特徴抽出手法は高次の特徴空間を効率的に探索しなければならない．

特徴抽出は NP 完全クラスにある困難な最適化問題である．この問題はいくつかの理由から QSAR にとって重要となる．最初の理由は "次元の呪い" と関連する．第 2 に，良い予測モデルを作るためには，比較的小さく選ばれた特徴集合が必要である．最も重要な第 3 の理由は QSAR の逆問題およびモデルの解釈と関係する．いったん特徴の部分集合を確定することができれば，専門家は薬を有効にする生化学知識を抽出し，より良い代替薬を特定したり提案することが可能となる (Srinivasen et al., 1996)．図 15.1 に QSAR に関連する創薬シミュレーションの手順を示す．

一般に 1 つの特徴集合を使用して，生化学反応を予測するプロセスは，(1) 潜在的な特徴集合の生成，(2) 特徴集合の縮小，(3) 予測モデルの生成の 3 つの異なるタスクを含む．いったん適切な特徴が識別されたなら，回帰あるいは機械学習を利用して予測モデルを生成できる．ただし所与の特徴集合あるいは生化学反応のデータセットに対し，どの予測モデル生成手法が最も適しているかをアプリオリに知ることは難しい．したがって，以下に示す研究は，予測モデルを構築する上での計算効率を重視し

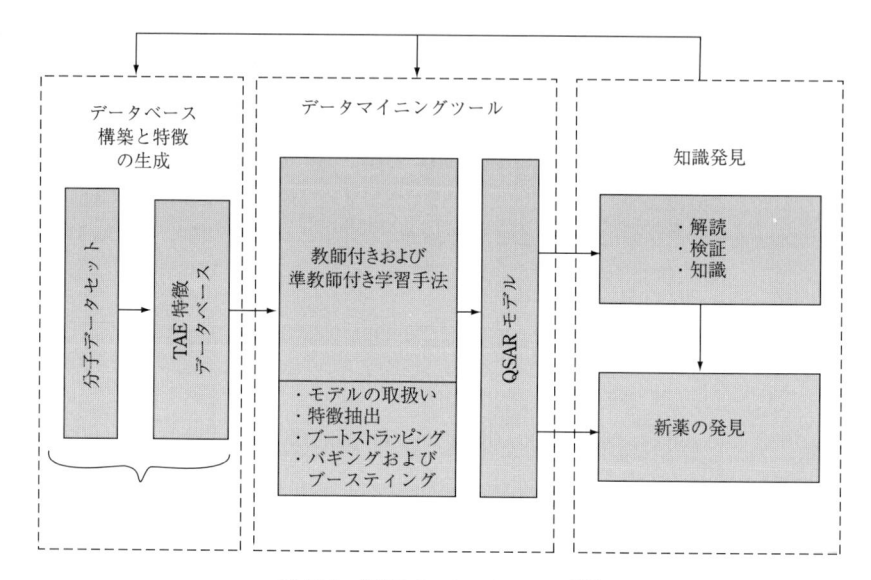

図 15.1　創薬シミュレーションの手順

た，GA に基づく新しい特徴抽出手法の開発である．特徴抽出のプロセスはモデルとは独立でない点は注意すべきである．同一の特徴集合がニューラルネットワークでは頑強なモデルを構築するが，PLS モデル（Kohavi and John, 1997）には理想的ではないこともあり得る．

15.3　HIV に関連する QSAR 問題

実験対象として，最近の研究（Garg et al., 1999）の中から 64 個の HIV 逆転写酵素阻害薬を用いた．分子は非ヌクレオチド逆転写酵素阻害薬の構造上異なる 5 つのクラスにまたがっている．データセット中の分子は 3 から 9log1/C ユニットの一連の生化学反応にまたがるように選んだ．ここでは，ウイルスによって引き起こされる細胞壊死的破壊から MT-4 細胞の 50% を保護するのに必要な濃度，EC_{50} と呼ばれる生物学的活性を扱っている（図 15.2）．このデータセットをもとに，TAE により 160 の特徴波形を求めた．

15.3.1　予測手段

典型的な QSAR データセットは比較的少数の分子しか含まないため，テスト用に残

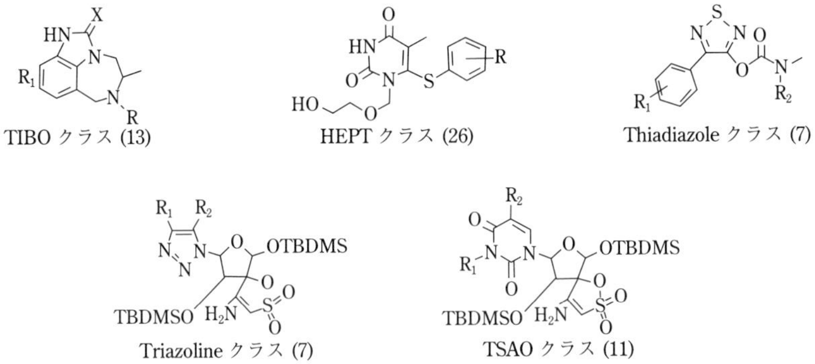

第 15 章 ■ 創薬シミュレーションのための遺伝的アルゴリズムに基づく特徴抽出手法　　**313**

TIBO クラス (13)　　HEPT クラス (26)　　Thiadiazole クラス (7)

Triazoline クラス (7)　　TSAO クラス (11)

図 15.2　HIV データセットの 5 つの代表的なクラスのための分子の例（括弧内は各クラスの分子の数を表す）

したデータによって，モデルの良さは非常に変動しやすい．この影響を緩和するために，ランダムな 200 通りの組合せでデータを学習/テスト用に分割し，モデルの予測性能を 200 分割交差検定[*1]で評価した．各分割でのモデルの良さは，以下で定義する誤差の二乗平均平方根（root mean squared error: RMSE），q^2 値および Q^2 値の 3 つの指標で比較する．RMSE は分割におけるテストセットの N 個の分子の誤差の二乗平均の平方根である．

$$\mathrm{RMSE} = \sqrt{\frac{\sum_{i=1}^{n}(y_i - \hat{y}_i)^2}{N}} \tag{15.1}$$

ここでは y_i は特徴パターン i に対する反応で，$\hat{y}_i$ は予測値である．通常 QSAR の論文では予測の精度は q^2 または Q^2 によって報告される．q^2 は

$$q^2 = 1 - r^2 \tag{15.2}$$

として定義される．r は，すべてのテストセットおける観測値と予測値の間の相関係数の合計である．Q^2 は

$$Q^2 = \frac{\sum_{i=1}^{n}(y_i - \hat{y}_i)^2}{\sum_{i=1}^{n}(y_i - \bar{y}_i)^2} \tag{15.3}$$

[*1] 訳注：n グループのデータのうち 1 グループをテストデータとし，残りの $n-1$ グループを訓練データとするような n 通りの訓練/テストデータの組合せを用いた交差検定．

と定義される．ただし，$\bar{y}_i$ は対象とするデータの平均値である．

15.3.2　予測モデル生成

予測モデルの生成手法は特徴抽出に依存しない．特徴集合を縮小した後，2つの異なるモデル化を比較する．それらはニューラルネットワークおよび部分最小二乗法である．

ニューラルネットワークモデル

使用したニューラルネットワークは，バックプロパゲーションで訓練する標準的なフィードフォワード型の多層パーセプトロンである (Werbos, 1974; Haykin,1999; Principe et al., 2000; Ham and Kostanic, 2001)．ニューラルネットワークは2つの隠れ層 (各々 13 あるいは 11 個のニューロン) を持つ．多くの QSAR アプローチに使用されるモデリングエラーに基づいた基準によって学習は停止する．この停止方針は筆者らの過去の研究成果に基づいており，30 以上の QSAR 関連のデータセットで使用されてきた．この方針により，隠れ層のニューロンの数に対してニューラルネットワークの学習結果の頑健性が保障される．学習結果の Q^2 を Q^2_{NN} として算出する．停止方針により，モデルはより精巧な調整手法およびネットワークの枝刈りが適用された場合よりも線形に近くなる．ニューラルネットワークの役割は予測モデルから最良な結果を得ることではなく，異なる特徴抽出手法のための頑強なベンチマークを適用することである．

PLS モデル

PLS はさまざまなデータ分析問題で用いられる主成分分析 (principle component analysis: PCA) に基づいたアルゴリズムである (Wold et al., 1984;Geladi and Kowalski,1986; Livingstone,1995;Berglund and Wold, 1997;Ham and Kostanic, 2001)．PLS 手法は，(1) 反応ベクトルを考慮に入れる，(2) グラム–シュミット的な直交化を効果的に適用することで固有ベクトルの明示的な計算を回避する，という2点で PCA よりも優れている．PLS は計算上非常に効率的で，計算量のオーダは特徴の数 M に対して M^2 となる．PLS は数学的には Krylov スペースに基づく手法として分類される (Ipsen and Mayer ,1998)．PLS を用いると，関連する非常に多くの特徴から潜在する少数の変数集合を求めることができる．一般的に PLS の各次元に対して最低 10 個の訓練ケースが必要である (Wold et al., 1984)．PLS モデルは

$$y = a_1 LV_1 + a_2 LV_2 + \ldots + a_m LV_m, \tag{15.4}$$

として表現することができる．ただし，y は従属変数（生化学反応），LV_i は i 番目の潜在変数，また，a_i は LV_i に対応する i 番目の回帰係数である．各潜在的変数 LV_i は，独立変数 x_i の一次結合としても表現することができる．

$$LV_i = b_1 x_1 + b_2 x_2 + b_3 x_3 + \ldots + b_n x_n \tag{15.5}$$

ただし x_i は i 番目の独立した分子の特徴であり，また $b_1, b_2, \cdots, b_n$ が特徴に対する重み係数である．PCA のように，最初の潜在的変数によって主要な分散が説明され，続く変数はより少量の変化を説明する．さらに，PLS モデル中の潜在的変数は互いに直交する．

ここで用いた PLS モデルは，すべて 4 つの次元を使用する．本章の計算に使用された PLS アルゴリズムは，Splus 2000 パッケージで実装された．まず，訓練データセットから PLS 回帰係数が計算され，テストセットにおいて検証された．得られた結果は Q^2_{PLS} とする．

15.4 特徴抽出手法

新しい特徴抽出手法のベンチマークを構築するにあたって，一般的な QSAR ツール（PLS を用いた遺伝的アルゴリズム，GA/PLS）を用いて予測モデルを構築する．GA/PLS アルゴリズムの目的は，もとの特徴の部分集合に基づいてデータの機能モデルを構築することである．特徴データを潜在的変数に圧縮することによって，PLS はデータに存在する共線性を利用することができる．GA/PLS は，変数の部分集合を用いて交差検定の Leave-one-out 法[*2]により r^2 を計算し，モデルを評価する．実際にはノイズを多く含む変数が除去されることで PLS モデルは改善される．GA/PLS に関する詳細は，文献（Dunn and Rogers, 1996; Rogers, 1996 a,b）を参照されたい．

15.4.1 GA 重み付け回帰クラスタリング（GARC）

最初に示す特徴抽出手法は，GA に基づく GARC に局所的学習による目的関数を利用するものである（Demiriz et al., 1999; Embrechts et al., 1999, 2000; DeVogelaere et al., 2000）．この手法では，各特徴に割り当てられた重み係数を用いて特徴が抽出される．GA はクラスタの分散および回帰誤差を最小化するクラスタ中心を探索する．比

[*2] 訳注：n 個の学習データのうち 1 個をテストデータとし，残り $n-1$ 個を学習データとするような n 通りの訓練／テストデータの組合せを用いて交差検定を行う方法．

較的大きな値から開始し，空のクラスタに対して余分な報酬項を与えることで，クラスタの数を動的に変更する．さらに，重み係数の合計が一定になるような表現型の制約のもとで各次元の重み係数を調整する．重要でない特徴により小さな重み係数が割り当てられるとして特徴抽出を行う．GARC 手法は一般に予測モデルの性能が高く，モデルの生成に十分な特徴の部分集合を抽出する．GARC の短所は，（特に大きなデータセットに対して）計算量が大きくなる点と，正しいパラメータ（ペナルティ項と GA に関連するパラメータ）の設定がアドホックなヒューリスティクスによる点である．

15.4.2 GAFEAT

もう1つの特徴抽出手法は相関行列を利用する GAFEAT である．この手法では，生化学反応と大きな相関性を持つが互いに弱い相関関係となる特徴集合を GA によって抽出する (Ozdemir et al., 2001)．GAFEAT の利点は，抽出された特徴の部分集合が頑強であること，およびデータ中の分子の数に弱い相関がある場合は特徴の数に対して線形時間で実行できることである．一方で，アルゴリズムの制御パラメータを決定する手法がアドホックなヒューリスティクスに依存するという欠点がある．またユーザは抽出すべき特徴数を前もって知ることができない．通常，QSAR では重要な特徴がモデルに含まれることを保証するため余裕を持って約 40 個の特徴を抽出する．

15.5 GARC

クラスタリングは古典的な機械学習の問題である．最も一般的なクラスタリング手法は k-平均法 (Krishnaiah and Kanal, 1982) である．しかしながら，他のクラスタリング手法 (Kuncheva and Bezdek, 1998) を考慮する理由もある．クラスタリングのための k-平均法および進化的手法の比較に関しては，10 章を参照されたい．

k-平均法によるクラスタリングの代替としては，GA に基づくクラスタリング手法がある．これは GA によってクラスタの分散尺度（あるいはその他のクラスタ性能に関する尺度）を小さくするようにクラスタの中心を決定する．N 個のデータは次の式に従って K 個のグループに分割される．

$$J = \sum_{k=1}^{K} J_k = \sum_{k=1}^{K} \left(\sum_{i=1}^{N} \delta_{ik} ||\vec{x}_i - \vec{c}_k||^2 \right) \tag{15.6}$$

ただし，J が最小化されるべきクラスタ分散尺度，N はデータ数，K はクラスタ数，δ_{ik} はデータサンプル i がクラスタ k に属する場合1，それ以外では0となる．x_i が

データサンプル i のベクトル座標，および c_k がクラスタ中心 k のベクトル座標である．

GA は目的関数 J を最小化するクラスタ中心を推定する．GA は，文献（Michalewicz, 1996）をもとに算術交叉*3 および一様変異*4 を用いる．GA の染色体はクラスタ中心の座標を表す．データ数が M で，K 個のクラスタ中心があれば，集団数は $M \times K$ とする．変異と交叉の適切な割合は GA の性能にとって重要であるが，GA オペレータおよび世代交代モデルなどの実装方法に対してある程度頑健なことが知られている．

クラスタの数を前もって決定すべきであることは注意しなければならない．以下では可変数のクラスタリングを可能にするための拡張について説明する（Kuncheva and Bezdek, 1998 を参照）．筆者らは，Bezdek らの研究にとは別のアプローチをとる．クラスタ数の比較的大きなものから始め，クラスタ分散に正規化項（この場合空クラスタに対する報酬またはペナルティ項）を加えることでクラスタ数を変動させた．その結果次のようなコスト関数が得られる．

$$評価関数 = J \pm \gamma N_E, \tag{15.7}$$

ただし，γ はダミーのクラスタへの報酬およびペナルティとする．また N_E は空のクラスタの数である．空集合のクラスタはクラスタ分散に寄与しない．このような報酬・ペナルティのアプローチが効率的に機能するかどうかは個々のアプリケーションに依存する．ペナルティ因子 γ は試行錯誤によって決定される．一般に正規化項のコスト関数への寄与がクラスタの分散尺度と同じオーダである場合には十分な性能が得られる．この手法に用いた GA は従来の遺伝オペレータ（算術点交叉，ランダムもしくはガウシアン突然変異）に基づく標準的な実数値型の GA である（Michalewicz, 1996）．

15.5.1 GA による教師付きクラスタリング

ここまで，GA に基づいた手法を k-平均クラスタリングに対する代替として扱ってきた．空クラスタの正規化項の導入は，クラスタの数を変える洗練された方法を提供し，従来のクラスタリング手法と比較しても十分な利点がある．ここまでは教師なしの学習であった．カテゴリを予測するためにクラスタリングを用いることは可能であるが，教師付きのクラスタリングを実装することもできる．この際に必要なのは，誤って分類されたパターンの数に関するペナルティ項をコスト関数に加えることである．

$$評価関数 = J \pm \gamma N_E + \alpha N_C \tag{15.8}$$

---

*3 訳注：新しい子孫を作るため特定の算術を適用する．例えば加重平均を取る線形交叉や平均を与える平均交叉などがある．
*4 訳注：変数ごとに一様分布により発生させた乱数を加える，実数値 GA の突然変異．

式 (15.8) の最後の項は，誤った分類の数 N_C に比例したペナルティ要因を表す．正規化パラメータ α は問題に依存し，試行錯誤によってユーザが指定する必要がある．ただし，コスト関数中の3つの項が近いオーダである限り，正規化パラメータの設定は大きな影響を及ぼすことはない．

　誤分類の数の評価にはさまざまな方法がある．単純な手法としては，各クラスタに対して1つのクラスを割り当てることが考えられる．そのクラスは属するサンプルの多数決により決定する．あるデータサンプルが多数決のクラスとは異なるクラスであった場合，誤って分類されているとみなす．そのほかにも Gini インデックス[*5] やクラスタ内分散のような誤分類の尺度が存在する（Embrechts et al., 1999）．訓練と検定では，従来行われているようにデータセットを訓練データとテストデータに分割する．この手法は，バギング[*6] およびブースティング[*7] によってさらに拡張することが可能である．

15.5.2　局所学習を伴う教師付き回帰クラスタリング

　ここまでクラスタリング（教師付き学習）を用いた GA に基づく分類子について説明してきたが，この手法は回帰問題にまで拡張することができる．クラスタ中の各データサンプルに対しクラスタ内の L 個（L は通常 3～5）の最近傍サンプルのターゲット出力（t）に基づいた出力（o）を割り当てる．この場合コスト関数の基本的な形はほぼ同じである．ただし，回帰誤差項に対処するために，総誤分類数（N_C）を回帰エラー（M_R）と置き換える．したがって GA のコスト関数は以下のようになる．

$$\text{評価関数} = J \pm \gamma N_E + \alpha M_R \tag{15.9}$$

これにより，各データサンプル x_i に対する出力 $\hat{o}_i$ はクラスタ内の局所的学習により，L 個の最近傍 t の目標結果から推定することができる（式 (15.10)）．

$$\hat{o}_i = \frac{\displaystyle\sum_{e=1}^{L} \|\vec{x}_i - \vec{x}_e\|^d t_e}{\displaystyle\sum_{e=1}^{L} \|\vec{x}_i - \vec{x}_e\|^d} \tag{15.10}$$

[*5]　訳注：任意の2つの標本の格差が全標本の平均値に対してとる比率の期待値．N 個の標本 X に対して以下の式で表される．$Gini = \frac{1}{2\bar{X}N^2}\sum_{i=1}^{N}\sum_{j=1}^{N}|X_i - X_j|$
[*6]　訳注：ブートストラップ標本を用いた反復学習．ブートストラップに関しては[*8] を参照．
[*7]　訳注：データマイニングにおいて弱い学習器の線形結合により，より頑健な学習器を生成する手法．サンプルと学習器を誤差の大きさによって重み付けしていく作業を反復する．

この式で分母の第 1 項は距離に重みを加えている．また，距離に対する重み係数 d により結果を調節することができる．M_R の定義（回帰誤差の総計）はユーザによって指定される．通常の最小二乗法では，

$$M_R = \sum_{i=1}^{N} (\hat{o}_i - t_i)^2 \tag{15.11}$$

となる．

15.5.3 　重み付き回帰クラスタリングによる教師付き学習

　GA をもとにした回帰クラスタリングアルゴリズムは従来のフィードフォワード型のニューラルネットワークの代替として用いることができる．さらに回帰クラスタリングには次元の重み付けという有用な特性が付け加えられる．一般に，データが高次元な場合，適切な特徴抽出により次元を縮小することが望ましい．伝統的な特徴抽出手法（例えば出力と最も高い相関を持つ特徴を抽出する方法）と GA による回帰クラスタリングを組み合わせるよりも，各次元の重み係数を適応的に調整する方が特徴抽出の代替手法となり得る．このための簡単な実装法は，各次元に対し重み係数を掛け無関係の特徴の評価を下げることである．ただし，局所的な解を回避するために重み係数の総和を一定の値にして正規化する．GA によって相関の高い特徴ほど大きい重み係数を持つように調節する．各クラスタに異なる重み係数を割り振ることで，この特徴抽出手法を一般化することができる．

　GA を用いた教師付き学習による重み付き回帰クラスタリング（supervised scaled regression clustering genetic algorithm: SSRCGA）は，従来のニューラルネットワークのアプローチと比較して長所と短所を持つ．SSRCGA の利点は以下のとおりである．

- 考え方の単純性．
- インプリメンテーションの柔軟性．すなわち，ユーザがコスト関数およびペナルティ項（例えば誤分類の尺度）を修正することができる．
- 結果の解釈の容易さ．
- 直接的な重み付けによる特徴抽出の手法．
- 高次元データに対しても当てはまる一般的な性能のよさ．

　一方，人工ニューラルネットワークに対する SSRCGA の短所としては以下のものがある．

- 計算時間とメモリを過剰に必要とすること．
- データ点の数に対する計算量．

- パラメータ調整（ペナルティ項など）が問題依存であり，かつアドホックな設定手法であること．

15.6　GAFEAT のパラメータ設定および実装

　GAFEAT は特徴抽出のための相関行列に基づいた GA である．この手法は訓練データのみから特徴を抽出し，学習アルゴリズムのバイアスを考慮に入れないフィルタリング手法と考えられる（Kohavi and John, 1998）．GAFEAT は学習アルゴリズムに依存せず，相関性に基づいた評価関数を使用して適切な特徴部分集合を探索するためのフィルタとして用いられる．すべての特徴部分集合を考慮する場合，M 個の特徴に関する特徴抽出問題の探索空間は 2^M である．抽出する特徴の数 N があらかじめ分かっているなら，全部で M 個の特徴からサイズ N の部分集合をすべて数え上げてテストすることによって最適解を原理的に見つけることができる．ただしそれには次式で与えられる計算量を必要とする．

$$\binom{M}{N} = \frac{M!}{N!(M-N)!} \tag{15.12}$$

この手法は，M が大きくなると計算コストが非常に高くなる．GAFEAT はあらかじめ定められた数の特徴部分集合を抽出する探索手法である．ランクに基づいた選択手法および標準オペレータ（交叉と突然変異）の使用により探索空間全体を確率的に探索する．この手法は，計算量が特徴の数に対して線形となるという長所を持つ．したがって，非常に大きなデータセットに適用するための特徴抽出手法として優れている．

15.6.1　遺伝的オペレータ

　ベクトルの要素である各実数（遺伝子）がそれぞれ特徴部分集合に含まれる変数に対応する．つまり個体（染色体）は浮動小数点実数ベクトルとして表される．例えば，5 つの特徴が合計 620 の属性から抽出されると仮定する．このとき，ある個体は例えば（4, 38, 260, 302, 522）として表される．ここに含まれる数（4 や 38 など）はそれぞれが特徴（かつそれに対応する遺伝子）を示す．

　交叉オペレータは，2 つの染色体上の位置をランダムに選び，染色体をそこで 2 つに分割し，それぞれの染色体の後半部分を交換する．図 15.3 は交叉の手順（矢印が交叉点）を図示する．突然変異オペレータは任意の遺伝子位置を選び，遺伝子の値を変更する．図 15.4 にその手順を図示する．

| 5 | 24 | 131 | 534 | 603 | 親1

| 19 | 33 | 255 | 334 | 508 | 親2

| 5 | 24 | 255 | 334 | 508 | 子1

| 19 | 33 | 131 | 534 | 603 | 子2

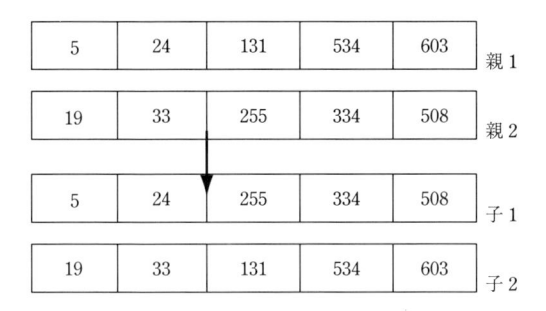

図 15.3　GAFEAT における交叉

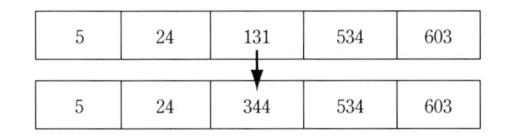

| 5 | 24 | 131 | 534 | 603 |

| 5 | 24 | 344 | 534 | 603 |

図 15.4　GAFEAT における突然変異

15.6.2　相関行列に基づく評価関数

関連する特徴は反応と高い相関を示し，部分集合中の他の特徴との相関は低いという仮説（Hall, 1999）に基づいて評価関数を設定する．目的はこの関数を最大化することである．抽出する特徴の数はあらかじめ決まっている（通常は余裕を持たせて 40 とする）．任意の個体の評価関数は次のとおりである．

$$F_k = \sum_{i=1}^{N} C_{iR} - \alpha \sum_{i=1}^{N} \sum_{j=1(j \neq i)}^{N} C_{ij} - \beta \tag{15.13}$$

ただし，

F_k = 適合度，$k = 1 \sim$ 集団数

C_{ij} = 特徴間の相関

C_{iR} = 反応との相関

α = 相関関係ペナルティ項

β = 致死ペナルティ項（相関関係 > 0.95 の場合 1000，それ以外では 0 となる）

式（15.13）で，α はユーザ定義の相互相関ペナルティ係数であり，0～1 の間の値をとる．$\alpha = 0$ のときには最も相関の高い特徴に高い評価値が与えられる．$\alpha > 0$ の場合には，互いに相関の高い変数はペナルティを課せられる．β は致死ペナルティ係数で互いの相関係数が 0.95 を超える特徴を抽出した個体に高いペナルティを課す．このパラ

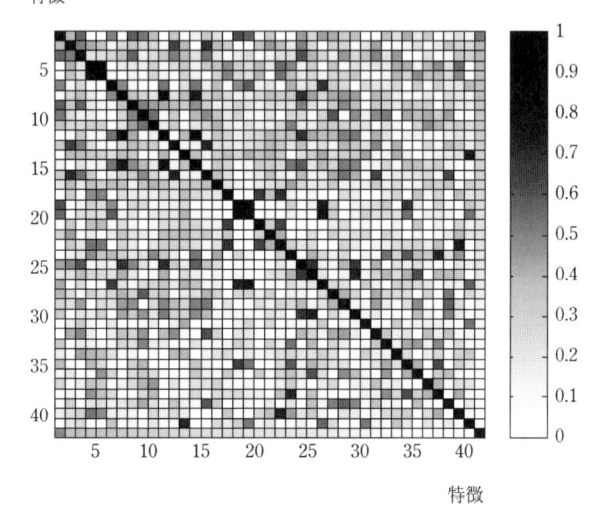

図 15.5　GAFEAT により選択された 40 の特徴の相関行列

メータは同一の特徴を抽出した個体が生存しないことも保証する．適合度関数の計算では，相関性の総和は 2 つの項バランスをとって特徴の数に基づいて重み付けされる．

15.6.3　ランクに基づく選択

GAFEAT で使用される個体選択はランク選択である．これは Baker により提案されたパラメータを用いない手法である（Baker, 1985）．ランク選択では，集団中の個体は適合度によってソートされる．次世代の個体は，実際の適合度ではなくランク（適宜補正されたもの）に比例して選ばれる．ランクを用いることで，適合度は他の個体との相対的な関係をもとに変換される（Whitley, 1989）．ランク選択は遺伝的多様性を維持し，突出した個体が短期間に集団を乗っ取るのを妨げる．抽出された 40 の特徴の典型的な相関行列を図 15.5 に示す．ここでは各特徴が生化学反応との相関性に基づいてランク付けされており，最後の列が生化学反応との相関を表す．

15.7　比較と考察

表 15.1 は，3 つの GA に基づいた特徴抽出手法（GA/PLS, GARC および GAFEAT）の HIV データセットにおける Q^2 の結果を示す．比較のため，ニューラルネットワー

表 15.1 異なる特徴抽出手法の比較

手法	特徴数	ニューラルネットワーク	PLS
特徴抽出なし	160	0.35	0.44
GA/PLS	52	0.34	0.41
GARC	40	0.41	0.60
GAFEAT	40	0.44	0.85
感度解析	17	0.24	0.34
GAFEAT/感度解析	19	0.34	0.30

クによる感度分析 (従来の最良の特徴抽出手法 (Kewley et al., 2000)),特徴抽出なし,および特徴抽出用の GAFEAT とニューラルネットワーク感度分析の組合せに基づいた結果も示す.特徴が抽出された後,100 の異なる訓練データ/テストデータのブートストラップ[*8]に基づいて Q^2 値が評価された.それぞれ 55 分子の訓練データおよび 10 分子のテストデータを用いている.

特徴抽出なしで 160 の特徴波形をすべて用いて予測モデル生成使用した場合,それぞれ $Q^2_{NN} = 0.35$, $Q^2_{PL} = 0.44$ となった.GA/PLS の手法を用いると,160 の特徴から 52 個を抽出し,予測性能をわずかに改善した ($Q^2_{NN} = 0.34$, $Q^2_{PLS} = 0.41$).図 15.6 の相関行列を見ると,GA/PLS に抽出された多くの特徴間に高い相関性がある.これは特徴の共線性に基づいた評価関数を PLS が使用することによる.理想的には,抽出された特徴間の冗長性を制限することが望まれる.GA/PLS により得られた 52 個の特徴集合により予測された反応と実際の生化学反応との散布図を図 15.7 に示す.図には,分子のラベルとさまざまなブートストラップ/検証に基づいた分散の幅も示してある.

GARC はパラメータとして特徴の数が必要だが,ここでは GAFEAT と同じく 40 個とした.ニューラルネットワークおよび PLS に基づいたモデルの性能は $Q^2_{NN} = 0.41$ と $Q^2_{PLS} = 0.60$ となった.本章には示していないが,抽出された特徴の相関行列の詳細な検討から,より高い共線性を備えた特徴を抽出したことが分かっている.GARC は局所的学習の限界とパラメータ決定方法のアドホックさから従属変数の予測には適していない.さらに計算量も大きく (特に大きなデータセットの場合),統合的な自動創薬アプリケーションには適していない.ただし,GARC はデータセットを説明する複数クラスの化学モデルが必要な場合には非常に有用である.

[*8] 訳注:Bradley Efron によって提案されたアンサンブル学習手法.重複を許したデータの再サンプリングにより検定のためのデータセットを生成する.

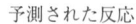

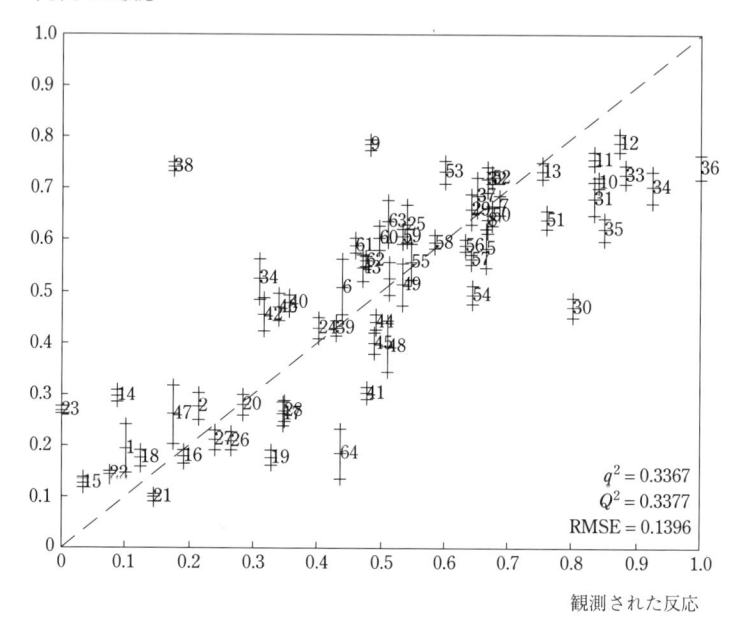

図 15.6 GA/PLS および (52-23-11-1) ニューラルネットワークに基づいた予測モデルにより抽出された 52 の特徴に対して予測された反応と観測された反応の散布図

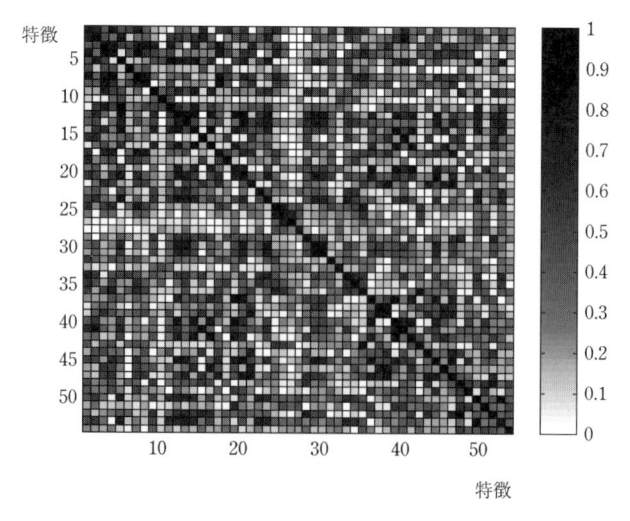

$q^2 = 0.3367$
$Q^2 = 0.3377$
RMSE = 0.1396

図 15.7 GA/PLS によって抽出された特徴の相関行列．特徴間に高い共線性が見られる．

GAFEATもまた，特徴の数の事前決定が必要である．この手法で抽出された40個の特徴の相関行列を見ると，特徴間の相関が低くなっている（例えば図15.5を参照）．残念ながら，GAFEATによって抽出された40の特徴は最も予測の悪いモデルを生成した（$Q_{NN}^2 = 0.44$および$Q_{PLS}^2 = 0.85$）．PLSは共線性の利用を目指すのに対し，GAFEATの評価関数ではこれに対しペナルティを課するため，PLSとの組合せの結果が良くないのは当然といえる．GAFEATの大きな利点は処理速度である．例えば上のデータセットの特徴抽出は300MHzのPentiumIIプロセッサを用いて30秒未満で完了する．その一方で，40に縮小された特徴集合が貧弱な予測能力しか持たないのが欠点である．ニューラルネットワーク感度分析アルゴリズム（Kewley et al., 2000）とGAFEATを組み合わせた結果は有望であった．この方法で抽出した40の特徴を用いたとき，良い予測性能を備えた17の特徴部分集合を生成した（$Q_{NN}^2 = 0.34$および$Q_{PLS}^2 = 0.30$）．このことからGAFEATが適切な特徴を抽出したことが分かる．

最良の予測は，160の特徴セットから始めた段階的ニューラルネットワーク感度分析手法から得られた（$Q_{NN}^2 = 0.24$および$Q_{PLS}^2 = 0.34$；図15.8を参照）．この手法には，計算時間が大きく，非常に大きなデータセットに対しては効率的でないという欠点がある．大きなデータセットに対してはいくつかの手法の組合せが効率的である．GAFEATで粗い特徴抽出を行った後に感度をもとにした微調整を行うと，情報量の高い特徴を抽出していることが示された．

15.8 おわりに

本章ではGAをもとにした2つの特徴抽出手法を創薬シミュレーションに導入し，特徴抽出および予測モデル生成のための標準的なGA/PLSのアプローチと比較した．さらに，非常に大きなニューラルネットワークに基づいたモデルの予測性能をPLSと比較した．これらのシミュレーションから，GAFEATが適切な特徴の初期集合を抽出し，モデルの予測の質を改善することが分かった．ニューラルネットワーク感度分析もまた，GAFEATによって抽出された初期集合を枝刈りし，予測誤差をさらに小さくする手法である．

GAFEATおよびニューラルネットワークに基づく感度分析を単独の特徴抽出手法として比較した場合，感度分析はGAFEATより優れている．この理由の1つは，感度分析がラッパーアプローチ[*9]とみなすことができ，モデルのバイアスを考慮しているた

[*9] 訳注：John Kohaviが提案した特徴抽出における考え方．特徴集合を学習モデルと組み合わせた場合の性能によって評価する．

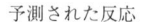

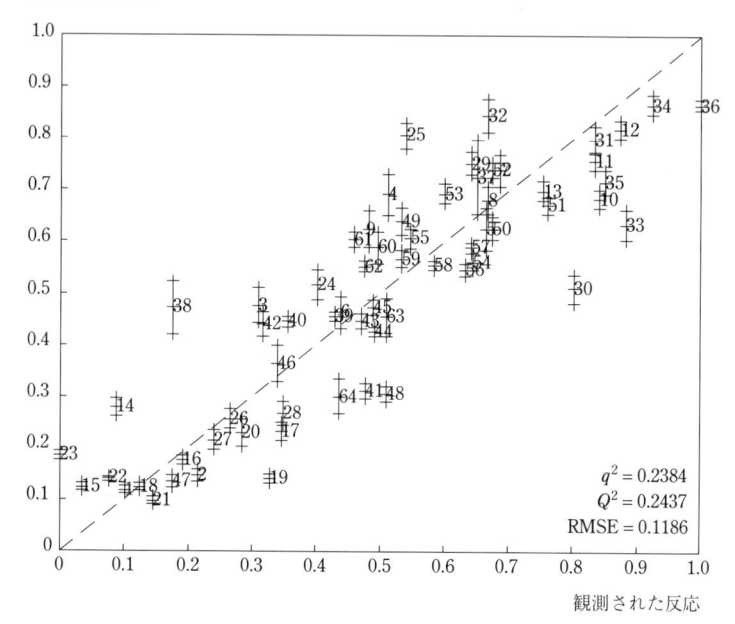

図 15.8 ニューラルネットワーク感度分析と (52-23-11-1) ニューラルネットワークによる実験結果. 17 の特徴を用いた予測と実際の反応を散布図で示す.

めである．別の理由は，特徴の完全な集合から開始し重要でない特徴を繰り返し削除する反復法を感度分析が採用していることにある．一方，GAFEAT の重要な利点として，特徴の数に対して線形の時間で実行可能なことがある．したがって，非常に大きなデータセットに対する特徴抽出/フィルタリング手法として適している．もう 1 つの利点は計算時間の少なさである．ほとんどのラッパーアプローチが特徴およびデータサンプルの数に関してより多くの計算時間を必要とするので，GAFEAT はラッパーアプローチにおいて特徴の数を削減するためのフィルタとして使用できる．

ニューラルネットワークと組み合わせた GA に基づく特徴抽出手法は，HIV 逆転写酵素阻害薬のデータセットに対する頑強な予測モデルを生成できる．QSAR モデル予測の構築のために，大きなデータセット（例えば国立衛生研究所から利用可能なもの）に適用可能になるまで本手法を拡張していくのが今後の課題である．

謝辞

この研究は全米科学財団からグラント番号 IIS9979860 として支援された．

参考文献

[1] Baker, J. (1985). Adaptive selection methods for genetic algorithms. In *Proceedings of an International Conference on Genetic Algorithms and Their Applications* (J. J. Grefenstette, ed.), Lawrence Erlbaum, Hillsdale, N.J., pp. 101 – 111.

[2] Berglund, A., and Wold, S. (1997). INLR, implicit non-linear latent variable regression. *J. Chemometrics*,11:141 – 156.

[3] Breneman, C. M., and Rhem, M. (1997). A QSPR analysis of HPLC column capacity factors for a set of high-energy materials using electronic Van der Waals surface property descriptors computed by the transferable atom equivalent method. *J. Comp. Chem.*, 18:182 – 197.

[4] Breneman, C. M., Thompson, T. R., Rhem, M., and Dung, M. (1995). Electron density modeling of large systems using the transferable atom equivalent method. *Comp. Chem.*, 19:161.

[5] Demiriz, A., Bennett, K. P., and Embrechts, M. J. (1999). Semi-supervised clustering using genetic algorithms. In *Intelligent Engineering Systems through Artificial Neural Networks* (C. H. Dagli, A. L. Buczak, J. Ghosh, M. J. Embrechts, and O. Ersoy, eds.), ASME Press, New York, pp. 809 – 814.

[6] DeVogelaere, D., Van Bael, P., Rijckaert, M., and Embrechts, M. J. (2000). A water pollution problem solved: comparison of Gads versus other methods. In *Proceedings of the Nineteenth IASTED International Conference on Modelling, Identification, and Control (MIC2000)* (M. H. Hamza, ed.), Innsbruck, Austria, ACTA Press, Calgary, Alberta, Canada, pp. 67 – 70.

[7] Dunn, W. J., and Rogers, D. (1996). Genetic partial least squares in QSAR. In *Genetic Algorithms in Molecular Modeling* (J. Devillers, ed.), Academic Press, London.

[8] Embrechts, M. J., Demiriz, A., and Bennett, K. P. (1999). Supervised scaled regression clustering with genetic algorithms. In *Intelligent Engineering Systems through Artificial Neural Networks* (C. H. Dagli, A. L. Buczak, J. Ghosh, M. J. Embrechts, and O. Ersoy, eds.), ASME Press, New York, pp. 457 – 452.

[9] Embrechts, M. J., Devogelaere, D., and Rijckaert, M. (2000). Supervised scaled regres-sion clustering: an alternative to neural networks. In *Proceedings of the IEEE-INNS-ENNS International Conference (IJCNN 2000)*, Como, Italy, IEEE Service Center, Piscataway, N.J., pp. 571 – 576.

[10] Garg, R., Gupta, S. P., Gao, H., Babu, M. S., Depnath, A. K., and Hansch, C. (1999). Comparative QSAR studies on an anti-HIV drug. *Chem. Rev.*, 99:3525 – 3601.

[11] Geladi, P., and Kowalski, B. R. (1986). Partial least-squares regression: a tutorial. *Anal. Chim. Acta*, 185:1 – 17.

[12] Hall, M. A. (1999). Correlation-based feature selection for machine learning. Ph.D. dissertation, University of Waikato, Hamilton, New Zealand.

[13] Ham, F. M., and Kostanic, I. (2001). *Principles of Neurocomputing for Science and Engineering*. McGraw-Hill, New York.

[14] Hansch, C., Muir, R. M., Fujita, T. M, Geiger, P.P.E., and Streich, M. (1963). The correlation of biological activity of plant growth regulators and chloromycetin derivatives with Hammett constant and partition coefficients. *J. Am. Chem. Soc.*, 85:2817 – 2824.

[15] Haykin, S. (1999). *Neural Networks: A Comprehensive Foundation*. Second edition. Prentice Hall Inc., Upper Saddle River, N.J.

[16] Ipsen, I.C.F., and Mayer, C. D. (1998). The idea behind Krylov methods. *Am. Math. Month.*, 105:889 – 899.

[17] Jurs, P. C. (1993). Applications of computational neural networks in chemistry. *CICSJ Bull.*, 11:2 – 10.

[18] Kewley, R. H., Embrechts, M. J., and Breneman, C. (2000). Data strip mining for the virtual design of pharmaceuticals with neural networks. *IEEE Trans. Neural Networks*, 11:668 – 679.

[19] Kohavi, R., and John, G. H. (1997). Wrappers for feature subset selection. *Artif. Intel.*, 97:273 – 324.

[20] —— (1998). The wrapper approach. In *Feature Selection for Knowledge Discovery and Data Mining* (H. Liu and H. Motoda, eds.), Kluwer Academic, Boston, pp. 33 – 50.

[21] Krishnaiah, P. R., and Kanal, L. N. (1982). *Classification, Pattern Recognition, and Reduction of Dimensionality*. North-Holland, Amsterdam.

[22] Kubinyi, H. (1994a). Variable selection in QSAR studies: I. An evolutionary algorithm. *Quant. Struct. Activ. Rel.*, 13:285 – 294.

[23] —— (1994b). Variable selection in QSAR studies: II. A highly efficient combination systematic search and evolution. *Quant. Struct. Activ. Rel.*, 13:393 – 401.

[24] Kuncheva, L. I., and Bezdek, J. C. (1998). Nearest prototype classification: clustering, genetic algorithms or random search? *IEEE Trans. Syst. Man Cybern. C*, 28:160 – 164.
[25] Livingstone, D. (1995). *Data Analysis for Chemists.* Oxford Science Publications, Oxford.
[26] Michalewicz, Z. (1996). *Genetic Algorithms+Data Structures=Evolution Programs.* Third edition. Springer-Verlag, Berlin.
[27] Muggleton, S. (1998). Knowledge discovery in biological and chemical domains. In *Proceedings of the First Conference on Discovery Science* (H. Motoda, ed.), Springer-Verlag, Berlin.
[28] Muggleton, S., Srinivasen, A., King, R., and Sternberg, M. (1998). Biochemical knowledge discovery using inductive logic programming. In *Proceedings of the First Conference on Discovery Science* (H. Motoda, ed.), Springer-Verlag, Berlin.
[29] Murray, J. S., Brinck, T., and Politzer, P. (1996). Relationships of molecular surface electrostatic potentials to some macroscopic properties. *Chem. Phys.*, 204:289.
[30] Ozdemir, M., Embrechts, M. J., Arciniegas, F., Breneman, C. M., Lockwood, L., and Bennett, K. P. (2001). Feature selection for in-silico drug design using genetic algorithms and neural networks. In *Proceedings of the SMCia/01, IEEE Mountain Workshop on Soft Computing in Industrial Applications*, Blacksburg, Va., June 25 – 27.
[31] Principe, J. C., Euliano, N. R., and Lefebre, W. C. (2000). *Neural and Adaptive Systems: Fundamentals through Simulations.* John Wiley, New York.
[32] Rogers, D. (1996a). Genetic function approximation: a genetic approach to building quantitative structure-activity relationship models. In *QSAR and Molecular Modelling: Concepts, Computational Tools and Biological Applications* (F. Sanz, J. Giraldo, and F. Manaut, eds.), Prous Science Publishers, Barcelona, Spain.
[33] —— (1996b). Some theory and examples of genetic function approximation with comparison to evolutionary techniques. In *Genetic Algorithms in Molecular Modeling* (J. Devillers, ed.), Academic Press, London, pp. 87 – 107.
[34] Rogers, D., and Hopfinger, A. J. (1994). Application of genetic function approximation to quantitative structure-activity relationships and quantitative structure-property rela-tionships. *J. Chem. Inf. Comp. Sci.*, 34:854 – 866.
[35] Srinivasen, A., Muggleton, S., King, R., and Sternberg, M. (1996). Theories for

mutagenicity: a study of first-order and feature-based induction. *Artif. Intel.*, 85:277 – 299.

[36] Sternberg, M., Hirst, J., Lewis, R., King, R., Srinivasen, A., and Muggleton, S. (1994). Application of machine learning to protein structure prediction and drug design. In *Advances in Molecular Bioinformatics* (S. Schulze-Kremer, ed.), IOS Press, Amsterdam, pp. 1 – 8.

[37] Sutter, J. M., Dixon, S. L., and Jus, P. C. (1995). Automated descriptor selection for quan-titative structure-activity relationships using generalized simulated annealing. *J. Chem. Inf. Comp. Sci.*, 35:77 – 84.

[38] Werbos, P. (1974). Beyond regression: new tools for prediction and analysis in the behavioral sciences. Ph.D. dissertation, Harvard University, Boston, Mass.

[39] Whitley, D. (1989). The GENITOR algorithm and selection pressure: why rank-based allocation of reproductive trials is best. In *Proceedings of the Third International Conference on Genetic Algorithms*, Morgan Kaufmann, San Mateo, Calif., pp. 116 – 121.

[40] Wold, S., Ruhe, A., Wold, H., and Dunn, W. J. (1984). The collinearity problem in linear regression: The partial least squares (PLS) approach to generalized inverses. *SIAM J. Sci. Stat. Comp.*, 5:735.

[41] Xue, L., and Bajorath, J. (2000). Molecular descriptors for effective classification of biologically active compounds based on PCA identified by a genetic algorithm. *J. Chem. Inf. Comp. Sci.*, 40:801 – 809.

[42] Zhang, W., and Tropsha, A. (2000). Novel variable selection QSPR approach based on k-nearest neighbor principle. *J. Chem. Inf. Comp. Sci.*, 40:185 – 194.

第16章 進化論的計算を用いた分析スペクトルの解釈

Jem J. Rowland　University of Wales

16.1　はじめに

　バイオインフォマティクスは原子，分子レベルから生物活動にまでわたる広い知識階層を扱い，その階層を拡張することで発展してきた．この階層のそれぞれのレベルでは知識はさまざまなデータによって表現されている．知識はその応用分野においてもある程度まで理解しやすいものでなくてはならない．新しい，そして望むらくはより理解しやすい知識を生み出すために，単純な知識を組み合わせていくことでこの階層を上層に拡張することができる．例えば低いレベルにおいて，特定の代謝物が独特な（スペクトルの）指紋（fingerprint）を持っている証拠を見つけるかもしれない．より高いレベルでは，メタボロミクス（metabolomics, 代謝学）[*1]と他の手法とを組み合わせた体系的研究によって，特定の遺伝子が特定の細胞機能に関与していることが分かり，最終的には，特定の遺伝子がある病気に関与していると結論づけるかもしれない．遺伝子発現，プロテオーム（proteome）[*2]ゲル，タンパク質配列などから導かれた低レベルのデータにも同様の類推ができる．本章ではこうした階層の下層での問題を考える．そこでは細胞の活性や化学的構造を調査するために分析的手法が用いられている．以下では，この広い分野の中でもスペクトル手法に焦点を当てる．スペクトル手法は主に光学吸収や反射率スペクトルと関連しているが，質量スペクトルにも触れることにする．ここで述べる手法やそれらの根底にある原理は他の分光法にも適用可能である．

　特に代謝学において，分析スペクトルの解釈を行うための予測モデルを作り出す手法が重要になってきている．代謝学は任意の時刻での細胞の生化学的成分の研究とみ

[*1] 訳注：特定環境下での生体や細胞の代謝系（メタボローム，metabolome）の解明を目指す学問のこと．
[*2] 訳注：ある生物の遺伝子が作り出すすべてのタンパク質を指す名称．

なされる（Oliver et al., 1998）．代謝学は組織活性度をモニタする手法を豊富に提供することが分かっている．それによって，同じように見える組織の特徴の違いを明らかにしたり，遺伝子とその機能を関連づけることができる．Raamsdonk らの先駆的なゲノム機能解析（functional genomics）（Raamsdonk et al. 2001）に証明されるように，メタボローム（metabolome）[*3]の研究に分光法は非常に都合が良い．

ゲノム機能解析におけるもう1つの重要な手法はトランスクリプトーム（transcriptome）[*4]アレイを通じての遺伝子発現の測定である（DeRisi et al., 1997）．しばしば発現データは異なる温度などの条件下での発現の連続的な測定結果を表現している．そのようなデータは（理想的な分解能よりかなり低いが）連続点として扱うことができる．また，スペクトルと関係してここで述べるのと同様の手法でそのデータの解釈が可能である．この話題についても簡単に触れることにする．

スペクトル解釈の重要性が分かったところで，この章の残りではそのような解釈に関係する手法や話題に触れる．生物学的な意味は簡単に述べるだけにとどめるので，より詳しくは参考文献をたどっていただきたい．実際ここで概観されている研究の一部はバイオインフォマティクスには直接関係しなかったり，生物学にさえ関係しないものもある．しかしこれらは生物学への適用可能性をもったスペクトル解釈手法のポインタとして意味があり，この章の目的と矛盾しない．進化論的計算がスペクトル解釈そしてゲノム機能解析への強力な道具となることを概観するのが目的である．そのためまず多変量で，しばしば擬似連続な[*5]データからでも予測モデルを構築できるさまざまな従来手法の説明から始める．そしてそのすべてが少なくとも予測能力の点ではかなり成功していることに言及する．進化論的手法と組み合わせることでそのような従来の手法をより効果的なものにできる．しかし進化論的計算のみに基づいた手法でも他の手法に比べてかなり良さそうである．例えば明示的な形式での予測モデルの構築を可能にしたり，問題領域の既存知識を組み込むことができる．さらにほとんどの場合には，明示的であるのみならず容易に解釈できる程度にモデルの複雑さを抑えることが可能である．

本章で概観する研究はさまざまな進化論的計算やその変形手法を扱っている．それらの手法をさらに発展させれば，現代生物学の強力な道具の基礎となるだろう．以下では，計測手法，スペクトル，そしてスペクトル解釈のための予測モデル構築に使われる手法について必要な背景知識の説明を始める．

[*3] 訳注：ゲノムになぞらえて代謝系全体を意味する造語．
[*4] 訳注：ある時点で活性化，あるいは合成されている mRNA のすべての集合体を意味する．
[*5] 訳注：連続量を離散化したデータのことを指している．

16.2 計測手法

バイオインフォマティクスの階層の下層においては，データ収集は計測手法と直接に結び付いている．これは，知識階層のより高いレベルでは配列データベースが大規模に用いられているのとは対照的である．もちろん低いレベルであっても，生成された大きなデータセットのまとまりを管理するためにデータベース（少なくとも系統立てて整理し保管すること）は不可欠である．しかしそのような話題はこの章の範囲を越えている．この分野に特有の問題としては計測手法の特性に関するものだけでなく，ドリフトやノイズ，分析するサンプル中でのばらつき，そしてデータセットの関係要素の多くが極端に高次元であることなどが挙げられる．

ここで議論する研究の大部分は光学，主に赤外線分光学（infrared (IR) spectroscopy）(Griffiths and de Haseth, 1986) に関係するものである．赤外線分光学は対象とする試料の吸光度や反射率を連続的な波長もしくは波数（wavenumbers）で測定する．波数は波長（cm 単位）の逆数であり，分光学者に好んで用いられる．もちろん実際には波数の空間は連続であるが，実用上は得られたスペクトルから擬似連続な表現を得るためにサンプリングされる．例として Bruker IFS28 フーリエ変換赤外分光光度計 (Fourier transform infrared (FT-IR) spectrometer) では，後述するように波数にしておよそ $4,000\ cm^{-1}$ から $650\ cm^{-1}$ の範囲をカバーしている．1つのスペクトルは 882 個の変数の配列として表現され，そのそれぞれは波数空間での1つのサンプル点を表現している．結果としてスペクトルは図 16.1 のように表される．スペクトルの形状は，異なる高さと幅の Lorentzian ピークを数多く足し合わせた結果である．スペクトルのピークはそれぞれ特定の化学結合の共鳴振動と一致しているので，スペクトルの形状は調査対象とする試料の化学的構造と関係がある．異なる結合は異なる共鳴周波数をもつので，少なくとも原理的には，スペクトルを分析することでその物質の化学的構造を明らかにできる．そして多数の異なる化学的成分からなる合成試料でも，原理的にはスペクトル分析によって対象成分の濃度を測定できる．これはオリジナルの試料を特徴づける指紋（fingerprint）が得られるということである．光学分光法は広く使われている．そのスペクトル領域としては赤外線のほかに中赤外線（mid-IR），近赤外線（near infrared: NIR），紫外–可視（ultraviolet and visible: UV-VIS）領域も使われている．

スペクトルにいくつかのピークしか含んでいないような比較的単純な化学的構造であれば，表（もしくはソフトウェアパッケージ）に基づいて振動スペクトルを解釈することができる．その表には特定の化学結合や分子群に対応する振動周波数が載って

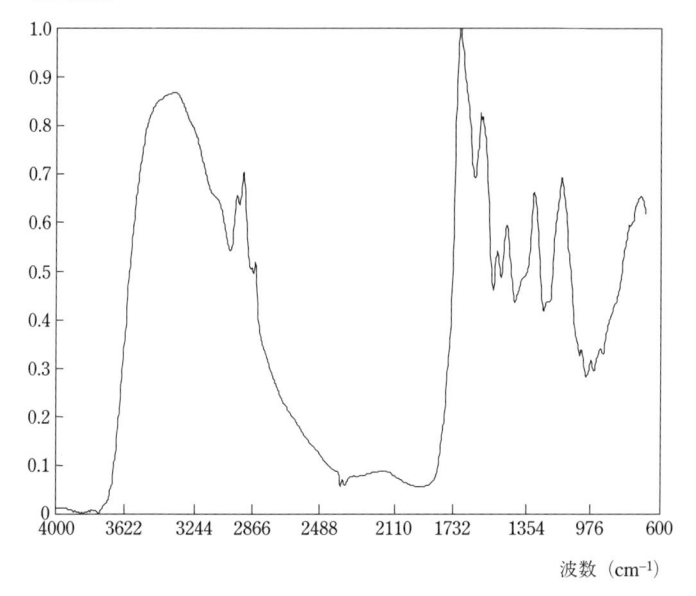

図 16.1 フーリエ変換赤外分光スペクトルの例

いる.対照的に生体物質は複合分子の複雑な混合物から構成されるので,そのスペクトルを解釈するのはかなり難しい.ここで取り上げる研究の大部分が取り組んでいるのもこの難問である.

　光学スペクトルも他の実験的測定手法と同様に測定誤差の影響を受ける.この誤差の原因には,測定機器それ自身の非再現性,測定上不可避なノイズ,ドリフトの形での再現性の欠如,測定の正確度や精密度[*6]の不足などがある.典型的な光学スペクトルでは,スペクトル領域中さまざまに変わるゼロオフセット(ゼロ点のずれ)がある.このオフセットは主に試料ごとの微小な違いによる鏡面反射の結果である.これをベースライン (baseline) と呼ぶ.ベースラインの影響を除去する手法として,光学スペクトルの一次微分もしくは二次微分までとることがしばしば行われる.しかしこれにはスペクトルの解釈に有用な詳細部分をも不明瞭にしたり,歪ませてしまう可能性がある.したがって進化論的手法が期待されている理由の1つは,まちまちなベースラインをうまく除去したり,その影響を補正することである.またこれらの手法は適応的にノイズを除去したり,純粋でないもの(純粋でないと一般的には幅広いスペクトル

[*6] 訳注:測定において,正確度 (accuracy) は測定値が真値にどの程度近いかを示し,精密度 (precision) は測定値がどの程度ばらついているかを示すものである.

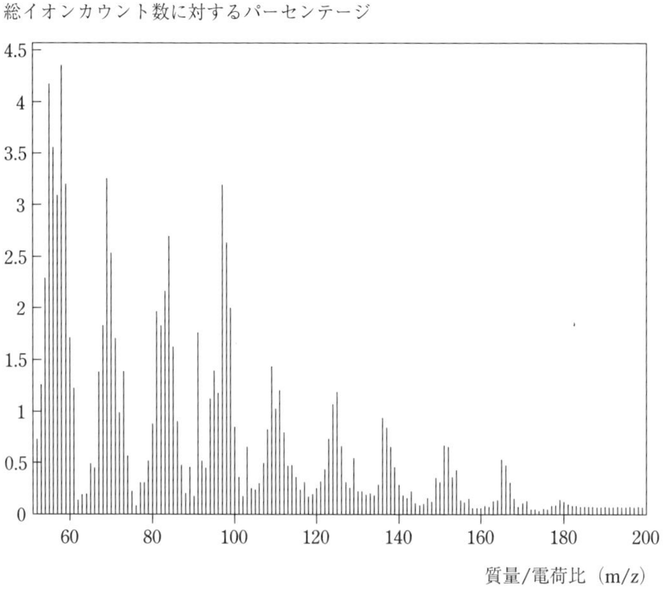

図 16.2 (熱分解) 質量スペクトルの例

特徴を持つようになり，解釈がさらに複雑になる) を補正する手段にもなる．

　分光分析のもう1つの重要な形式として質量分析法 (mass spectrometry) がある．質量分析法にはいくつもの異なった形式が存在する．しかしどれも本質的には，対象とする試料を系統立てた再現性のある手段で断片化し，生成物質の質量分布を測るというものである．質量スペクトル (図 16.2 参照) は一種のヒストグラムである．質量スペクトルを解釈することでオリジナル試料を特徴づける指紋を明らかにしたり，その成分の濃度を測定できる．上で述べた光学スペクトルは擬似連続であったが，質量スペクトルは離散的なスペクトルであり，データ区画はその前後とは (質量/電荷比の特定範囲内の粒子の個数を保持している) ほとんど無関係である．質量スペクトルの解釈は光学スペクトルの場合と同様に難問である．後で述べる多くの手法は質量スペクトルの解釈にも適用可能である．

16.3　スペクトルの解釈における教師なし学習と教師あり学習

　ここでは分析データの解釈における進化論的計算の役割について説明するが，まず触れておかなければならない一般的な話題が多数ある．これらは本章の終わりで議論

するような適切な進化論的手法の方法論への準備でもあり，興味深い未解決の話題も含まれる．

　機械学習（machine learning）手法は大きく分けて二つのカテゴリ，すなわち教師なし（unsupervised）と教師あり（supervised）に分けることができる．教師なし学習は事前知識を使わずにデータセットからその応用に応じた適切なパターンやグループを見つけ出す一手法である．したがって，多数の試料から得られた2つの全く異なる物質のスペクトルをデータセットとし，これを教師なしクラスタリングアルゴリズムで処理するとデータ中の2つの異なったクラスタを識別する．もし試料のセットのうち1つが予期せず変異体を含んでいると，当然ながらそのクラスタがさらに分割されるだろう．これは極めて重要な探索手法である．しかし片方もしくは両方の物質中に存在する微量な成分の濃度を推定したり，もしくは単に存在するかしないかを同定しようとすると，教師なし手法は役立ちそうにない．このような場合には教師あり手法を選ぶことになる．教師あり学習アルゴリズムでは，スペクトル変数の集合間の関係モデルを形成するためにトレーニングを行う．トレーニングには生データ（X データと呼ぶ）とそれに対する既知の"正解"（Y データ）を与える．正解は通常時間がかかる高価な生物実験によってのみ得られる．モデルを構築する適切で正しい方法論が得られたら，以降の実験では新しく得られたデータを解釈するのにそのモデルが使えるだろう．それによってスペクトルから直接に新しい結果を得られ，実験をさらに行う必要はなくなる．

　最も単純な教師あり手法は回帰（regression）であろう．これはひとまとまりの観測データと従属変数の関係を経験的に導き出す手法である．最も簡単なモデルは一次元形式で，点の集合に1つの直線を当てはめる．これによって検量（calibration）モデルが構築できる．ただしFT-IR分光計の場合には，1回の観測で得られる882変数もの多次元データを扱う必要がある．回帰は多変量データに対して，例えば多重線形回帰分析（multiple linear regression: MLR）（Manly, 1994）の形式に拡張できる．しかし次元の間に共線性（collinearity）があるときには，多重線形回帰分析はうまくいかない．この共線性は光学スペクトルではよく見られる特徴であり，少ないながら質量スペクトルにも見られる．部分最小二乗回帰法（partial least squares: PLS）（Martens and Naes, 1989）はこの問題点を克服している．PLSは潜在変数に基づいた回帰手法であり，X 変数間での共分散をなくし X 変数と Y 変数の間の共分散を利用するように潜在変数を選ぶことで実現される（15.3.2項も参照）．多重線形回帰分析も部分最小二乗法も本質的には線形手法であり，後者は光学スペクトルに基づいて検量モデルを構築するのに良い性能を発揮する（Winson et al., 1997）．これは多変量スペクトル

データと測定量の関係が，前に述べた測定誤差のために複雑だが本質的には線形なためである．スペクトルの解釈においては，その根本にある効果はそもそも非線形であるので，原理的にどんな非線形多変数関数でも近似できるバックプロパゲーション型のニューラルネットワークが成功を収めている (Goodacre et al., 1996)．そのような教師あり手法は当然ながら教師ありクラスタリングに利用可能であり，同様に数量化問題にも応用できる．教師ありクラスタリングは，教師なし手法では検出できないような違いに基づいてスペクトルを分類する能力を持っている．

一般にモデルの有効性は，既知の値（Y データ）とモデルから得られる予測値との二乗平均平方根 (root mean square: RMS) 誤差によって判断される．これは RMSEP (RMS error of prediction, 二乗平均平方根予測誤差) とも呼ばれる (Allen, 1971)．論文によっては他の略称，RMSEC (RMS error of calibration, 二乗平均平方根検量誤差) や RMSCV (RMS error of cross validation, 二乗平均平方根交差検定誤差; 16.4 節参照) で言及されることもある．

PLS やバックプロパゲーションニューラルネットワークといった教師あり手法は適切な状況下では多変量検量モデルをうまく構築できるが，すべての変数がデータセットの中にあることを仮定している．しかしモデルの形式や重要な変数の決定は容易ではない．モデルを表現する方法は，使われている変数やモデル自身の構造といった観点から見て幾通りもある．例えばスペクトル分析の場合には，光学スペクトルの顕著な特徴を見分けることが可能であれば，背後にある化学的構造に直接関係したモデルを構築できる．これはモデルの検証や信頼性を確立する手助けとなる．もし変数 X の部分集合だけから効果的なモデルを構築できるのならば，ノイズの多い変数もしくは系統的誤りを含んだ変数を除去し，より良いモデルを導出できる．以下で見るように，進化論的手法を用いて変数 X の部分集合を選択することでより良い検量モデルが得られる．

16.4 モデル検証の一般的な手法

検証に関する話題とモデリングを成功させる方法論についてはこれまでも若干述べてきたが，以下ではより具体的に説明する．教師あり学習のプロセスでは，個々の試料に対する生のスペクトルデータ変数（X データ）と既知の答え（Y データ）からなるデータセットをトレーニングデータとする．十分に強力なモデリング手法が与えられれば，そのデータセットの正確なモデルを学習できるだろう．その後，同じデータセットから生データをモデルに与えれば，対応する Y データの値に非常に近い出力を

得るだろう．しかし，すべてのデータセットはさまざまな要因によるノイズや不正確さを含んでいる．したがって一連のデータセットで単純に予測誤差が最小になるまでトレーニングを行うと，われわれがモデル化したいものだけでなく，その特定のデータセットにある誤差をも学習してしまう．結果として，このモデルは新たなデータセットに対してうまく働かない．対象とするデータの性質を検出でき，しかもトレーニングデータに特有の誤差に影響されないほど一般的なモデルを得るためには，トレーニングのやり方を工夫しなくてはならない．

これに対する1つのアプローチは追加のデータセット（一般的には完全なデータセットから選び出したもの）を持っておくことである．この追加のデータセットはトレーニングでは使われず，得られたモデルをテストするために使われる．トレーニングデータとこの第2データセットの両方で良い性能が得られれば，そのモデルが一般的であることを示している．実際には，この第2データセットはトレーニングの進度を監視する指標としてしばしば用いられる．例えばニューラルネットワークでは，トレーニングデータと検証データセット両方に対してモデルの予測能力が向上し続ける間はモデルは汎化能力を維持する．一方，両データセットの学習曲線が収束から発散に転じるとトレーニングは終了する．言い換えると，トレーニングが進行するとモデルはトレーニングデータの詳細をより正確に学習するので，その予測誤差は減り続けると期待される．しかしモデルがトレーニングデータ中のノイズを学習し始めたとき，第2データセットでの誤差は増加するだろう．なぜなら第2データセットでのノイズは第1セットでのものとは異なるからである．だがモデル化されるべきデータの性質は共通している．したがって学習曲線が収束から発散に転じ始める直前が最適なトレーニング終了点ということになる．

PLSモデルでも同様に，予測誤差と要素数を軸にとった2つのグラフ（1つはトレーニングデータのグラフでもう1つは第2データセットのグラフ）が発散し始める点に注目して適切な要素数や潜在変数を選ぶ（Martens and Naes, 1989）．しかし上記の2つの方法では第2データセットはトレーニングに効果的に貢献している．そのためその検証データセット（第2データセット）を予測しても，もはやモデルの一般性を測ることはできない．トレーニングとは全く独立にモデルの能力を評価するため，テスト用の第3のデータセットを用意するのが望ましい．

したがってモデルの一般性を確かなものにするには3つの別々のデータセットを使うのがより望ましい．データセットが大きいほど得られるモデルはより一般性のある表現となる．ここで説明した手順に従ったとしても，データ例が少なすぎると，得られるモデルは明確ではないかもしれないし，未知のデータに対しては不正確な結果を

与えるかもしれない．これは生物学的データを扱う場合には問題である．なぜなら生物学的データを得るのは時間がかかり高価であるため，多数のデータ例はまず望めないからである．なお，ここで用いている用語，第2（検証用，validation）の，第3（独立テスト，independent test）のデータセットは慣習的な呼び方ではない．論文によっては他の用語が見られるだろう．

データ例が少ない場合によく用いられる検証手法としては交差検定（cross validation）がある．これは2つや3つに分割するのも小さすぎるようなデータにさえ用いられる．この手法ではデータから一部のデータセットを除いておき，残りのデータセットでモデルをトレーニングする．テストではその取り除いておいたデータセットを使う．次にこのデータセットをもとに戻し，また新たなデータセットを取り除く．そしてこれをすべてのデータセットに対して繰り返す．例えば，データの10%を取り除いて実行する場合には合計10回の実行が行われる．それぞれの実行ではデータセットの残り90%でモデルの構築を行い，毎回異なる10%のデータでテストが行われる．10回の実行の平均誤差がモデルの能力の尺度として使われる．これはPLSなどモデルがすべての X データ変数に基づくような手法に対してもうまく働く．モデルを分割するそれぞれのデータは異なっているが，その違いは小さなものである．原理的には，交差検定はバックプロパゲーションでトレーニングされるニューラルネットワークに対しても適用できるが，その場合には追加のトレーニング時間が問題になってくる．進化論的計算に基づく手法と一緒に用いた場合には，このアプローチの有効性について疑問が残る．その場合，利用可能な X 変数群から比較的少ない変数が用いられ，それぞれのモデルは他と大きく異なってくるからである．これについては後で議論する．

モデル化すべき効果には本来非線形性があるので，有効範囲外での利用（すなわちモデルの外挿）は誤った予測になり得る．モデルがその有効範囲内で使われたとしても注意が必要である．モデルはテストと検証プロセスによって確かめられた正確さの範囲内での予測を提供するだけである．新たに提示される生データはそのトレーニングデータと検証データで決まる多変量空間中になければならない．新たなデータがモデルの外挿となるかを評価するために，多変量距離測度などに基づくさまざまな手法が適用可能である．しかし，にもかかわらずこの問題は難しい．トレーニングのための検証データとテストデータを作る上で，Duplex法（Snee, 1977）のようなアルゴリズムが用いられることもある．この手法は検証データセットがトレーニングデータ空間に包含されていること，そして独立テストデータセットが検証データセットで占められた空間中にあることを保証するための手法である．これは独立テストデータでの誤差をかなり減らすことができ，その結果より良いモデルを生成する．しかし新しい

データがモデルの外挿を引き起こさないことを何らかの距離測度によって保証しないと，新たなデータの予測はテストの成績が示す性能よりも不正確なものになるだろう．それゆえ，直観的に良いものに思える Duplex 手法やその変種であっても，データの特性がよく分からないまま不注意に利用すると罠にはまってしまう．モデル検証に必須の基礎を学んだところで，以下では分析データの解釈において進化論的計算が果たす多くの役割について考えていく．

16.5 モデリングのためのスペクトル変数の選択

混合物のスペクトルから調査対象となる要素の濃度を決定するために回帰手法を用いる場合には，スペクトル変数を適切に選択することで予測精度を改善できる．得られる予測モデルが最適に近い予測精度を達成するように，数百から数千ものスペクトル変数の中から比較的少数の変数を選択することが問題となる．変数選択にはいくつかの手法が用いられている．Lucasius らはそれらのうち 3 手法，すなわちステップワイズ除去法（stepwise elimination），焼きなまし法，遺伝的アルゴリズム（genetic algorithm: GA）（Holland, 1975）の比較を行った（Lucasius et al., 1994）．これら手法の能力を測るために，Lucasius らは 36 スペクトル変数だけからなるデータセットで比較を行った（Lucasius et al., 1994）．このデータセットではどの手法であっても真の最適解を決定することが可能であった．付け加えておくと，このスペクトルは研究されている混合物のものであり，その組成の相対的な濃度が既知の条件下で得られている．変数選択は 36 ビットでコード化され，それぞれのビットは対応するスペクトル変数を含む（1）または含まない（0）を表現していた．比較ではそれぞれの手法が最適な変数選択を達成する能力を正確度と精密度から評価した．GA は 2 点交叉を用いており，他の 2 つの手法よりも一貫して良い成績を示した．しかしその論文の結論でも述べられているように，この成績は用いたデータセットの性質に依存しているかもしれない．

Jouan-Rimbaud らは変数選択問題を扱うハイブリッド手法を提案した（Jouan-Rimbaud et al., 1995）．彼らの研究の目的は，NIR スペクトルの解釈に MLR をより適用しやすくすることであった．彼らは PLS モデルよりも MLR モデルの方が背後にある化学的性質の解釈が容易であると考えた．しかし MLR モデルを生成する場合には変数間の共線性が深刻な問題である．そのため，共線性をなくしつつ適切な予測性能を発揮するように，変数を選択することが必要である．彼らは，選択された変数によって予測される分散を最大にするような適合度測度に基づいて予測性能を求めた．その後，モデル性

能は交差検定で測った RMSEP によって評価され，そして最終モデルも RMSEC で評価された．彼らのハイブリッドアルゴリズムでは変数減少法（backward elimination）を用いていた．各世代の最良個体に対し有望な変数を選択するためにこの変数減少法を適用した．このようにして適切に選択された変数が次世代の集団中に挿入された．選択された変数間での共線性は MLR を不安定にするので，その共線性をなくすためのチェックも組み合わされた．彼らのデータセットはポリマーの 87 サンプルのスペクトルからなっており，それぞれのスペクトルは 529 変数を含んでいた．スペクトル解像度に比べると重要なスペクトル特徴は広くなりやすいことを考慮して，明らかな共線性を削除した．そのために変数 5 つごとに 1 つだけを使うことにし，データセットとなるそれぞれのスペクトルを 105 変数にした．その結果，最良モデルが GA で選択された 5 から 7 個の変数によって構成されていることを発見した．実行を繰り返しても，選択された変数の多くが共通していた．これはこの手法の持つ能力，すなわち背後にある化学的性質に関係している重要なスペクトル特徴を見分ける能力の証拠である．

　Bangalore らは従来型の GA 変数選択と PLS モデリングの組合せを用いた（Bangalore et al., 1996）．その中では GA は PLS モデルサイズすなわち要素数や潜在変数の数を選択した．彼らが用いたデータはノイズやスペクトル中の不純物が目立ち，さらにベースラインがかなりばらついていた．したがって調査対象の測定量は検出限界に近かった．その結果スペクトルは非常に複雑になり，比較的少数の選択変数ではモデルを生成することさえ成功しそうになかった．したがって彼らのようにかなり異なったアプローチではなおさら困難であった．彼らのデータセットはトレーニング（検量）データセットと第 2（予測）データセットに分けられた．第 2 データセットは GA-PLS モデルの生成には用いないがその後のモデル評価のために確保された．そして検量データセットはさらに検量用とモニタ用のサブセットに分割され，後者は評価関数を通じてトレーニング過程をガイドするために用いられた．その評価関数はモデルサイズに応じた検量用データセットとモニタ用データセットで測ったエラーに基づいていた．実験の結果，すべてのスペクトル変数を使って PLS で生成されたモデルよりも予測の正確さが GA によってかなり改善された．

　Broadhurst らは熱分解質量分析（pyrolysis mass spectra: PyMS）の解釈に関係する変数選択の話題を扱っている（Broadhurst et al., 1997）．Lucasius らや Jouan-Rimbaud らによる擬似連続な光学スペクトル（Lucasius et al., 1994, Jouan-Rimbaud et al., 1995）とは対照的に，熱分解質量分析（PyMS）は離散スペクトルである．熱分解質量分析スペクトルを得るためには減圧中で精密に調整された温度にサンプルを加熱する．そ

して生成された断片は帯電され，電場中で加速される．各断片の質量/電荷比が測定され，連続した区画中に落とし込まれる（図16.2参照）．得られたデータは粒子数の離散スペクトルとして表現される．Broadhurstの場合にはそのような区画が150あったので，すべてのサンプルに対して150個のスペクトル変数が測定されたことになる．そのようなスペクトルには非常にノイズが多く，機械的誤差の影響を受けやすい．彼らはMLRモデルとPLSモデルを構築するのに変数選択を行う際にGAを利用することに注目した．MLRとPLSモデリングがそれぞれ2つの評価関数中に直接組み込まれ，得られる4つの組合せが比較された．適合度関数の1つはRMSEPを最小化するようにスペクトル変数を選択するもので，もう1つの適合度関数はユーザが定義したあるレベル以下にRMSEPを抑えながら，選択するスペクトル変数の数を最小化するものであった．実験の結果，変数選択の後ではPLSとMLRは同等の予測を与えることが分かった．これは入力変数を選択するプロセスがPLSの特徴（潜在変数の利用）による予測性能向上を打ち消してしまったことを示す．Broadhurstによれば，変数選択の後に生成されたモデルはすべての変数を用いて生成されたPLSモデルよりも予測誤差を50%ほど減少させる傾向にあった．変数の数を最小化するような適合度関数を使うと，すべてのスペクトル変数を用いて生成したPLSモデルによるRMSEPと同程度の成績がもとの150変数のうちの20個以下の変数で達成できた．この研究では，前で述べたDuplexアルゴリズム（Snee, 1977）の一種で作られたトレーニングデータセット，検証データセット，独立テストデータセットを用いていたことは注目に値する．

16.6　遺伝的回帰

ここまでは，回帰手法に基づくモデルの予測能力と了解度（intelligibility）の両方を改善する手法としてGAを変数選択に用いた成功例をいくつか述べた．さらにこれらの手法には前処理がうまく組み合わされることも示した（Shaffer et al., 1996; Smith and Gemperline, 2000）．しかしMLRやPLSのような明示的な回帰手法を使わずにGAを用いてモデル化することもでき，成功を収めている．Williamsらは，一連の論文の中で遺伝的回帰（genetic regression）の手法を導入した（Paradkar and Williams, 1996; Mosley and Williams, 1998; Ozdemir et al., 1998a,b）．彼らの研究はUV-VIS-NIR可視反射率スペクトルから要素の濃度を検量する際にスペクトルベースラインの影響を除去することが目的であった．スペクトルベースラインのばらつきは反射よりも散乱によって起こり，さらに物質の化学的内容よりもむしろ粒子サイズに関係している．遺伝的回帰アプローチではGAを用いてスペクトル変数のペアを3つと算術関数（+, −,

*，/から選ばれる）を3つ選択する．この算術関数はペアになっている2変数を組み合わせるために使われる．その結果得られる3つの変数が加算され，この式を用いて既知の濃度に対して回帰を行う．ここでの GA の適合度はその予測誤差に基づいている．GA の生殖過程では波長（スペクトル変数）の任意のペアの直後で一点交叉が起こり，結果として GA 個体の長さは増加したり減少したりする．変異は波長のランダムな変化に限定されていた．彼らはこの手法によってベースラインの影響を除去することに成功した．さらに，成功したモデルは波長のペアを組み合わせる際に減算関数と除算関数しか使っていなかった．最終結果の表現を見ると，このモデルはベースライン除去の効果を持っていることが明白だった．この最後の点は，容易に理解できるほど簡潔な明示的モデルの利点を如実に示している．彼らはこの出力表現形式がデータセットの特性からは独立で，調査対象である真のスペクトルにのみ依存するという証拠も提示した．

後の論文で，Paradkar と Williams はベースラインのばらつきと同様にスペクトルの重なりに順応できる手法を示した（Paradkar and Williams, 1997）．そして Ozdemir らは分光器同士での検量の共通化という重要な問題を考慮した（Ozdemir et al., 1998b）．2 つの異なる測定器から得られた同一サンプルのスペクトルを組み合わせてハイブリッド検量モデルを形成することで，どちらの測定器においても有効なモデルを提供できた．彼らは比較のために PLS と遺伝的回帰の両方でモデルを作成し，遺伝的回帰の手法が PLS よりも効果的であることを示した．さらに，同じ Ozdemir らの研究グループは遺伝的回帰が波長ドリフトに順応できることも示した（Ozdemir et al., 1998a）．一方，Mosley と Williams は遺伝的回帰の正確さと効率を系統的に評価した（Mosley and Williams, 1998）．その比較にはランダム探索（これによるとグローバルな最適解が見つかるかもしれない）と PLS が使われた．この結果は遺伝的回帰の優位性を示していた．

16.7　遺伝的プログラミング

初期の研究では Taylor らが離散的な PyMS の解釈のための予測モデルの構築に "伝統的な" 遺伝的プログラミング（genetic programming: GP）（Koza, 1992）を適用した（Taylor et al., 1998a）．さらに生体物質の FT-IR スペクトルにも GP を適用し成功している（Taylor et al., 1998b）．GP の表現力と説明能力はこのような問題領域に特に適している．その豊富な表現能力によってさまざまなスペクトル領域を選択することが可能であり，調査対象の測定量との相関を求めるだけでなく，ベースラインや不

純物に起因するスペクトル領域の選択さえもできる．しかし複雑さに対する適当なペナルティが適合度関数に組み込まれていないと，出力表現は効果的ではあっても理解し難いものになる．

Johnson らは，エジプトのある地域における塩分の強い土壌で育つトマトで観測される塩分耐性をもたらす遺伝的差異を決定する研究を行った（Johnson et al., 2000）．彼らはトマトの実のメタボロームに関する研究を行い，通常の条件下で生育された実と比較した．両方のトマトのサンプルを多数用意し FT-IR 分光器によって分析した．分光器によって 882 変数からなるスペクトルが生成された．得られたデータはトレーニングデータセット，検証データセット，テストデータセットへと分割された．この研究に用いた手法は PLS，ニューラルネットワーク，そして GP であった．GP の適合度関数は予測精度に基づいていたが，多くの研究で用いられる倹約モデルも利用した．これらの 3 つの手法は独立テストサンプルのおよそ 85% から 90% の分類を正しく予測することができた．しかし GP モデルだけが明示的で容易に理解可能なモデルを生成していた．GP による変数選択を使った分析によって，塩分の強い条件下で生育するトマトでは特定のスペクトル領域が通常のものとは異なることが明らかになった．このスペクトル領域の化学的な意味を調査した結果，塩分の強い条件下で生育したトマトではシアン化物を含む化合物が増加し，スペクトルの差異はそれを反映していた．確かにストレスがかかるとトマトはシアン化合物を生成することが知られている．これは差異を説明する 1 つの仮説であり，実験的手法によってさらに調査することができるだろう．以上の結果はトマトの塩分耐性に関係する遺伝子を特定する役割の一端を GP が担えることを示唆する．さらに，他の生物体や組織サンプルに関しても遺伝子機能の調査の手助けとして広く適用できるだろう．この例での GP 手法の重要な特徴は，そのモデリング能力とともに，モデルで用いられる変数の同定の容易さである．もちろんこれまで述べてきた変数選択手法でもこれは可能である．ここでは"選択された変数"という情報しか用いていないが，GP 手法であれば予測モデルの完全な構造を見ることも簡単である．

Kell らは植物代謝学における機械学習に関する解説を著しており，その中で GP の変種を用いて明示的なモデルを構築する利点を示した（Kell et al., 2001）．彼らが分析したデータセットは液体クロマトグラフィーから得られた．液体クロマトグラフィーは特徴付けでは光学分光から得られるデータと多くの共通点を持っている．彼らによると，GP のツールで提供されている標準的な手法に問題特有の修正を加えなくとも予測モデルを生成することができた．得られたモデルは植物組織に特定の遺伝的変形が加わっているかどうかを 95% の正確さで決定した．GP によって選択された最重要

の変数を調べた結果，検出された遺伝的変形に対して期待される生物マーカーと一致した．

16.8 領域知識の利用

遺伝的探索は効率的かつ有効な手法であることはよく知られている．困難な問題領域では既存の知識を利用することで探索を効率化できる．遺伝子の表現可能範囲の制限などにより，既存の知識に適合する個体を初期集団として生成することもできる．Bangalore らは，既知の優れたスペクトル領域とモデルサイズを用いて初期集団を初期化することで領域知識を組み合わせた (Bangalore et al., 1996)．ここでのモデルサイズとは PLS で回帰モデルを生成するための要素数である．Bangalore らの結果は最適値に近くなる傾向を示していた．領域知識を組み合わせるためのもう 1 つの手段は変異操作を修正することである．例えば，既知の有用な断片のライブラリから取り出した遺伝子やその断片で個体の一部を置き換える，もしくは適合度を改善するためにデータの既知の特性を利用するような特化した表現や変異を使う．また各集団での最良個体の適合度を改善するために局所探索を利用する研究者もいる．以下ではこのような領域知識を組み合わせた手法について述べていく．

Husbands と de Oliveira は，含まれている化合物の要素が既知である光学スペクトルからその要素の割合を決定する研究を行った (Husbands and de Oliveira, 1999)．彼らはこれにハイブリッド GA を用いた．この GA が用いた局所探索は個体を適合させて，完全なスペクトルを合成するために個々の要素のスペクトルの最適な組合せを求める．そのために利用したのは，スペクトル全体で表現される物質の質量が個々の要素スペクトルの質量の総和と一致するという制約であった．彼らは人工的データだけを使用したが，ノイズを加えた研究も行った．これは予備的な実験といえるが，光学分析スペクトルの既知特徴に基づく適切なモデリングに対して領域知識の有効性を示している．スペクトル分析に関する他の例として曲線当てはめがある (de Weijer et al., 1995)．de Weijer らは最急降下法を組み合わせたハイブリッド GA に関して総括的な記述を行っている．Cavaretta と Chellapilla は，すでに確立された最適化ベンチマークにおいて，進化論的プログラミング (evolutionary programming: EP) に局所探索を組み合わせる有効性について系統的な研究を行った (Cavaretta and Chellapilla, 1999)．彼らは，適切な環境では局所探索を組み合わせることで解の収束率と品質の両方を向上させられると結論づけた．もちろん No Free Lunch 理論 (Wolpert and Macready, 1997) によれば，局所探索の追加がすべての最適化問題に対して有効なわけではない．

しかし領域知識が適切な適合度ランドスケープを示す場合には，局所探索はしばしば有用である．

前に述べた Williams らによる研究は，スペクトルベースラインの影響を除去するための GA に基づくモデリング手法に領域知識を利用した例である．これはスペクトルの既知の特徴に適応しやすい解を導くようにモデルの形式を制限する効果的な手法である．スペクトル変数ペアの差や比率の和だけからモデルが構成されるように限定している．それがベースラインの影響を除去するのに特に効果的であることを，彼らは予想していたに違いない．そして効果的な回帰モデルになり得ることをも予想していただろう．変数のペアを組み合わせるために GA が減算関数と除算関数しか選択しなかったこと，そしてそれらの組合せからベースラインのばらつきによって影響されない回帰モデルが生成されたことは，喜ぶべきことに違いない．彼らの研究では GA とは別の回帰手法は使われなかった．したがってこの研究は，利用する変数を選択するという従来の回帰手法から，完全に進化論的手法に基づいて予測モデルを形成する手法への移行を示している．後者の手法は領域知識を組み込むことができ，それが非常に有用である．これについては後で他の研究例を述べる．

Bangalore の研究と同時期，同じ研究室において，Shaffer らが別の研究を行っていた．彼らは NIR スペクトルを解釈する際にスペクトルの特徴選択だけでなく，特徴が処理されるべき方法も GA で選択し最適化した（Shaffer et al., 1996）．その GA は連続した NIR スペクトル領域を記述する変数群を選択し，その領域での最適なノイズ除去を行うデジタルバンドパスフィルタの特性を決定した．GA はその後の PLS モデルで用いられる要素数を特定するためにも用いられた．PLS モデルの入力変数はバンドパスフィルタ適用後の特定の領域での変数群であった．この手法ではスペクトルの擬似連続性やノイズ特性といった領域知識を用いていた．別の領域知識としては，単一領域を同定することで適切な検量モデルの決定が十分可能であるというのもあった．

Smith と Gemperline はデータに生のスペクトルを用いるかその一次微分を用いるかを GA で選択させる際に領域知識を利用した（Smith and Gemperline, 2000）．後者はスペクトルの詳細を失ってしまうが，ベースラインのばらつきの影響を効果的に除去する．彼らはそのプロセスを完全に自動化するために，NIR スペクトルのライブラリに基づいて物質を分類するパターン認識モデルの最適化を研究した．分類はスペクトルとその GA 表現の主成分モデル（Manly, 1994）に基づいていた．さらに，使われるべき主成分をいくつにするか，モデルは生のスペクトルか一次微分のスペクトルのどちらに基づくべきか，そして2つの分類手法（すなわち，マハラノビス距離[*7]（De

---

[*7] 訳注：正規母集団とサンプルとの距離尺度．クラスの分散を考慮した距離となる．

Maesschalck et al., 2000）または SIMCA 残差分散[*8]（Wold, 1976））のどちらが使われるべきかということも GA で選択した．彼らの適合度関数は分類正答数の最大化と分類誤り数の最小化の両方を目的としていた．テスト問題に適用した結果，GA 手法はすべてのサンプルに対し 100%正しい分類を達成した．

Taylor らの研究ではこの章で述べたいくつもの手法を組み合わせて，複雑な生物学的サンプルの FT-IR スペクトルの解釈を行った（Taylor et al., 2001）．ただし回帰モデルで使う変数を単純に選択するのではなく，GA でスペクトルの領域を選択し算術関数によってそれらを組み合わせた．結果として GA は Williams の研究のようにベースラインの補正を行い，サンプル中の水含有量のばらつきや測定器内の空気中の二酸化炭素などから生じるスペクトル中のノイズも補正した回帰モデルを生成した．モデルの適合度はトレーニングデータでの RMSEP で測定され，後で独立データセットによってテストされた．Shaffer の手法に沿ってスペクトル領域の幅が GA によって調整された．この場合にはスペクトル解像度とノイズ内容とのトレードオフを局所最適化して，スペクトル領域の異なった部分での適応的ノイズ除去を行った．局所探索はスライド変異（sliding mutation）として組み合わされている．それはスペクトルの擬似連続的性質を利用しており，GA によって選択された領域の周辺は高い確率で高適合度を持つという仮定に基づいていた．Willams の手法と同様に Taylor の研究では明示的な出力表現が得られた．そのモデルは少数の固定された数の回帰項しか持たないように制限されていたので，用いられたスペクトル領域とそれらの関係性から比較的簡単に出力モデルを理解できた．Taylor らは，提案手法が予測能力に関して PLS やニューラルネットワークと比べてすばやく収束したと報告している（Taylor et al., 2001）．モデルで用いられる項の数の最適化と同様に，適応的ノイズ除去や局所探索による利点に関しては今後の研究課題である．

この研究の大部分，特に Williams によるもの（Paradkar and Williams, 1996, 1997; Mosley and Williams, 1998; Ozdemir et al., 1998 a,b）と Taylor らによるもの（Taylor et al., 2001）はその出力表現が限定されており，多くの点から GP（Koza, 1992）の変種と考えられる．以下でこの問題領域に対する古典的 GP の適用可能性を議論する．

16.9　モデルの了解度

予測モデルの了解度（intelligibility）もしくは理解可能性（understandability）はモ

[*8] 訳注：SIMCA 法ではトレーニングデータセットの各クラスが主成分モデルによって表現され，新たなデータは各クラスの主成分との距離（残差分散）を計算し属するクラスが決定される．

デルの説明能力としてしばしば言及される．これはモデル検証過程においても，そして分析されるシステムについての情報を取り出す手段としても有用である．これまで見たように，モデリングプロセスで選択されたスペクトル変数やスペクトル領域についての情報は研究対象であるサンプルの化学的構造に直接に関係している可能性がある．前に述べたようにデータを生成する実験が高価であると，得られるデータはモデル作成に必要な数よりも少ないかもしれない．これでは適切なテストデータや検証データを用いたとしても，実験モデルの正しさを低い信頼性のレベルでしか検証できない．そのような場合に，背後にある要因に関する説明を明示的に与えるようなモデルであれば，さらに検証を行うことが可能である．

Michalski は以下のように主張している（Michalski, 1986）．「機械によって生成された新たな知識は，使用される前に人間によって詳しく検証されるべきである．（中略）機械が生成した知識を理解し検証しなければならないなら，機械学習システムは適切な説明能力をもつ必要がある．さらに，機械によって生成される知識は人間による記述やその知識の観念モデルに非常に近い形式で表現されなければならない」．Cavaretta と Chellapilla が彼らの論文で今後の課題として提案していることは，「モデルの正確さに与える影響は最小限にしつつ，モデルの"理解可能性"を高める自動化手法」であった（Cavaretta and Chellapilla, 1999）．モデルの理解可能性の増加がモデルの正確さに影響を与えることは，理解可能性がモデルの簡潔さと密接に関係することを示している．これは興味深い事実である．彼らの研究はデータマイニング問題に GP をうまく適用したものだった．複雑なモデルと簡潔なモデルを用意したが，2 つのモデルはトレーニングでは同等な性能であった．しかし未知のデータに対しては複雑なモデルの方が簡潔なモデルよりもうまく働いた．これらの研究が示しているように，GP（Koza, 1992）は重要な変数やそれらの関係についての明示的な予測モデルを提供する．しかし何ら制限がないと，GP の出力表現はほとんど理解不可能なほど複雑になってしまう．表現の複雑さに対する適合度のペナルティを適切に与えることで，より容易に簡潔な出力表現が得られる．

Taylor によるアプローチは探索に問題知識を組み込む見本を示しただけでなく，その理解可能性を高めるためにモデルの複雑さを制限することも意図されていた（Taylor et al., 2001）．その染色体は遺伝子を単純に並べた固定長の配列である．遺伝子はそれぞれ 4 つの整数を持っていて，(1) 係数，(2) スペクトル領域の幅，(3) そのスペクトル領域の中点，(4) 次の遺伝子に結合するための算術関数，を表現していた．スペクトル領域中の変数はノイズ除去を行うために平均化され，結果は回帰モデルとして表現された．より少ない遺伝子でも同様の予測能力を持つという指摘もあったが，全

体で 10 遺伝子が用いられた．したがって得られるモデルは明示的である．なぜなら そのモデルは固定数のスペクトル領域の関係でしかないからである．

GA によってパラメータ化された制約表現を利用することで，事前知識を取り込むことができる．これは特定変数間の関係に既知の構造を取り入れるように表現を制限し，おそらくは係数だけを可変として残しておくことなどで実現されるだろう．もちろんこれはとるに足りない例である．しかし複雑な効果をモデリングするときにはモデルの部分的な形式については事前知識を見つけることができるだろう．その場合には制限された表現の一部としてその知識をコード化し，モデルの残りの部分を GA で決定すればよい．この種のアプローチは定性的推論（qualitative reasoning）（Werthner, 1994; Struss, 1997）の分野に関係がある．これは推論，理解，世界のモデリングといった人間のプロセスを模倣する研究であり，部分的な知識に基づいたシステム構造の同定に適している（Werthner, 1994）．

有意義な出力表現を提供する他の手法として，Keijzer と Babovic は次元解析に従った表現を生成するために教師ありの遺伝的探索手法を使ったモデリングを試みている（Keijzer and Babovic, 2000）．

16.10　進化論的アルゴリズムを用いたモデル検証

曲線当てはめにおける de Weijer らの研究では予測モデリングにおける遺伝的探索の正確度と精密度の問題が考察された（de Weijer et al., 1995）．一般に確率的探索は比較的正確な答えを出すが，その答えが特に精密なわけではないことを彼らは指摘した．（例えばスペクトルの解釈問題に対して）遺伝的探索を繰り返し走らせることで複数の結果が得られる．その結果の平均は予測すべき値を正確に生成する．しかし探索が事前知識によって制限されないと，モデルで使用する変数やモデルの構造自体が個々の解でかなり異なるかもしれない．このような予測モデル形式の精密度の欠如によって，従来のモデル検証手法に関して問題が起こる．1 つの例は 16.4 節で述べた交差検定である．通常，交差検定はすべての変数を使ってモデルを生成するような予測モデリング手法に対して用いられる．そのため，テストするデータそれぞれに対してモデルの形式は大体同じである．比較的少数の変数に基づく確率的探索の場合には，交差検定を行うとしばしば個々のモデルは他とはかなり異なる．もしモデリングの過程全体がロバストである（すなわち探索が正確であり続ける）と仮定するなら，交差検定の間に生成された全モデルの平均予測能力に近いモデルを今後のためにとっておくことが最も適切であろう．もちろんモデルの形式を制限することは遺伝的探索の精密度を改

善する（例えば，Taylor et al., 2001 参照）．そして結果的に交差検定により強い一貫性が与えられるだろう．

検証についてのさらに詳細な話題はこの章の範囲外である．検証にはそれに付随する重要な統計的議論がある．興味ある読者はそのトピックについて論文を参照してほしい．

16.11 トランスクリプトミクス（transcriptomics）とプロテオミクス（proteomics）における進化論的計算の応用

この章の主目的は分析スペクトルからの生データを解釈することであるが，生データにはもう1つ重要なクラスがある．それはこれまで見てきたスペクトルと形式が類似しているため同様に扱うことができる．そのクラスとは遺伝子発現データである．そのデータはDNAマイクロアレイ（Brown and Botstein, 1999），しばしばトランスクリプトームアレイとも呼ばれる装置によって生成される．これらはゲノム機能解析の研究対象である，生体内の個々の遺伝子レベルの活動と生体の振舞いを生み出す機能との関係を調べる強力なツールとなる．アレイは数千もの遺伝子の発現レベルを同時に測定できる．これにより異なる実験条件下での生体組織の発現レベルの比較を手助けする．得られるデータセットは結果的に数千もの遺伝子それぞれについての数十から数百もの測定結果を含んでいるだろう．その分析の目標は個々の遺伝子，より現実的には遺伝子群と生体機能のさまざまな局面との因果関係を見つけること（例えば，寒さ耐性に関係する主要な遺伝子を同定するなど）である．そのようなデータセットは時系列を表現する変数の配列を含んでいる．さらに刺激やインヒビタが働いた後の細胞分割の時系列のときもあるだろう．これらの時系列は擬似連続なスペクトルデータの特性にいくらか似ている．しかしその時間解像度はひどく粗くなりがちなので，こうした擬似連続性はいまだ完全には利用されていない．

サポートベクトルマシンはそのようなデータセットにおいて使われ，かなりの成功を収めている（Brown et al., 2000）．その一方，進化論的計算に基づく手法は強力な探索能力を有し，さらに得られた予測モデルの明示的な性質を利用できるのでやはり魅力的である．Gilbertらは線形GP（linear GP）の変種を用いて，遺伝子を6つの機能グループに分類する教師あり学習を行った（Gilbert et al., 2000）．彼らはBrownら（Brown et al., 2000）によって使われたのと同じデータセット（Eisen et al., 1998）を用いた．生成された結果は非常に有望であり，サポートベクトルマシンをしのぐ可能性があった．その上，得られた分類ルールは明示的で比較的理解しやすいものであった．しかしこれにはいくらか注意しておいた方がよいだろう．その教師あり学習に利

用できる既知の例はかなり少数であり，さらにその半分までが独立テストデータセットとして確保されたのでトレーニングデータセットの数はかなり削減されていた．トレーニングは，GP が決まった世代に達するかすべてのトレーニング例を正しく分類するまで実行された．それぞれの遺伝子に対し比較的多くの変数（79 個）が利用可能であり，なおかつトレーニングセットの数が少ないことから，達成された結果にはいくらか偶然性の要素があることも否定できない．しかし分類ルールをある程度まで単純化したことで，正しい学習が行われたようである．

GP で生成されたルールはおそらく研究仮説として考えるのが安全である．その仮説は生成された分類の正しさ（もしくは誤り）を探求するために，より具体的な生物実験によってテストされるべきである．前に述べたトマトのメタボロミクス研究（Johnson et al., 2000）もそうだが，学習の結果はそこで終わりではなく，以後の実験のデザインをガイドする．予測モデルを改善する繰返しアプローチ（iterative approach）においては，実験から得られた結果は再び教師あり学習プロセスに用いられる．しかしそれでも学習プロセスにはかなりの価値がある．なぜなら生物実験は一般に高価で時間のかかるものであり，実験の数を減らすことは極めて魅力的だからである．

スペクトル解釈に対する進化論的手法を拡張することでハイパースペクトル画像分析への利用が非常に期待できる．通常のカラー画像ではそれぞれのピクセルに 3 つの値（赤，緑，青）が関連づけられているが，ハイパースペクトル画像ではそれぞれのピクセルが数十から数百の波長変数を含んでいる．個々のスペクトルを分析する強力な手法があれば，そのような画像を利用することで画像分割と画像解釈に関して非常に興味深いことが可能になる．例えばそれぞれのピクセルで表現される物質の化学的組成に基づいて画像を分割することが考えられる．Rauss らと Guyer らは進化論的計算手法を用いてそのような画像分割と画像解釈を行った（Rauss et al., 2000; Guyer and Yang, 2000）．Rauss らは植生領域を同定するためにピクセルのスペクトル内容に基づいて屋外風景の画像を分割する的確な予測モデルを GP で生成した．その分割は予測すべき 2 クラスを表現する比較的少数のトレーニング用のピクセルに基づいて行われた．後者の論文（Guyer and Yang, 2000）は果実生産における品質管理に関するものである．彼らは近赤外線領域の 680nm から 1200nm にわたる 16 波長でサクランボの画像を集めた．それらの波長には品質に関係する情報が豊富に含まれると考えられた．そして彼らはニューラルネットワークを利用した．ネットワークの重みを GA で使って進化させると，ニューラルネットワークは個々のピクセルを 7 つのクラスのうちのいずれかに分類した．その分類では異種のサクランボの領域を表すクラス，背景画像のクラス，そして 3 つの欠陥を表すクラスなどが使われた．彼らは 70% 以上の正しい

分類を達成した．このようなハイパースペクトル画像手法は，ゲノム機能解析で重要となるトランスクリプトミクスとプロテオミクスにおいても強力なデータ分析手法となるはずである．

16.12　おわりに

この章では，進化論的手法の探索能力と，それがデータ分析に重要な利益をもたらす多くの証拠を見てきた．また理解可能なモデルを生成するのにも有用であることを示した．必要ならばチューニングを行うことで，容易に理解可能だがやや正確さに欠けるモデルからあまり理解可能ではないが非常に正確なモデルまでの連続した解の範囲が提供される．進化論的手法は多様な手段で事前知識を取り込むことができるほど柔軟である．ここで述べた研究の大部分は，遺伝的表現と局所探索，さらに領域知識の組合せに関する革新的な考え方を含んでいた．その結果は確立された手法と比較しても非常に良いものであった．多くの場合には進化的条件をさほどチューニングせずに結果が達成されたことを考えると，この章の問題領域は進化論的手法の応用として特に有望であると結論づけられる．必然的に，この領域の今後の展開が期待される．

参考文献

[1] Allen, D. M. (1971). Mean square error of prediction as a criterion for selecting variables. *Technometrics*, 13:469–475.

[2] Bangalore, A. S., Shaffer, R. E., and Small, G. W. (1996). Genetic algorithm based method for selecting wavelengths and model size for use with partial least squares regression: application to near-infrared spectroscopy. *Analyt. Chem.*, 68:4200–4212.

[3] Broadhurst, D., Goodacre, R., Jones, A., Rowland, J. J., and Kell, D. B. (1997). Genetic algorithms as a method for variable selection in multiple linear regression and partial least squares regression, with applications to pyrolysis mass spectrometry. *Anal. Chim. Acta*, 348:71–86.

[4] Brown, M.P.S., Grundy, W. N., Lin, D. N., Cristianini, N., Sugnet, C., Furey, T. S., Manuel Ares, J., and Haussler, D. (2000). Knowledge-based analysis of microarray gene expression data by using support vector machines. *Proc. Natl. Acad. Sci. USA*, 97:262–267.

[5] Brown, P. O., and Botstein, D. (1999). Exploring the new world of the genome

with DNA microarrays. *Nature Genet.*, 21:33 – 37.
[6] Cavaretta, M. J., and Chellapilla, K. (1999). Data mining using genetic programming: the implications of parsimony on generalization error. In *IEEE Congress on Evolutionary Computation*, IEEE Service Center, Piscataway, N.J., pp. 1330 – 1337.
[7] De Maesschalck, R., Jouan-Rimbaud, D., and Massart, D. L. (2000). The Mahalanobis distance. *Chemometrics Intel. Lab. Sys.*, 50:1 – 18.
[8] de Weijer, A. P., Buydens, L., Kateman, G., and Heuval, H. M. (1995). Spectral curve fitting of infrared spectra obtained from semi-crystalline polyester yarns. *Chemometrics Intel. Lab. Sys.*, 28:149 – 164.
[9] DeRisi, J. L., Iyer, V. R., and Brown, P. O. (1997). Exploring the metabolic and genetic control of gene expression on a genomic scale. *Science*, 278:680 – 686.
[10] Eisen, M. B., Spellman, P. T., Brown, P. O., and Botstein, D. (1998). Cluster analysis and display of genome-wide expression patterns. *Proc. Natl. Acad. Sci. USA*, 95:14863 – 14868.
[11] Gilbert, R. J., Rowland, J. J., and Kell, D. B. (2000). Genomic computing: explanatory modelling for functional genomics. In *Proceedings of the Genetic and Evolutionary Computation Conference (GECCO-2000)*, Las Vegas (D. Whitley, D. Goldberg, E. Cantu-Paz, L. Spector, I. Parmee, and H.-G. Beyer, eds.), Morgan Kaufmann, San Francisco, pp. 551 – 557.
[12] Goodacre, R., Neal, M. J., and Kell, D. B. (1996). Quantitative analysis of multivariate data using artificial neural networks: a tutorial review and applications to the deconvolution of pyrolysis mass spectra. *Zentralbl. Bakteriol.*, 284:516 – 539.
[13] Griffiths, P. R., and de Haseth, J. A. (1986). *Fourier Transform Infrared Spectrometry*. John Wiley, New York.
[14] Guyer, D., and Yang, X. K. (2000). Use of genetic artificial neural networks and spectral imaging for defect detection on cherries. *Comp. Elect. Agricult.*, 29:179 – 194.
[15] Holland, J. H. (1975). *Adaptation in Natural and Artificial Systems: An Introductory Analysis with Applications to Control, Biology and Artificial Intelligence*. University of Michigan Press, Ann Arbor.
[16] Husbands, P., and de Oliveira, P.P.B. (1999). An evolutionary approach in quantitative spectroscopy. In *Simulated Evolution and Learning: 2nd Asia-Pacific Con-

ference on *Simulated Evolution and Learning (SEAL 98)* (B. McKay, X. Yao, C. S. Newton, J. H. Kim, and T. F. Kim, eds.), Springer-Verlag, Berlin, pp. 268–275.

[17] Johnson, H. E., Gilbert, R. J., Winson, M. K., Goodacre, R., Smith, A. R., Rowland, J. J., Hall, M. A., and Kell, D. B. (2000). Explanatory analysis of the metabolome using genetic programming of simple, interpretable rules. *Genet. Prog. Evolvable Mach.*, 1:243–258.

[18] Jouan-Rimbaud, D., Massart, D. L., Leardi, R., and De Noord, O. E. (1995). Genetic algorithms as a tool for wavelength selection in multivariate calibration. *Analyt. Chem.*, 67:4295–4301.

[19] Keijzer, M., and Babovic, V. (2000). Genetic programming within a framework of computer-aided discovery of scientific knowledge. In *Genetic and Evolutionary Computation Conference (GECCO-2000)*, Las Vegas (D. Whitley, D. Goldberg, E. Cantu-Paz, L. Spector, I. Parmee, and H.-G. Beyer, eds.), Morgan Kaufmann, San Francisco, pp. 543–550.

[20] Kell, D. B., Darby, R. M., and Draper, J. (2001). Genomic computing. Explanatory analysis of plant expression profiling data using machine learning. *Plant Physiol.*, 126:1–9.

[21] Koza, J. R. (1992). *Genetic Programming: On the Programming of Computers by Means of Natural Selection*. MIT Press, Boston.

[22] Lucasius, C. B., Beckers, M.L.M., and Kateman, G. (1994). Genetic algorithms in wavelength selection—a comparative study. *Analyt. Chim. Acta*, 286:135–153.

[23] Manly, B.F.J. (1994). *Multivariate Statistical Methods: A Primer*. Chapman and Hall, London.

[24] Martens, H., and Nas, T. (1989). *Multivariate Calibration*. John Wiley, Chichester, U.K.

[25] Michalski, R. S. (1986). Understanding the nature of learning. In *Machine Learning: An Artificial Intelligence Approach* (R. S. Michalski, J. Carbonell, and T. Mitchell, eds.), Morgan Kaufmann, San Mateo, Calif., pp. 3–25.

[26] Mosley, M., and Williams, R. (1998). Determination of the accuracy and efficiency of genetic regression. *Appl. Spect.*, 52:1197–1202.

[27] Oliver, S. G., Winson, M. K., Kell, D. B., and Baganz, F. (1998). Systematic functional analysis of the yeast genome. *Trends Biotechnol.*, 16:373–378.

[28] Ozdemir, D., Mosley, M., and Williams, R. (1998a). Effect of wavelength drift

on single-and multi-instrument calibration using genetic regression. *Appl. Spect.*, 52:1203 – 1209.

[29] —— (1998b). Hybrid calibration models: an alternative to calibration transfer. *Appl. Spect.*, 52:599 – 603.

[30] Paradkar, R. P., and Williams, R. R. (1996). Genetic regression as a calibration technique for solid phase extraction of dithizone-metal chelates. *Appl. Spect.*, 50:753 – 758.

[31] —— (1997). Correcting fluctuating baselines and spectral overlap with genetic regression. *Appl. Spect.*, 51:92 – 100.

[32] Raamsdonk, L. M., Teusink, B., Broadhurst, D., Zhang, N., Hayes, A., Walsh, M. C., Berden, J. A., Brindle, K. M., Kell, D. B., Rowland, J. J., Westerhoff, H. V., van Dam, K., and Oliver, S. G. (2001). A functional genomics strategy that uses metabolome data to reveal the phenotype of silent mutations. *Nature Biotech.*, 19:45 – 50.

[33] Rauss, P. J., Daida, J. M., and Choudhary, S. (2000). Classification of spectral imagery using genetic programming. In *Genetic and Evolutionary Computation Conference (GECCO 2000)*, Las Vegas (D. Whitley, D. Goldberg, E. Cantu-Paz, L. Spector, I. Parmee, and H.-G. Beyer, eds.), Morgan Kaufmann, San Francisco, pp. 726 – 733.

[34] Shaffer, R. E., Small, G. W., and Arnold, M. A. (1996). Genetic algorithm-based protocol for coupling digital filtering and partial least-squares regression: application to the nearinfrared analysis of glucose in biological matrices. *Analyt. Chem.*, 68:2663 – 2675.

[35] Smith, B. M., and Gemperline, P. J. (2000). Wavelength selection and optimization of pattern recognition methods using the genetic algorithm. *Analyt. Chim. Acta*, 423:167 – 177.

[36] Snee, R. D. (1977). Validation of regression models: methods and examples. *Technometrics*, 19:415 – 428.

[37] Struss, P. (1997). Model based and qualitative reasoning: an introduction. *Ann. Math. Art. Intel.*, 19:355 – 381.

[38] Taylor, J., Goodacre, R., Wade, W., Rowland, J., and Kell, D. (1998a). The deconvolution of pyrolysis mass spectra using genetic programming: application to the identification of some *Eubacterium* species. *FEMS Microbiol. Lett.*, 160:237 –

246.
[39] Taylor, J., Winson, M. K., Goodacre, R., Gilbert, R. J., Rowland, J. J., and Kell, D. B. (1998b). Genetic programming in the interpretation of Fourier transform infrared spec-tra: quantification of metabolites of pharmaceutical importance. In *Genetic Programming 1998* (J. R. Koza, W. Banzhaf, K. Chellapilla, K. Deb, M. Dorigo, D. B. Fogel, M. H. Garzon, D. E. Goldberg, H. Iba, and R. L. Riolo, eds.), Morgan Kaufmann, San Francisco, pp. 377 – 380.

[40] Taylor, J., Rowland, J. J., and Kell, D. B. (2001). Spectral analysis via supervised genetic search with application-specific mutations. In *Proceedings of the IEEE Congress on Evolutionary Computation (CEC 2001), Seoul, Korea*, IEEE Service Center, Piscataway, N.J., pp. 481 – 486.

[41] Werthner, H. (1994). *Qualitative Reasoning.* Springer-Verlag, Vienna.

[42] Winson, M. K., Goodacre, R., Woodward, A. M., Timmins, É., Jones, A., Alsberg, B. K., Rowland, J. J., and Kell, D. B. (1997). Diffuse reflectance absorbance spectroscopy taking in chemometrics (DRASTIC): a hyperspectral FT-IR based approach to rapid screening for metabolite overproduction. *Analyt. Chim. Acta*, 348:273 – 282.

[43] Wold, S. (1976). Pattern recognition by means of disjoint principal components models. *Pattern Recognition*, 8:127 – 139.

[44] Wolpert, D., and Macready, W. G. (1997). No Free Lunch theorems for optimization. *IEEE Trans. Evol. Comp.*, 1:67 – 82.

付　録　バイオインフォマティクスのデータとリソース

Gary B. Fogel　Natural Selection, Inc.

A.1　入　　門

　インターネットにはバイオインフォマティクス研究のための有用なサイトが数多くある．バイオインフォマティクスは World Wide Web 自身とともに発展している．このメディアを通して生物学のデータを共有する機会が増え，研究方法に影響を与えている．配列データベースが豊富になると，当然ながらある種のデータや他のサービスへのリンクを提供するサイトが増える．さらにリソースリストのリストを供給するメタサイトもできてくる．

　したがって，オンラインのバイオインフォマティクスのリソースリストは少なくとも次の2つの意味で不完全であるのは避けられない．第1にすべての適切なサイトのリストアップが望めないこと，第2にリストが公開された後での膨大な新しいリソースについては無力なことである．しかしながら，広範囲で重要なデータベースと高レベルで比較的安定しているリソースへのポインタを供給することは可能である．この付録ではこうした情報を提供しよう．

A.2　核　　酸

　http://www.ncbi.nlm.nih.gov/Genbank/GenbankOverview.html
　GenBank はアメリカ国立保健研究所（National Institutes of Health: NIH）の配列データベースであり，すべての公開された DNA 配列の注釈を集めている．2002年4月の時点で 16,770,000 の配列におよそ 19,073,000,000 のヌクレオチドが登録されている[1]．

　http://www.ebi.ac.uk/embl/

---

[1]　訳注：2003年1月現在では 22,318,883 の配列に 28,507,990,166 のヌクレオチドとなっている．

欧州分子生物学研究所（European Molecular Biology Laboratory: EMBL）のヌクレオチド配列データベース（Nucleotide Sequence Database）はヨーロッパの主要なヌクレオチド配列のリソースを集めている．DNAとRNAの配列は各研究者，ゲノム解読プロジェクト，および特許出願書から届けられる．

http://www.ddbj.nig.ac.jp/

日本DNAデータバンク（DNA Data Bank of Japan: DDBJ）は日本で唯一のDNAデータベースである．研究者からDNA配列を集めて，データ提出のために国際的に認識された番号（アクセッション番号）を公表することが公に認められている．GenBank(R)，EMBL，およびDDBJは配列情報を共有している．

http://ndbserver.rutgers.edu/NDB/ndb.html

核酸データベースプロジェクト（Nucleic Acid Database Project: NDB）は核酸についての構造的な情報を統合し配布する．

A.3 遺伝子

http://igweb.integratedgenomics.com/GOLD/

遺伝子オンラインデータベース（Genomes Online Database: GOLD）は，世界中のゲノムプロジェクトに関する情報源である．

http://www.ncbi.nlm.nih.gov/Entrez/Genome/org.html

アメリカ生命工学情報センター（National Center for Biotechnology Information: NCBI）は，すべての完了したゲノムプロジェクトの探索可能なデータベースを維持している．

http://www.tigr.org/tdb/

アメリカゲノム研究所（The Institute for Genomic Research: TIGR）のデータベースは，DNAとタンパク質の配列，遺伝子表現，細胞の役割，タンパク質ファミリー，および（微生物，植物，ヒトの）分類学上のデータの収集を行っている．配列データへのanonymous FTPも提供されている．

A.4 発現配列タグ（Expressed Sequence Tags: EST）[*2]

http://www.ncbi.nlm.nih.gov/dbEST/index.html

dbESTは，多くの生物に対してのシングルパスのcDNA（相補的DNA）配列や発現配列タグについての情報を保持するGenBankの一部である．GenBankでのヒトESTの概略がこのサイトで利用可能できる．

http://www.tigr.org/tdb/tgi.shtml

TIGRの遺伝子インデックスデータベース（TIGR Gene Indices Database）は，国際的なEST配列と遺伝子研究プロジェクトからのデータを統合している．遺伝子インデックスは世界中で公開されているESTデータにおける転写配列の解析であり，同定された全遺伝子の数，タイプ，ラベル，配列のリストを含む．

A.5 一遺伝子突然変異（Single Nucleotide Polymorphism: SNP）

http://www.ncbi.nlm.nih.gov/SNP/

アメリカ国立ヒトゲノム研究所（National Human Genome Research Institute: NHGRI）の協力で，アメリカ生命工学情報センター（National Center for Biotechnology Information, NCBI）はdbSNPデータベースを構築し，一遺伝子突然変異や遺伝子欠損・挿入による変異のための中心的な情報源として役立っている．

A.6 RNA構造

http://rdp.cme.msu.edu/html/

リボソームRNAデータベースプロジェクト（Ribosomal Database Project: RDP）はリボソームRNA（rRNA）関連のデータを提供する．これには，オンラインのデータ分析，rRNAによって得られる系統樹，およびアラインメントと注釈がなされたrRNA配列がある．

http://www.rna.icmb.utexas.edu/

比較RNA Web（Comparative RNA Web: CRW）は，リボソームRNA（5S, 16S, および23S rRNA），転写RNA(tRNA)，および2つの触媒的なイントロンRNA（グルー

[*2] 訳注：メッセンジャーRNAの相補的DNA（cDNA）の短い部分的塩基配列のこと．cDNAは細胞内で発現された遺伝子の塩基配列を表し，ESTは細胞内で発現している遺伝子に到達する手段の1つと考えられている．ゲノム中の遺伝子を調べるゲノム解析で利用されている

プ I とグループ II) に対する情報源である．これは以下の4つの主要な比較目的で利用できる．(1) 現在の比較構造モデル，(2) ヌクレオチドの頻度と保存情報，(3) 配列と構造のデータ，そして (4) データアクセスシステムである．

A.7 タンパク質

http://www-nbrf.georgetown.edu/pir/

タンパク質リソース・国際タンパク質配列データベース (Protein Information Resource-International Protein Sequence Database: PIR - PSD) は，完全で冗長性のない，かつ専門家が注釈分類した，相互参照可能なタンパク質配列データベースである．PIR-PSD, iProClass および他の PIR 補助データベースは，配列，機能，構造情報を統合し，遺伝子やタンパク質の研究を支援する．

http://www.expasy.ch/sprot/

SWISS - PROT は，高レベルの注釈（例えば，タンパク質の機能，そのドメイン構造，転写後の修正，変種など），最小限の冗長性，他のデータベースとの高レベルでの統合を意図したタンパク質配列データベースである．

http://www.prf.or.jp/en/dbi.html

日本の (財) 蛋白質研究奨励会 (Protein Research Foundation: PRF) は，文献探索ツールとともにタンパク質配列と合成ペプチドの情報を維持している．

http://www.rcsb.org/pdb/index.html

タンパク質データバンク（Protein Data Bank: PDB）は，生物における（タンパク質，RNA と DNA などの）マクロ分子の三次元データ構造の処理と配布のための世界的な情報源である．

http://msd.ebi.ac.uk/

EMBL マクロ分子構造データベース（EMBL Macromolecular Structure Database）は，タンパク質を含むマクロ分子構造についてのデータの収集，維持，配布のためのヨーロッパのプロジェクトである．

http://www.biochem.ucl.ac.uk/bsm/cath_new/index.html

CATH は，4つの主要なレベル（クラス (C)，アーキテクチャ (A)，トポロジー (T) とホモロジー (H)）においてタンパク質を分類するタンパク質ドメイン構造の新しい階層的な分類である．

A.8 代謝系パスウェイ

http://www.genome.ad.jp/kegg/kegg2.html

KEGG (Kyoto Encyclopedia of Genes and Genomes) は，相互作用する分子や遺伝子からなる情報パスウェイの観点から分子・細胞生物学の現在の知識をコンピュータ化し，遺伝子解析プロジェクトから得られる遺伝子情報へのリンクを提供する．KEGGプロジェクトは文部科学省と日本学術振興会の援助のもとで京都大学の化学研究所バイオインフォマティクスセンターで行われている．

http://ecocyc.pangeasystems.com/ecocyc/ecocyc.html

EcoCyc は大腸菌 (*Escherichia coli*) の生化学的な機構と遺伝子を記述するバイオインフォマティクス用のデータベースである．このプロジェクトの長期目標は，大腸菌細胞の分子情報とそれぞれの機能を記述し，大腸菌のシステムレベルでの理解を促すことである．

A.9 教育的なリソース

http://www.sequenceanalysis.com/

バイオインフォマティクス用のオンラインツールやデータベースを利用したヌクレオチドまたはアミノ酸配列の分析に興味を持つ研究者にとって，上のサイトは特に有用である．

http://www.umass.edu/microbio/rasmol/edsites.htm

このサイトは生物学におけるさまざまな構造に関する問題への有益な入門となっている．

A.10 ソフトウェア

次の Web サイトは生物学のさまざまな問題に適用可能な有益なソフトウェアへのリンクを与え，また解説をしている．

http://www.sanger.ac.uk/Software/
http://www.scsb.utmb.edu/sb_on_net.html
http://www.ebi.ac.uk/biocat/
http://www.isrec.isb-sib.ch/software/software.html
http://bioinfo.weizmann.ac.il/mb/software.html

索　引

1AVE（avidin）　72, 73
1BOO（DNA メチルトランスフェラーゼ）　73
1KXF（セリンプロテアーゼ）　72
1REIA（免疫グロブリン）　71, 73
1STP（streptavidin）　72
1TRNA（セリンプロテアーゼ）　72
2 進有理数　229
3Dali　100
4 点カオスゲーム　230–232, 234, 235
$5'$ から $3'$ 方向　11
6 文字語　199, 230
　　共通性　200
　　反復性　200
7FABL2（免疫グロブリン）　71, 73

A

ab initio 法　118
ab initio 予測，タンパク質構造決定問題における　168–172
accuracy　334
adjacency-based encoding　47
AIC　194, 196
Akaike's information criterion　194
α ヘリックス　116, 148, 150–153, 155
Altschul, S.F.　70
AMBER　129
analytical spectrum　331
AND　20
ANN　191, 193
　　進化論的　200
ArrayMiner　220
artificial neural network　191
Assisted Model Building with Energy Refinement　129
ATP　260
attractor　234
avidin（1AVE）　72, 73

B

Babovic, V.　349
backward elimination　341
Bains, W.　42
Bangalore, A. S.　341, 345, 346

Barricelli, N. A.　20
baseline　334
β 鎖　116
β シート　116, 148, 152
Biological Institute of Lille, France　291, 293, 304
biophysical model　276
BLAST　87
　　統計的有意性評価のための　69, 78
　　配列アラインメントのための　61
Blazewicz, J.　45, 47, 49
bp（塩基対）　9
Bremermann, C.　20
Broadhurst, D.　341
Bruker IFS28 FT-IR 分光　333, 336, 343, 344, 347
　　→ 分析スペクトルの解釈
burn-in　232

C

calibration　336
C_α 原子　116
CASP 実験　133
CATFEE　133
Cavaretta, M. J.　345, 348
CHARMm　129
CHARMm（Chemistry at HARvard Molecular Mechanics）プログラム
　　——による結合距離　163
　　タンパク質の立体ポテンシャルエネルギー　164
Chellapilla, K.　345, 348
ClustalW　92, 100
CO-NH 基　116
COFFEE スコア　101
　　T-Coffee　102
collinearity　336
Conrad, M.　20
contraction map　234
COOH　116
correlation coefficient　203
Coulson, A. R.　41
Crambin
　　——について　168
　　ab initio 予測　168–172

GAによる立体配座の生成　170
RMS値　171
RMS値適合度関数を用いた――の予測　180, 181
自然の立体配座とGAによる立体配座の差異　171
Cramer, N. L.　21
Critical Assessment of Techniques for Protein Structure　133
cross validation　339
cutとsplice　139–141

D

de Oliveira, P.P.B.　345
de Weijer, A. P.　345, 349
DNA
　　――鎖　6
　　――断片の切り取り　42
　　――配列の分析　9
　　RNAへの転写　8, 10–12
　　遺伝子間――　10
　　情報保管分子としての――　9
DNA塩基配列
　　――の生成　41
　　ハイブリダイゼーションによる配列決定　41–44
DNA断片　41
DNAトリプレット　235, 247
DNAの広範囲効果　228
DNAマイクロアレイ　267, 350
DNAメチルトランスフェラーゼ (1BOO, 2ADMA)　73
domain　275
downhill-simplex法　280
Dowsland K. A.　32
Drmanac, R.　42
DSSPアルゴリズム　63, 66
Duplex法　339

E

E_{pair}　121
E_{rep}　121
E_{ss}　121
E-CELLシミュレータ　260
EA　47, 91, 115, 220, 251, 273
EC　→ 進化論的計算, 115, 192, 256

electron magnetic resonance　274
electron paramagnetic resonance　273
electron spin resonance　274
EMR　274
EO　93
EP　20, 89, 127, 345
EPR分光法　273
　　→生物システムの特徴づけ（EPR分光法による――）
　　EPRスペクトルシミュレーションモデル　276
　　異成分の検出　274, 275
　　スペクトルの解析　274
　　スペクトルパラメータの最適化　279–280
　　生物システムの特徴づけ　274
ES　20, 124
ESR　274
ES推定　124
Evolution strategies　20
evolutionary algorithm　47, 91, 115, 251, 273
evolutionary computation　115, 192, 256
Evolutionary operation technique　20
evolutionary programming　20, 89, 127, 345
Evolutionary Strategy　124
EVOP　20
Expected offspring　93

F

false negative　207
false positive　201
Fast Messy GA　138
Fickett, J. S.　198
fmGA　140, 141, 144, 150, 151, 153–156
Fogel, L. J.　20
Fourier transform infrared　→ フーリエ変換赤外分光法
Fraser, A. S.　20
Friedberg, R. M.　20
FT-IR　→ フーリエ変換赤外分光法
functional genomics　332

G

G+C%　206
GA　20, 89, 118, 267, 340
　　グループ　220
　　ハイブリッドGA　91
　　ロバスト性　94

GAW11（Genetic Analysis Workshop） 303
Gemperline, P. J.　346
GenBank　50, 199, 201, 202, 206
GeneID　191, 206
GeneModeler　191
GeneParser　192
GeneSpring ソフトウェア　224
genetic algorithms　20, 89, 118, 267, 340
Genetic Analysis Workshop (GAW11)　303
genetic programming　21, 263, 343
genetic regression　342
Gerstein, M.　61, 71
GGA　220
Gilbert, R. J.　350
Gilbert, W.　41
GP　21, 263, 343
　　木構造　263
GP-オートマトン　247
GRAIL　191, 196–198, 200, 202, 206
GRAIL2　192, 202
GRAIL アルゴリズム　197
greedy crossover　49
Greenberg, D. A.　303
Guyer, D.　351

H

heterogeneity　274
hidden Markov model　191
HMM　87, 90, 191
Holland, J.　20
Holm, L.　60, 62
Husbands, P.　345
hybridization　41

I

IFS　227, 234, 238
IFS フラクタル　239
infrared spectroscopy　333
intelligibility　342, 347
IR spectroscopy　333
iterated function systems　227

J

Johnson, H. E.　344
Jouan-Rimbaud, D.　340, 341

K

K2 アルゴリズム　60–84
Karlin, S.　70
Keijzer, M.　349
Kell, D. B.　344
KENOBI アルゴリズム　60
Koza, J.　21
k 最近隣法　127
k-平均法　216
　　概要　302
　　大規模データセットと――　292
　　抽出された特徴のクラスタリングのための――　302

L

least mean square　193, 265
Levitt, M.　61, 71
Levitt と Gerstein の方法　61
LINE（long interspersed nuclear elements）　10
linear GP　350
LMS　193, 263
LNP　224
Lucasius, C. B.　340, 341
Lysov, Y. P.　42

M

machine learning　336
Mahfoud, S. W.　300
mass spectrometry　335
mass spectrum　331
Maxam, A. M.　41
Mead, R.　280
Mealy カオスオートマトン　240
mean square error　193
messy GA　138–141, 150
metabolome　332
metabolomics　331
Methanococcus jannaschii　237
mGA　138–141, 150
Michaelis-Menten の反応式　254
Michaelis 定数　254
Michalski, R. S.　348
microarray chip　42
mid-IR　333
MIPS nets　247

Miyazawa-Jernigan ポテンシャル 133
MLR 336
Moore カオスオートマトン 240
Mosley, M. 343
motional-restricted fast-motion 近似 276
mRNA（メッセンジャー RNA） 11
MSA 99
MSE 193, 202
$(\mu + \lambda)$-ES 124
$(\mu + \lambda_t)$-ES 124
multiple linear regression 336

N

Needleman-Wunsch 動的計画法 64
Nelder, J. A. 280
NFL 理論（No Free Lunch 理論） 25
NH_2 116
NIH 224
NINDS 224
NIR 333
NMR 117, 118
No Free Lunch 理論（NFL 理論） 25, 345
NP 困難 117, 222
　　　配列再構成 45, 53
　　　最適な特徴抽出 296
nuclear magic resonance 117

O

Oak Rigde National Laboratory 206
oligonucleotide library 42
Overlapping generations 93
Ozdemir, M. 343

P

pairwise alignment 51
Paradkar, R. P. 343
Partial Least Squares → 部分最小二乗回帰法
Pattee, H. H. 20
PCR 87
PDB 118
PDF（probability density function）
　　　K2 アルゴリズムにおける—— 70
Pevzner, P. A. 43
PLS → 部分最小二乗回帰法
precision 334
Protein Data Bank（PDB） 59

proteome 331
PSI-BLAST, 配列アラインメントのための 61
PyMS 341, 343
P 値
　　　K2 アルゴリズムにおける—— 70, 78

Q

QSAR 309, 311, 312, 314, 316
qualitative reasoning 349

R

r.m.s. 偏差 120
Raamsdonk, L. M. 332
RAGA 92, 102
Ramachandran プロット 138, 146, 147
Ramachandran マップ 124
RAT 224
Rauss, P. J. 351
RCSB 117
Rechenberg, I. 20
regression 336
Rizki, M. M. 20
RMS 337
RMS error of calibration 337
RMSCV 337
RMSEC 337
RMSEP 337, 341, 342, 347
RNA（リボ核酸） 191
　　　——の折りたたみ問題 106
　　　DNA による転写 8, 10–12
　　　遺伝子による生成 6–9
　　　コドン 7, 8
　　　情報変換分子としての—— 9
　　　タンパク質への翻訳 8, 11
RNAse T1
　　　RMS 値適合度関数による推定 180, 182
Root Mean Square 337

S

SAGA 91–100
Sander, C. 60, 62
Sanger Center 3
Sanger, F. 41
SBH → sequencing by hybridization
scatter search 49
Schwefel, H. -P. 20

SCPP 122, 123
Selective Traveling Salesman Problem 45
sensitivity 203
sequencing by hybridization 41
Shaffer, R. E. 346
shotgun approach 42
side-chain packing problem 122
Sillicon Genetics 224
SINE（short interspersed nuclear elements） 10
sliding mutation 347
small-world 233
Smith, B. M. 346
Smith, G. C. 42
Sn 203
Sp 203
specificity 203
spectrum（ヌクレオチドの——） 43
SSOCF（Subset Size-Oriented Common Feature Crossover operator） 299
steady state 選択 237, 242
　　　　　　タンパク質構造決定問題における 167
stochastic remainder without replacement selection method 49
streptavidin（1STP） 72
Subset Size-Oriented Common Feature Crossover operator（SSOCF） 299
supervised machine learning 336

T

T-Coffee 102
tabu search 47
Taylor, J. 343, 347, 348
The Critical Assessment of Techniques for Free Energy Evaluation 133
The Research Collaboratory for Structural Bioinformatics 117
transcriptome 332
transcriptome array 332, 350
Tree-based Coffee 102
true negative 207
true positive 207

U

understandability 347
unsupervised machine learning 336
UV-VIS 333

V

van der Waals エネルギー，タンパク質構造決定問題における 164, 171, 175, 176
VAST 61

W

wavenumbers 333
Williams, R. R. 342, 343, 346, 347

X

X-ray crystallography 117
XC 117, 118
XOR 20
X 線結晶解析法 138
X 線結晶構造解析 117

Y

Yang, X. K. 351
YCELL 223
YDSHIFT 224

Z

Z 値
　　——を用いたタンパク質構造アラインメントの定量化 61
　　K2 アルゴリズムにおける—— 70

あ

アクティブソナー 195
アデニン 6, 8
アトラクタ 234, 242, 244
アフィンギャップペナルティ
　　自然な—— 100
　　半自然な—— 100
アミノ基 116
アミノ酸 7-8, 115
アミノ酸配列 34, 116
アミノ態窒素 116
アラインメント 122
　　アラインメントスコア 100
　　発見的知識に基づいた—— 88
　　複数アラインメント 87
　　ペアワイズアラインメント 90
アラインメント配列問題 26, 123
アルゴリズム 217

索引

2つの特徴集合の距離 297
DSSP アルゴリズム, タンパク質 SSE の計算のための—— 63, 66
GRAIL 197
K2, タンパク質構造アラインメントのための—— 60–84
KENOBI, タンパク質構造アラインメントのための—— 60
遺伝子識別 197, 202
タブーサーチ 49, 52
パターン認識 193
バックプロパゲーション 194
フラクタル 227, 232

医学 19
異成分 274, 275
位相偏移 232
一次構造 116
一様交叉 94
一点交叉 94
遺伝コード 6–9
遺伝子
——間の相互作用 267
——発現データ 267
RNA の生成 6–9
定義 3
発現ネットワーク 15
遺伝子型 19
遺伝子型から表現型への変換 34
遺伝子間 DNA 10
遺伝子間相互作用 215
遺伝子グループ 215, 216
遺伝子候補 9
遺伝子座 139, 206, 293
遺伝子識別 192, 196, 197
——アルゴリズム 202
遺伝子制御系 251
遺伝子制御ネットワーク
推定問題 265
対話的推定のためのシミュレータ 270
遺伝子の発現のレベル 15
遺伝子配列
アラインメント 16
類似した配列の比較 16
遺伝子発現クラスタリングソフトウェア 216
遺伝子発現データ 267

遺伝的アルゴリズム 20, 89, 118, 267, 340
K2 における—— 64, 74
グループ GA 220
遺伝的回帰 342
遺伝的操作
——の動的計画 95
遺伝的プログラミング 21, 247, 263, 343
分析スペクトルの解釈 343–345
陰性 207
インターネットリソース
K2 60
QCMP046 177
COFFEE 106
RAGA 106
SAGA 106
T-Coffee 106
DSSP アルゴリズム 63
インデックス IFS 227, 228
インデックス関数 235
インデックス表 235, 247
インデル 90
イントロン 21, 191, 227
定義 10
イントロンフィルタ 201

ウラシル 8
運動制限・高速運動近似 276

エクソン 191, 227
——識別 192
——定義 10
エネルギー 23
エネルギー関数 129
タンパク質構造決定問題における—— 164–165
エネルギー最小化 129
エネルギー超平面 118, 128
エラー
DNA 複製時の—— 19
スペクトルの—— 43
正の—— 44
負の—— 44
エラスティック類似度 62, 64, 69, 70
エリート選択
タンパク質構造決定問題における—— 167
塩基組成ベクトル 197
塩基対（bp） 9

索　引

塩基配置　9
エントロピー　165
エンハンサ　9

応答曲面　194
オークリッジ国立研究所　206
オーバーフィット　194
オペレーションズリサーチ　27
オペレータ
　　　——局所動作　28
　　　——近接　28
　　　——突然変異　21, 28
　　　変形——　22, 28
お見合い問題, K2アルゴリズムと——　64
重み因子　278
重み行列　267
重み付き統計値　191
重み付きルーレット選択　93
オリゴヌクレオチド　42 → スペクトル（オリゴヌクレオチドの——）
オリゴヌクレオチドライブラリ　42 → スペクトル（オリゴヌクレオチドの——）
折りたたみ構造　89, 117

か

回帰
　　　→ 多重線形回帰分析, → 部分最小二乗回帰法
　　　遺伝的回帰　342–343
　　　分析スペクトルの解釈　336–337, 340, 342–343
回帰分析　194
開始コドン　8
解析ツール　222
回転異性体　122
回転相関時間　278
ガウシアンノイズ　128
ガウス分布　22, 218
カオスオートマトン　227, 228, 239–247
カオスゲーム　228, 230, 233
核, 真核生物　6
拡散探索　49
核磁気共鳴分光法　117, 138
拡張原子表現, タンパク質構造決定問題における　163
核様体, 原核生物　6
確率的オペレータ
　　　K2アルゴリズムにおける——　66
確率的探索手法　195

確率分布　196, 232
　　　関数　196
確率密度関数
　　　K2アルゴリズムにおける——　70
隠れ層　193
隠れマルコフモデル　87, 191
仮想主鎖モデリング　131
画像理解　34
鎌状赤血球貧血　13, 22
感度　60, 203
感度分析　323

偽陰性　207
機械学習　192, 216, 336
　　　スペクトル解釈での——　335–337
　　　教師あり——　336
　　　教師なし——　336
器官　19
擬似一次反応式　254
擬似遺伝子　10
擬似原子　124, 125
擬似進化　194
擬似線形モデル　268
基質　253
　　　酵素-基質複合体　253
期待子孫　93
機能ペトリネット　251, 255
　　　遅延時間　255
基本RGB色　238
逆位　22
逆問題　255
ギャップ　23
　　　延長ギャップ　100
　　　開放ギャップ　100
　　　末端ギャップ　100
ギャップペナルティ　89
　　　アフィンギャップペナルティ　89
　　　ギャップ延長ペナルティ　90
　　　ギャップ開始ペナルティ　90
共有結合　129
競合テンプレート　139, 150, 156, 157
偽陽性　201
共線性　323, 324, 336
行列
　　　クラスタ間分散行列　295
　　　クラスタ内分散行列　295

トレース 295
分散行列 295
局所収束性 194
局所探索 27, 28
局所的二次構造 117
局所動作オペレータ 28
局所ねじれオペレータ, タンパク質構造決定問題における 177-178, 180-183
極性残基 176
極性補正因子 278
極大マッチング, K2 における 64
距離, 2つの特徴集合の 297
距離空間 234
近接オペレータ 28

グアニン 6, 8
組合せ化学 311
組合せ論的性質 122
組換え 19, 22
組換えオペレータ
  K2 アルゴリズムにおける── 67
クラスタ 216
クラスタ間分散行列 295
クラスタ内分散行列 295
クラスタリング 215
  ──に先立つ抽出 301
  遺伝子発現 216
  概要 301
  定義 294
  分散基準 295
グリセロール 259
グループ GA 220
グルタミン酸 22

蛍光マーカー, オリゴヌクレオチドの── 42
計算機生化学 137
形質 22
系統樹 87
結合エネルギー
  RNA 塩基間の── 103
結合角 122, 130
結合角ポテンシャル, タンパク質立体配座の 164
結合基 126
結合基タンパク質重原子 128
結合距離ポテンシャル, タンパク質立体配座の 164
結合長 122, 130

欠失 89
結晶構造 124, 127
ゲノム 215
  定義 9
  ──中の遺伝子の識別 3
  ヒト──の最初のドラフト 3
ゲノム機能解析 332
ゲノム計画 191
原核生物
  核様体 6
  コード化領域 9
  細菌と古細菌 5
  細胞構造 6
  真核生物と── 5-6, 10
  定義 5-6
  非コード化領域 10
原子の衝突, タンパク質の折りたたみにおける 176-177
検証データセット 338
減数分裂 19

交叉 23, 236
交叉オペレータ
  K2 アルゴリズムにおける── 67, 74
  Subset Size-Oriented Common Feature
    Crossover operator (SSOCF) 299
  タンパク質構造決定問題における── 166, 168, 180
  特徴抽出アルゴリズムにおける 299
  ハイブリッド遺伝的アルゴリズム 47
交差検定 313, 315, 339
格子 20
酵素 253
  RNA ポリメラーゼ 11, 12
  酵素-基質複合体 253
  酵素反応 253
  制限── 42
構造決定 118
構造-作用関係量 309
構造たたみ込み 23
構造タンパク質 227
抗体 252
剛体回転 234
勾配法 145
高分子三次元構造 117
高分子シミュレーション 129

酵母菌　224
コーシー分布　22, 126
コード化　21
コード化関数　197
コード化領域　191
　　　　定義　9
コード指標　197
古細菌　5
誤差応答曲面　194
コスト
　　　ギャップコスト　99
　　　置換コスト　99
コドン　7, 8, 197
コレステロールドメイン　275

さ

鎖　116
鎖-ループ-鎖　117
最小エネルギー　127
最小エネルギー構造　118
最小記述長原理　194, 196
最小二乗法　193, 263
最小タンパク質モデル　118
最小平均二乗偏差　127
最適化手法　21
最標本化手法　231
細胞　5, 6, 19
細胞周期　224
サブユニットの二量化　22
サポート，データマイニングにおける　294
残基　116, 118
　　　極性——　176
　　　疎水——　176
　　　定義　13
三次元構造　115, 117
三次構造　87, 104, 117

ジアシル グリセロール　260
シェアリング適合度　300
シェルピンスキーの三角形　228
シグモイド関数　193
時系列プロファイル　216
次元の呪い　310
自己相似性　238, 243
自己適応　21, 25
脂質　260

システム同定　194
自然淘汰　32
疾患データ中の遺伝要因および環境要因の関係　291
質量スペクトル　331
質量分析法　335
シトシン　6, 8
ジペプチド　116
脂肪酸　260
島モデル　92, 97, 127
自由エネルギー関数　126
終止コドン　8
重心　216
収束性　91
集団　19
　　　解候補の——　21
　　　ランダム移民　301
集団サイズ　24, 33
集団ベース探索　27, 32
自由度　122, 194, 196
　　　タンパク質構造決定問題における——　164
シュードノット構造　104
縮小写像　227, 234, 236, 239, 248
縮小倍率　241
主鎖　116
主鎖原子　123
主鎖構造　122, 123
主鎖立体配座　122, 131
受容体　126
状態遷移表　244
情報量基準　194–196
　　　赤池の——　194
ショットガンアプローチ　42
真陰性　207
進化　19
　　　自然の——　34
　　　人工的な——　34
真核生物
　　　mRNA　11
　　　核　6
　　　原核生物と——　5–6, 10
　　　コード化領域　9
　　　細胞構造　6
　　　定義　5–6
　　　非コード化領域　10
　　　リボソーム　11, 12
進化シミュレーション　20

進化的アート　23
進化的戦略　20, 124, 130
進化論的 ANN　200
進化論的アプローチ　21
進化論的アルゴリズム　47, 115, 127, 251, 273
進化論的計算（evolutionary computation; EC）　19, 33, 115, 138, 192, 215, 220, 227, 228, 255
　　——について　4
　　観測データから生体内ネットワークを推定する問題への応用　261
　　タンパク質立体構造決定問題に対する——　4
　　トランスクリプトミクスとプロテオミクス　350
　　パターン認識に対する——　4
進化論的ニューラルネットワーク　191, 197
進化論的フラクタル　227, 228, 233, 235, 237, 239
進化論的プログラミング　20, 89, 127, 130, 345
神経系　224
人工生命　20
人工知能　216
人工ニューラルネットワーク　191
親水性　118
真正細菌　5
真陽性　207
親和力　126

水素結合　117
　　タンパク質立体配座の——　164
水素結合エネルギー　126, 127
水素結合のポテンシャル　128
スキーマ　139
スピンプローブ　274
スペクトル（オリゴヌクレオチドの）　43
スライド変異　347
スワップオペレータ
　　K2 アルゴリズムにおける——　67

正確度　334
制限酵素　42
整数計画法　45
生体内ネットワーク　252
静電エネルギー　126
　　タンパク質立体配座の——　176
静電ポテンシャル，タンパク質立体配座の　164
正のエラー　44
生物学的アナロジー　22

生物システムの特徴づけ（EPR 分光法を用いた——）　274–286
　　→ EPR 分光法
　　　EPR スペクトルシミュレーションモデル　276–277
　　　EPR スペクトルの線形形状計算　276–277
　　　共鳴場分布計算　276
　　　極性補正因子　278
精密度　334
制約つき巡回セールスマン問題　45
赤外線分光学　333
摂動データ　268
セリンプロテアーゼ（1TRNA, 1KXF）　72
遷移関数　239
前開始複合体　11
先駆的探索戦略　118
線形 GP　350
線形分離　193
全原子位置エネルギーモデル　145
潜在的エクソン　206
潜在変数　336
染色体　21
選択　19, 23
　　タンパク質構造決定問題における——　167–168
　　トーナメント　196
セントラルドグマ
　　分子生物学の——　6

相関係数　198, 203
相関度　216
相互エネルギー　127
相似性　234
相似突然変異　236–238
創世フェーズ　139–141, 151
相同タンパク質　122
創薬　309, 312, 325
側鎖　116
　　——の定義　13
　　——配置　172–173
側鎖埋め込み　118
側鎖二面角　123
側鎖パッキング問題　122
側鎖立体配座　131
速度論的パラメータ　252
組織体　19

疎水アミノ酸残基 176
疎水性 118
疎水性のポケット 22

た

ダーウィンの自然淘汰 33
ターン 116
代謝学 331
代謝系ネットワーク 251, 252
代謝経路 251
代謝遷移 224
対数正規分布 128
対接触エネルギー 121
ダイナミックプログラミング 88
対立遺伝子 139, 293
タグ付き有限状態機械 245
多型 293
多重線形回帰分析 336
多層パーセプトロン 193
たたみ込み
 構造 23
 タンパク質の—— 34
多値ベクトル適合度関数 175–177
脱溶媒和 126
タブサーチ 32, 47, 49–50, 52–55, 145
多様性 22, 23
探索アルゴリズム 88
 局所 27, 28
 厳密アルゴリズム 88
 集団ベース 27, 32
 前進的アルゴリズム 88
 反復アルゴリズム 88
 網羅的な—— 26
探索空間のランドスケープ 25
単純パーセプトロン 193
タンパク質 22, 34, 115, 191
 細胞内の化学反応の制御 5
 3次元構造 14, 15
 RNA からの翻訳 8, 10–11
 概要 11–15
 合成 191
 側鎖・残基 13
 ペプチド結合 13
 膜貫通 227
 立体配座 11
タンパク質折りたたみ 34, 118, 122, 137

 構造アラインメントと—— 59–60
タンパク質構造アラインメント
 K2 アルゴリズム 60–62
 KENOBI アルゴリズム 60
 進化論的計算を用いた—— 59
 定義 59
 配列アラインメントとの比較 59
 ベクトルベース SSE アラインメント 60
タンパク質構造決定問題 115, 118, 122, 130
  ab initio 予測 168–172
  CHARMm プログラムと—— 164–165
  GA の実行性能 180–186
  RMS 値適合度関数 173–177, 180–183
  エネルギー関数 164–165
  エントロピーと—— 165
  主鎖立体配座 178
  側鎖配置 172–173
  多値ベクトル適合度関数 175–177
  多目的最適化, タンパク質立体配座の——
   173–177
  定義 4
  二次構造予測 178–180
タンパク質データバンク 118
タンパク質ドッキング問題 156
タンパク質ライブラリ 124

置換行列 89
置換なし確率的残余選択手法 49
チミン 6, 8
重複世代法 93
調和度 90
  COFFEE スコア 101

積み木 23, 130, 138–140, 145, 151, 157

低エネルギー構造 118
低エネルギー疎水性 123
定性的推論 349
データ駆動型 227, 235, 239
データマイニング 291, 294
デオキシリボース 6
適合度関数 23, 202, 228, 237, 256
  RMS 値—— 174–175
  アラインメントアルゴリズムにおける—— 89
  重み行列の—— 267
  エネルギー関数, タンパク質構造決定問題にお

ける　164–165
シェアリング——　300
多値ベクトル——　175–177
多目的最適化，タンパク質立体配座の——　173–177
特徴抽出のための——　298
配列再構成のためのハイブリッド遺伝的アルゴリズムでの——　48
問題固有のオペレータを用いたタンパク質構造決定問題　177–178
電子常磁性共鳴　273
　→ EPR 分光法
電子スピン共鳴　274
転写
　DNA から RNA への——　8, 10–12
伝令 RNA
　→ メッセンジャー RNA（mRNA）　11

統計的モデル　194
淘汰　19, 33
動的計画法　26, 195
糖尿病, 2 型　291, 293
トーナメント選択　139, 141, 145, 196
特異度　60, 203
特徴選択
　分析スペクトルの解釈　331–352
特徴抽出　310, 311
　疾患データ中の遺伝要因および環境要因の関係　291
　適合度関数，——のための　298
独立テストデータセット　339
ドッキング問題　118, 126, 127
突然変異　19, 194, 236
　インデックス　237, 238
　相似　236, 237
突然変異オペレータ　21, 28
　K2 アルゴリズムにおける——　67, 74
　タンパク質構造決定問題における——　166–168, 178–180
　特徴抽出アルゴリズムにおける　300
トポロジー　200
　ネットワーク　194
ドメイン（スペクトルの——）　275
トランス　119, 124
トランスクリプトームアレイ　332, 350
トランスポゾン　10

トリアシル グリセロール リパーゼ　260
トリプシンインヒビター
　RMS 値適合度関数による推定　180, 181, 184, 185
トリペプチド　116
トワイライトゾーン　88

な

内部状態　239

2 型糖尿病　291, 293
二次構造（secondary structure element: SSE）　87, 116, 148–150, 152
　DSSP アルゴリズム　63, 66
　K2 でのアラインメント　60, 61, 63
　スレーブ　103
　ベクトルベース SSE アラインメント　60
　マスタ　103
二乗平均平方根 (RMS 値)
　Crambin における——　170
　タンパク質構造決定問題と——　174–175, 180–183
二乗平均平方根検量誤差　→ EMSEC
二乗平均平方根交差検定誤差　337
二乗平均平方根誤差　→ RMS
二乗平均平方根予測誤差　→ RMSEP
二面角　119, 122, 142
ニューラルネットワーク　19, 191, 193, 245, 311, 314, 323

ヌクレオチド　6
　——の変異　22
　——配置　9
　オリゴヌクレオチド　42

ねじれ角　122, 130, 132
ねじれ角表現，タンパク質構造決定問題における　162–163
ねじれ角ポテンシャル，タンパク質立体配座の　164, 171, 175
熱分解質量分析　341, 343

ノンパラメトリック　193

は

パーセプトロン　193

バーンイン　232, 237, 242
排他的論理和　20
ハイブリダイゼーション実験　42-43
　→ハイブリダイゼーションによる配列決定
　　　　——によるスペクトルのエラー　44
ハイブリダイゼーションによる配列決定　41
　→配列再構成のためのハイブリッド遺伝的アルゴリズム
　　　　オリゴヌクレオチドライブラリ　42
　　　　スペクトルの正のエラー　44
　　　　スペクトルの負のエラー　44
　　　　ハイブリダイゼーション実験　42
　　　　配列再構成問題の定式化　45
ハイブリッド進化論的アルゴリズム　47, 280
ハイブリッド表現, タンパク質構造決定問題における
　162-163
ハイブリッドペトリネット　252
配列アラインメント
　概要　16
　タンパク質構造アラインメントとの比較　59
配列解析　34
配列再構成のためのハイブリッド進化論的アルゴリズム　47-49
　→ハイブリダイゼーションによる配列決定
配列再構成問題　45-46, 53
バギング　312, 318
波数　333
パターン認識　193
　問題　193, 197
バックプロパゲーション　194, 195, 197
発現　215, 267
　遺伝子発現データ　267
発現プロファイル　215
バリン　22
反発エネルギー　121
反復関数系　227

ピアソン係数　216
非局所的相互作用　103
非コード領域　191
　イントロン　10
ヒストンタンパク質　13
非線形の相互作用　19
ヒトゲノム計画　3, 137
微分方程式　34, 263
　モデル化　263

ヒューリスティクス　19, 26, 222
　最適な特徴抽出のための——　296
表現型　19

ファジーシステム　19
ファジーメンバシップ関数　195
ファンデルワールス分散・反発エネルギー　126
ファンデルワールス力　117
フィードフォワードネットワーク　193
フィードフォワードパーセプトロン
　多層　194
フィルタモデル, 特徴抽出における　296
ブースティング　312, 318
ブートストラップ　318, 323
フーリエ変換赤外分光法　333, 336, 343, 344, 347
　→分析スペクトルの解釈
複雑系　20
複数アラインメント　87
　RAGAアルゴリズム　92
　SAGAアルゴリズム　92
　局所的アラインメント　87
　大域的アラインメント　87
不正ねじれ角ポテンシャル, タンパク質立体配座の　164
負のエラー　44
部分最小二乗法　310
部分最小二乗回帰法
　——のための検証データセット　339
　潜在変数　336
　分析スペクトルの解釈　336, 338, 339, 341-343
プライマー　55, 87
フラクタル　227
　進化論的　227
フレームバイアス行列　197, 198
ブロードニング定数　278
プロテオーム　331
プロテオミクス　350
プロファイル　87
　時系列　216
　発現　215
プロモータ　9, 11, 12
分散基準, クラスタリングにおける　295
分散行列　295
分散モデル　98
分子進化　92
分子生物学

――のセントラルドグマ 6
分子動力学 130
分子力場 129
分析スペクトルの解釈 331–352
  遺伝的回帰 342–343
  遺伝的プログラミング 343–345
  交差検定 339, 349
  質量分析法 335
  ベースライン（光学スペクトルの――） 334
分布
  ガウス―― 22, 218
  コーシー―― 22

ペアワイズアラインメント 26, 51, 90
ペアワイズポテンシャル 128
平均二乗誤差 23, 193
平均二乗偏差 120, 124
平均ベクトル, クラスタの 295
ベイジアン統計学 90
並置フェーズ 139–141, 148, 151
並列化 97
  島モデル 97
ベースライン（光学スペクトルの――） 334
ペトリネット 251
  機能ペトリネット 255
  トークン 253, 254
  トランジション 254
  プレース 253, 254
ペナルティエネルギー項, タンパク質立体配座の 176
ペナルティ項 121, 124
ペプチド 116, 118
  ――回転角 132
  ――基 116
  ――結合 13, 116, 119
  ――鎖 122
  ――単位 13
  ――立体配座 124
ヘモグロビン 22
ヘリックス 116
ヘリックス–ループ–ヘリックス 117
変形 19, 22, 91
変形オペレータ 22, 28
  タンパク質構造決定問題における――
  166–168, 177–178
変数減少法 341
変容オペレータ, タンパク質構造決定問題における

  概要 166
ボールドウイン効果 145
ポケット
  疎水性の―― 22
ホップオペレータ
  K2 アルゴリズムにおける―― 67, 74, 78
ポテンシャルエネルギー関数 128, 132
骨組み構造 269
ホモロジーモデリング 122, 128
ポリペプチド鎖 13, 116–118, 124
ポリメラーゼ連鎖反応 87
翻訳
  RNA からタンパク質への―― 8, 10–11

ま

マイクロアレイ
  ――データ 215
  ――による遺伝子発現レベルの検出 15
マイクロアレイチップ 42
  オリゴヌクレオチドライブラリ 42
  トランスクリプトームアレイ 350
マイクロサテライト 10
膜貫通タンパク質 227
マスタ 103
マルコフ過程 231, 232, 235
マルチプルアラインメント 23, 26
ミーム論的計算手法 144, 145
ミトコンドリア 104
メタヒューリスティクス 26
  最適な特徴抽出のための―― 296
メタボローム 332
メタン細菌 237
メッセンジャー RNA（mRNA） 11
メトロポリス受理基準 125
免疫グロブリン
  7FABL2 と 1REIA のアラインメント 71, 73
  概要 13

網羅的な探索 26
モチーフ 117
モンテカルロシミュレーション 129

や

焼きなまし法 30, 91, 126, 145, 195
山登り法 28, 94

ユークリッド距離 216, 234, 242, 247
有限状態オートマトン 19, 228
有限フラクタル 234
尤度 201

陽性 207
溶媒露出面積，タンパク質立体配座の 176
欲張り交叉 49
四元数 126
四次構造 117
予測二乗誤差 194
読み枠 215, 224
　　——について 9, 10
　　——の不確実さ 9, 10

ら

ラッパーアプローチ 325
ラッパーメソッド，特徴抽出における 296
ラフト 275
ラマルキアン GA 126, 127
ラマルク手法 145, 156
λ ファージ 252
ランク選択 139
ランダム移民 301
ランダムフラクタル 230
ランドスケープ
　　探索空間の—— 25

理解可能性 347
離散事象システム 252
立体配座 11, 117, 119, 138, 142, 144, 150
立体ポテンシャル 128
立体ポテンシャルエネルギー関数 164
リボ核酸 (RNA)　→ RNA（リボ核酸）
リボソーム 11, 12
リボソーム RNA 97
略字
　　1 文字略 8
　　3 文字略 8
　　アミノ酸の—— 8
了解度 342, 347
リン酸塩 6
リン脂質代謝ネットワーク 251, 259
隣接エンコーディング 47

類似性 89
　　配列の—— 89
類似度 216
ルールベース手法 192
ルーレット選択 139, 145

ロジスティック関数 193
ロバスト性 94, 195, 218
論理演算子 20

わ

ワトソン・クリック型の塩基対 103
割当て問題，K2 アルゴリズムと—— 64

〈編者紹介〉

ゲーリー・B・フォーゲル （Gary B. Fogel）

　カリフォルニアの La Jolla にある Natural Selection 社の上級研究員．1991年に UCSC（カリフォルニア大学サンタクルーズ校）で学士号を，1998年に UCLA（カリフォルニア大学ロサンジェルス校）で進化生物学の分野において博士号を取得．研究対象は，生医学や進化生物学への進化論的計算手法の応用．学術雑誌 IEEE Transaction on Evolutionary Computation および BioSystems の編集委員．

デヴィッド・W・コーン （David W. Corne）

　カリフォルニアの La Jolla にある Natural Selection 社の Reading 大学（イギリス）の進化論的計算（Evolutionary Computation, EC）分野の準教授．バイオインフォマティクス，スケジューリング，データマイニング，多目的最適化などの分野で EC 関連の研究が多数ある．学術雑誌 IEEE Transaction on Evolutionary Computation, Applied Soft Computing, International Journal of Systems Science の編集委員，および Journal of Scheduling の共編集長をつとめる．

〈監訳者紹介〉

伊庭斉志　（いば　ひとし）

学　歴　東京大学大学院工学系研究科情報工学専攻博士課程修了（1990）
　　　　工学博士

職　歴　電子技術総合研究所入所（1990）
　　　　スタンフォード大学客員研究員（1996～1997）
　　　　東京大学大学院工学系研究科電子情報工学専攻助教授（1998）
　　　　東京大学大学院新領域創成科学研究科基盤情報学専攻助教授（1999）
　　　　進化型システム，人工知能基礎およびバイオインフォマティクスの研究に従事．学術雑誌 Genetic Programming and Evolvable Machines および IEEE Transaction on Evolutionary Computation の編集委員．

ソフトコンピューティングと
バイオインフォマティクス

2004年3月20日　第1版1刷発行	編　者	ゲーリー・B・フォーゲル
		デヴィッド・W・コーン
	監　訳	伊庭斉志
	発行者	学校法人　東京電機大学
	代表者	丸　山　孝　一　郎
	発行所	東京電機大学出版局
		〒101-8475
		東京都千代田区神田錦町2-2
		振替口座　00160-5-　71715
		電話（03）5280-3433（営業）
		（03）5280-3422（編集）

印　刷	東京書籍印刷㈱	ⓒ Iba Hitoshi　2004
製　本	渡辺製本㈱	
装　丁	鎌田正志	Printed in Japan

＊本書の全部または一部を無断で複写複製（コピー）することは，著作権法上での例外を除き，禁じられています．小局は，著者から複写に係る権利の管理につき委託を受けていますので，本書からの複写を希望される場合は，必ず小局（03-5280-3422）宛ご連絡ください．
＊無断で転載することを禁じます．
＊落丁・乱丁本はお取替えいたします．

ISBN4-501-53700-0 C3004